# 辽宁本土植物识别手册

何兴元 陈 玮 张 粤 主编

辽宁科学技术出版社

沈 阳

ⓒ 2021　何兴元　陈　玮　张　粤

**图书在版编目（CIP）数据**

辽宁本土植物识别手册 / 何兴元，陈玮，张粤主编. —沈阳：辽宁科学技术出版社，2021.6
ISBN 978-7-5591-1773-1

Ⅰ.①辽⋯　Ⅱ.①何⋯ ②陈⋯ ③张⋯　Ⅲ.①植物—识别—辽宁—手册　Ⅳ.①Q948.523.1-62

中国版本图书馆CIP数据核字（2020）第183075号

出版发行：辽宁科学技术出版社
　　　　　（地址：沈阳市和平区十一纬路25号　邮编：110003）
印 刷 者：辽宁新华印务有限公司
经 销 者：各地新华书店
幅面尺寸：145mm × 210mm
印　　张：21.75
插　　页：4
字　　数：560千字
出版时间：2021年6月第1版
印刷时间：2021年6月第1次印刷
责任编辑：陈广鹏
封面设计：颖　溢
责任校对：王玉宝

书　　号：ISBN 978-7-5591-1773-1
定　　价：198.00元

联系电话：024-23280036
邮购热线：024-23284502
http://www.lnkj.com.cn

**主　　编**：何兴元　陈　玮　张　粤

**参编人员**（按姓名首字拼音排序）：

白瑞兴　布仁仓　陈　玮　冯子绢

郭元涛　何兴元　黄彦青　李　岩

李忠宇　刘　洋　庞善元　曲　波

尚佰晓　苏道岩　王　冬　王　雷

于立敏　张　粤　张淑梅　仲庆林

# 前 言
## PREFACE

　　《辽宁本土植物识别手册》一书源于中国科学院沈阳应用生态研究所承担的中国科学院重点部署项目"中国植物园联盟建设"课题"本土植物全覆盖保护计划"专题"东北-辽宁本土植物清查与保护（KFJ-3W-N01-161）"，国家重点研发计划"东北森林生态保护及生物资源开发利用技术及示范（2016YFC0500300）"。在项目执行期，中国科学院沈阳应用生态研究所组织沈阳市植物园、熊岳树木园、大连英歌石植物园、大连自然博物馆、凤城市林业局、凌源市林业局、辽宁楼子山国家级自然保护区、辽宁白石砬子国家级自然保护区等单位，构建了118人的专业队伍，完成了辽宁地区各级自然保护区、植被较好的风景区和国家森林公园的植物清查工作。涵盖了辽宁各市县山地、湿地、河流、海岛等，共计95个调查点，调查植物18344种次，物种数1477种，拍摄植物照片25000余张。辽宁省清查本土维管束植物共计2654种。编委会在整理这些基础数据的基础上，参考了《辽宁植物志》《东北植物检索表》《中国植物志》《中国入侵植物名录》《Flora of China》等著作完成了《辽宁本土植物识别手册》编写工作。

　　《辽宁本土植物识别手册》共收录了辽宁本土植物652种，其中石松类与蕨类植物34种，裸子植物12种，被子植物544种，辽宁地区常见外来入侵植物62种。本书的石松类与蕨类植物分类系统参考PPG Ⅰ系统，裸子植物分类系统参考克里斯藤许斯系统，被子植物分类系统参考多识被子植物分类系统。物种学名主要参考《Flora of China》和最新修订文章的新学名。本书可供农、林等工作人员和大专院校植物相关专业学生参考，旨在为辽宁植物爱好者和普通群众认知本土植物提供重要的参考资料。

　　感谢中国植物园联盟建设项目组在本书编写过程中给予的大力支持，同时，感谢编委会全体成员及参加调查工作的植物爱好者的辛勤付出，书中不妥之处，还希望广大读者指正。

# 目　录
## CONTENTS

## 第一部分　石松类和蕨类植物

## 第二部分　裸子植物

# 第三部分　　被子植物

## 附录一　辽宁地区常见外来入侵植物

>> 第一部分　石松类和蕨类植物

中 文 名: 鹿角卷柏

拼　　　音: lù jiǎo juǎn bǎi

其他俗名: 鹿角茶，罗斯卷柏

科中文名: 卷柏科

科 学 名: Selaginellaceae

属中文名: 卷柏属

学　　　名: Selaginella rossii

生　　　境: 生于山坡林下或岩石上。

形态特征: 多年生草本。主茎全部分枝，红色，匍匐。叶全部交互排列，二型，叶质厚，表面光滑；中叶不对称，分枝上的中叶卵状椭圆形，覆瓦状排列；侧叶不对称，分枝上的侧叶长圆形，通常向下反折，相距一个叶的宽度。孢子叶穗四棱柱形，单生于小枝末端；孢子叶卵状三角形，边缘疏具睫毛；孢子囊二形。孢子成熟期8—9月。

分　　　布: 原产中国东北、华东。俄罗斯远东地区、朝鲜、日本也有分布。辽宁产鞍山、凤城、大连、丹东、盖州、海城、宽甸、千山、岫岩、庄河等市县。

中 文 名：中华卷柏

拼　　音：zhōng huá juǎn bǎi

其他俗名：地柏枝，护山皮，地柏

科中文名：卷柏科

科 学 名：Selaginellaceae

属中文名：卷柏属

学　　名：Selaginella sinensis

生　　境：生于灌丛中岩石上或土坡上。

形态特征：多年生草本。主茎通体羽状分枝，禾秆色，匍匐。叶全部交互排列，略二型，纸质，表面光滑；中叶多少对称，小枝上的卵状椭圆形，排列紧密，边缘具长睫毛；侧叶多少对称，略上斜，在枝的先端呈覆瓦状排列。孢子叶穗四棱柱形，生于小枝末端；孢子叶卵形，边缘具睫毛；孢子囊二形。孢子成熟期7—9月。

分　　布：原产中国东北、华北、西北、华东、华中。中国特有。辽宁产长海、朝阳、大连、丹东、盖州、建平、瓦房店、葫芦岛、凌源、绥中、普兰店、营口、铁岭、调兵山等市县。

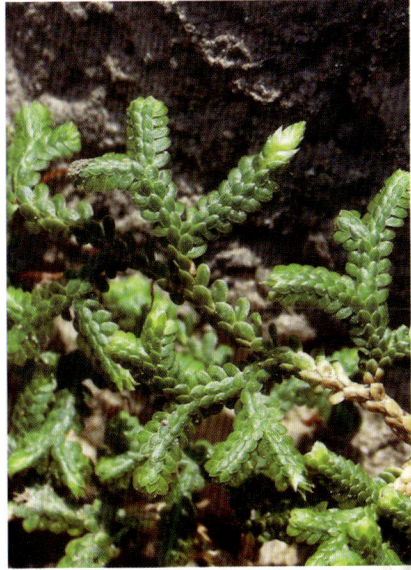

中 文 名：卷柏

拼　　音：juǎn bǎi

其他俗名：还魂草，九死还魂草

科中文名：卷柏科

科 学 名：Selaginellaceae

属中文名：卷柏属

学　　名：Selaginella tamariscina

生　　境：生于干旱山坡岩石上。

形态特征：多年生草本，复苏植物。主茎极短或不明显，顶端丛生分枝，如莲座丛状，枝带叶干时向内蜷卷。叶全部交互排列，二型，叶质厚，表面光滑；老枝上的两行中叶斜上开展，基部内缘部分重叠，侧叶上半部不为中叶覆盖。孢子叶穗紧密，四棱柱形，单生于小枝末端；孢子叶卵状三角形，边缘有细齿；孢子囊二形。孢子成熟期6—9月。

分　　布：原产中国东北、华北、西北、西南、华中。西伯利亚、朝鲜、日本、印度、菲律宾也有分布。辽宁产鞍山、北票、北镇、本溪、长海、大连、丹东、东港、凤城、抚顺、盖州、桓仁、宽甸、铁岭、开原等市县。

中 文 名：问荆

拼　　音：wèn jīng

其他俗名：笔头菜

科中文名：木贼科

科 学 名：Equisetaceae

属中文名：木贼属

学　　名：Equisetum arvense

生　　境：生于田边、路旁、林缘湿地及河边草地。

形态特征：多年生草本。根茎斜生，地上枝当年枯萎。枝二型；能育枝春季先萌发，高5～35厘米，黄棕色，无轮茎分枝，鞘筒栗棕色或淡黄色，鞘齿9～12枚，栗棕色，孢子散后能育枝枯萎；不育枝后萌发，高达40厘米，绿色，轮生分枝多，主枝中部以下有分枝，鞘筒绿色，鞘齿5～6枚，中间黑棕色，边缘膜质。孢子囊穗圆柱形，顶端钝。孢子成熟期5月。

分　　布：原产中国东北、华北、西北、西南、华中。俄罗斯、朝鲜、日本及喜马拉雅、欧洲、北美洲也有分布。辽宁广布。

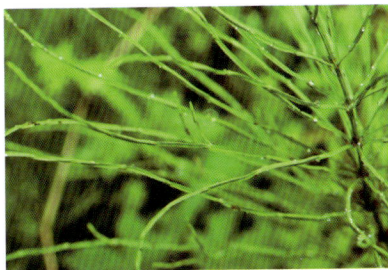

中 文 名：木贼

拼　　音：mù zéi

其他俗名：节节草，锉草，节骨草

科中文名：木贼科

科 学 名：Equisetaceae

属中文名：木贼属

学　　名：Equisetum hyemale

生　　境：生于林下、河边湿地。

形态特征：多年生草本。根茎横走或直立，黑棕色。地上枝多年生，枝一型，高达1米或更高，中部直径5～9毫米，节间长5～8厘米，绿色，不分枝或基部有少数直立的侧枝，中空；地上枝有脊16～22条，鞘筒黑棕色或顶部及基部各有一圈或仅顶部有一圈黑棕色，鞘齿16～22枚，顶端淡棕色，膜质，早落，下部黑棕色，薄革质。孢子囊穗卵状。孢子成熟期7—8月。

分　　布：原产中国东北、华北。俄罗斯、朝鲜、日本及欧洲、北美、中美洲也有分布。辽宁产桓仁、本溪、宽甸、岫岩、清原、凌源等市县。

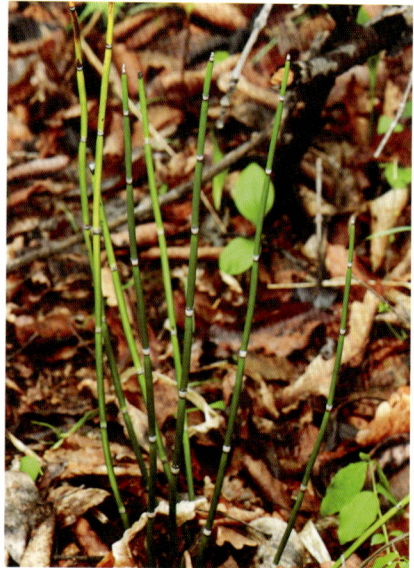

中 文 名：劲直假阴地蕨

拼　　音：jìn zhí jiǎ yīn dì jué

其他俗名：抓地虎

科中文名：瓶尔小草科

科 学 名：Ophioglossaceae

属中文名：假阴地蕨属

学　　名：Botrypus strictus

生　　境：生于林下。

形态特征：多年生草本。根状茎短，直立，具粗健肉质的长根。总叶柄长
25～32厘米，淡绿色；营养叶片为广三角形，长约18厘米，基部
宽25～30厘米，三回羽状深裂或近干三回羽状；侧生羽片7～9
对，基部一对最大；一回小羽片约12对，基部一对最短，向上各
对逐渐加长，到第5～6对最长，向上各对又逐渐缩短。孢子叶自
营养叶的基部生出，柄长5～6厘米，孢子囊穗长7～12厘米。

分　　布：原产中国东北、西南、华中。朝鲜、日本也有分布。辽宁产本
溪、桓仁、宽甸、铁岭、调兵山、昌图等市县。

中 文 名：桂皮紫萁

拼　　音：guì pí zǐ qí

其他俗名：分株紫萁，薇菜，牛毛广子

科中文名：紫萁科

科 学 名：Osmundaceae

属中文名：桂皮紫萁属

学　　名：Osmundastrum cinnamomeum

生　　境：生于林缘、疏林下或湿草地。

形态特征：多年生草本。根状茎短粗直立。叶二型；不育叶的柄长30～40厘米，叶片长40～60厘米，长圆形或狭长圆形，二回羽状深裂；羽片20对或更多，羽状深裂几乎达羽轴；裂片约15对，长圆形，圆头，全缘；中脉明显。能育叶比不育叶短而瘦弱，密被灰棕色绒毛，背面满布暗棕色的孢子囊。孢子成熟期7—8月。

分　　布：原产中国东北、西南。朝鲜、日本、俄罗斯也有分布。辽宁产本溪、凤城、宽甸、丹东等市县。

中 文 名：尖齿凤了蕨

拼　　音：jiān chǐ fèng liǎo jué

其他俗名：尖齿凤丫蕨

科中文名：凤尾蕨科

科 学 名：Pteridaceae

属中文名：凤了蕨属

学　　名：Coniogramme affinis

生　　境：生于阔叶林下。

形态特征：多年生草本。根状茎长而横走。叶疏生；叶柄长30～70厘米，禾秆色；叶片长卵形，长25～50厘米，宽15～40厘米，基部二回羽状，向上为羽状，羽片5～8对，基部一对最大，长达26厘米，宽约12厘米，羽状或三出状；羽片边缘有细密尖锯齿，叶脉羽状，侧脉1～2叉，先端具略膨大的水囊体，伸达锯齿的下侧边，并多少与之靠合。孢子囊群沿侧脉分布。孢子成熟期7—9月。

分　　布：原产中国东北、西南、华中、西北。缅甸北部、印度北部、尼泊尔也有分布。辽宁产本溪、宽甸、桓仁等市县。

中 文 名：掌叶铁线蕨

拼　　音：zhǎng yè tiě xiàn jué

其他俗名：铁杆草，铁扇子，铁丝草

科中文名：凤尾蕨科

科 学 名：Pteridaceae

属中文名：铁线蕨属

学　　名：Adiantum pedatum

生　　境：生于阔叶林下。

形态特征：多年生草本。根状茎斜生。叶簇生或近簇生；柄长20～40厘米，栗色或棕色，光滑，有光泽；叶片阔扇形，长达30厘米，宽达40厘米，叶轴二歧掌状分枝；羽片一回羽状，线状披针形，长达30厘米；小羽片三角状长圆形，表面绿色，背面灰绿色，两面光滑无毛；叶脉扇形分叉，深达叶缘。孢子囊群生于由裂片顶端反折而成的囊群盖下面。孢子成熟期7—8月。

分　　布：原产中国东北、华北、西北、西南。喜马拉雅山南部、朝鲜、日本及北美洲也有分布。辽宁产清原、本溪、凤城、宽甸、岫岩、西丰、庄河等市县。

中 文 名：银粉背蕨

拼　　音：yín fěn bèi jué

其他俗名：通经草，金丝草

科中文名：凤尾蕨科

科 学 名：Pteridaceae

属中文名：粉背蕨属

学　　名：Aleuritopteris argentea

生　　境：生于干旱石缝。

形态特征：多年生草本。根状茎直立或斜生。叶簇生；叶柄长10～20厘米，红棕色，有光泽；叶片五角形，长宽几乎相等，5～7厘米，先端渐尖，羽片3～5对，基部三回羽裂，中部二回羽裂，上部一回羽裂；叶厚纸质，表面暗绿色，无毛，背面有乳白色或淡黄色粉末。孢子囊群顶生于小脉，成熟后汇合成线形，沿叶边连续排列。孢子成熟期7—9月。

分　　布：原产中国各省区。尼泊尔、印度北部、俄罗斯、蒙古、朝鲜、日本也有分布。辽宁产铁岭、开原、本溪、桓仁、鞍山、海城、大连、建昌、凌源等市县。

中 文 名： 溪洞碗蕨

拼　　音： xī dòng wǎn jué

其他俗名： 光叶碗蕨，金丝蕨

科中文名： 碗蕨科

科 学 名： Dennstaedtiaceae

属中文名： 碗蕨属

学　　名： Dennstaedtia wilfordii

生　　境： 生于林缘岩石缝。

形态特征： 多年生草本。根状茎细长，横走，黑色，密被棕色节状长毛。叶疏生，柄长10～25厘米，基部栗黑色，向上为红棕色，除基部疏生毛外其余无毛而有光泽；叶片长圆状披针形，长16～30厘米，二至三回羽状深裂；羽片12～14对，互生，卵状阔披针形或披针形。孢子囊群近圆形，生于裂片齿凹处或前端，囊群盖浅杯形，淡绿色，口边多少虫蚀状。孢子成熟期7—8月。

分　　布： 原产中国东北、华东、华北、华中、西南。朝鲜、日本及西伯利亚东部也有分布。辽宁产西丰、新宾、桓仁、本溪、宽甸、凤城、鞍山等市县。

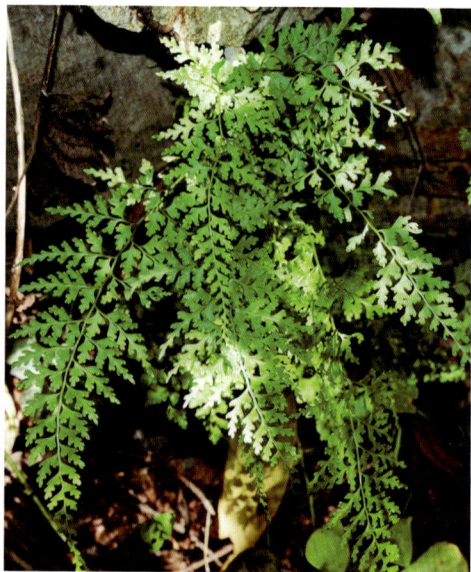

中 文 名：蕨

拼　　音：jué

其他俗名：蕨菜，小孩拳，如意菜

科中文名：碗蕨科

科 学 名：Dennstaedtiaceae

属中文名：蕨属

学　　名：Pteridium aquilinum var. latiusculum

生　　境：生于山坡、林缘或林间空地。

形态特征：多年生草本。根状茎长而横走，密被锈黄色柔毛。叶远生；柄长
20～80厘米，褐棕色或棕禾秆色，略有光泽，光滑；叶片阔三角
形或长圆三角形，长30～60厘米，三回羽状；羽片4～6对，对生
或近对生，斜展，基部一对最大，三角形，二回羽状。孢子囊群
线形，沿裂片边缘分布。孢子成熟期7—8月。

分　　布：原产中国各省区，主要在中国长江流域及以北地区。世界温带和
暖温带其他地区也有分布。辽宁产铁岭、开原、西丰、新宾、清
原、桓仁、本溪、宽甸、凤城、鞍山等市县。

中 文 名：冷蕨

拼　　音：lěng jué

其他俗名：分羽冷蕨

科中文名：冷蕨科

科 学 名：Cystopteridaceae

属中文名：冷蕨属

学　　名：Cystopteris fragilis

生　　境：生于林下岩石上。

形态特征：多年生草本。根状茎短横走，带有残留的叶柄基部，先端和叶柄基部被有鳞片。叶近生或簇生；叶片披针形，长10～23厘米，宽7～10厘米，短渐尖头，通常二回羽裂至二回羽状，小羽片羽裂；羽片8～15对，中下部的近对生，几乎无柄，下部1～2对稍缩短；顶部羽片羽状深裂。叶干后草质，绿色或黄绿色。孢子囊群小，圆形，背生于每小脉中部。

分　　布：原产中国东北、华北、西北、西南。俄罗斯远东地区、朝鲜、日本及欧洲、北美洲一些国家也有分布。辽宁产鞍山、宽甸、凤城等市县。

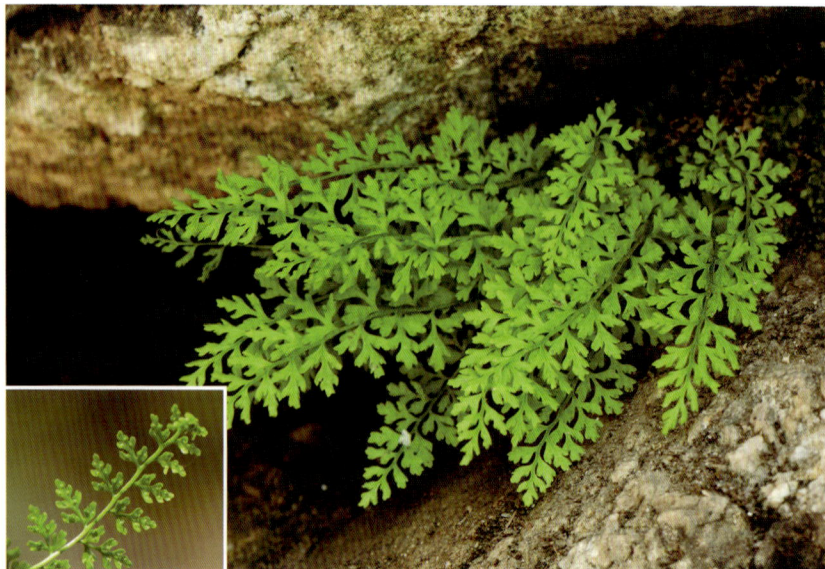

中 文 名：羽节蕨

拼　　音：yǔ jié jué

其他俗名：大羽节蕨，腺毛羽节蕨

科中文名：冷蕨科

科 学 名：Cystopteridaceae

属中文名：羽节蕨属

学　　名：Gymnocarpium jessoense

生　　境：生于林下阴湿处或山坡。

形态特征：多年生草本。根状茎细长横走。叶通常远生；叶柄长15～26厘米，麦秆色；叶片卵状三角形，长10～22厘米，宽12～21厘米，渐尖头，三回羽状；羽片约8对，下部1～3对羽片有柄，柄长1～3厘米，基部1对最大，三角形，通常显著小于叶片其余部分；裂片长圆形，钝圆头。孢子囊群圆形，背生于侧脉上部，无盖。孢子成熟期6—8月。

分　　布：原产中国东北、华北、西北、西南。俄罗斯远东地区、朝鲜、日本、印度北部、尼泊尔等也有分布。辽宁产建昌、鞍山、宽甸、大连等市县。

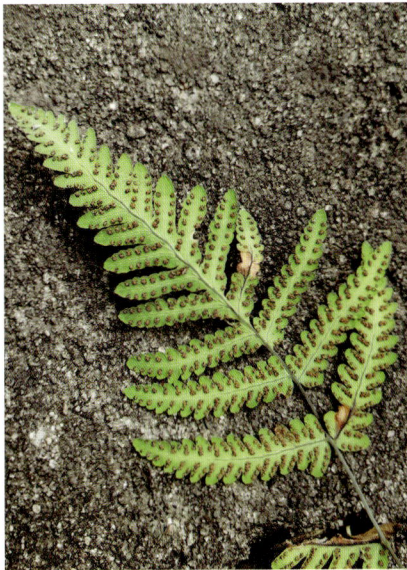

中 文 名：过山蕨

拼　　音：guò shān jué

其他俗名：过桥草，还阳草，马蹄草

科中文名：铁角蕨科

科 学 名：Aspleniaceae

属中文名：铁角蕨属

学　　名：Asplenium ruprechtii

生　　境：生于林下岩石上。

形态特征：多年生草本。根状茎短小，直立。叶簇生；基生叶不育，较小；柄长1~3厘米；叶片长1~2厘米，宽5~8毫米，椭圆形；能育叶较大，柄长1~5厘米，叶片长10~15厘米，宽5~10毫米，披针形，全缘或略呈波状，先端渐尖，且延伸成鞭状，末端稍卷曲，能着地生根行无性繁殖。孢子囊群线形或椭圆形。孢子成熟期7—8月。

分　　布：原产中国东北、华北、西北、华东。俄罗斯、朝鲜、日本也有分布。辽宁产铁岭、本溪、凤城、宽甸、桓仁、岫岩、鞍山、凌源等市县。

中 文 名：膀胱蕨

拼　　音：páng guāng jué

其他俗名：膀胱岩蕨，东北岩蕨，泡囊蕨

科中文名：岩蕨科

科 学 名：Woodsiaceae

属中文名：岩蕨属

学　　名：Woodsia manchuriensis

生　　境：生于岩石缝。

形态特征：多年生草本。根状茎短而横走。叶簇生；叶柄疏生鳞片及短毛；叶片披针形，长7～20厘米，宽1.5～3厘米，二回羽状深裂；羽片15～25对，互生，下部羽片渐缩小，中部羽片较大，长1～2厘米，宽5～7毫米，卵状长圆形，羽状深裂。孢子囊群圆形，囊群盖膨大成膜质球形，灰白色，顶端有一孔口。孢子成熟期7—8月。

分　　布：原产中国东北、华北、西北、西南、华东。俄罗斯远东地区、朝鲜、日本也有分布。辽宁产宽甸、凤城、本溪、桓仁、鞍山、瓦房店、庄河等市县。

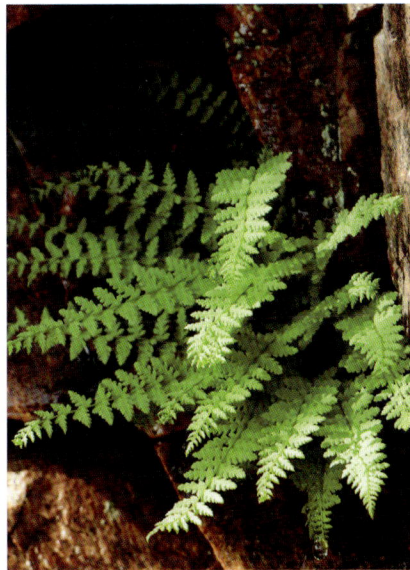

中 文 名：耳羽岩蕨

拼　　音：ěr yǔ yán jué

其他俗名：蜈蚣旗，岩蕨

科中文名：岩蕨科

科 学 名：Woodsiaceae

属中文名：岩蕨属

学　　名：Woodsia polystichoides

生　　境：生于林下岩石上。

形态特征：多年生草本。根状茎短而直立。叶簇生；柄长4～12厘米，禾秆色，略有光泽，顶端或上部有倾斜的关节；叶片线状披针形或狭披针形，长10～23厘米，中部宽1.5～3厘米，渐尖头，向基部渐变狭，一回羽状；羽片16～30对，近对生或互生，中部羽片较大，镰状长圆形，基部不对称，下侧楔形，上侧近截形并凸成耳状。囊群盖深盘状。孢子成熟期7—9月。

分　　布：原产中国东北、华北、西南、华中、华东。俄罗斯远东地区、朝鲜、日本也有分布。辽宁产西丰、宽甸、凤城、本溪、桓仁、鞍山、岫岩、庄河等市县。

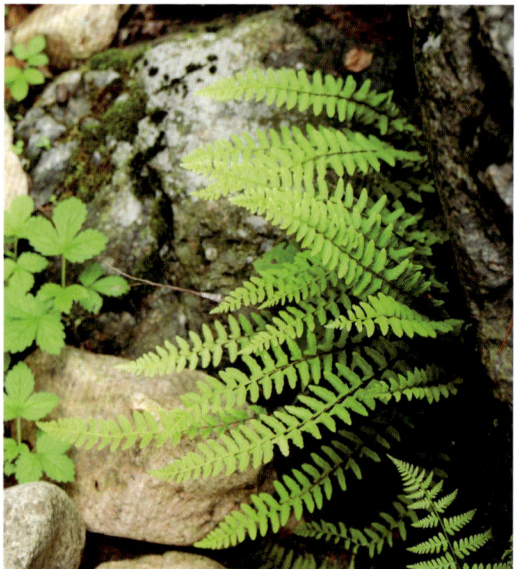

中 文 名：荚果蕨

拼　　音：jiá guǒ jué

其他俗名：黄瓜香

科中文名：球子蕨科

科 学 名：Onocleaceae

属中文名：荚果蕨属

学　　名：Matteuccia struthiopteris

生　　境：生于林缘、灌丛或草地。

形态特征：多年生草本。根状茎短而直立。叶簇生，二型；营养叶叶片倒
　　　　　披针形，长40～80厘米，宽15～20厘米，二回羽状深裂；羽片
　　　　　30～60对，互生，无柄，中下部羽片逐渐缩短，基部羽片缩短成
　　　　　小耳形；裂片长圆形，钝圆头；孢子叶较短，具粗长柄，一回羽
　　　　　状，羽片两侧向背面反卷成荚状，包卷孢子囊群，熟时深褐色。
　　　　　孢子囊群圆形。孢子成熟期9—10月。

分　　布：原产中国东北、华北、西北、西南。北温带其他地区也有分布。
　　　　　辽宁产西丰、鞍山、清原、宽甸、桓仁、大连、庄河等市县。

中 文 名：球子蕨

拼　　音：qiú zǐ jué

其他俗名：间断球子蕨

科中文名：球子蕨科

科 学 名：Onocleaceae

属中文名：球子蕨属

学　　名：Onoclea sensibilis var. interrupta

生　　境：生于草甸或灌丛。

形态特征：多年生草本。根状茎长而横走。叶远生，二型：营养叶具柄，叶柄长20～52厘米，通常麦秆色；叶片广卵形或广卵状三角形，叶草质，一回羽状；羽片5～8对，披针形，基部1～2对较大；裂片三角形，钝圆头，全缘；孢子叶具长柄，二回羽状，羽片线形。孢子囊群圆形，生于小脉先端的囊托上，具盖。孢子成熟期9—10月。

分　　布：原产中国东北、华北、西北。俄罗斯、朝鲜、日本也有分布。辽宁产清原、宽甸、岫岩、桓仁、凤城、本溪等市县。

中 文 名：东北蹄盖蕨

拼　　音：dōng běi tí gài jué

其他俗名：猴腿儿

科中文名：蹄盖蕨科

科 学 名：Athyriaceae

属中文名：蹄盖蕨属

学　　名：Athyrium brevifrons

生　　境：生于山地林缘、疏林下。

形态特征：多年生草本。根状茎短粗而斜生。叶簇生；叶柄长20～50厘米，麦秆色至深麦秆色，被有黑褐色披针形鳞片，基部明显尖削；叶片草质，长圆状披针形至卵状长圆形，长20～50厘米，宽10～40厘米，三回羽裂；羽片10对以上，有短柄，通常基部1对羽片略缩短。孢子囊群生于裂片基部上侧小脉上，囊群盖线形，多少弓弯。孢子成熟期7—8月。

分　　布：原产中国东北、华北。朝鲜、日本也有分布。辽宁产西丰、清原、本溪、凤城、宽甸、桓仁、北镇、鞍山等市县。

中 文 名：细齿蹄盖蕨

拼　　音：xì chǐ tí gài jué

其他俗名：东北角蕨，水蕨菜，新蹄盖蕨

科中文名：蹄盖蕨科

科 学 名：Athyriaceae

属中文名：蹄盖蕨属

学　　名：Athyrium crenulato-serrulatum

生　　境：生于林下或草地。

形态特征：多年生草本。根状茎匍匐。叶近生；叶柄与叶片近等长，基部不
　　　　　变尖削；叶片三角状卵形，长25～30厘米，宽20～45厘米，顶
　　　　　部渐尖，三回深羽裂；羽片10～15对，互生或近对生，长椭圆
　　　　　形，基部变狭，先端渐尖；小羽片8～18对，披针形，长1～4厘
　　　　　米，宽5～12厘米；裂片长圆形，基部以狭翅沿小羽轴相连。孢
　　　　　子囊群小，近圆形，无盖。孢子成熟期7—8月。

分　　布：原产中国东北、西北。俄罗斯远东地区、朝鲜、日本也有分布。
　　　　　辽宁产本溪、凤城、宽甸、桓仁等市县。

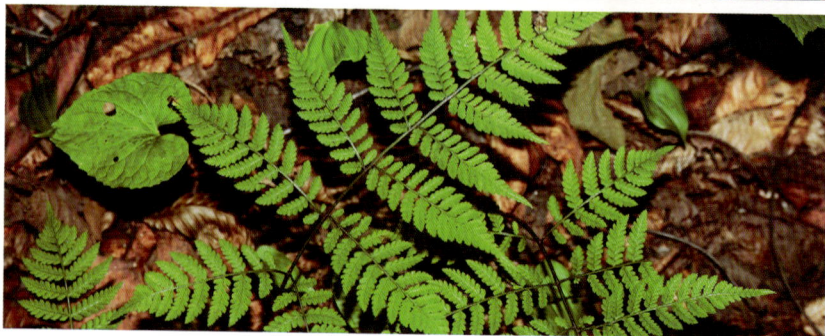

中 文 名：禾秆蹄盖蕨

拼　　音：hé gǎn tí gài jué

其他俗名：禾秆蹄盖蕨，横须贺蹄盖蕨

科中文名：蹄盖蕨科

科 学 名：Athyriaceae

属中文名：蹄盖蕨属

学　　名：Athyrium yokoscense

生　　境：生于林下石缝或林缘石壁。

形态特征：多年生草本。根状茎直立或斜生。叶簇生；叶柄长15～30厘米，基部棕褐色，略膨大成尖端的纺锤形；叶片披针形，长15～40厘米，宽8～15厘米，下部多少变狭，二回羽状深裂至全裂；羽片10对以上，披针形，基部平截，尾状渐尖头；小羽片基部与羽轴合生，稍不对称。孢子囊群盖椭圆形、弯钩形或马蹄形。孢子成熟期7—8月。

分　　布：原产中国东北、华北、华东、华中、华南。朝鲜、日本也有分布。辽宁产沈阳、盖州、凤城、宽甸、桓仁、庄河、丹东等市县。

中 文 名：朝鲜对囊蕨

拼　　音：cháo xiǎn duì náng jué

其他俗名：朝鲜蛾眉蕨，白毛鲜

科中文名：蹄盖蕨科

科 学 名：Athyriaceae

属中文名：对囊蕨属

学　　名：Deparia coreana

生　　境：生于山沟林下。

形态特征：多年生草本。根状茎短横卧、斜生或近直立。叶近生，叶柄长30～50厘米；叶片长圆状卵形，长30～60厘米，宽15～25厘米，二回羽状深裂；羽片12～18对，披针形，下部几对羽片基部狭缩；裂片长圆形，先端钝，边缘有浅圆钝齿或深锯齿，基部彼此以狭翅相连；裂片脉羽状，侧脉2～3叉。孢子囊群盖弯曲或稍直，生于上侧小脉的背侧。孢子成熟期7—9月。

分　　布：原产中国东北、华北。俄罗斯远东地区、朝鲜、日本也有分布。辽宁产西丰、清原、鞍山、本溪、宽甸、桓仁等市县。

中 文 名：东北对囊蕨

拼　　音：dōng běi duì náng jué

其他俗名：东北蛾眉蕨

科中文名：蹄盖蕨科

科 学 名：Athyriaceae

属中文名：对囊蕨属

学　　名：Deparia pycnosora

生　　境：生于林下、林缘、沟谷。

形态特征：多年生草本。根状茎短，斜生至横卧。叶近生；叶柄长5～25厘米；叶片长圆形，长达60余厘米，宽9～15厘米，二回羽状深裂；羽片无柄，披针形，中部羽片最长，下部1～3对羽片渐缩短；裂片长圆形，钝圆头，近全缘或有浅钝齿；裂片侧脉单一。叶轴、羽轴及裂片主脉被多数灰褐色多细胞毛。孢子囊群盖直，偶尔弯钩形。孢子成熟期7—9月。

分　　布：原产中国东北、华北。俄罗斯远东地区、朝鲜、日本也有分布。辽宁产西丰、清原、鞍山、本溪、宽甸、桓仁等市县。

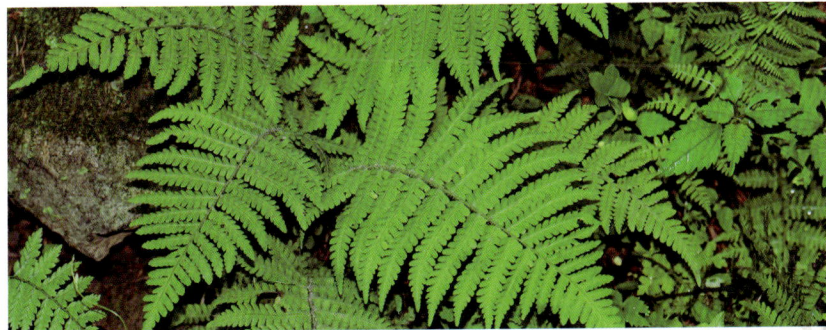

中 文 名：卵果蕨

拼　　音：luǎn guǒ jué

其他俗名：广羽金星蕨

科中文名：金星蕨科

科 学 名：Thelypteridaceae

属中文名：卵果蕨属

学　　名：Phegopteris connectilis

生　　境：生于林下。

形态特征：多年生草本。根状茎长而横走。叶远生；叶柄显著长于叶片，麦秆色，长15～30厘米；叶片三角形，长10～20厘米，基部宽8～18厘米，尾尖或渐尖，二回羽状深裂；羽片约10对，通常对生，长圆状披针形，基部与叶轴合生，基部一对羽片与其上部羽片分离，其余羽片彼此以翅相连；裂片近三角形至镰状长圆形。孢子囊群卵圆形，无囊群盖。孢子成熟期7—8月。

分　　布：原产中国东北及江苏北部。朝鲜、日本及北美洲一些国家也有分布。辽宁产西丰、丹东、宽甸、凤城、鞍山、大连等市县。

中 文 名：毛叶沼泽蕨

拼　　音：máo yè zhǎo zé jué

其他俗名：金星蕨，沼泽蕨

科中文名：金星蕨科

科 学 名：Thelypteridaceae

属中文名：沼泽蕨属

学　　名：Thelypteris palustris var. pubescens

生　　境：生于湿草甸或沼泽旁。

形态特征：多年生草本。根状茎细长而横走。叶远生；叶柄长13～36厘米；叶片长圆形至长圆状披针形，长15～33厘米，宽8～12厘米，二回羽状深裂；羽片16～25对，具短柄，线状披针形，下部羽片略缩短，中部羽片最大；裂片三角状长卵形，先端尖或钝尖。孢子囊群圆肾形，早落。叶薄纸质，叶轴、羽轴及裂片主脉两侧疏生白色柔毛。孢子成熟期7—8月。

分　　布：原产中国东北、西北、西南及台湾省。俄罗斯、朝鲜、日本及北欧、北美洲一些国家也有分布。辽宁产本溪、凤城、宽甸、桓仁等市县。

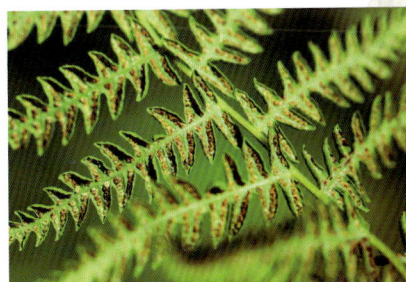

中 文 名：毛枝蕨

拼　　音：máo zhī jué

其他俗名：米奎毛枝蕨

科中文名：鳞毛蕨科

科 学 名：Dryopteridaceae

属中文名：复叶耳蕨属

学　　名：Arachniodes miqueliana

生　　境：生于林下或林缘湿草地。

形态特征：多年生草本。根状茎长，横长。叶远生；柄长40~62厘米，红棕
　　　　　色或向上达叶轴为棕禾秆色，疏被较小型鳞片；叶片阔卵形，长
　　　　　43~52厘米，宽26~35厘米，先端短尖，四回或五回羽状；羽
　　　　　片6~8对，互生，有柄，斜展，基部一对较大，三角状卵形，四
　　　　　回羽状。孢子囊群小，圆形，背生小脉上。

分　　布：原产中国吉林、辽宁、浙江、江西、四川。日本、朝鲜也有分
　　　　　布。辽宁产宽甸。

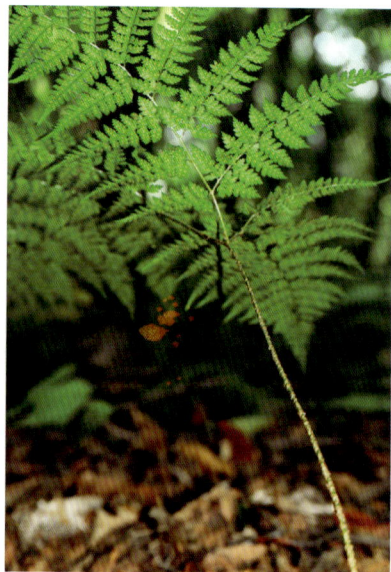

中 文 名：全缘贯众

拼　　音：quán yuán guàn zhòng

其他俗名：凤尾草，全缘贯众蕨

科中文名：鳞毛蕨科

科 学 名：Dryopteridaceae

属中文名：贯众属

学　　名：Cyrtomium falcatum

生　　境：生于岩石或树干上。

形态特征：多年生草本。根茎直立，密被披针形棕色鳞片。叶簇生；叶柄长
15～27厘米，禾秆色，下部密生卵形棕色鳞片；叶片宽披针形，
长22～35厘米，宽12～15厘米，先端急尖，奇数一回羽状；侧
生羽片5～14对，互生，有短柄，偏斜的卵形；具羽状脉，小脉
结成3～4行网眼；顶生羽片卵状披针形。叶为革质，两面光滑。
孢子囊群遍布羽片背面；囊群盖圆形。

分　　布：原产中国华东、华南地区。日本也有分布。辽宁产大连市。

中 文 名：粗茎鳞毛蕨

拼　　音：cū jīng lín máo jué

其他俗名：野鸡膀子，绵马，绵马贯众

科中文名：鳞毛蕨科

科 学 名：Dryopteridaceae

属中文名：鳞毛蕨属

学　　名：Dryopteris crassirhizoma

生　　境：生于林下及林缘。

形态特征：多年生草本。根状茎粗大，直立或斜生。叶簇生；叶柄深麦秆色，显著短于叶片；叶片长圆形至倒披针形，长50～120厘米，宽15～30厘米，二回羽状深裂；羽片通常30对以上，无柄，线状披针形，中部稍上羽片最大，向两端羽片依次缩短，羽状深裂；裂片长圆形，基部与羽轴广合生。孢子囊群圆形，通常孢生于叶片背面上部1/3～1/2处。孢子成熟期7—9月。

分　　布：原产中国东北、华北。俄罗斯远东地区、朝鲜、日本也有分布。辽宁产西丰、凤城、宽甸、本溪、桓仁、鞍山、岫岩、清原等市县。

中 文 名：广布鳞毛蕨

拼　　音：guǎng bù lín máo jué

其他俗名：大鳞毛蕨，阔叶鳞毛蕨

科中文名：鳞毛蕨科

科 学 名：Dryopteridaceae

属中文名：鳞毛蕨属

学　　名：Dryopteris expansa

生　　境：生于林下。

形态特征：多年生草本。根状茎短粗，斜生或横卧。叶簇生；叶柄密被鳞片；叶片与叶柄近等长，长圆形、卵状长圆形或近三角形，长25～50厘米，宽12～35厘米，渐尖头，三回羽状深裂；羽片6～11对，对生或近对生，基部羽片最大斜三角形，具短柄；裂片长方形或长圆形，先端齿牙具芒刺。孢子囊群圆形，生于小脉顶端或上部。孢子成熟期7—8月。

分　　布：原产中国东北。俄罗斯远东地区、朝鲜、日本及欧洲、北美洲也有分布。辽宁产本溪、宽甸、桓仁、清原等市县。

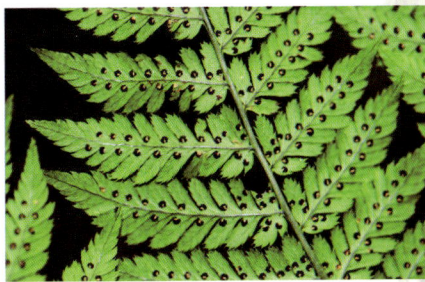

中 文 名：戟叶耳蕨

拼　　音：jǐ yè ěr jué

其他俗名：三叶耳蕨，三叉耳蕨

科中文名：鳞毛蕨科

科 学 名：Dryopteridaceae

属中文名：耳蕨属

学　　名：Polystichum tripteron

生　　境：生于林缘或疏林下。

形态特征：多年生草本。根状茎短而直立。叶簇生；叶柄长12～30厘米；叶片戟状披针形，长30～45厘米，基部宽10～16厘米，具三枚椭圆披针形的羽片；侧生一对羽片较短小，长5～8厘米，宽2～5厘米，有短柄，斜展，羽状；中央羽片远较大，长30～40厘米，宽5～8厘米，有长柄，一回羽状。孢子囊群圆形，生于小脉顶端。孢子成熟期7—8月。

分　　布：原产中国东北、华北、西北。北半球温带其他地区也有分布。辽宁产凤城、桓仁、宽甸、丹东、本溪、清原、鞍山、海城等市县。

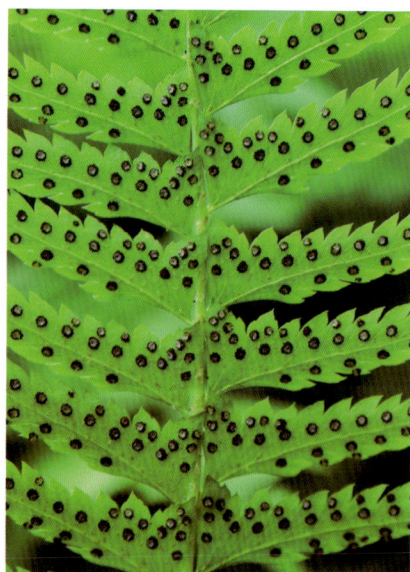

中 文 名：骨碎补

拼　　　音：gǔ suì bǔ

其他俗名：海州骨碎补

科中文名：骨碎补科

科 学 名：Davalliaceae

属中文名：骨碎补属

学　　　名：Davallia trichomanoides

生　　　境：生于山地林中树干上或岩石上。

形态特征：多年生草本。根状茎长而横走，密被蓬松的灰棕色鳞片。叶远
生，相距1～5厘米；叶柄长6～20厘米，深禾秆色；叶片五角
形，长宽各8～25厘米，先端渐尖，基部浅心脏形，四回羽裂；
羽片6～12对，下部1～2对对生，向上的互生，有短柄，斜展，
基部一对最大，三角形。叶硬革质，干后棕褐色至褐绿色。孢子
囊群生于小脉顶端，囊群盖管状，先端截形。

分　　　布：原产中国辽宁、河北、山东、江苏、台湾。朝鲜、日本也有分
布。辽宁产大连市。

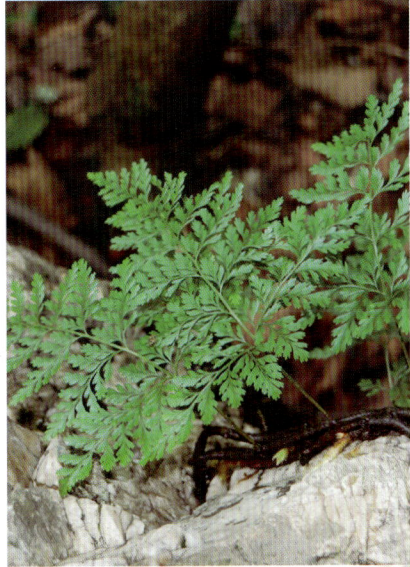

中 文 名：有柄石韦

拼　　音：yǒu bǐng shí wéi

其他俗名：独叶草

科中文名：水龙骨科

科 学 名：Polypodiaceae

属中文名：石韦属

学　　名：Pyrrosia petiolosa

生　　境：生于岩石上。

形态特征：多年生草本。根状茎细长横走。叶远生，一型；具长柄，通常等于叶片长度的1/2～2倍长，基部被鳞片，向上被星状毛，棕色或灰棕色；叶片椭圆形，急尖短钝头，基部楔形，下延，干后厚革质，全缘，上面灰淡棕色，有洼点，疏被星状毛，下面被厚层星状毛，初为淡棕色，后为砖红色。孢子囊群布满叶片下面，成熟时扩散并汇合。

分　　布：原产中国东北、华北、西北、西南以及长江中下游各省。朝鲜也有分布。辽宁产西丰、法库、本溪、凤城、宽甸、凌源、鞍山等市县。

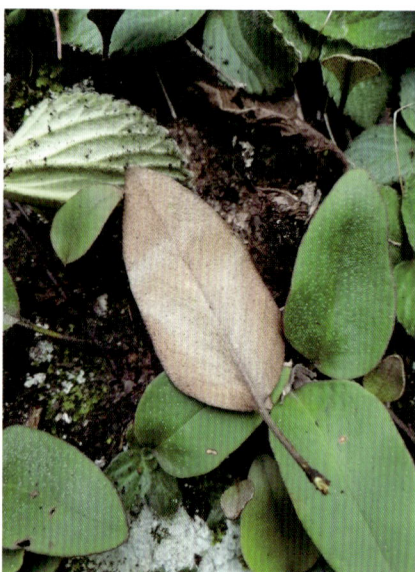

中 文 名：乌苏里瓦韦

拼　　音：wū sū lǐ wǎ wéi

其他俗名：石茶

科中文名：水龙骨科

科 学 名：Polypodiaceae

属中文名：瓦韦属

学　　名：Lepisorus ussuriensis

生　　境：生于林下岩石、朽木或树皮上。

形态特征：多年生草本。根状茎细长横走。叶疏生；叶柄长1.5～5厘米，禾秆色，基部以关节着生；叶片线状披针形，长4～13厘米，中部宽0.5～1厘米，向两端渐变狭，短渐尖头；干后上面淡绿色，下面淡黄绿色，或两面均为淡棕色，边缘略反卷，纸质或近革质。孢子囊群圆形，位于主脉和叶边之间。孢子成熟期8—9月。

分　　布：原产中国东北、华北、西北。俄罗斯远东地区、朝鲜也有分布。辽宁产清原、新宾、桓仁、宽甸、本溪、鞍山、盖州等市县。

>> 第二部分　裸子植物

中 文 名：草麻黄

拼　　音：cǎo má huáng

其他俗名：麻黄，华麻黄

科中文名：麻黄科

科 学 名：Ephedraceae

属中文名：麻黄属

学　　名：Ephedra sinica

生　　境：生于草原、山坡、平原、河床。

形态特征：草本状灌木，高20～40厘米。木质茎短，小枝直伸，节间多为
3～4厘米长，径约2毫米。叶2裂，鞘占全长1/3～2/3。雌雄异
株；雄球花多呈复穗状；雌球花单生，在幼枝上顶生，在老枝
上腋生，卵圆形，成熟时肉质红色。种子通常2粒，三角状卵圆
形，黑红色。花期5—6月，种子8—9月成熟。

分　　布：原产中国华北、西北、东北。蒙古也有分布。辽宁产彰武、建
平、瓦房店、盖州等市县。

中 文 名：杉松

拼　　音：shān sōng

其他俗名：辽东冷杉，沙松，杉松冷杉

科中文名：松科

科 学 名：Pinaceae

属中文名：冷杉属

学　　名：Abies holophylla

生　　境：生于针阔叶混交林中。

形态特征：常绿乔木，高达30米。幼树树皮淡褐色，老则暗褐色，浅纵裂。枝条平展，一年生枝淡黄灰色，二、三年生枝灰褐色。叶在果枝下部及营养枝上排成两列，条形，长2～4厘米，宽1.5～2.5毫米，先端急尖，上面深绿色、有光泽，下面沿中脉两侧各有1条白色气孔带。球果圆柱形，长6～14厘米，径3.5～4厘米；种子倒三角状。花期4—5月，球果10月成熟。

分　　布：原产中国东北。俄罗斯和朝鲜也有分布。辽宁产本溪、凤城、宽甸、桓仁等市县。

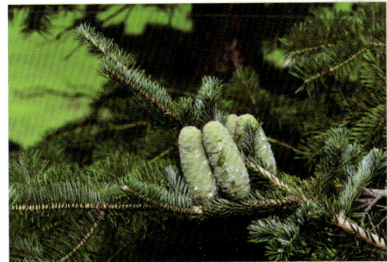

中 文 名：臭冷杉

拼　　音：chòu lěng shān

其他俗名：臭松

科中文名：松科

科 学 名：Pinaceae

属中文名：冷杉属

学　　名：Abies nephrolepis

生　　境：生于山坡林中谷地。

形态特征：常绿乔木，高达30米。幼树树皮通常平滑，老则呈灰色，裂成长条裂块。枝条斜上伸展，一年生枝淡黄褐色，二、三年生枝灰褐色。叶通常排成两列，条形，长1～3厘米，宽约1.5毫米，上面光绿色，下面有2条白色气孔带，大部分叶先端有凹缺。球果卵状圆柱形，熟时紫褐色；种子倒卵状三角形。花期4—5月，球果9—10月成熟。

分　　布：原产中国东北、华北。俄罗斯远东地区及朝鲜也有分布。辽宁产宽甸、桓仁、本溪县等市县。

中 文 名：黄花落叶松

拼　　音：huáng huā luò yè sōng

其他俗名：长白落叶松

科中文名：松科

科 学 名：Pinaceae

属中文名：落叶松属

学　　名：Larix olgensis

生　　境：生于湿润山坡及沼泽地。

形态特征：落叶乔木，高达30米。树冠塔形；树皮灰色，纵裂成长鳞片脱落，落痕呈紫红色。枝平展，当年生枝淡红褐色，二、三年生枝灰色；有长枝与短枝之分，长枝细长，无限生长，叶子在枝上螺旋状排列；短枝粗短，叶簇生于枝顶。叶倒披针状条形，长1.5～2.5厘米，宽约1毫米，先端钝或微尖，上面中脉平，下面中脉隆起，两边各有2～5条气孔线。球果长卵圆形，熟时淡褐色；种子近倒卵圆形。花期5月，球果9—10月成熟。

分　　布：原产中国东北。俄罗斯远东地区、朝鲜也有分布。辽宁产东部山区。

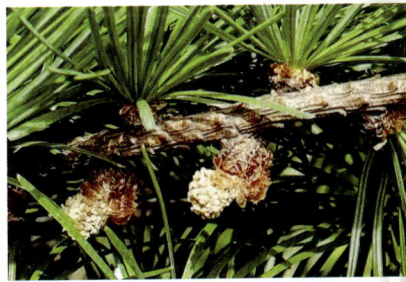

中 文 名：红皮云杉

拼　　音：hóng pí yún shān

其他俗名：红皮臭，高丽云杉

科中文名：松科

科 学 名：Pinaceae

属中文名：云杉属

学　　名：Picea koraiensis

生　　境：生于针阔混交林中。

形态特征：常绿乔木，高达30米以上。树冠尖塔形；树皮灰褐色，裂成不规则薄条片脱落，裂缝常为红褐色。大枝斜伸，一年生枝黄色，二、三年生枝淡黄褐色。叶四棱状条形，辐射排列，长1.2～2.2厘米，宽约1.5毫米，先端急尖，四面有气孔线。球果卵状圆柱形，熟时绿黄褐色至褐色；种子倒卵圆形，灰黑褐色。花期5—6月，球果9—10月成熟。

分　　布：原产中国东北。俄罗斯远东地区、朝鲜也有分布。辽宁产宽甸、桓仁等市县。

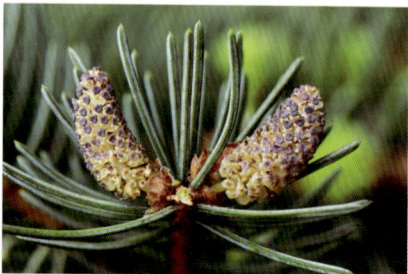

中 文 名：长白鱼鳞云杉

拼　　音：cháng bái yú lín yún shān

其他俗名：白杉，长白鱼鳞松，鱼鳞云杉

科中文名：松科

科 学 名：Pinaceae

属中文名：云杉属

学　　名：Picea jezoensis var. komarovii

生　　境：生于针阔叶混交林。

形态特征：常绿乔木，高20～40米。树冠尖塔形；树皮灰色，裂成鳞状块片。枝条短，近平展，一年生枝黄色。小枝上面之叶覆瓦状向前伸展，下面及两侧的叶向两边弯伸，条形，长1～2厘米，宽1.2～1.8毫米，先端微钝，上面有2条淡白色气孔带，下面光绿色，无气孔带。球果卵圆形，熟时淡褐色或褐色；种子倒卵圆形。花期4—5月，球果9—10月成熟。

分　　布：原产中国吉林、辽宁。朝鲜也有分布。辽宁产宽甸、桓仁、本溪等市县。

中 文 名：红松

拼　　音：hóng sōng

其他俗名：朝鲜松，果松，海松。

科中文名：松科

科 学 名：Pinaceae

属中文名：松属

学　　名：Pinus koraiensis

生　　境：生于针阔混交林。

形态特征：常绿乔木，高达50米。树冠圆锥形；大树树皮灰褐色，纵裂成不规则的长方鳞状块片。枝近平展，一年生枝密被黄褐色柔毛。针叶5针一束，长6～12厘米，边缘具细锯齿，横切面近三角形。雄球花多数密集于新枝下部呈穗状；雌球花单生或数个集生于新枝近顶端。球果圆锥状卵圆形；种子倒卵状三角形，微扁。花期6月，球果翌年9—10月成熟。

分　　布：原产中国东北。俄罗斯远东地区、朝鲜和日本也有分布。辽宁产宽甸、凤城、桓仁、本溪、新宾等市县。

中 文 名：赤松

拼　　音：chì sōng

其他俗名：日本赤松，灰果赤松，辽东赤松

科中文名：松科

科 学 名：Pinaceae

属中文名：松属

学　　名：Pinus densiflora

生　　境：生于山坡沙质地。

形态特征：常绿乔木，高达30米。树冠伞状；树皮橘红色，裂成不规则的鳞片状块片脱落。一年生枝淡黄色。针叶2针一束，长5～12厘米，先端微尖，两面有气孔线，边缘有细锯齿，横切面半圆形。雄球花聚生于新枝下部呈短穗状；雌球花单生或2～3个聚生。球果，成熟时暗黄褐色；种子倒卵状椭圆形。花期4月，球果翌年9月下旬至10月成熟。

分　　布：原产中国东北、华东。俄罗斯、朝鲜、日本也有分布。辽宁产辽宁中部至辽东半岛各市县。

中 文 名：油松

拼　　音：yóu sōng

其他俗名：短叶马尾松，东北黑松，紫翅油松

科中文名：松科

科 学 名：Pinaceae

属中文名：松属

学　　名：Pinus tabulaeformis

生　　境：生于干山坡沙质地、湿润山坡、平地。

形态特征：常绿乔木，高达25米。老树树冠平顶；树皮灰褐色，裂成不规则较厚的鳞状块片，裂缝及上部树皮红褐色。针叶2针一束，深绿色，长10～15厘米，边缘有细锯齿，两面具气孔线。雄球花圆柱形，聚生在新枝下部呈穗状；雌球花卵形，着生于新枝顶端。球果卵形，熟时淡黄色，常宿存树上数年；种子卵圆形。花期4—5月，球果翌年10月成熟。

分　　布：原产中国东北、华北、西北、华东、华中、华南、西南。辽宁产铁岭、开原、新宾、清原、沈阳、彰武、建昌、凌源、大连等市县。

中 文 名：侧柏

拼　　音：cè bǎi

其他俗名：香柏，扁柏

科中文名：柏科

科 学 名：Cupressaceae

属中文名：侧柏属

学　　名：Platycladus orientalis

生　　境：生于山坡。

形态特征：常绿乔木，高达20余米。幼树树冠卵状尖塔形，老树树冠则为广圆形；树皮薄，浅灰褐色，纵裂成条片。枝条向上伸展。叶鳞形，长1~3毫米，先端微钝，小枝中央的叶露出的部分呈倒卵状菱形，两侧的叶呈船形。雄球花卵圆形，黄色；雌球花近球形，蓝绿色，被白粉。球果近卵圆形。种子卵圆形，灰褐色。花期3—4月，球果10月成熟。

分　　布：原产中国各省区（除新疆、青海、西藏、黑龙江、吉林外）。朝鲜也有分布。辽宁产北镇、朝阳等市县。

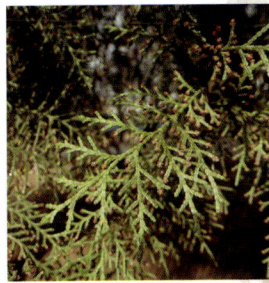

中 文 名：杜松

拼　　音：dù sōng

其他俗名：崩松，软叶杜松

科中文名：柏科

科 学 名：Cupressaceae

属中文名：刺柏属

学　　名：Juniperus rigida

生　　境：生于较干燥的山地。

形态特征：常绿灌木或小乔木，高达10米。塔形或圆柱形的树冠；枝皮褐灰色，纵裂。小枝下垂，幼枝三棱形，无毛。叶三枚轮生，条状刺形，长1.2～1.7厘米，上面凹下成深槽，槽内有一条窄白粉带，下面有明显的纵脊。雄球花卵形，黄褐色；雌球花圆形，绿色。球果圆球形，熟时淡褐黑色，常被白粉；种子近卵圆形。花期6月，果熟期10月。

分　　布：原产中国东北、华北、西北。朝鲜、日本也有分布。辽宁产开原、抚顺、本溪、宽甸、桓仁、岫岩、丹东等市县。

中 文 名：东北红豆杉

拼　　音：dōng běi hóng dòu shān

其他俗名：紫杉，赤柏松，宽叶紫杉

科中文名：红豆杉科

科 学 名：Taxaceae

属中文名：红豆杉属

学　　名：Taxus cuspidata

生　　境：生于林中。

形态特征：常绿乔木，高达20米。树皮红褐色，有浅裂纹。枝条平展，密生；小枝基部有宿存芽鳞，一年生枝绿色，二、三年生枝呈红褐色或黄褐色。叶排成不规则的二列，斜上伸展，约成45°角，条形，通常直，长1～2.5厘米，宽2.5～3毫米。雌雄异株，花均生于前年枝的叶腋。种子卵圆形，紫红色。花期5—6月，种子9—10月成熟。

分　　布：原产中国东北。俄罗斯远东地区、朝鲜、日本也有分布。辽宁产宽甸、凤城、桓仁、本溪等市县。

>> 第三部分　被子植物

中 文 名：五味子

拼　　音：wǔ wèi zǐ

其他俗名：北五味子

科中文名：五味子科

科 学 名：Schisandraceae

属中文名：五味子属

学　　名：Schisandra chinensis

生　　境：生于阔叶林或山沟溪流旁。

形态特征：落叶木质藤本。叶互生；叶片宽椭圆形、卵形、倒卵形、宽倒卵形或近圆形，长（3～）5～10（～14）厘米，宽（2～）3～5（～9）厘米。花单性，雌雄同株或异株；雄花花被片粉白色或粉红色，6～9片，长圆形或椭圆状长圆形，长6～11毫米，宽2～5.5毫米；雌花花被片和雄花相似。小浆果近球形，径6～8毫米，红色。花期5—7月，果期7—10月。

分　　布：原产中国东北、华北、西北及湖北、湖南、江西、四川。朝鲜、日本、俄罗斯也有分布。辽宁产本溪、凤城、宽甸、桓仁、岫岩、丹东、西丰、新宾、清原、建昌、海城、盖州、普兰店、瓦房店、庄河等市县。

中 文 名：辽细辛

拼　　音：liáo xì xīn

其他俗名：细辛

科中文名：马兜铃科

科 学 名：Aristolochiaceae

属中文名：细辛属

学　　名：Asarum heterotropoides var. mandshuricum

生　　境：生于山坡林下、山沟土质肥沃而阴湿地上。

形态特征：多年生草本。根状茎横走。叶卵状心形或近肾形，基部心形，顶
　　　　　端圆形。花紫棕色，稀紫绿色；花被裂片三角状卵形，由基部向
　　　　　外反折，贴靠于花被管上；子房半下位或几乎近上位，近球形。
　　　　　蒴果浆果状，半球形，长约10毫米，直径约12毫米。花期5月，
　　　　　果期6—8月。

分　　布：原产中国黑龙江、吉林、辽宁。辽宁产鞍山、本溪、凤城、庄
　　　　　河、瓦房店、兴城、铁岭、西丰、新宾、桓仁、宽甸等市县。

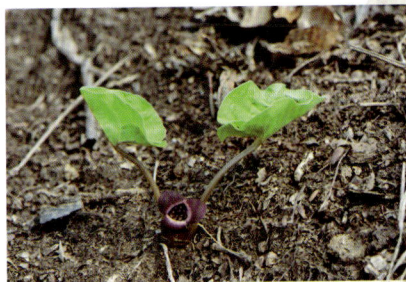

中 文 名：木通马兜铃

拼　　音：mù tōng mǎ dōu líng

其他俗名：关木通，东北木通

科中文名：马兜铃科

科 学 名：Aristolochiaceae

属中文名：马兜铃属

学　　名：Aristolochia manshuriensis

生　　境：生于海拔100～2200米阴湿的阔叶、针叶混交林中。

形态特征：木质藤本。嫩枝深紫色，密生白色长柔毛。老茎具纵皱纹或老茎具增厚的长条状纵裂木栓层。叶互生；革质，心形或卵状心形，基部心形至深心形，全缘。花单朵，稀2朵聚生于叶腋；花被管中部马蹄形弯曲，下部管状，外面粉红色，具绿色纵脉纹；喉部圆形并具领状环。蒴果长圆柱形，暗褐色，有6棱；种子三角状心形，具小疣点。花期6—7月，果期8—9月。

分　　布：原产中国黑龙江、吉林、辽宁、山西、陕西、甘肃、四川和湖北。朝鲜、苏联也有分布。辽宁产清原、新宾、桓仁、宽甸、本溪、抚顺等市县。

中 文 名：北马兜铃

拼　　音：běi mǎ dōu líng

其他俗名：马兜铃，天仙藤

科中文名：马兜铃科

科 学 名：Aristolochiaceae

属中文名：马兜铃属

学　　名：Aristolochia contorta

生　　境：生于山坡灌丛、沟谷两旁、林缘。

形态特征：草质藤本。茎干后有纵槽纹。叶互生；纸质，卵状心形或三角状心形，全缘。总状花序有花2～8朵或有时仅一朵生于叶腋；花被长2～3厘米，基部膨大呈球形，直径达6毫米，向上收狭呈一长管，管长约1.4厘米，绿色，管口扩大呈漏斗状。蒴果宽倒卵形或椭圆状倒卵形，顶端圆形而微凹，6棱，成熟时黄绿色，由基部向上6瓣开裂。花期5—7月，果期8—10月。

分　　布：原产中国黑龙江、吉林、辽宁、内蒙古、河北、河南、山东、山西、陕西、甘肃、湖北。朝鲜、日本、苏联也有分布。辽宁产铁岭、西丰、新宾、沈阳、鞍山、凤城、宽甸、长海、大连、本溪、清原、桓仁、庄河等市县。

中 文 名：天女花

拼　　音：tiān nǚ huā

其他俗名：天女木兰，小花木兰

科中文名：木兰科

科 学 名：Magnoliaceae

属中文名：天女花属

学　　名：Oyama sieboldii

生　　境：生于海拔300～1000米的次生阔叶林中。

形态特征：落叶小乔木。枝淡灰褐色。叶互生；叶片倒卵形至宽倒卵形，长
　　　　　（6～）9～15（～25）厘米，宽4～9（～12）厘米，全缘。花单
　　　　　生枝顶，白色，芳香，杯状，盛开时碟状，直径7～10厘米；花
　　　　　被片9，白色，倒卵形或倒卵状长圆形，长4～6厘米，宽2.5～3.5
　　　　　厘米；雄蕊多数，紫红色；雌蕊心皮披针形。聚合果倒卵圆形或
　　　　　长圆形，长2～7厘米，熟时红色。种子橙黄色。花期6月，果期
　　　　　9—10月。

分　　布：原产中国辽宁、吉林、河北、安徽、江西、湖南、福建、广西。
　　　　　朝鲜、日本也有分布。辽宁产本溪、宽甸、桓仁、岫岩、凤城、
　　　　　海城、普兰店、丹东、大连、庄河等市县。

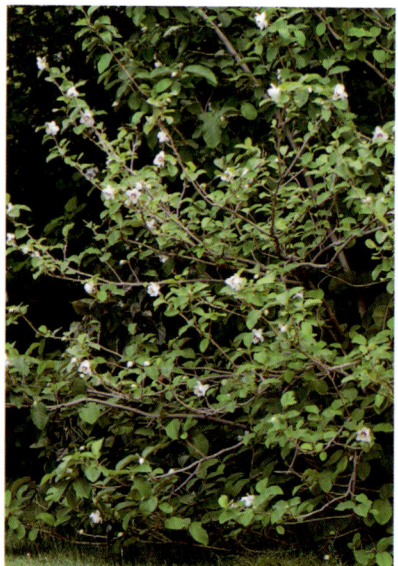

中 文 名：三桠乌药

拼　　音：sān yā wū yào

其他俗名：三桠钓樟

科中文名：樟科

科 学 名：Lauraceae

属中文名：山胡椒属

学　　名：Lindera obtusiloba

生　　境：生于山沟及山坡阔叶林中。

形态特征：落叶乔木或灌木。小枝黄绿色。叶互生，近圆形至扁圆形，长5.5～10厘米，宽4.8～10.8厘米，先端急尖，常明显3裂。花单性，雌雄异株，黄色或绿黄色；伞形花序无总梗，内有花5朵；雄花花被片6，长椭圆形，能育雄蕊9，退化雌蕊长椭圆形；雌花花被片6，长椭圆形，退化雄蕊条形。核果浆果状，广椭圆形，长0.8厘米，成熟时红色，后变紫黑色。花期3—4月，果期8—9月。

分　　布：原产中国辽宁、山东、安徽、江苏、河南、陕西、甘肃、浙江、江西、湖南、西藏。朝鲜、日本也有分布。辽宁产庄河、金州、普兰店、大连、长海、东港、岫岩等市县。

中 文 名：银线草

拼　　音：yín xiàn cǎo

其他俗名：灯笼花，四叶七，四块瓦

科中文名：金粟兰科

科 学 名：Chloranthaceae

属中文名：金粟兰属

学　　名：Chloranthus japonicus

生　　境：生于海拔500～2300米的山坡、山谷杂木林下阴湿处、沟边草丛中。

形态特征：多年生草本。根状茎多节，生多数细长须根，有香气；茎直立，单生或数个丛生，不分枝。叶对生，通常4片生于茎顶，成假轮生，基部宽楔形，边缘有齿牙状锐锯齿，齿尖有一腺体，近基部或1/4以下全缘，网脉明显。穗状花序，单一，顶生；苞片三角形或近半圆形；花白色。核果近球形或倒卵形，长2.5～3毫米，具长1～1.5毫米的柄，绿色。花期4—5月，果期5—7月。

分　　布：原产中国吉林、辽宁、河北、山西、山东、陕西、甘肃。朝鲜、日本也有分布。辽宁产西丰、铁岭、开原、鞍山、大连、清原、桓仁、宽甸、岫岩、本溪、凤城、长海、普兰店、瓦房店、庄河等市县。

中 文 名：菖蒲

拼　　音：chāng pú

其他俗名：臭蒲，泥菖蒲

科中文名：菖蒲科

科 学 名：Acoraceae

属中文名：菖蒲属

学　　名：Acorus calamus

生　　境：生于浅水池塘、水沟旁及沼泽湿地。

形态特征：多年生草本。全株有特殊香气。根茎平卧，稍扁，多分枝。叶基
　　　　　生，两列；叶片剑状线形，长90～100厘米，基部宽、对褶，中
　　　　　部以上渐狭，有光泽；中肋隆起。肉穗花序斜向上或近直立，狭
　　　　　锥状圆柱形，密生小花；花序柄基出，三棱形；叶状佛焰苞剑状
　　　　　线形；花黄绿色，花被片6，白色。浆果长圆形，红色。花果期
　　　　　5—9月。

分　　布：中国广布。世界温带和亚热带地区也有分布。辽宁广布。

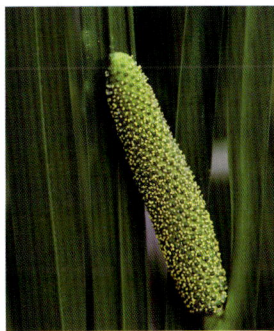

中 文 名：浮萍

拼　　音：fú píng

其他俗名：青萍，浮萍草，水浮萍

科中文名：天南星科

科 学 名：Araceae

属中文名：浮萍属

学　　名：Lemna minor

生　　境：生于水田、池沼或其他静水水域。

形态特征：飘浮水面的小型草本。叶状体对称，近圆形、倒卵形或倒卵状椭圆形，全缘，长1.5～5毫米，宽2～3毫米，背面垂生白色丝状根一条。叶状体背面一侧具囊，新叶状体于囊内形成并逐渐脱落。花单性，雌雄同株，具2唇状的佛焰苞，内有2朵雄花及1朵雌花；雌花具弯生胚珠1枚。胞果近陀螺状，无翅或具窄翅；种子具凸出的胚乳和纵肋。花果期7—9月。

分　　布：中国广布。世界温暖地区广泛分布。辽宁广布。

中 文 名：水芋

拼　　音：shuǐ yù

其他俗名：水浮莲

科中文名：天南星科

科 学 名：Araceae

属中文名：水芋属

学　　名：Calla palustris

生　　境：生于草甸、沼泽等浅水处。

形态特征：多年生草本，高20～40厘米。全株肉质有光泽。块茎圆柱形，长
　　　　　达60厘米。叶基生，叶柄圆柱形，下部具鞘；叶片心形，全缘，
　　　　　长6～14厘米，宽几乎与长相等；主脉1条，侧脉至近边缘向上
　　　　　弧曲。肉穗花序短苞米状，长2～4厘米；佛焰苞外面绿色，内面
　　　　　白色。果序近球形，长约5厘米，粗约3厘米；浆果，成熟时橘红
　　　　　色。花果期6—8月。

分　　布：原产中国黑龙江、吉林、辽宁、内蒙古。欧洲、亚洲、美洲的北
　　　　　温带和亚北极地区也有分布。辽宁产彰武县。

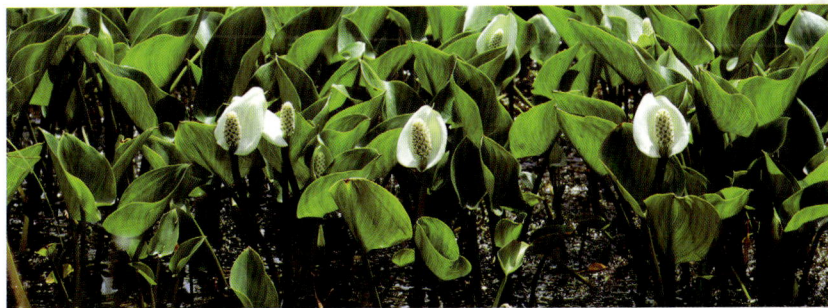

中 文 名：细齿天南星

拼　　音：xì chǐ tiān nán xīng

其他俗名：朝鲜天南星，朝鲜南星，山苞米

科中文名：天南星科

科 学 名：Araceae

属中文名：天南星属

学　　名：Arisaema peninsulae

生　　境：生于山地阴坡林下、杂木林下、山谷溪旁。

形态特征：多年生草本，高20～70厘米。块茎扁球形，顶部生根。鳞叶3枚，外面的先端有紫斑，内面的紫红色，杂以深紫色斑纹。基生叶2枚；叶片鸟足状分裂，裂片5～17，中裂片具长1～4厘米的柄，侧裂片具短柄，向外渐无柄。肉穗花序单性；佛焰苞绿色，具白条纹；雄花序长1～3厘米，雌花序1.5～3厘米；附属器具短柄。浆果，卵球形，成熟时红色或橘红色。花果期5—9月。

分　　布：原产中国黑龙江、吉林、辽宁、河南。俄罗斯、朝鲜、日本也有分布。辽宁产丹东、凤城、宽甸、本溪、桓仁、铁岭、抚顺、庄河、岫岩、盖州、鞍山等市县。

中 文 名：半夏

拼　　音：bàn xià

其他俗名：羊眼半夏，小天南星，三叶半夏

科中文名：天南星科

科 学 名：Araceae

属中文名：半夏属

学　　名：Pinellia ternata

生　　境：生于草坡、荒地、玉米地、田边或疏林下。

形态特征：多年生草本，高15～30厘米。地下块茎圆球形。叶基生，1～5
　　　　　枚；叶柄基部具鞘，鞘以上内侧生有卵形珠芽；幼苗叶片卵状心
　　　　　形至戟形，为全缘单叶；老株叶片3全裂，全缘或具不明显的浅
　　　　　波状圆齿。肉穗花序，佛焰苞绿色或绿白色，有时边缘青紫色；
　　　　　雌花序长2厘米，雄花序长5～7毫米，其中间隔3毫米。浆果卵圆
　　　　　形，长4～5厘米，黄绿色，成熟时红色。花果期5—8月。

分　　布：原产中国各省区（除内蒙古、新疆、青海、西藏外）。朝鲜、日本
　　　　　也有分布。辽宁产丹东、凤城、宽甸、桓仁、凌源、绥中、彰武、
　　　　　庄河、岫岩、大连、普兰店、营口、海城、鞍山、铁岭等市县。

中 文 名：东方泽泻

拼　　音：dōng fāng zé xiè

其他俗名：泽泻，水泽，如意花

科中文名：泽泻科

科 学 名：Alismataceae

属中文名：泽泻属

学　　名：Alisma orientale

生　　境：水生或沼生。

形态特征：多年生草本。块茎直径1～3.5厘米，或更大。叶基生；沉水叶条形或披针形；挺水叶宽披针形、椭圆形至卵形，长2～11厘米，宽1.3～7厘米。花轮生呈伞形状，再集成大型圆锥花序；花白色、粉红色或浅紫色；外轮花被片广卵形，内轮花被片近圆形，远大于外轮，边缘具不规则粗齿。瘦果；椭圆形或近矩圆形，长约2.5毫米，宽约1.5毫米。种子紫褐色，具凸起。花果期5—10月。

分　　布：原产中国黑龙江、吉林、辽宁、内蒙古、河北、山西、陕西、新疆、云南。苏联、日本、欧洲、北美洲、大洋洲等均有分布。辽宁广布。

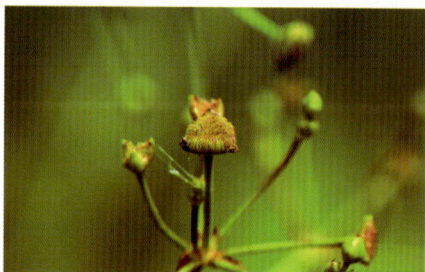

中 文 名：野慈姑

拼　　音：yě cí gū

其他俗名：三裂慈菇，慈菇

科中文名：泽泻科

科 学 名：Alismataceae

属中文名：慈姑属

学　　名：Sagittaria trifolia

生　　境：生于水泡子、沟渠、河流边或沼泽中。

形态特征：多年生草本。有匍匐枝，枝端膨大成球茎。叶丛生；叶片通常箭头形，大小、宽窄变化很大，长5~40厘米，宽 2~13厘米，基部裂片向两侧开展，常比中裂片长。花序通常为顶生总状花序；苞片披针形或长圆状披针形，萼片3，绿色，花瓣3，较萼片大，近圆形，白色。瘦果；斜倒卵状三角形，径4~5.5毫米，扁平。花期7月，果期8—9月。

分　　布：原产中国黑龙江、吉林、内蒙古、台湾。朝鲜、俄罗斯和日本也有分布。辽宁产铁岭、法库、凌源、北票、彰武、沈阳、盘山、盖州、凤城、大连等市县。

中 文 名：花蔺

拼　　音：huā lìn

其他俗名：猪尾巴菜，蒲子莲

科中文名：花蔺科

科 学 名：Butomaceae

属中文名：花蔺属

学　　名：Butomus umbellatus

生　　境：生于池塘、河边浅水中。

形态特征：多年生水生草本。根茎横走或斜向生长，节生须根多数。叶基生；上部叶线形，伸出水面，长30～120厘米，宽3～10毫米，无柄，先端渐尖，基部扩大成鞘状，鞘缘膜质。花两性，呈顶生伞形花序；外轮花被3，带紫色，宿存；内轮花被3，淡红色。蓇葖果；6个排列成轮状。种子长圆形，具多棱，长约2毫米。花果期7—9月。

分　　布：原产中国黑龙江、吉林、辽宁、内蒙古、河北、山西、陕西、新疆、山东、江苏、河南、湖北。亚洲、欧洲及其他地区也有分布。辽宁产法库、康平、铁岭、沈阳、台安、海城、辽阳、盖州、瓦房店等市县。

中 文 名：海韭菜

拼　　　音：hǎi jiǔ cài

其他俗名：那冷门

科中文名：水麦冬科

科 学 名：Juncaginaceae

属中文名：水麦冬属

学　　　名：Triglochin maritima

生　　　境：生于湿沙地或海边盐滩上。

形态特征：多年生草本。根状茎粗短，着生多数须根，常有棕色叶鞘残留物。叶基生；条形，长7～30厘米，宽1～2毫米，通常比花葶短，横切面半圆形，基部具鞘，鞘缘膜质。顶生总状花序，密生多数花，花两性；花被片6枚，绿色，2轮排列，外轮呈宽卵形，内轮较狭。蒴果；6棱状椭圆形或卵形，长3～5毫米，径约2毫米。花期5月，果期6—7月。

分　　　布：原产中国东北、华北、西北、西南各省区。北半球温带及寒带也广布。辽宁产彰武、大连等市县。

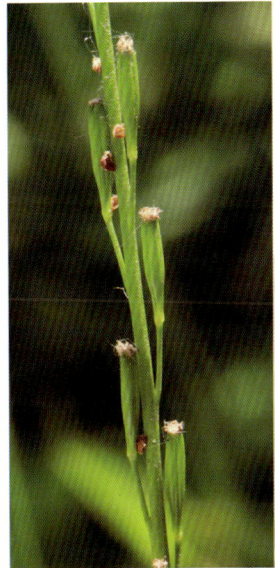

中 文 名：篦齿眼子菜

拼　　音：bì chǐ yǎn zǐ cài

其他俗名：眼子菜

科中文名：眼子菜科

科 学 名：Potamogetonaceae

属中文名：篦齿眼子菜属

学　　名：Stuckenia pectinata

生　　境：生于河沟、水渠、池塘等各类水体。

形态特征：多年生沉水草本。根茎丝状，白色，直径1～2毫米，具分枝。叶互生；无柄，狭线形或丝状，长2～10厘米，宽0.3～1毫米，先端渐尖或急尖，基部与托叶贴生成鞘。穗状花序，腋生或顶生，具花4～7轮，间断排列；花被片4，圆形或宽卵形，径约1毫米。果实核果状；倒卵形，长3.5～5毫米，宽2.2～3毫米，顶端斜生长约0.3毫米的喙，背部钝圆。种子近肾形。花果期6—8月。

分　　布：中国广布。全球分布，尤以两半球温带水域较为习见。辽宁产沈阳、新民、法库、康平、铁岭等市县。

中 文 名：穿龙薯蓣

拼　　音：chuān lóng shǔ yù

其他俗名：穿山龙，穿龙骨，穿地龙

科中文名：薯蓣科

科 学 名：Dioscoreaceae

属中文名：薯蓣属

学　　名：Dioscorea nipponica

生　　境：生疏林下、林缘及灌丛间。

形态特征：多年生草本。根状茎横生，圆柱形，多分枝，栓皮层显著剥离；地上茎左旋。单叶互生；叶片掌状心形，变化较大，茎基部叶长10～15厘米，宽9～13厘米，边缘不等大的三角状浅裂、中裂或深裂，顶端叶片小，近于全缘，叶表面黄绿色。花雌雄异株；雄花序为腋生的穗状花序，花被碟形，6裂；雌花序穗状，单生。蒴果；成熟后枯黄色，三棱形。花期6—8月，果期8—10月。

分　　布：原产中国东北、华北、山东、河南、安徽、浙江北部、江西、陕西、甘肃、宁夏、青海、四川。日本及朝鲜和俄罗斯远东地区也有分布。辽宁产铁岭、法库、沈阳、本溪、清原、桓仁、宽甸、凤城、岫岩、义县、绥中、建昌、建平、凌源、北镇、鞍山、营口、海城、盖州、大连、朝阳、抚顺、新宾、义县、绥中等市县。

中 文 名：毛穗藜芦

拼　　音：máo suì lí lú

其他俗名：马氏葵芦

科中文名：藜芦科

科 学 名：Melanthiaceae

属中文名：藜芦属

学　　名：Veratrum maackii

生　　境：生于林下、灌丛、山坡、草甸。

形态特征：多年生草本。茎较纤细，基部稍粗，连叶鞘直径约1厘米，被棕褐色、有网眼的纤维网。叶互生；折扇状，长矩圆状披针形至狭长矩圆形，长约30厘米，宽1～4（～8）厘米。圆锥花序；长25～50厘米，通常疏生较短的侧生花序，最下面的侧生花序偶尔再次分枝，花两性，初时绿色，后变深紫色；花被片6，倒卵长圆形，黑紫色。蒴果；直立，长1～1.7厘米，宽0.5～1厘米。花果期7—9月。

分　　布：原产中国辽宁、吉林、黑龙江、内蒙古、山东。朝鲜、日本、俄罗斯西伯利亚东部也有分布。辽宁产本溪、西丰、清原、桓仁、岫岩、宽甸、凤城、大连、丹东、辽阳、瓦房店、庄河、鞍山等市县。

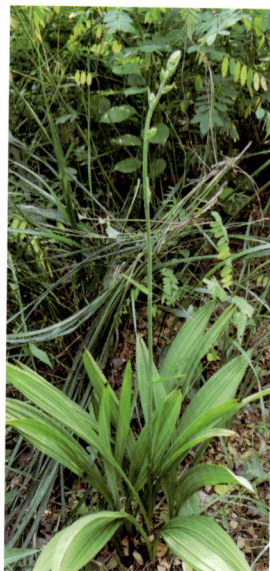

中 文 名：尖被藜芦

拼　　音：jiān bèi lí lú

其他俗名：光脉藜芦，毛脉藜芦

科中文名：藜芦科

科 学 名：Melanthiaceae

属中文名：藜芦属

学　　名：Veratrum oxysepalum

生　　境：生于海拔2225米的山坡林下或湿草甸。

形态特征：多年生草本。茎基部密生无网眼的纤维束。叶互生；椭圆形或矩
　　　　　圆形，长14～29厘米，宽3.4～14厘米。圆锥花序；长30～35厘
　　　　　米，密生或疏生多数花，侧生总状花序近等长，花序轴密生短绵
　　　　　状毛；花被片背面绿色，内面白色，矩圆形至倒卵状矩圆形，长
　　　　　7～11毫米，宽3～6毫米。蒴果；长12～15毫米，先端3裂。种
　　　　　子淡褐色。花期7—8月，果期8—9月。

分　　布：原产中国黑龙江、吉林、辽宁。朝鲜、日本、俄罗斯西伯利亚东
　　　　　部也有分布。辽宁产本溪、桓仁、宽甸等市县。

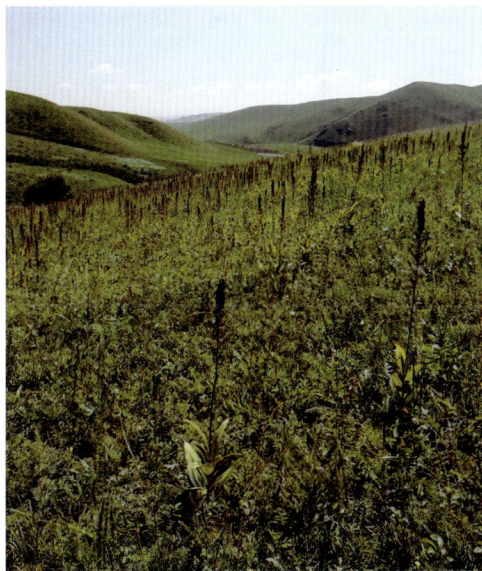

中 文 名：吉林延龄草

拼　　音：jí lín yán líng cǎo

其他俗名：白花延龄草

科中文名：藜芦科

科 学 名：Melanthiaceae

属中文名：延龄草属

学　　名：Trillium camschatcens

生　　境：生于林下、林边或阴湿地。

形态特征：多年生草本。茎丛生于粗短的根状茎上，高20～50厘米，不分枝。顶部有3叶轮生；叶广卵状菱形或卵圆形，长10～17厘米，宽7～17厘米，先端具短尖头。花单一，顶生；花梗长1.5～4厘米；外轮花被片绿色，长圆形，长2.5～4厘米，宽0.7～1.2厘米，宿存，内轮花被片白色，卵形或椭圆形，长3～4厘米，宽1～2厘米。浆果；球形，直径1.8～2.8厘米。花期6月，果期7—8月。

分　　布：原产中国黑龙江、吉林、辽宁。朝鲜、日本、苏联、北美也有分布。辽宁产宽甸、桓仁等县。

中 文 名：北重楼

拼　　音：běi chóng lóu

其他俗名：七叶一枝花

科中文名：藜芦科

科 学 名：Melanthiaceae

属中文名：重楼属

学　　名：Paris verticillata

生　　境：生于山坡林下、草丛、阴湿地或沟边。

形态特征：多年生草本。根状茎细长；茎绿白色，有时带紫色。叶6~8枚轮生；披针形、狭矩圆形、倒披针形或倒卵状披针形，长（4~）7~15厘米，宽1.5~3.5厘米。外轮花被片绿色，极少带紫色，叶状，通常4（~5）枚，倒卵状披针形、矩圆状披针形或倒披针形，长2~3.5厘米，宽（0.6~）1~3厘米；内轮花被片黄绿色，条形，长1~2厘米。蒴果；浆果状，不开裂，直径约1厘米。花期5—6月，果期7—9月。

分　　布：原产中国黑龙江、吉林、辽宁、内蒙古、河北、山西、陕西、甘肃、四川、安徽、浙江。朝鲜、日本和苏联也有分布。辽宁产凌源、宽甸、本溪、鞍山、丹东、开原、西丰、凤城、桓仁、清原等市县。

中 文 名：少花万寿竹

拼　　音：shǎo huā wàn shòu zhú

其他俗名：黄花宝铎草

科中文名：秋水仙科

科 学 名：Colchicaceae

属中文名：万寿竹属

学　　名：Disporum uniflorum

生　　境：生于山坡林下阴湿处或灌丛中。

形态特征：多年生草本。根状茎肉质，横出，长3～10厘米；茎直立，光滑，基部具膜质的叶鞘。叶互生；纸质，椭圆形、卵形或矩圆形，长5～15厘米，宽2.5～6厘米；叶脉上和边缘有乳突状突起，有横脉。花钟状黄色，1～3朵着生于分枝顶端；花被片狭倒卵形或倒卵状披针形，长20～30毫米，里面下部及边缘具明显的细毛。浆果；球形，黑色，直径约1厘米。种子直径约5毫米，深棕色。花期5—6月，果期6—8月。

分　　布：原产中国吉林、辽宁，华北。朝鲜也有分布。辽宁产本溪、绥中及辽宁东部山区。

中 文 名：牛尾菜

拼 音：niú wěi cài

其他俗名：鞭鞘子菜，草菝葜，鞭杆菜

科中文名：菝葜科

科 学 名：Smilacaceae

属中文名：菝葜属

学 名：Smilax riparia

生 境：生于海拔1600米以下的林下、灌丛、山沟或山坡草丛中。

形态特征：多年生草质藤本。茎长1～2米，中空，有少量髓，干后凹瘪并具槽。叶互生，有时幼枝上叶近对生；叶形变化大，常为卵形、椭圆形，长7～15厘米，宽2.5～11厘米。伞形花序；淡绿色，花小，单性异株；雄花花被片6，披针形，长4～5毫米，宽2～2.5毫米；雌花花被片6，长圆形，长约3毫米。浆果；直径7～9毫米，成熟时黑色。花期6—7月，果期10月。

分 布：原产中国除内蒙古、新疆、西藏、青海、宁夏以及四川、云南高山地区以外的各省区。朝鲜、日本和菲律宾也有分布。辽宁产沈阳、铁岭、辽阳、鞍山、本溪、丹东、清原、新民、凤城、宽甸、桓仁、大连等市县。

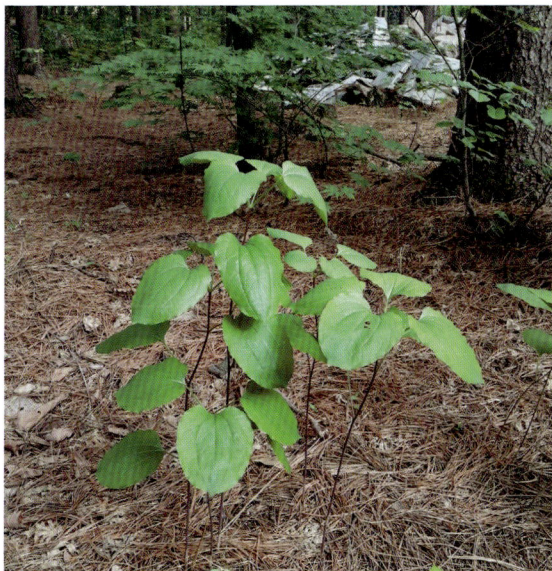

中 文 名：丝梗扭柄花

拼　　音：sī gěng niǔ bǐng huā

其他俗名：箭头算盘七

科中文名：百合科

科 学 名：Liliaceae

属中文名：扭柄花属

学　　名：Streptopus koreanus

生　　境：生于林下。

形态特征：多年生草本。根状茎细长，匍匐状；茎直立，不分枝或于中部以上分枝，上方斜上，散生粗毛。叶互生；卵状披针形或卵状椭圆形，长3～10厘米，宽1～3厘米，具短尖，基部圆形，边缘具睫毛状细齿。花小，1～2朵，腋生，黄绿色；花梗细如丝，长约1.5厘米，果期伸长；花被片狭卵形，长2～3毫米，宽1毫米。浆果；球形，直径6～9毫米，熟时红色。花期5月，果期7—8月。

分　　布：原产中国黑龙江、吉林、辽宁。朝鲜也有分布。辽宁产长海、庄河等市县。

中 文 名：七筋姑

拼　　音：qī jīn gū

其他俗名：竹叶七，剪刀七，久母兰

科中文名：百合科

科 学 名：Liliaceae

属中文名：七筋姑属

学　　名：Clintonia udensis

生　　境：生于高山疏林下或阴坡疏林下。

形态特征：多年生草本。根状茎较硬，粗约5毫米，有撕裂成纤维状的残存鞘叶。叶基生；3～4枚，纸质或厚纸质，椭圆形、倒卵状矩圆形或倒披针形，长8～25厘米，宽3～16厘米。总状花序；花3～12朵，花白色，少有淡蓝色；花被片矩圆形，长7～12毫米，宽3～4毫米。蒴果；果实球形至矩圆形，长7～12（～14）毫米，宽7～10毫米。种子卵形或梭形。花期5—6月，果期7—10月。

分　　布：原产中国黑龙江、吉林、辽宁、河北、山西、河南、湖北、陕西、甘肃、四川、云南和西藏。俄罗斯西伯利亚地区、日本、朝鲜、锡金、不丹、印度也有分布。辽宁产本溪、凤城、桓仁、宽甸、丹东、抚顺等市县。

中 文 名：老鸦瓣

拼　　音：lǎo yā bàn

其他俗名：山慈菇，光慈姑

科中文名：百合科

科 学 名：Liliaceae

属中文名：老鸦瓣属

学　　名：Amana edulis

生　　境：生于阳光充足的山坡或杂草丛中，阔叶树林下。

形态特征：多年生草本。鳞茎卵圆形，径约2厘米，外被多层褐色干膜质的鳞茎皮。叶基生；通常2枚，线形，长10～25厘米，宽3～8毫米，渐尖。花单朵顶生；花下方有对生的近线形的叶状苞片2枚；花被片6，狭椭圆状披针形，白色，长2～3厘米，背面有紫红色纵条纹。蒴果；扁球形。种子红色，多数。花期6月，果期7—8月。

分　　布：原产中国辽宁、山东、江苏、浙江、安徽、江西、湖北、湖南、陕西。朝鲜、日本也有分布。辽宁产大连、丹东。

中 文 名：猪牙花

拼　　音：zhū yá huā

其他俗名：野猪牙，山地瓜，山芋头

科中文名：百合科

科 学 名：Liliaceae

属中文名：猪牙花属

学　　名：Erythronium japonicum

生　　境：生于林下润湿地。

形态特征：多年生草本。鳞茎圆柱状，近基部一侧常有几个扁球形小鳞茎。叶对生；2枚生于植株中部以下，叶片椭圆形或宽披针形，长10～11厘米，宽2.5～6.5厘米，全缘，叶片幼时或在林下表面具不规则的白色斑纹，叶片老时表面具不规则的紫色斑纹。花单朵顶生，下垂；花被片6，长3～5厘米，2轮，紫红色。蒴果；短椭圆形至椭圆形，长6～11毫米。花期4月，果期6—7月。

分　　布：原产中国吉林、辽宁。日本和朝鲜也有分布。辽宁产宽甸、桓仁。

中 文 名：平贝母

拼　　音：píng bèi mǔ

其他俗名：坪贝，贝母，平贝

科中文名：百合科

科 学 名：Liliaceae

属中文名：贝母属

学　　名：Fritillaria ussuriensis

生　　境：生于低海拔地区的林下、草甸或河谷。

形态特征：多年生草本。地下茎圆而扁平，鳞茎由2～3枚鳞片组成。茎下部叶轮生或对生，在中上部常兼有少数散生的；条形至披针形，长7～14厘米，宽3～6.5毫米，无柄，全缘，茎上部叶先端卷须状。花单生于上部叶腋，下垂，共着花1～3朵；顶端的花具4～6枚叶状苞片；花钟形，花被片6，外面污紫色，内面有近方形的黄色斑点。蒴果；广倒卵圆形，具6棱。花果期5—6月。

分　　布：原产中国黑龙江、吉林、辽宁。俄罗斯远东地区及朝鲜北部也有分布。辽宁产丹东、本溪、桓仁、新宾、宽甸、凤城、清原、抚顺、岫岩、西丰、海城等市县。

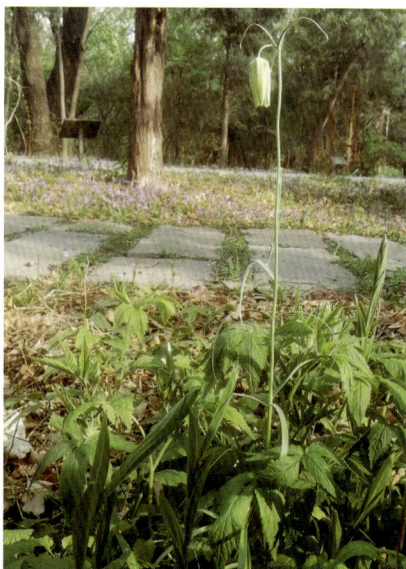

中 文 名：毛百合

拼　　音：máo bǎi hé

其他俗名：卷帘百合

科中文名：百合科

科 学 名：Liliaceae

属中文名：百合属

学　　名：Lilium dauricum

生　　境：生于山坡灌丛间、疏林下、路边及湿润的草甸。

形态特征：多年生草本。鳞茎卵状球形，白色；茎高50～70厘米，有棱。叶散生，在茎顶端有4～5枚叶片轮生；披针形，长7～15厘米，宽4～15毫米，基部有一簇白绵毛。总状花序；花直立，橙红色或红色，有紫红色斑点；外轮花被片倒披针形，外面或多或少有白色绵毛，内轮花被片稍窄，蜜腺两边有深紫色乳头状突起。蒴果；矩圆形，长4～5.5厘米，宽约3厘米。花果期6—9月。

分　　布：原产中国黑龙江、吉林、内蒙古和河北。朝鲜、日本、蒙古和苏联也有分布。辽宁产本溪县。

中 文 名：有斑百合

拼　　音：yǒu bān bǎi hé

其他俗名：山丹

科中文名：百合科

科 学 名：Liliaceae

属中文名：百合属

学　　名：Lilium concolor var. pulchellum

生　　境：生于山坡草丛、草甸、湿草地、灌丛间及疏林下。

形态特征：多年生草本。鳞茎卵球形，高2～3.5厘米，直径2～3.5厘米，白色，鳞茎上方茎上有根；茎高30～50厘米，有小乳头状突起。叶散生；条形，长3.5～7厘米，宽3～6毫米。近伞形或总状花序；花1～7朵，花直立，星状开展，深红色；花被片有紫色斑点，长2.2～4厘米，宽4～7毫米，不反卷或稍反卷。蒴果；矩圆形，长3～3.5厘米，宽2～2.2厘米。花果期6—9月。

分　　布：原产中国东北、华北。辽宁产沈阳、鞍山、西丰、清原、岫岩、庄河、长海、凌源、建平、北镇等市县。

中 文 名：东北百合

拼　　音：dōng běi bǎi hé

其他俗名：老哇芋头，轮叶百合，伞蛋花

科中文名：百合科

科 学 名：Liliaceae

属中文名：百合属

学　　名：Lilium distichum

生　　境：生于山坡林下、林缘、路边或溪旁。

形态特征：多年生草本。鳞茎卵圆形，高2.5～3厘米，直径3.5～4厘米；茎直立，高60～120厘米，有小乳头状突起。叶1轮共7～9枚生于茎中部，上部还有少数散生叶，倒卵状披针形至矩圆状披针形，长8～15厘米，宽2～4厘米，边缘稍膜质。花2～12朵，排列成总状花序；花淡橙红色，具紫红色斑点；花被片稍反卷，长3.5～4.5厘米，宽6～1.3毫米。蒴果；倒卵形，长2厘米，宽1.5厘米。花果期7—9月。

分　　布：原产中国黑龙江、吉林、辽宁。朝鲜、俄罗斯远东地区也有分布。辽宁产鞍山、铁岭、宽甸、凤城、本溪、桓仁、丹东、抚顺、辽阳、大连、普兰店、庄河、岫岩、清原、新宾、海城、盖州、营口、义县、凌源、建昌、绥中等市县。

中 文 名：二叶舌唇兰
拼　　音：èr yè shé chún lán
其他俗名：大叶长距兰
科中文名：兰科
科 学 名：Orchidaceae
属中文名：舌唇兰属
学　　名：Platanthera chlorantha
生　　境：生于山坡林下、林缘或草丛中。
形态特征：多年生草本。具2个卵形块茎。茎直立，高30～50厘米，近基部
　　　　　具2枚近对生大叶，在大叶之上具2～4枚变小的苞片状小叶。基
　　　　　部大叶片长10～20厘米，宽4～8厘米。总状花序；花绿白色或白
　　　　　色；中萼片直立，舟状，圆状心形；侧萼片张开；花瓣直立，与
　　　　　中萼片相靠合呈兜状；唇瓣向前伸，舌状，肉质，长8～13毫米；
　　　　　距棒状圆筒形，长25～36毫米。蒴果有喙。花果期6—9月。
分　　布：原产中国黑龙江、吉林、辽宁、内蒙古、河北、山西、陕西、甘
　　　　　肃、青海、四川、云南、西藏。欧洲、亚洲国家广布。辽宁产西
　　　　　丰、鞍山、本溪、宽甸、庄河、桓仁、岫岩、建昌等市县。

中 文 名：绶草

拼　　音：shòu cǎo

其他俗名：盘龙参，扭劲草

科中文名：兰科

科 学 名：Orchidaceae

属中文名：舌唇兰属

学　　名：Spiranthes sinensis

生　　境：生于林缘、灌丛、草地、河滩、沼泽草甸中。

形态特征：多年生草本。高15～40厘米。基生叶2～5枚；叶片宽线形或宽线
状披针形，长3～10厘米，常宽5～10毫米。总状花序；呈螺旋状
扭转；花苞片卵状披针形；花紫红色、粉红色或白色，在花序轴
上呈螺旋状排生；萼片的下部靠合，中萼片与花瓣靠合呈兜状；
侧萼片偏斜，长5毫米；花瓣斜菱状长圆形；唇瓣宽长圆形，凹
陷。蒴果斜椭圆形，长4～6毫米。花果期7—8月。

分　　布：中国广布。俄罗斯、蒙古、朝鲜、日本、阿富汗、克什米尔地区、
不丹、印度、缅甸、越南、泰国、菲律宾、马来西亚、澳大利亚也
有分布。辽宁产凌源、北镇、康平、沈阳、铁岭、鞍山、海城、
本溪、丹东、大连、金州、普兰店、宽甸、桓仁等市县。

中 文 名：长苞头蕊兰

拼　　音：cháng bāo tóu ruǐ lán

其他俗名：长苞银兰，长苞头蒜兰，长头蕊兰

科中文名：兰科

科 学 名：Orchidaceae

属中文名：头蕊兰属

学　　名：Cephalanthera longibracteata

生　　境：生于山坡杂木林下或林缘。

形态特征：多年生草本。茎直立，高30～50厘米，基部具鞘状叶。叶互生，6～8枚；叶片宽披针形或长圆状披针形，长6～13厘米，宽1.5～3厘米。总状花序短，具数朵花；花苞片线形，最下面的一枚线状披针形；花白色，直立，不完全开放；花瓣比萼片稍短而宽；唇瓣短于花瓣，3裂；中裂片宽卵形；距稍伸出于侧萼片基部之外。蒴果直立，长2～2.5厘米。花果期5—9月。

分　　布：原产中国吉林、辽宁。俄罗斯、朝鲜、日本也有分布。辽宁产凤城、宽甸、桓仁等市县。

中 文 名：天麻

拼　　音：tiān má

其他俗名：赤箭，赤天麻

科中文名：兰科

科 学 名：Orchidaceae

属中文名：天麻属

学　　名：Gastrodia elata

生　　境：生于山坡树林下较阴湿、腐殖质较厚地方。

形态特征：多年生草本。植株高30～100厘米。根状茎块茎状，长4～12厘米；茎直立，橙黄色或蓝绿色，无绿叶。总状花序长5～30（～50）厘米；花苞片膜质；花扭转，橙黄色、淡黄色或黄白色；萼片和花瓣合生成的花被筒顶端具5枚裂片，2枚侧萼片合生处的裂口深达5毫米；外轮裂片卵状三角形；内轮裂片近长圆形；唇瓣3裂。蒴果倒卵状椭圆形，长1.4～1.8厘米。花果期5—9月。

分　　布：原产中国吉林、辽宁、内蒙古、河北、山西、陕西、甘肃、江苏、安徽、浙江、江西、台湾、河南、湖北、湖南、四川、贵州、云南、西藏。俄罗斯、朝鲜、日本、印度、尼泊尔、不丹也有分布。辽宁产本溪、新宾、桓仁、宽甸、庄河等市县。

中 文 名：羊耳蒜

拼　　音：yáng ěr suàn

其他俗名：齿唇羊耳蒜

科中文名：兰科

科 学 名：Orchidaceae

属中文名：羊耳蒜属

学　　名：Liparis campylostalix

生　　境：生于林下、灌丛及草地隐蔽处。

形态特征：多年生草本。高15～30厘米。假鳞茎椭圆状球形，外被白色的薄膜质鞘。基生叶2枚，卵形或近椭圆形，长5～12厘米，宽2～5厘米，基部收狭成鞘状柄。总状花序；花苞片狭卵形；花通常淡绿色，有时带紫色或紫红色；萼片线状披针形；侧萼片稍斜歪；花瓣丝状；唇瓣近倒卵形；蕊柱上端略有翅。蒴果倒卵状长圆形，长8～13毫米，宽4～6毫米。花果期6—10月。

分　　布：原产中国黑龙江、吉林、辽宁、内蒙古、河北、山西、陕西、甘肃、山东、河南、四川、贵州、云南、西藏。俄罗斯、朝鲜、日本也有分布。辽宁产铁岭、鞍山、本溪、凤城、宽甸、桓仁等市县。

中 文 名：山兰

拼　　音：shān lán

其他俗名：唇花山兰，山慈姑，山芋头

科中文名：兰科

科 学 名：Orchidaceae

属中文名：山兰属

学　　名：Oreorchis patens

生　　境：生于林下、灌丛林缘、草地上、沟谷旁及岩石缝阴湿处。

形态特征：多年生草本。高20～30厘米。假鳞茎近球形。基生叶通常1枚，少有2枚，长13～30厘米，宽1～2厘米。总状花序；花苞片狭披针形；花黄褐色至淡黄色，唇瓣白色并有紫斑；萼片狭长圆形；侧萼片稍镰曲；花瓣稍镰曲；唇瓣3裂，基部有短爪；侧裂片线形，稍内弯；中裂片近倒卵形；唇盘上有2条肥厚纵褶片。蒴果长圆形，长约1.5厘米，宽约7毫米。花果期6—10月。

分　　布：原产中国黑龙江、吉林、辽宁、甘肃、江西、台湾、湖南、四川、贵州、云南。俄罗斯、朝鲜、日本也有分布。辽宁产清原、桓仁、宽甸、大连等市县。

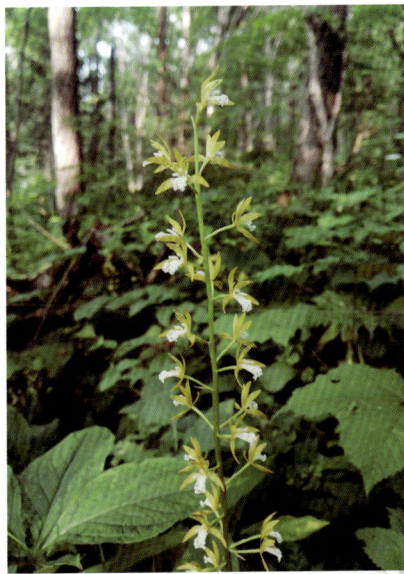

中 文 名：紫苞鸢尾

拼　　音：zǐ bāo yuān wěi

其他俗名：矮紫苞鸢尾

科中文名：鸢尾科

科 学 名：Iridaceae

属中文名：鸢尾属

学　　名：Iris ruthenica

生　　境：生于向阳草地或石质山坡。

形态特征：多年生草本。根状茎斜伸，二歧分枝，节明显。叶基生；条形，灰绿色，长20～25厘米，宽3～6毫米。顶生总状聚伞花序；花蓝紫色，直径5～5.5厘米；花被管较短，一般长5～8毫米，外花被裂片倒披针形，有白色及深紫色的斑纹，内花被裂片直立，狭倒披针形。蒴果；球形或卵圆形，直径1.2～1.5厘米，6条肋明显。种子球形或梨形。花期5—6月，果期7—8月。

分　　布：原产中国东北、华北、西北、华东、华中、西南。苏联也有分布。辽宁产铁岭、西丰、建昌、绥中、沈阳、凤城、丹东、大连等市县。

中 文 名：溪荪

拼　　音：xī sūn

其他俗名：东方鸢尾，西伯利亚鸢尾

科中文名：鸢尾科

科 学 名：Iridaceae

属中文名：鸢尾属

学　　名：Iris sanguinea

生　　境：生于沼泽地、湿草地或向阳坡地。

形态特征：多年生草本。根状茎粗壮，斜伸。叶基生；条形，长20～60厘米，宽0.5～1.3厘米。顶生总状聚伞花序；花天蓝色，直径6～7厘米；花被管短而粗，长0.8～1厘米，直径约4毫米；外花被裂片倒卵形，基部有黑褐色的网纹及黄色的斑纹，爪部楔形，中央下陷呈沟状，无附属物，内花被裂片直立，狭倒卵形。蒴果；三棱状圆柱形，长3.5～5厘米，直径1.2～1.5厘米。花期5—6月，果期7—9月。

分　　布：原产中国黑龙江、吉林、辽宁、内蒙古。日本、朝鲜、苏联也有分布。辽宁产桓仁县。

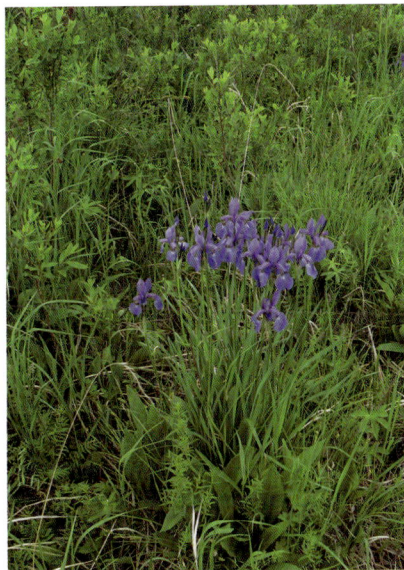

中 文 名：射干
拼　　音：yè gàn
其他俗名：乌扇，乌蒲，夜干
科中文名：鸢尾科
科 学 名：Iridaceae
属中文名：鸢尾属
学　　名：Belamcanda chinensis
生　　境：生于林缘或山坡草地。
形态特征：多年生草本。根状茎为不规则的块状，黄色或黄褐色；茎高1～1.5
米，实心。叶互生；嵌叠状排列，剑形，长20～60厘米，宽2～4
厘米。伞形花序；顶生，二歧分枝，每分枝的顶端聚生有数朵
花，花橙红色，散生紫褐色的斑点，直径4～5厘米；花被裂片
6，2轮排列。蒴果；倒卵形或长椭圆形，长2.5～3厘米，直径
1.5～2.5厘米。种子圆球形，黑紫色，有光泽。花期6—8月，果
期7—9月。
分　　布：原产中国吉林、辽宁、河北、山西、山东、河南、安徽、江苏、浙
江、福建、台湾、湖北、湖南、江西、广东、广西、陕西、甘肃、
四川、贵州、云南、西藏。朝鲜、日本、印度、越南、苏联也有分
布。辽宁产沈阳、本溪、桓仁、宽甸、新宾、凤城、岫岩、丹东、
营口、海城、盖州、大连、长海、抚顺、朝阳、鞍山、绥中、凌
源、建昌、喀左、义县、瓦房店、庄河、清原、西丰等市县。

中 文 名：马蔺

拼　　音：mǎ lìn

其他俗名：玉蝉花

科中文名：鸢尾科

科 学 名：Iridaceae

属中文名：鸢尾属

学　　名：Iris lacteal var. chrysantha

生　　境：生于荒地、路旁、山坡草地，尤以过度放牧的盐碱化草场上生长较多。

形态特征：多年生草本。根状茎粗壮，木质，斜伸。叶基生；灰绿色，条形或狭剑形，长约50厘米，宽4~6毫米。顶生总状聚伞花序；花茎先端具苞片2~3片，内有2~4花；花为浅蓝色、蓝色或蓝紫色；花被上有较深色的条纹，花被管短，长约0.3厘米。蒴果；长椭圆状柱形，长4~6厘米，直径1~1.4厘米，有6条明显的肋。种子为不规则的多面体，棕褐色。花期4—5月，果期6—9月。

分　　布：原产中国黑龙江、吉林、辽宁、内蒙古、河北、山西、山东、河南、安徽、江苏、浙江、湖北、湖南、陕西、甘肃、宁夏、青海、新疆、四川、西藏。朝鲜、苏联及印度也有分布。辽宁产凌源、阜新、彰武、北镇、锦州、沈阳、铁岭、凤城、宽甸、桓仁、丹东、鞍山、长海、大连等市县。

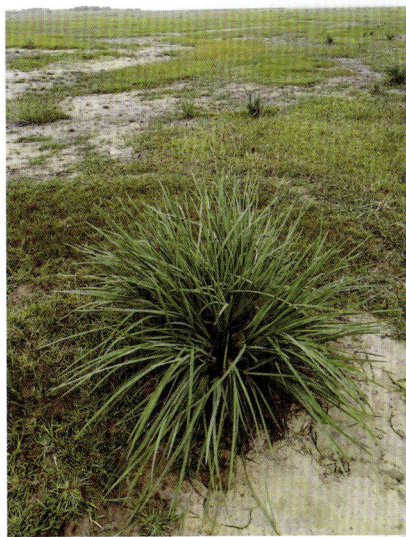

中 文 名：北黄花菜

拼　　音：běi huáng huā cài

其他俗名：金针菜，黄花苗子，黄花萱草

科中文名：阿福花科

科 学 名：Asphodelaceae

属中文名：萱草属

学　　名：Hemerocallis lilioasphodelus

生　　境：生于海拔500～2300米的草甸、湿草地、荒山坡或灌丛下。

形态特征：多年生草本。具短的根状茎，中下部常有纺锤状膨大的块根。叶基生，排成二列，线形，长40～80毫米，宽6～18毫米，基部抱茎，叶全缘，背面呈龙骨状突起。花序分枝，常为假二歧状的总状花序或圆锥花序；具4至多朵花，花淡黄色或黄色；花被裂片长5～7厘米，花被裂片6，外轮裂片倒披针形，内轮裂片长圆状椭圆形。蒴果；椭圆形，长2～2.5厘米。花果期5—8月。

分　　布：原产中国东北、华北、西北、华东。苏联和欧洲也有分布。辽宁产铁岭、北镇、朝阳、大连、鞍山等市县。

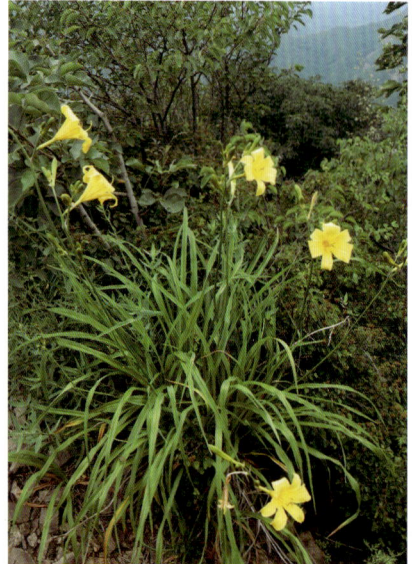

中 文 名：小黄花菜

拼　　音：xiǎo huáng huā cài

其他俗名：黄花菜

科中文名：阿福花科

科 学 名：Asphodelaceae

属中文名：萱草属

学　　名：Hemerocallis minor

生　　境：生于海拔2300米以下的草地、山坡或林下。

形态特征：多年生草本。具短的根状茎，外皮淡黄褐。叶基生；线形，叶长20～60厘米，宽3～14毫米。花序不分枝或稀为二枝状分枝；常具1～2花，少3～4花；花被淡黄色，芳香，花被裂片6，下部结合成花被管，外轮裂片长圆形，长4.5～6厘米，宽9～15毫米，内轮裂片长4.5～6厘米，宽1.5～2.3厘米。蒴果；椭圆形或矩圆形，长2～2.5厘米，宽1.2～2厘米。花果期5—9月。

分　　布：原产中国黑龙江、吉林、辽宁、内蒙古、河北、山西、山东、陕西和甘肃。朝鲜和苏联也有分布。辽宁产大连、普兰店、桓仁、义县、宽甸、凤城、彰武、本溪、鞍山、铁岭等市县。

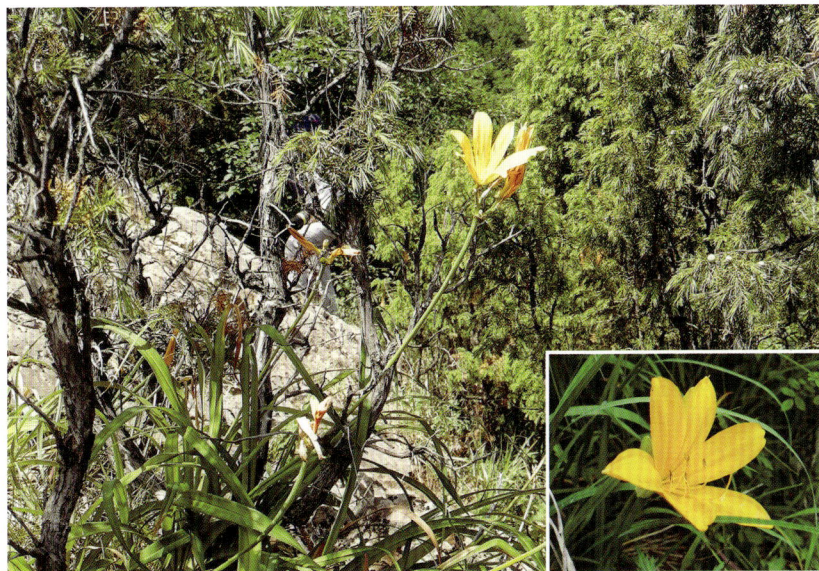

中 文 名：单花韭

拼　　音：dān huā jiǔ

其他俗名：矮韭

科中文名：石蒜科

科 学 名：Amaryllidaceae

属中文名：葱属

学　　名：Allium monanthum

生　　境：生于山坡或林下。

形态特征：多年生草本。鳞茎近球状，单生，粗0.5～1厘米；鳞茎外皮黄褐色，有时带红色，具"人"字形脉纹。叶基生；1～2枚，线形或宽线形，长10～20厘米，宽3～8毫米，上面平坦，下面呈圆弧状隆起，肥厚，横切面近半月形。伞形花序；有花1～2（～3）朵，若为2朵则小花梗一长一短；花白色至带红色，单性异株；花被片矩圆形、长矩圆形或倒卵状矩圆形，长约4毫米，宽1.4～2（～2.4）毫米。蒴果；球状。花果期4—5月。

分　　布：原产中国黑龙江、吉林、辽宁、河北。苏联、朝鲜、日本也有分布。辽宁产鞍山、本溪、铁岭、凤城、桓仁等市县。

中 文 名：薤白

拼　　音：xiè bái

其他俗名：小根蒜，小根菜，大脑瓜儿

科中文名：石蒜科

科 学 名：Amaryllidaceae

属中文名：葱属

学　　名：Allium macrostemon

生　　境：生于海拔1500米以下的山坡、丘陵、山谷或草地上。

形态特征：多年生草本。鳞茎近球状，粗0.7～1.5（～2）厘米，基部常具小鳞茎；鳞茎外皮带黑色。叶基生；3～5枚，半圆柱状，或因背部纵棱发达而为三棱状半圆柱形，中空，上面具沟槽。伞形花序；半球状至球状，具多而密集的花，花淡紫色或淡红色；花被片矩圆状卵形至矩圆状披针形，长4～5.5毫米，宽1.2～2毫米，内轮的常较狭。蒴果；卵圆形，具三棱。花期5—7月，果期8—9月。

分　　布：原产中国各省区（新疆、青海除外）。苏联、朝鲜、日本也有分布。辽宁产沈阳、铁岭、大连、鞍山、昌图、北镇、兴城、绥中、彰武、凤城、宽甸、桓仁、瓦房店、庄河、普兰店、本溪等市县。

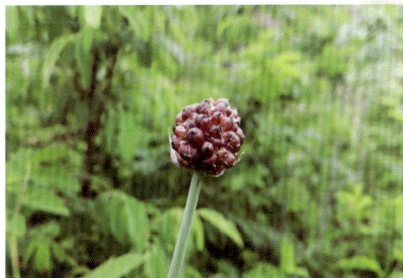

中 文 名：绵枣儿

拼　　音：mián zǎo ér

其他俗名：天蒜

科中文名：天门冬科

科 学 名：Asparagaceae

属中文名：绵枣儿属

学　　名：Barnardia japonica

生　　境：生于海拔2600米以下的山坡、草地、路旁或林缘。

形态特征：多年生草本。鳞茎卵形或近球形，高2~5厘米，宽1~3厘米；鳞茎皮黑褐色。基生叶；通常2~5枚，狭带状，长15~40厘米，宽2~9毫米，柔软。总状花序；长2~20厘米，具多数花；花紫红色、粉红色至白色，小，直径4~5毫米；花被片近椭圆形、倒卵形或狭椭圆形，长2.5~4毫米，宽约1.2毫米。蒴果；近倒卵形，长3~6毫米，宽2~4毫米。种子1~3颗，黑色，矩圆状狭倒卵形。花果期7—11月。

分　　布：原产中国东北、华北、华中以及四川、云南、广东、江西、江苏、浙江、台湾。朝鲜、日本和苏联也有分布。辽宁产大连、瓦房店、普兰店、庄河、长海、丹东、东港、岫岩、凤城、宽甸、葫芦岛、义县、彰武、法库、鞍山、盖州、沈阳、抚顺、辽阳、海城、北镇、阜新、开原、西丰、绥中、建昌、建平、喀左等市县。

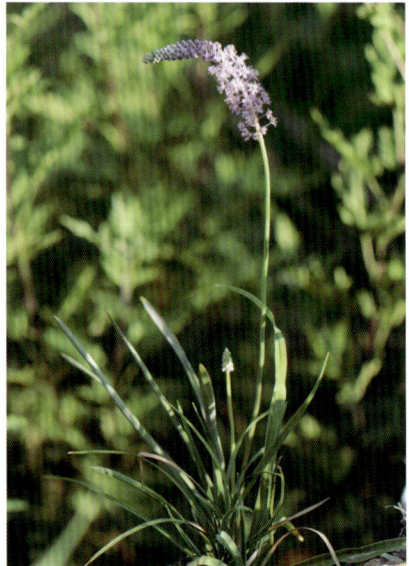

中 文 名：知母

拼　　音：zhī mǔ

其他俗名：兔子油草，野蓼，地参

科中文名：天门冬科

科 学 名：Asparagaceae

属中文名：知母属

学　　名：Anemarrhena asphodeloides

生　　境：生于海拔1450米以下的山坡、草地或路旁较干燥或向阳的地方。

形态特征：多年生草本。根状茎粗0.5～1.5厘米，为残存的叶鞘所覆盖。叶基生；成丛，线形，长15～60厘米，宽1.5～11毫米，向先端渐尖而呈近丝状，基部渐宽而呈鞘状。总状花序；通常较长，可达20～50厘米；花粉红色、淡紫色至白色；花被片条形，长5～10毫米，中央具3脉，宿存。蒴果；狭椭圆形，长8～13毫米，宽5～6毫米，顶端有短喙。花果期6—9月。

分　　布：原产中国黑龙江、吉林、辽宁、内蒙古、河北、山西、山东、陕西、甘肃。朝鲜也有分布。辽宁产大连、营口、北镇、彰武、葫芦岛、盖州、铁岭、朝阳、沈阳、鞍山、绥中、兴城、凌源、建昌、建平、锦州、义县、新民、海城、辽阳、普兰店、庄河、丹东、宽甸、桓仁、本溪、凤城、岫岩、抚顺、清原、昌图、法库、西丰、开原等市县。

中 文 名：东北玉簪

拼　　音：dōng běi yù zān

其他俗名：剑叶玉簪

科中文名：天门冬科

科 学 名：Asparagaceae

属中文名：玉簪属

学　　名：Hosta ensata

生　　境：生于海拔420米的林边或湿地上。

形态特征：多年生草本。根状茎粗短，粗约1厘米，有长而横走的地下茎。叶基生；4～8枚；叶披针形或长圆状披针形，长7～13厘米，宽2～4厘米，基部楔形。总状花序顶生；花10朵以上，花蓝紫色或紫红色，直立或开展，长4～5厘米，漏斗状；花被片6，下部结合成长管，上部近钟状，先端6裂，裂片卵状披针形。蒴果；长圆形，长1.2～1.8厘米，直径3～5毫米。花期7—8月，果期8—9月。

分　　布：原产中国吉林、辽宁。朝鲜和苏联也有分布。辽宁产本溪、凤城、桓仁、清原、北镇、宽甸、丹东、大连、营口、鞍山、庄河、铁岭等市县。

中 文 名：南玉带

拼　　音：nán yù dài

其他俗名：南玉帚

科中文名：天门冬科

科 学 名：Asparagaceae

属中文名：天门冬属

学　　名：Asparagus oligoclonos

生　　境：生于海拔较低的草原、林下或潮湿地上。

形态特征：多年生草本。茎平滑或稍具条纹，坚挺，上部不俯垂；分枝有明显的棱条，有时嫩时疏生软骨质齿。鳞片状叶基部通常距不明显或有短距，极少具短刺。花每1～2朵腋生，单性，雌雄异株，黄绿色；雄花被片6，披针形，长6～9毫米，宽2毫米；雌花较小，长约3毫米，花被片6。浆果；球形直径8～10毫米，成熟红色渐变黑色。花期5—6月，果期7—8月。

分　　布：原产中国黑龙江、吉林、辽宁、内蒙古、河北、山东和河南。朝鲜、日本和俄罗斯远东地区也有分布。辽宁原产沈阳、本溪、鞍山、丹东、大连、清原、西丰、北镇、建平、凤城、盖州、彰武、宽甸、瓦房店、庄河、长海等市县。

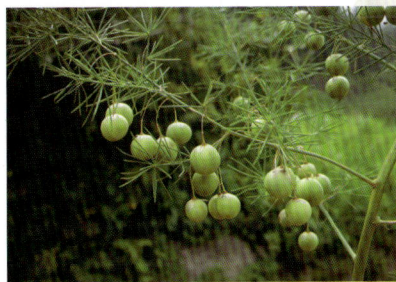

中 文 名：山麦冬

拼　　音：shān mài dōng

其他俗名：大麦冬，土麦冬，麦门冬

科中文名：天门冬科

科 学 名：Asparagaceae

属中文名：山麦冬属

学　　名：Liriope spicata

生　　境：生于海拔50～1400米的山坡、山谷林下、路旁或湿地。

形态特征：多年生草本。根状茎短，木质，具地下走茎。叶丛生；线形，稍
　　　　　革质，叶长25～60厘米，宽4～6（～8）毫米，边缘具细锯齿。
　　　　　总状花序；长6～15（～20）厘米，具多数花；花通常（2～）
　　　　　3～5朵簇生于苞片腋内；花被片矩圆形、矩圆状披针形，长4～5
　　　　　毫米，先端钝圆，淡紫色或淡蓝色。浆果；圆形，蓝黑色。种子
　　　　　近球形，直径约5毫米。花期5—7月，果期8—10月。

分　　布：原产中国各省区（除内蒙古、青海、新疆、西藏外）。日本、越
　　　　　南也有分布。辽宁产长海县、大连市。

中 文 名：铃兰

拼　　音：líng lán

其他俗名：香水花，风铃草，草玉兰

科中文名：天门冬科

科 学 名：Asparagaceae

属中文名：铃兰属

学　　名：Convallaria majalis

生　　境：生于阴坡林下潮湿处或沟边。

形态特征：多年生草本。根状茎细长，匍匐，具节，于节处生多数分枝状的须根。叶基生；两枚，极少3枚，椭圆形或卵状披针形，长7～20厘米，宽3～8.5厘米，基部渐狭，表面绿色，背面稍带白粉，全缘。总状花序；花钟状，下垂，白色，长、宽各5～7毫米。浆果；入秋后圆球形暗红色。椭圆形种子，扁平或双凸状，表面有细网纹，直径3毫米。花期5—6月，果期7—9月。

分　　布：原产中国黑龙江、吉林、辽宁、内蒙古、河北、山西、山东、河南、陕西、甘肃、宁夏、浙江、湖南。朝鲜、日本、欧洲、北美洲也有分布。辽宁产丹东、本溪、鞍山、凤城、新宾、西丰、桓仁、宽甸、大连、营口、铁岭、沈阳等市县。

中 文 名：舞鹤草

拼　　音：wǔ hè cǎo

其他俗名：二叶舞鹤草

科中文名：天门冬科

科 学 名：Asparagaceae

属中文名：舞鹤草属

学　　名：Maianthemum bifolium

生　　境：生于高山山地林下潮湿腐殖质土壤。

形态特征：多年生草本。根茎横走，有节；茎直立，有条棱，光滑，绿色，通常下部具暗紫色斑点。基生叶1枚，花期时凋萎，茎生叶通常2片，在茎顶互生；叶片常微呈肉质，三角心形，长2～5cm，宽1.5～4cm，有的可达6cm，上面无毛，下面被短毛。总状花序；顶生，花小，白色；花被片4。蒴果；球形，红色，直径3～6mm。种子卵圆形，种皮黄色，有颗粒状皱纹。花期5—7月，果期8—9月。

分　　布：原产中国黑龙江、吉林、辽宁、河北、山西、陕西、甘肃、青海、四川。辽宁产本溪、凤城、开原、桓仁、宽甸、庄河、丹东、抚顺等市县。

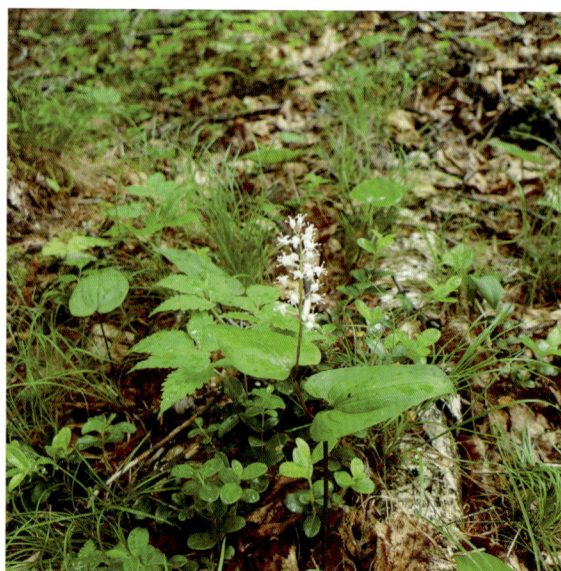

中 文 名：鹿药

拼　　音：lù yào

其他俗名：九层楼，偏头七，山糜子

科中文名：天门冬科

科 学 名：Asparagaceae

属中文名：舞鹤草属

学　　名：Maianthemum japonicum

生　　境：生于林下阴湿处或岩缝中。

形态特征：多年生草本。根状茎横走，近圆柱状，粗6～10毫米，有时具膨大结节；茎中部以上或仅上部具粗伏毛。叶互生；纸质，卵状椭圆形、椭圆形或矩圆形，长6～13（～15）厘米，宽3～7厘米。圆锥花序；长3～6厘米，有毛，具10～20余朵花；花单生，白色；花被片分离或仅基部稍合生，矩圆形或矩圆状倒卵形，长约3毫米。浆果；近球形，直径5～6毫米，熟时红色。花期5—6月，果期8—9月。

分　　布：原产中国黑龙江、吉林、辽宁、河北、河南、山东、山西、陕西、甘肃、贵州、四川、湖北、湖南、安徽、江苏、浙江、江西、台湾。日本、朝鲜、俄罗斯远东地区也有分布。辽宁产本溪、大连、鞍山、铁岭、桓仁、凤城、宽甸、义县、凌源、丹东等市县。

中 文 名：黄精

拼　　音：huáng jīng

其他俗名：鸡头黄精，黄鸡菜，笔管菜

科中文名：天门冬科

科 学 名：Asparagaceae

属中文名：黄精属

学　　名：Polygonatum sibiricum

生　　境：生于林下、灌丛或山坡阴处。

形态特征：多年生草本。根状茎圆柱状，由于结节膨大，一端粗，一端细；茎直立，单一，光滑，无毛，高50～90厘米。叶轮生；每轮4～6枚，条状披针形，长8～15厘米，宽（4～）6～16毫米，先端拳卷或弯曲成钩。花序通常具2～4朵花，似呈伞形状；花被乳白色至淡黄色，全长9～12毫米。浆果；球形，直径7～10毫米，熟时黑色。花期5—6月，果期8—9月。

分　　布：原产中国黑龙江、吉林、辽宁、河北、山西、陕西、内蒙古、宁夏、甘肃、河南、山东、安徽、浙江。朝鲜、蒙古和俄罗斯西伯利亚东部地区也有分布。辽宁产大连、鞍山、本溪、彰武、盖州等市县。

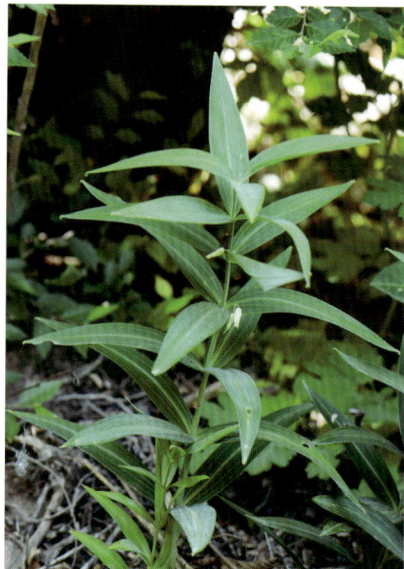

中 文 名：玉竹

拼　　音：yù zhú

其他俗名：地管子，尾参，铃铛菜

科中文名：天门冬科

科 学 名：Asparagaceae

属中文名：黄精属

学　　名：Polygonatum odoratum

生　　境：生于凉爽、湿润、无积水的山野疏林或灌丛中。

形态特征：多年生草本。根状茎圆柱形，直径5～14毫米；茎单一，具棱角，高20～50厘米。叶互生于茎上部；椭圆形至卵状矩圆形，长5～12厘米，宽3～16厘米。花序具1～4花（在栽培情况下，可多至8朵），生于叶腋，花梗下垂；花被片6，下部合生成筒，黄绿色至白色，全长13～20毫米，花被筒较直，裂片长3～4毫米。浆果；蓝黑色，直径7～10毫米。花期5—6月，果期7—9月。

分　　布：原产中国黑龙江、吉林、辽宁、内蒙古、河北、山西、甘肃、青海、山东、河南、湖北、湖南、安徽、江西、江苏、台湾。欧亚大陆温带地区广布。辽宁产沈阳、鞍山、本溪、大连、丹东、昌图、西丰、凤城、宽甸、庄河、岫岩、葫芦岛、绥中、营口、北镇、建平、阜新、义县、金县、盖州等市县。

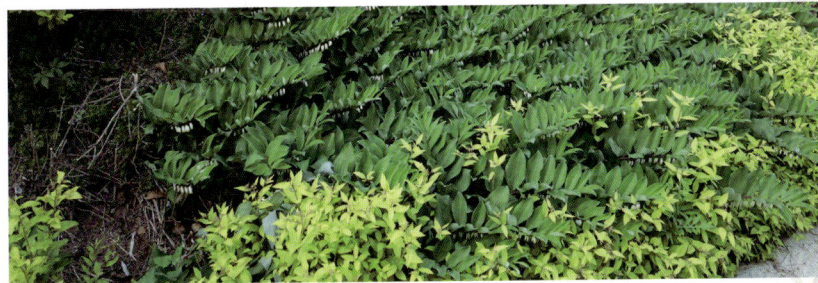

中 文 名：疣草

拼　　音：yóu cǎo

其他俗名：水竹叶

科中文名：鸭跖草科

科 学 名：Commelinaceae

属中文名：水竹叶属

学　　名：Murdannia keisak

生　　境：生于湿地、水沟旁。

形态特征：一年生草本。茎圆柱状，长而多分枝，基部匍匐生根，分枝常上升或斜上。叶两列互生；叶无柄，狭披针形，长4～8厘米，宽5～10毫米。聚伞花序腋生或顶生；有花1～3朵；苞片披针形，长0.5～2厘米；花梗长0.5～1.5厘米；萼片3枚，披针形，长5～7（～9）毫米；花瓣蓝紫色或粉红色，倒卵圆形。蒴果；长圆形，长8～10毫米，直径2～3毫米。花果期7—9月。

分　　布：原产中国黑龙江、吉林、辽宁、浙江、江西、福建。朝鲜、日本、北美洲东部也有分布。辽宁产沈阳、铁岭、本溪、东港、普兰店、新民、辽中、北镇、桓仁、凤城、彰武、庄河等市县。

中 文 名：竹叶子

拼　　音：zhú yè zǐ

其他俗名：扁担菜，猫耳朵，猪耳草

科中文名：鸭跖草科

科 学 名：Commelinaceae

属中文名：竹叶子属

学　　名：Streptolirion volubile

生　　境：生于山谷、杂林或密林下。

形态特征：一年生草本。茎柔弱，细长。叶片心状圆形，有时心状卵形，长5～15厘米，宽3～15厘米，上面多少被柔毛。蝎尾状聚伞花序；有花一至数朵，集成圆锥状，圆锥花序下面的总苞片叶状，长2～6厘米，上部的小而卵状披针形；花无梗；萼片长3～5毫米，顶端急尖；花瓣白色，线形，略比萼长。蒴果；长4～7毫米，顶端有长达3毫米的芒状突尖。花期7—8月，果期9—10月。

分　　布：原产中国西南、中南、湖北、浙江、甘肃、陕西、山西、河北、辽宁。不丹、老挝、越南、朝鲜、日本也有分布。辽宁产凤城、本溪、宽甸、桓仁、昌图、西丰、鞍山、岫岩、庄河、大连、丹东等市县。

中 文 名：雨久花

拼　　音：yǔ jiǔ huā

其他俗名：浮蔷，蓝花菜，蓝鸟花

科中文名：雨久花科

科 学 名：Pontederiaceae

属中文名：雨久花属

学　　名：Monochoria korsakowii

生　　境：生于池塘、湖沼靠岸的浅水处和稻田中。

形态特征：一年生草本。根状茎粗壮，茎直立，高30～70厘米，全株光滑无毛，基部有时带紫红色。叶基生和茎生；叶宽卵状心形，长4～10厘米，宽3～8厘米，茎生叶互生，深绿色。总状花序顶生，有时再聚成圆锥花序；花被片椭圆形，长10～14毫米，顶端圆钝，蓝色。蒴果；长卵圆形，长10～12毫米。种子长圆形，长约1.5毫米，有纵棱。花期7—8月，果期9—10月。

分　　布：原产中国东北、华北、华中、华东、华南。朝鲜、日本、俄罗斯西伯利亚地区也有分布。辽宁产新民、彰武、康平、开原、西丰、沈阳、凤城、营口、庄河、普兰店、大连、辽中、本溪、鞍山等市县。

中 文 名：黑三棱

拼　　音：hēi sān léng

其他俗名：白三棱，臭蒲子，光三棱

科中文名：香蒲科

科 学 名：Typhaceae

属中文名：黑三棱属

学　　名：Sparganium stoloniferum

生　　境：生于湖泊、河沟、沼泽、水塘边浅水处。

形态特征：多年生水生或沼生草本。生粗而短的块茎，具根状茎。茎直立，高60～120厘米。叶片线形，长达1米，宽7～16毫米，上部扁平，下部背面呈龙骨状凸起，基部鞘状。圆锥花序开展，具3～7个侧枝，每个侧枝上着生7～11个雄性头状花序和1～2个雌性头状花序；雄花花被片匙形，先端浅裂；雌花花被宿存。干果倒圆锥形，径约2.5厘米，具棱，褐色。花果期5—10月。

分　　布：原产中国黑龙江、吉林、辽宁、内蒙古、河北、山西、陕西、甘肃、新疆、江苏、江西、湖北、云南。阿富汗、俄罗斯、朝鲜、日本及中亚地区也有分布。辽宁产凌源、彰武、康平、开原、铁岭、抚顺、新民、辽阳、丹东、金州等市县。

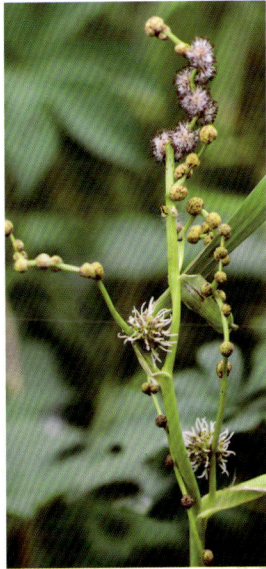

中 文 名：东方香蒲

拼　　音：dōng fāng xiāng pú

其他俗名：香蒲

科中文名：香蒲科

科 学 名：Typhaceae

属中文名：香蒲属

学　　名：Typha orientalis

生　　境：生于湖泊、池塘、沟渠、沼泽及河流缓流带。

形态特征：多年生水生或沼生草本。根茎乳白色。茎高达2米。叶片条形，长40～70厘米，宽0.4～1厘米。穗状花序，雌雄花序紧密连接；雄花序具1～3枚叶状苞片，花后脱落；雌花序基部具一枚叶状苞片，花后脱落；雄花花粉粒单体；孕性雌花柱头匙形，不孕雌花不发育柱头宿存。瘦果椭圆形至长椭圆形，果皮具长形褐色斑点；种子褐色，微弯。花果期5—9月。

分　　布：原产中国黑龙江、吉林、辽宁、内蒙古、河北、山西、河南、陕西、安徽、江苏、浙江、江西、广东、云南、台湾。菲律宾、日本、俄罗斯及大洋洲也有分布。辽宁产铁岭、沈阳、本溪、辽阳、东港等市县。

中 文 名：长苞谷精草

拼　　音：cháng bāo gǔ jīng cǎo

其他俗名：小谷精草

科中文名：谷精草科

科 学 名：Eriocaulaceae

属中文名：谷精草属

学　　名：Eriocaulon decemflorum

生　　境：生于山坡湿地及稻田。

形态特征：一年生草本。茎极短缩。叶丛生；狭线形或狭披针形，长5～10厘米，中部宽0.5～1.5毫米，半透明。头状花序；花小，初时近10朵花组成狭漏斗形、后花茎显著伸长、头状花序呈半球形；花葶约10个，长10～20（～30）厘米，直径0.3～0.6毫米，具3～4（～5）棱；鞘状苞片长3～5（～7）厘米，花序熟时倒圆锥形至半球形，禾秆色。蒴果；近球形。花期8—9月，果期9—10月。

分　　布：原产中国黑龙江、辽宁、江苏、浙江、江西、福建、湖南、广东。日本、俄罗斯也有分布。辽宁产鞍山、海城、大连等市县。

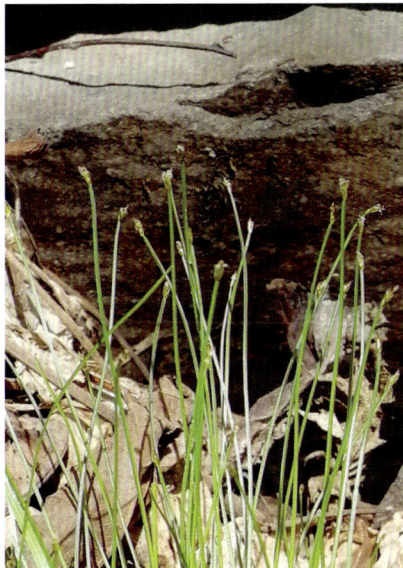

中 文 名：火红地杨梅

拼　　音：huǒ hóng dì yáng méi

其他俗名：乌兰、乌龙其日

科中文名：灯心草科

科 学 名：Juncaceae

属中文名：地杨梅属

学　　名：Luzula rufescens

生　　境：生于海拔800米的林缘湿草地、山坡路旁、田间、沼泽潮湿处。

形态特征：多年生草本。根状茎横走，具褐色或黄褐色须根。茎直立，纤细。叶基生和茎生；基生叶多数，线形或线状披针形，长5～12厘米，宽2～4毫米，茎生叶2～3枚，长2～4厘米。花序通常为单伞形花序状；花单生；花被片披针形或卵状披针形，长2.5～3毫米，宽1～1.3毫米，内外轮近等长，顶端渐尖，边缘膜质白色，中央红褐色。蒴果；三棱状卵形，长2.8～3.2毫米。花期5—6月，果期6—7月。

分　　布：原产中国黑龙江、吉林、辽宁、内蒙古。日本、朝鲜、蒙古、俄罗斯西伯利亚地区、加拿大也有分布。辽宁产凤城。

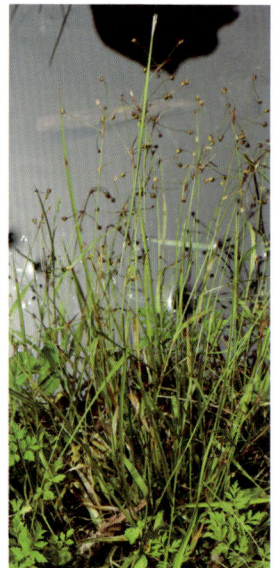

中 文 名：灯心草

拼　　音：dēng xīn cǎo

其他俗名：灯芯草，蔺草，龙须草

科中文名：灯心草科

科 学 名：Juncaceae

属中文名：灯心草属

学　　名：Juncus effusus

生　　境：生于河边、池旁、水沟、稻田旁、草地及沼泽湿处。

形态特征：多年生草本。根状茎粗壮横走，地上茎丛生直立，圆筒形，实心，淡绿色，具纵条纹。无基生叶和茎生叶；仅具叶鞘，呈红褐色或黄褐色。聚伞花序假侧生含多花；花淡绿色；花被片线状披针形，长2～12.7毫米，宽约0.8毫米。蒴果；长圆形或卵形，长约2.8毫米。种子卵状长圆形，长0.5～0.6毫米，黄褐色。花期4—7月，果期6—9月。

分　　布：原产中国黑龙江、吉林、辽宁、河北、陕西、甘肃、山东、江苏、安徽、浙江、江西、福建、台湾、河南、湖北、湖南、广东、广西、四川、贵州、云南、西藏。全世界温暖地区均有分布。辽宁产铁岭、清原、本溪、凤城、桓仁、丹东、鞍山、大连等市县。

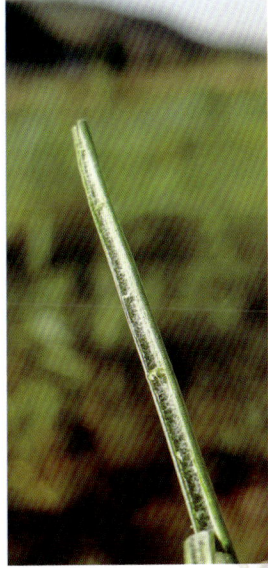

中 文 名：卷柱头薹草

拼　　音：juǎn zhù tóu tái cǎo

其他俗名：柔薹草

科中文名：莎草科

科 学 名：Cyperaceae

属中文名：薹草属

学　　名：Carex bostrychostigma

生　　境：生于林中湿地、河边、水沟边。

形态特征：多年生草本。秆丛生，高20～50厘米。叶片线形，质软。叶状苞片具长鞘。总状花序；小穗5～8个，顶生小穗为雄性，侧生小穗为雌性；雄花鳞片长5～5.5毫米，淡黄色；雌花鳞片长4.5～5毫米，淡褐黄色；柱头3个，较果囊长得多；果囊近于直立，长约7毫米，上部渐狭成长喙。坚果，紧包于果囊内，狭长圆形，三棱形，长约3.5毫米，黄褐色。花果期5—7月。

分　　布：原产中国黑龙江、吉林、辽宁、河北、陕西、江苏、安徽、浙江。朝鲜、日本、俄罗斯也有分布。辽宁产铁岭、沈阳、鞍山、岫岩、凤城等市县。

中 文 名：鸭绿薹草

拼　　音：yā lù tái cǎo

其他俗名：鸭绿江苔草，鸭绿苔草

科中文名：莎草科

科 学 名：Cyperaceae

属中文名：薹草属

学　　名：Carex jaluensis

生　　境：生于林中湿地、山谷河边、水沟边。

形态特征：多年生草本。秆密丛生，高30～85厘米。叶片线形，短于秆。总
状花序；叶状苞片下部者长于花序，上面的2～3枚呈刚毛状；小
穗4～7个，顶生者雄性穗，其余小穗为雌性；雄花鳞片长约4毫
米，淡锈色，中间绿色；雌花鳞片长约2.5毫米，淡锈色；柱头3
个。坚果倒卵形或三棱形，紧密地包于果囊内，长约1.5毫米，顶
端具小短尖。花果期5—7月。

分　　布：原产中国吉林、辽宁、河北。朝鲜、俄罗斯也有分布。辽宁产鞍
山、本溪等市县。

中 文 名：大披针薹草

拼　　音：dà pī zhēn tái cǎo

其他俗名：早春薹草，亚柄薹草

科中文名：莎草科

科 学 名：Cyperaceae

属中文名：薹草属

学　　名：Carex lanceolata

生　　境：生于山坡林下、阳坡干草地。

形态特征：多年生草本。秆密丛生，高5～30厘米。叶片线形，与秆近等长或超出。总状花序；苞片鞘状，背部淡褐色；小穗3～6个，顶生者为雄小穗，侧生者为雌小穗；雄花鳞片长8～8.5毫米，褐色或褐棕色，具宽的白色膜质边缘；雌花鳞片长5～6毫米，锈褐色，背部带绿色；果囊明显短于鳞片，顶端具短喙。坚果倒卵状椭圆形或三棱形，长约2.5毫米；柱头3个。花果期4—6月。

分　　布：原产中国黑龙江、吉林、辽宁、内蒙古、河北、山西、陕西、甘肃、山东、江苏、安徽、浙江、江西、河南、四川、贵州、云南。蒙古、朝鲜、俄罗斯、日本也有分布。辽宁产铁岭、沈阳、凌源、丹东、大连等市县。

中 文 名：宽叶薹草

拼　　音：kuān yè tái cǎo

其他俗名：崖棕

科中文名：莎草科

科 学 名：Cyperaceae

属中文名：薹草属

学　　名：Carex siderosticta

生　　境：生于针阔叶混交林或阔叶林下或林缘。

形态特征：多年生草本。根状茎长。营养茎的叶长圆状披针形，长10～20厘米，宽1～3厘米。总状花序；苞片佛焰苞状；小穗3～10个，单生或孪生于各节，雄雌顺序；雄花鳞片长5～6毫米，两侧透明膜质，中间绿色；雌花鳞片长3～4毫米，两侧透明膜质，中间绿色；柱头3个；果囊长3～4毫米，先端骤狭成短喙。坚果椭圆形或三棱形，紧包于果囊中，长约2毫米。花果期4—6月。

分　　布：原产中国黑龙江、吉林、辽宁、内蒙古、河北、山东、山西、河南、陕西、安徽、浙江、江西、湖北。俄罗斯、朝鲜、日本也有分布。辽宁产铁岭、沈阳、新宾、凤城、本溪、丹东、鞍山、庄河等市县。

中 文 名：两歧飘拂草
拼　　音：liǎng qí piāo fú cǎo
其他俗名：飘拂草
科中文名：莎草科
科 学 名：Cyperaceae
属中文名：飘拂草属
学　　名：Fimbristylis dichotoma
生　　境：生于稻田、河岸沙地及空旷草地上。
形态特征：一年生草本。秆丛生，钝三棱形，高15～50厘米。叶片线形，略短于秆或与秆等长，宽1～2.5毫米。苞片3～4枚，叶状；长侧枝聚伞花序复出，稀简单；小穗单生于辐射枝顶端，卵形、椭圆形或长圆形，长4～12毫米；鳞片长2～2.5毫米，棕褐色，背脊绿色，顶端具短尖；柱头2。坚果宽倒卵形，双凸状，淡黄白色，具7～9显著纵肋及多数横的网纹，具褐色的柄。花果期7—10月。
分　　布：原产中国辽宁、内蒙古、河北、山东、山西、河南、陕西、甘肃、新疆、江苏、安徽、浙江、台湾、福建、江西、湖北、湖南、广东、香港、海南、广西、贵州、四川、云南、西藏。朝鲜、印度、日本及中南半岛、大洋洲及非洲也有分布。辽宁产建平、大连、丹东、凤城等市县。

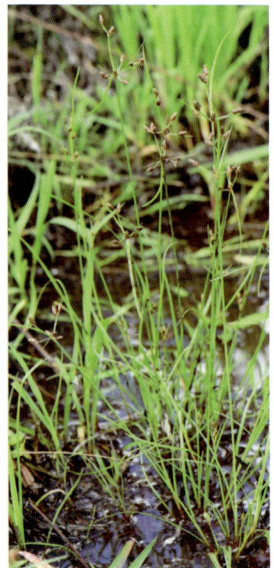

中 文 名：槽秆荸荠

拼　　音：cáo gǎn bí qí

其他俗名：槽杆针蔺，刚毛荸荠

科中文名：莎草科

科 学 名：Cyperaceae

属中文名：荸荠属

学　　名：Eleocharis mitracarpa

生　　境：生于水边湿地或浅水中。

形态特征：多年生水生或沼生草本。有匍匐的根状茎。秆单生或丛生，高
25～40厘米。秆基部有1～2个叶鞘，膜质，紫红色，上部叶鞘
绿色。小穗长圆状卵形或披针形，长5～15毫米，基部具2枚空
鳞片；鳞片长3～4毫米，红褐色，膜质，有一中肋；下位刚毛4
条，比坚果显著长，淡锈色，密生倒刺；柱头2。坚果倒卵形，
双凸状，长1.2～1.3毫米，淡黄色。花果期6—9月。

分　　布：原产中国黑龙江、吉林、辽宁、内蒙古、河北、山东、山西、云
南、贵州。朝鲜、日本、蒙古及中亚地区一些国家也有分布。辽
宁产铁岭、彰武、大连等市县。

中 文 名：三棱水葱

拼　　音：sān léng shuǐ cōng

其他俗名：蔗草，三棱蔗草

科中文名：莎草科

科 学 名：Cyperaceae

属中文名：水葱属

学　　名：Schoenoplectus triqueter

生　　境：生于水沟、水塘、河岸沙地、沼泽地或湿地上。

形态特征：多年生草本。具匍匐根状茎。秆锐三棱形。叶片长1.5～6厘米，宽1.5～2毫米。苞片1枚，为秆的延长；长侧枝聚伞花序简单，假侧生，有1～8个辐射枝；小穗卵形或长圆形，长6～12毫米；鳞片长3～4毫米，黄棕色，背面具1条中肋，稍延伸出顶端呈短尖；下位刚毛3～5条，全长都生有倒刺；柱头2。坚果倒卵形，平凸状，长2～3毫米，成熟时褐色，具光泽。花果期6—9月。

分　　布：原产中国各省区（除广东、海南外）。俄罗斯、朝鲜、印度、日本及中亚细亚、欧洲、美洲也有分布。辽宁广布。

中 文 名：碎米莎草

拼　　音：suì mǐ suō cǎo

其他俗名：方草见，三棱草

科中文名：莎草科

科 学 名：Cyperaceae

属中文名：莎草属

学　　名：Cyperus iria

生　　境：生于田间、山坡、路旁阴湿处。

形态特征：一年生草本。秆丛生，扁三棱形，高10～50厘米。叶片线形，比秆短或近等长，宽2～5毫米；叶状苞片3～5枚。长侧枝聚伞花序复出，稀简单，具4～9个不等长辐射枝；小穗排列松散，压扁，黄色或黄褐色；鳞片膜质，顶端微缺，具极短的短尖，背面具龙骨状突起，绿色，两侧呈黄色或麦秆黄色；柱头3。坚果三棱形，褐色，具密的微突起细点。花果期6—10月。

分　　布：原产中国黑龙江、吉林、辽宁、河北、河南、山东、陕西、甘肃、新疆、江苏、浙江、安徽、江西、湖南、湖北、云南、四川、贵州、福建、广东、广西、台湾。俄罗斯、朝鲜、日本、越南、印度、伊朗、澳洲、非洲北部以及美洲也有分布。辽宁产铁岭、沈阳、瓦房店、大连、长海等市县。

中 文 名：水莎草

拼　　音：shuǐ suō cǎo

其他俗名：水蔰草

科中文名：莎草科

科 学 名：Cyperaceae

属中文名：莎草属

学　　名：Cyperus serotinus

生　　境：生于浅水中、河边湿地及水边沙土上。

形态特征：多年生草本。秆扁三棱形，高30～100厘米。叶片线形，短于秆或有时长于秆，宽3～10毫米。叶状苞片常3枚，较花序长1倍多；复出长侧枝聚伞花序具4～7个辐射枝；小穗长8～20毫米；鳞片初期排列紧密，后期较松，长2.5毫米，背面中肋绿色，两侧红褐色，边缘黄白色；柱头2。坚果椭圆形或倒卵形，平凸状，棕色，稍有光泽，具突起的细点。花果期7—10月。

分　　布：原产中国黑龙江、吉林、辽宁、内蒙古、河北、山东、山西、河南、陕西、宁夏、甘肃、新疆、江苏、安徽、浙江、台湾、福建、江西、湖南、湖北、云南、四川、贵州、广东、广西。朝鲜、日本及喜马拉雅山西北部、欧洲中部、地中海地区也有分布。辽宁产铁岭、沈阳、法库、彰武、凌源、建平、盘山、盖州、大连等市县。

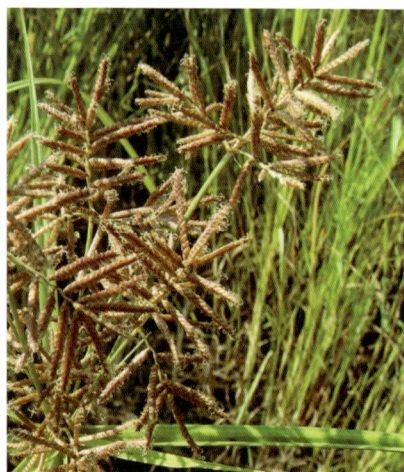

中 文 名：菰

拼　　音：gū

其他俗名：茭白，茭草，茭笋

科中文名：禾本科

科 学 名：Poaceae

属中文名：菰属

学　　名：Zizania latifolia

生　　境：生于湖泊、池沼、河流及水沟边。

形态特征：多年生草本。具根状茎。秆直立，基部节上生不定根。叶互生；叶鞘长于其节间，具有小横脉；叶舌膜质，顶端尖；叶线形，长50～90厘米，宽1.5～3厘米。圆锥花序，分枝多数；雄小穗通常着生于花序下部，带紫色，外稃顶端渐尖或具短芒；雌小穗圆筒形，多位于花序上部和分枝下方与主轴贴生处，外稃具芒，芒长20～30毫米。颖果；圆柱形，长约12毫米。花果期7—9月。

分　　布：原产中国黑龙江、吉林、辽宁、内蒙古、河北、甘肃、陕西、四川、湖北、湖南、江西、福建、广东、台湾。亚洲温带地区、俄罗斯、欧洲也有分布。辽宁产沈阳、新民、铁岭等市县。

中 文 名：假鼠妇草

拼　　音：jiǎ shǔ fù cǎo

其他俗名：东方甜茅

科中文名：禾本科

科 学 名：Poaceae

属中文名：甜茅属

学　　名：Glyceria leptolepis

生　　境：生于水湿地、沼泽、溪边及沟边。

形态特征：多年生草本。具根状茎。秆直立，有时基部倾斜，高90～150厘米。叶互生；叶鞘具横脉纹；叶舌质硬，长0.5～1毫米，顶端截平；叶片扁平或边缘内卷，长达30厘米，宽5～10毫米。圆锥花序大型，开展，长达25厘米，每节具2～3分枝；小穗绿色或变草黄色，长6～8毫米，含5～8花；颖不等长，顶端钝；外稃长3.5～4毫米，具7脉。颖果，长约1.5毫米，红棕色。花果期7—9月。

分　　布：原产中国东北、华北及陕西、甘肃、安徽、浙江、江西、台湾、河南。俄罗斯、朝鲜及日本也有分布。辽宁产西丰、本溪、新宾等市县。

中 文 名：臭草

拼　　音：chòu cǎo

其他俗名：肥马草，枪草

科中文名：禾本科

科 学 名：Poaceae

属中文名：臭草属

学　　名：Melica scabrosa

生　　境：生于山坡草地、荒芜田野、渠边路旁中。

形态特征：多年生草本。秆丛生，直立或基部膝曲。叶互生；叶鞘下部长于上部而短于节间；叶舌透明膜质，长1～2毫米；叶片线形，长6～15厘米，宽2～7毫米。圆锥花序狭窄，分枝斜上；小穗椭圆形，淡绿色或乳白色，长5～8毫米，含孕性小花2～4；颖膜质，两颖几乎等长；外稃具7条隆起的脉，背面颗粒状粗糙。颖果纺锤形，长约1.5毫米，褐色，有光泽。花果期5—8月。

分　　布：原产中国黑龙江、吉林、辽宁、内蒙古、河北、山东、山西、河南、陕西、宁夏、甘肃、青海、江苏、湖北、四川。朝鲜也有分布。辽宁产铁岭、开原、沈阳、鞍山、大连、北镇、盖州和长海等市县。

中 文 名：狼针草

拼　　音：láng zhēn cǎo

其他俗名：贝加尔针茅，大针茅

科中文名：禾本科

科 学 名：Poaceae

属中文名：针茅属

学　　名：Stipa baicalensis

生　　境：生于干草地、干草坡。

形态特征：多年生草本。秆直立，丛生，高达1米，具3～4节。叶互生；叶片纵卷成线形，基生叶长可达40厘米。圆锥花序基部常藏于叶鞘内，长20～50厘米；小穗灰绿色或紫褐色；颖长25～33毫米；外稃长12～15毫米，顶端关节处生一圈短毛，基盘密生柔毛，芒二回膝曲扭转，第一芒长3～5厘米，第二芒柱长1.5～2厘米，芒针长10～13厘米。颖果细长柱状，长约1厘米。花果期6—10月。

分　　布：原产中国黑龙江、吉林、辽宁、内蒙古、甘肃、西藏、青海、陕西、山西、河北。俄罗斯、蒙古也有分布。辽宁产建平、北镇、调兵山、铁岭等市县。

中 文 名：京芒草

拼　　音：jīng máng cǎo

其他俗名：远东芨芨草

科中文名：禾本科

科 学 名：Poaceae

属中文名：羽茅属

学　　名：Achnatherum pekinense

生　　境：生于山坡草地、林缘、灌丛。

形态特征：多年生草本。秆直立，高达2米。叶互生；叶舌膜质，长约1毫米；叶片线形，长达50厘米，宽4～10毫米。圆锥花序开展，分枝2～6枚簇生，成熟后水平开展；小穗长6～10毫米，草绿色或紫色；颖膜质，几乎等长或第一颖稍短；外稃背部密被柔毛，芒长约2厘米，一回膝曲，芒柱扭转且具短微毛；内稃无脊，成熟时背部裸出。颖果纺锤形，长约4毫米。花果期7—9月。

分　　布：原产中国黑龙江、吉林、辽宁、内蒙古、河北、山东、山西、河南、陕西、宁夏、甘肃、青海、安徽、四川、云南、西藏。朝鲜、日本、俄罗斯也有分布。辽宁产彰武、西丰、新民、阜新、建平、凌源、建昌、北镇、沈阳、抚顺、鞍山、本溪、营口、盖州、金州、大连等市县。

中 文 名：龙常草

拼　　音：lóng cháng cǎo

其他俗名：东北龙常草

科中文名：禾本科

科 学 名：Poaceae

属中文名：龙常草属

学　　名：Diarrhena manshurica

生　　境：生于林下及荒草地。

形态特征：多年生草本。基部具短根状茎及被鳞状苞片的芽体。秆直立，节下被微毛。叶互生；叶鞘密生微毛；叶片线状披针形，长15～30厘米，宽5～20毫米，上面密生短毛。圆锥花序较狭，花序分枝通常单纯而不分枝；小穗通常含2～3花；颖不等长，膜质；外稃长4.5～5毫米；内稃与外稃几乎等长，脊上部具纤毛。颖果，长达4毫米，黑褐色，顶端圆锥形喙呈黄色。花果期7—9月。

分　　布：原产中国黑龙江、吉林、辽宁、河北、山西。日本、朝鲜、俄罗斯也有分布。辽宁产清原、桓仁、凤城、沈阳、铁岭、本溪、鞍山等市县。

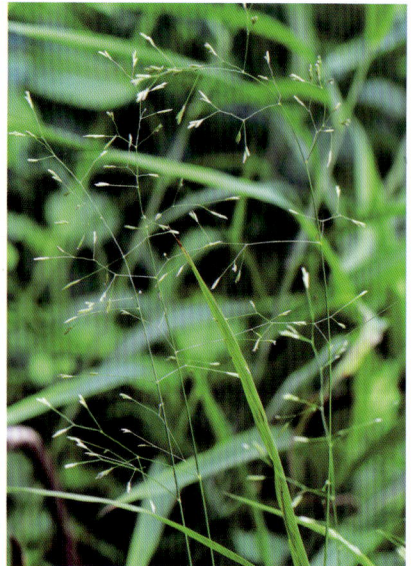

中 文 名：无芒雀麦

拼　　音：wú máng què mài

其他俗名：光雀麦，无芒雀麦草

科中文名：禾本科

科 学 名：Poaceae

属中文名：雀麦属

学　　名：Bromus inermis

生　　境：生于林缘草甸、山坡、路旁、砂地。

形态特征：多年生草本。具地下根状茎。秆直立，疏丛生，高50～120厘米。叶互生；叶鞘闭合；叶舌长1～2毫米；叶片线形，长20～30厘米，宽4～8毫米。圆锥花序较紧密，花后开展；分枝3～5枚轮生于主轴各节；小穗长15～25毫米；颖不等长，第一颖1脉，第二颖3脉；外稃无芒或于背部近顶端处具长1～2毫米短芒；内稃膜质，短于外稃。颖果长圆形，褐色，长7～9毫米。花果期6—9月。

分　　布：原产中国黑龙江、吉林、辽宁、内蒙古、河北、山西、山东、江苏、陕西、甘肃、青海、新疆、西藏、云南、四川、贵州。欧亚大陆温带地区广布。辽宁产沈阳、铁岭、彰武等市县。

中 文 名：披碱草

拼　　音：pī jiǎn cǎo

其他俗名：碱草，直穗大麦草

科中文名：禾本科

科 学 名：Poaceae

属中文名：披碱草属

学　　名：Elymus dahuricus

生　　境：生于山坡、草地、路旁或河岸。

形态特征：多年生草本。秆单生或成疏丛，高60～140厘米。叶互生；叶片
　　　　　线形，长10～25厘米，宽5～9毫米。穗状花序直立，长10～18
　　　　　厘米；小穗绿色，成熟后变为草黄色，长10～15毫米；颖披针
　　　　　形，长8～10毫米，先端具长5毫米的短芒；外稃披针形，全部密
　　　　　生短小糙毛，第一外稃先端延伸成芒，长10～20毫米；内稃与外
　　　　　稃等长，脊上具纤毛。颖果，长约6毫米。花果期6—9月。

分　　布：原产中国黑龙江、吉林、辽宁、内蒙古、河北、山西、河南、陕
　　　　　西、青海、四川、西藏。蒙古、俄罗斯、朝鲜、日本、伊朗、巴
　　　　　基斯坦、印度、尼泊尔、土耳其也有分布。辽宁产彰武、建平、
　　　　　沈阳等市县。

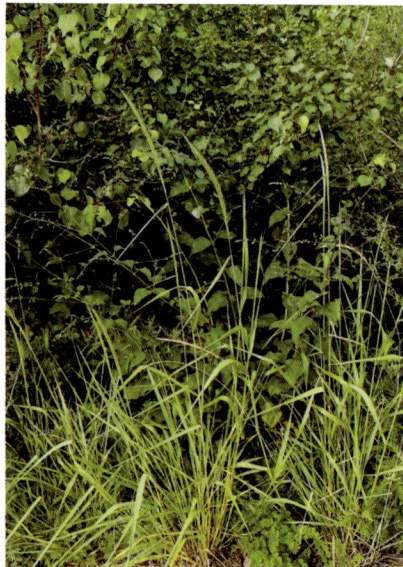

中 文 名：柯孟披碱草

拼　　音：kē mèng pī jiǎn cǎo

其他俗名：鹅观草

科中文名：禾本科

科 学 名：Poaceae

属中文名：披碱草属

学　　名：Elymus kamoji

生　　境：生于山坡或草地。

形态特征：多年生草本。秆直立或基部膝曲，高达1米。叶互生；叶鞘外侧边缘常具缘毛；叶片线形，长10～35厘米，宽3～13毫米。穗状花序弯曲下垂；小穗绿色或微带紫色；颖先端锐尖至具短芒；外稃具有较宽的膜质边缘，显著长于颖，第一外稃先端延伸成芒，芒劲直或上部稍有曲折，长20～40毫米；内稃约与外稃等长，脊显著具翼。颖果，先端具毛绒。花果期5—8月。

分　　布：原产中国各省区。朝鲜、日本也有分布。辽宁产沈阳、铁岭、大连、丹东、北镇等市县。

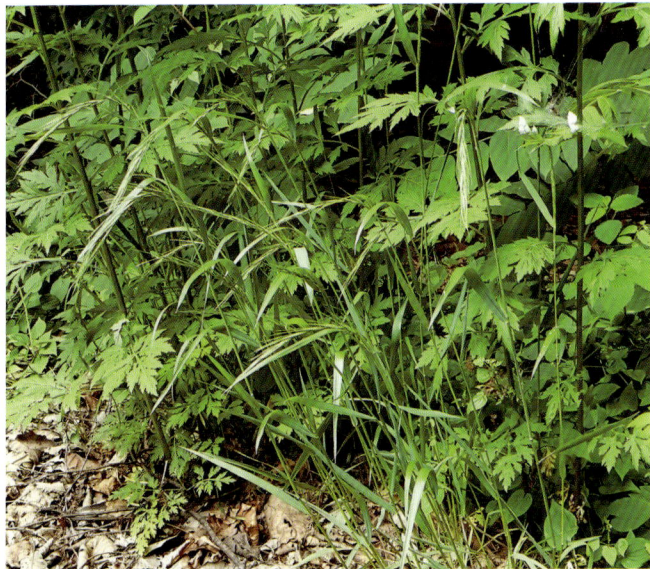

中 文 名：羊草

拼　　音：yáng cǎo

其他俗名：宽穗赖草

科中文名：禾本科

科 学 名：Poaceae

属中文名：赖草属

学　　名：Leymus chinensis

生　　境：生于草地、盐碱地、砂质地、山坡下部、河岸及路旁。

形态特征：多年生草本。秆单生或成疏丛，高30～140厘米。叶互生；叶鞘光滑，有叶耳；叶片线形，灰绿色，长6～18厘米，宽3～6毫米。穗状花序直立；小穗通常2枚生于1节，或在上端及基部者常单生，粉绿色，成熟时变黄；颖锥状，不覆盖第一外稃的基部；外稃披针形，顶端渐尖或形成芒状小尖头；内稃与外稃等长，先端常微2裂。颖果长圆形，长约6毫米。花果期6—8月。

分　　布：原产中国黑龙江、吉林、辽宁、内蒙古、河北、山西、陕西、新疆。俄罗斯、朝鲜、日本也有分布。辽宁广布。

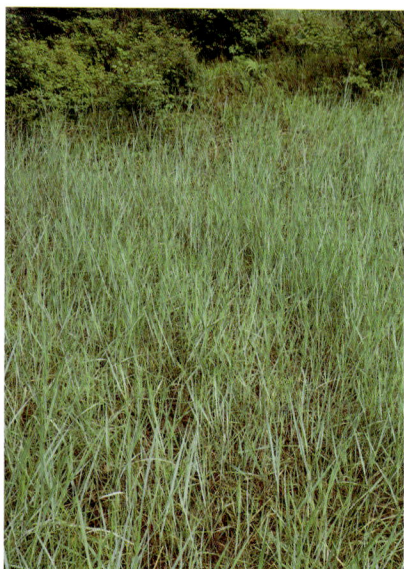

中 文 名：赖草

拼　　音：lài cǎo

其他俗名：老披碱，厚穗碱草

科中文名：禾本科

科 学 名：Poaceae

属中文名：赖草属

学　　名：Leymus secalinus

生　　境：生于草地、盐碱地、砂质地、河岸及路旁。

形态特征：多年生草本。具下伸或横走根茎。秆单生或成疏丛，高40～100
厘米。叶互生；叶舌膜质，长1～2.5毫米；叶片线形，长10～45
厘米，宽4～7毫米。穗状花序直立；小穗通常2～3稀1或4枚生
于每节，长10～20毫米；颖锥状，短于小穗，第一颖短于第二
颖；外稃披针形，被短柔毛或上半部无毛，基盘具长约1毫米的
柔毛；内稃与外稃等长。颖果长圆形，长约7毫米。花果期6—8
月。

分　　布：原产中国黑龙江、吉林、辽宁、内蒙古、河北、山西、陕西、甘
肃、新疆、青海、四川。俄罗斯、朝鲜、日本也有分布。辽宁产
沈阳、铁岭、建平、黑山、盖州等市县。

中 文 名：冰草

拼　　音：bīng cǎo

其他俗名：扁穗草，扁穗鹅观草

科中文名：禾本科

科 学 名：Poaceae

属中文名：冰草属

学　　名：Agropyron cristatum

生　　境：生于沙地、草地、丘陵、干山坡。

形态特征：多年生草本。秆疏丛生，高20～60厘米。叶互生；叶鞘短于节间；叶片线形，边缘常内卷，长达5～15厘米，宽2～5毫米。穗状花序直立，矩圆形或两端稍狭，长2～6厘米；小穗紧密平行排列成两行，呈篦齿状，长6～10毫米；颖舟形，脊上连同背部脉间被长柔毛，先端具略短于颖体的芒；外稃被长柔毛，顶端具长2～4毫米的短芒。颖果，长约4毫米。花果期5—8月。

分　　布：原产中国黑龙江、吉林、辽宁、内蒙古、河北、山西、陕西、宁夏、甘肃、青海、新疆。蒙古、俄罗斯及北美洲也有分布。辽宁产昌图、彰武县。

中 文 名：蔇草
拼　　音：yì cǎo
其他俗名：草芦，高粱棋
科中文名：禾本科
科 学 名：Poaceae
属中文名：蔇草属
学　　名：Phalaris arundinacea
生　　境：生于湿地。
形态特征：多年生草本。秆通常单生，少数丛生。叶互生；叶舌薄膜质，长
　　　　　2～3毫米；叶片线形，长6～30厘米，宽1～1.8厘米。圆锥花序
　　　　　紧缩，分枝直向上举，密生小穗；小穗长4～5毫米；颖等长，沿
　　　　　脊上粗糙，上部有极狭的翼；孕花外稃宽披针形，长3～4毫米，
　　　　　上部有柔毛，内稃背具1脊，脊的两侧疏生柔毛；不孕外稃2枚，
　　　　　退化为线形，具柔毛。颖果长圆形，长约3毫米。花果期6—9
　　　　　月。
分　　布：原产中国黑龙江、吉林、辽宁、内蒙古、甘肃、新疆、陕西、山
　　　　　西、河北、山东、江苏、浙江、江西、湖南、四川。中亚、西伯
　　　　　利亚及欧洲也有分布。辽宁广布。

中 文 名：光稃香草

拼　　音：guāng fū xiāng cǎo

其他俗名：光稃茅香

科中文名：禾本科

科 学 名：Poaceae

属中文名：黄花茅属

学　　名：Anthoxanthum glabrum

生　　境：生于山坡、沙地及湿润草地。

形态特征：多年生草本。根茎细长。秆直立，高15～25厘米。叶互生；叶鞘密生微毛，长于节间；叶舌透明膜质，长2～5毫米；叶片披针形，长2～5厘米，宽约2毫米。圆锥花序卵形；小穗黄褐色，有光泽，长2.5～3毫米；颖膜质，近等长；雄花外稃坚硬，黄褐色；两性花外稃锐尖，长2～2.5毫米，上部被短毛。颖果，长约1毫米。花果期6—9月。

分　　布：原产中国黑龙江、吉林、辽宁、内蒙古、河北、青海。俄罗斯及亚洲北部也有分布。辽宁广布。

中 文 名：华北剪股颖

拼　　音：huá běi jiǎn gǔ yǐng

其他俗名：华北翦股颖，翦股颖

科中文名：禾本科

科 学 名：Poaceae

属中文名：剪股颖属

学　　名：Agrostis clavata

生　　境：生于林下、林边、丘陵、河沟以及路旁潮湿地方。

形态特征：多年生草本。秆直立或基部膝曲。叶互生；叶鞘无毛，通常短于节间；叶片线形，长6～15厘米，宽1.5～5毫米，上面疏生柔毛。圆锥花序疏松开展分枝纤细，向上伸展，每节具二至多数分枝；小穗黄绿色或带紫色，长约2毫米；两颖近等长；外稃长约1.8毫米，与颖近等长；内稃长0.2～0.5毫米。颖果纺锤形，扁平，长约1.2毫米。花果期6—8月。

分　　布：原产中国黑龙江、吉林、辽宁、内蒙古、河北、山东、山西、河南、陕西、甘肃、湖北、贵州北部、四川、云南。亚洲、欧洲也有分布。辽宁产绥中、鞍山、凤城、丹东、东港、庄河、盖州、金州、瓦房店、长海、大连等市县。

中 文 名：拂子茅

拼　　音：fú zǐ máo

其他俗名：大狼尾巴草，拂子草

科中文名：禾本科

科 学 名：Poaceae

属中文名：拂子茅属

学　　名：Calamagrostis epigeios

生　　境：生于潮湿草地、林缘、河岸、沟渠旁。

形态特征：多年生草本。具匍匐根状茎。秆丛生，直立，高达1.5米。叶互生；叶片线形，长15～27厘米，宽4～8毫米。圆锥花序紧密，劲直、具间断；小穗长5～7毫米，灰绿色或带淡紫色；两颖近等长或第二颖微短；外稃透明膜质，芒自稃体背中部或稍上伸出，长2～3毫米；内稃长约为外稃的2/3；小穗轴不延伸或仅有痕迹。颖果长卵形，长约1毫米，棕黄色。花果期5—9月。

分　　布：原产中国各省区。欧洲、亚洲、北美洲温带地区也有分布。辽宁广布。

中 文 名：野青茅

拼　　音：yě qīng máo

其他俗名：疏花野青茅

科中文名：禾本科

科 学 名：Poaceae

属中文名：野青茅属

学　　名：Deyeuxia pyramidalis

生　　境：生于山坡草地、林缘、灌丛、山谷溪旁、河滩草丛。

形态特征：多年生草本。秆丛生，基部具被鳞片的芽。叶互生；叶片线形，长5～25厘米，宽2～7毫米。圆锥花序紧缩似穗状，长6～15厘米；小穗长4～6毫米，草黄色或带紫色；颖披针形，第一颖稍长，具1脉，第二颖具3脉；外稃顶端具微齿裂，基盘毛长为稃体的1/5～1/3，芒自外稃近基部伸出，长5～9毫米，近中部膝曲，芒柱扭转；内稃与外稃近等长。颖果，长约2.5毫米。花果期6—9月。

分　　布：原产中国各省区（除华南地区外）。欧洲、亚洲、北美洲温带地区也有分布。辽宁产建平、凌源、建昌、清原、铁岭、调兵山等市县。

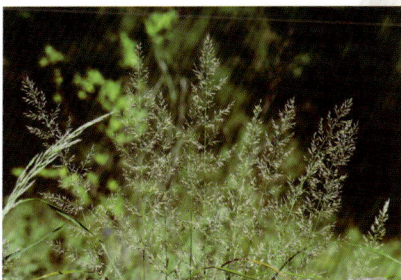

中 文 名：大叶章

拼　　音：dà yè zhāng

其他俗名：小叶章

科中文名：禾本科

科 学 名：Poaceae

属中文名：野青茅属

学　　名：Deyeuxia purpurea

生　　境：生于山坡草地、林间草地、路旁及沟边湿地。

形态特征：多年生草本，紧密丛生。秆直立，高达150厘米。叶互生；叶片线形，常内卷，长10～30厘米，宽4～20毫米。圆锥花序稍疏松；小穗长2～5毫米，黄绿色或淡紫色；两颖近等长，脊上粗糙；外稃膜质，长3～4毫米，基盘柔毛与外稃等长或稍长，芒自稃体背中部附近伸出，细直，长约2毫米；内稃约短于外稃1/2。颖果，长约1毫米。花果期6—8月。

分　　布：原产中国黑龙江、吉林、辽宁、内蒙古、河北、山西。日本、朝鲜、蒙古、俄罗斯及欧亚大陆温带地区也有分布。辽宁产新民、丹东等市县。

中 文 名：远东羊茅

拼　　音：yuǎn dōng yáng máo

其他俗名：羊茅

科中文名：禾本科

科 学 名：Poaceae

属中文名：羊茅属

学　　名：Festuca extremiorientalis

生　　境：生于山坡、山谷、林下、路边及河边草丛。

形态特征：多年生草本。具根状茎。秆直立，散生。叶互生；叶鞘短于节间；叶舌膜质，长2～3毫米；叶片线形，长15～30厘米，宽6～13毫米。圆锥花序开展，顶端弯垂，每节具1～2分枝节；小穗绿色或带紫色，长5～7毫米，含4～5花；颖不等长，第一颖1脉，第二颖3脉；外稃具5脉，顶端渐尖或稀微2裂，具细直的芒，芒长5～7毫米。颖果披针形，长约3毫米，顶端具毛。花果期6—8月。

分　　布：原产中国黑龙江、吉林、辽宁、内蒙古、河北、山西、山东、河南、陕西、宁夏、甘肃、青海、安徽、云南、四川。朝鲜、日本及俄罗斯也有分布。辽宁产沈阳、本溪、凤城、清原等市县。

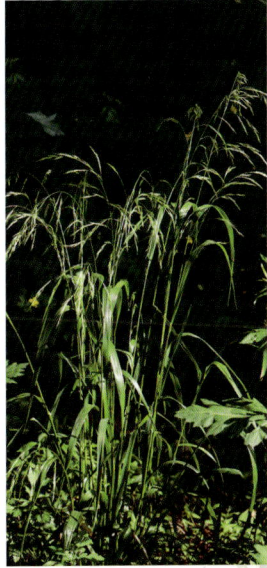

中 文 名：菵草

拼　　音：wǎng cǎo

其他俗名：水稗子

科中文名：禾本科

科 学 名：Poaceae

属中文名：菵草属

学　　名：Beckmannia syzigachne

生　　境：生于水边湿地及河岸上。

形态特征：一年生草本。秆疏丛生，直立。叶互生；叶鞘无毛，常长于节间；叶舌透明膜质；叶片宽线形，长5～20厘米，宽3～10毫米。圆锥花序狭，分枝稀疏；小穗常含1花，两侧扁圆形，灰绿色；颖舟形，边缘质薄，白色，背部灰绿色，具淡色的横纹；外稃披针形，具5脉，顶端常具短尖头。颖果长圆形，长约1.5毫米，黄褐色，先端具丛生短毛。花果期4—10月。

分　　布：原产中国各省区。世界广布。辽宁广布。

中 文 名：看麦娘

拼　　音：kàn mài niáng

其他俗名：棒棒草，棒槌草，龙爪稷

科中文名：禾本科

科 学 名：Poaceae

属中文名：看麦娘属

学　　名：Alopecurus aequalis

生　　境：生于田边、沟渠旁及潮湿地方。

形态特征：一年生草本。秆少数丛生，节处常膝曲。叶互生；叶鞘光滑，短于节间；叶片线状披针形，长3～10厘米，宽2～6毫米。圆锥花序细圆柱形，灰绿色；小穗椭圆形或卵状长圆形，长2～3毫米；颖膜质，脊上有细纤毛，侧脉下部有短毛；外稃膜质，等大或稍长于颖，芒长1.5～3.5毫米，约于稃体下部1/4处伸出，隐藏或稍外露。颖果，长约1毫米。花果期6—9月。

分　　布：原产中国大部分省区。亚洲、欧洲、北美洲也有分布。辽宁产绥中、兴城、北镇、沈阳、铁岭、凤城、新宾、丹东、东港、鞍山等市县。

中 文 名：粟草

拼　　音：sù cǎo

科中文名：禾本科

科 学 名：Poaceae

属中文名：粟草属

学　　名：Milium effusum

生　　境：生于林下及阴湿草地。

形态特征：多年生草本。须根细弱，稀疏。秆高45～180厘米。叶互生；叶鞘通常短于节间；叶舌透明膜质，有时为紫褐色，长2～10毫米；叶片条状披针形，长5～20厘米，宽3～10毫米。圆锥花序疏松开展，分枝细弱；小穗椭圆形，灰绿色或带紫色，长3～4毫米；颖纸质，近等长，具3脉；外稃软骨质，乳白色，光亮；内外稃成熟时深褐色，被微毛。颖果，长2～3毫米。花果期5—7月。

分　　布：原产中国黑龙江、吉林、辽宁、河北、山西、河南、陕西、宁夏、甘肃、青海、新疆、江苏、安徽、浙江、台湾、江西、湖北、湖南、贵州、四川、云南、西藏。全世界温带地区也有分布。辽宁产新宾、凤城、本溪、丹东、鞍山等市县。

中 文 名：草地早熟禾

拼　　　音：cǎo dì zǎo shú hé

其他俗名：常绿草，六月禾

科中文名：禾本科

科 学 名：Poaceae

属中文名：早熟禾属

学　　　名：Poa pratensis

生　　　境：生于山草甸、草甸化草原、沙地、林缘及林下。

形态特征：多年生草本。具根茎。秆疏丛生，高30～90厘米。叶互生；叶舌
　　　　　膜质，长1～2毫米；叶片线形，长约30厘米，宽3～5毫米，蘖
　　　　　生叶片较狭长。圆锥花序开展，每节具3～5分枝；小穗卵圆形，
　　　　　绿色、草黄色稀带紫色，含2～4小花；颖卵圆状披针形；外稃膜
　　　　　质，脊与边脉在中部以下密生柔毛，基盘具稠密长绵毛。颖果纺
　　　　　锤形，具3棱，长约2毫米。花果期5—8月。

分　　　布：原产中国黑龙江、吉林、辽宁、内蒙古、河北、山西、河南、山
　　　　　东、陕西、甘肃、青海、新疆、西藏、四川、云南、贵州、湖
　　　　　北、安徽、江苏、江西。欧亚大陆温带及北美洲广泛分布。辽宁
　　　　　产彰武、铁岭、本溪、凤城、东港、丹东、大连等市县。

中 文 名：三芒草

拼　　音：sān máng cǎo

其他俗名：三枪茅

科中文名：禾本科

科 学 名：Poaceae

属中文名：三芒草属

学　　名：Aristida adscensionis

生　　境：生于山坡、河滩沙地及路旁草地。

形态特征：一年生草本。具根状茎。秆丛生，具分枝，直立或基部膝曲。叶互生；叶鞘短于节间；叶舌短小，膜质；叶片纵卷为针状，长3～20厘米。圆锥花序狭窄；分枝细弱，单生；小穗灰绿色或带紫色；颖膜质，具1脉，两颖稍不等长；外稃顶端具3芒，主芒长1～2厘米，侧芒稍短；内稃披针形，长1.5～2.5毫米。颖果；长圆形，光滑。花果期6—10月。

分　　布：原产中国吉林、辽宁、内蒙古、河北、山东、山西、河南、陕西、甘肃、青海、新疆、安徽、四川。温带地区广泛分布。辽宁产沈阳、锦州、凌源等市县。

中 文 名：芦苇

拼　　音：lú wěi

其他俗名：芦，苇子

科中文名：禾本科

科 学 名：Poaceae

属中文名：芦苇属

学　　名：Phragmites australis

生　　境：生于江河湖泽、池塘沟渠沿岸和低湿地，在沙丘边缘及盐碱地上也有生长。

形态特征：多年生草本。具粗壮匍匐根状茎。秆直立，最长节间位于下部第4～6节，节下被白粉。叶互生；叶鞘长于节间；叶舌极短，边缘密生一圈长约1毫米的短纤毛；叶片披针状线形。圆锥花序大型，分枝多数，着生稠密下垂的小穗；小穗长约12毫米，具4花；基盘延长，两侧密生等长于外稃的丝状柔毛，成熟后易自关节上脱落。颖果；长圆形，长约1.5毫米。花果期7—9月。

分　　布：原产中国各省区。全球广布。辽宁广布。

中 文 名：九顶草

拼　　音：jiǔ dǐng cǎo

其他俗名：冠芒草

科中文名：禾本科

科 学 名：Poaceae

属中文名：九顶草属

学　　名：Enneapogon desvauxii

生　　境：生于干山坡、草地及石缝间。

形态特征：多年生密丛草本。秆节常膝曲，被柔毛。叶互生；叶鞘被短柔毛，基部鞘内长有分枝及隐藏小穗；叶片狭线形，刺毛状，长2~12厘米，宽1~3毫米。圆锥花序短穗状，紧缩成圆柱形，铅灰色或成熟后呈草黄色；小穗通常含2~3花，顶端小花明显退化；颖披针形，先端尖，具短柔毛；外稃顶端具9条直立羽毛状芒，芒略不等长，长2~5毫米。颖果长圆形。花果期8—11月。

分　　布：原产中国辽宁、内蒙古、宁夏、新疆、青海、山西、河北、安徽。俄罗斯、蒙古、哈萨克斯坦、乌兹别克斯坦、印度及非洲国家也有分布。辽宁产朝阳、建平、喀左等市县。

中 文 名：画眉草

拼　　音：huà méi cǎo

其他俗名：星星草，蚊子草

科中文名：禾本科

科 学 名：Poaceae

属中文名：画眉草属

学　　名：Eragrostis pilosa

生　　境：生于荒野、路边及杂草地。

形态特征：一年生草本。秆丛生，直立或基部膝曲。叶互生；叶舌为一圈纤毛，长约0.5毫米；叶片线形，长6～20厘米，宽2～3毫米。圆锥花序较开展，分枝腋间有长柔毛；小穗长2～7毫米，成熟后暗绿色或带紫色；第一颖长约1毫米，无脉，第二颖长约1.5毫米，具1脉；外稃侧脉不明显；内稃长约1.5毫米，稍作弓形弯曲，脊上有纤毛。颖果长圆形，长约0.8毫米。花果期7—10月。

分　　布：原产中国各省区。温带地区广泛分布。辽宁广布。

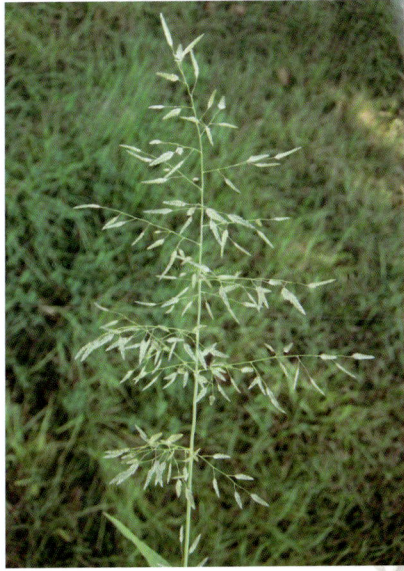

中 文 名：结缕草

拼　　音：jié lǚ cǎo

其他俗名：锥子草

科中文名：禾本科

科 学 名：Poaceae

属中文名：结缕草属

学　　名：Zoysia japonica

生　　境：生于平原、山坡或海滨草地上。

形态特征：多年生草本。具横走根状茎。秆直立，基部常有宿存枯萎的叶鞘。叶互生；叶鞘下部松弛而互相跨覆，上部紧密裹茎；叶片线状披针形，长2.5～5厘米，宽2～4毫米。总状花序呈穗状，顶生；小穗卵形，淡黄绿色或带紫褐色，小穗柄常弯曲；第一颖退化，第二颖革质，紫褐色；外稃膜质，长圆形。颖果卵形，长1.5～2毫米。花果期5—8月。

分　　布：原产中国吉林、辽宁、河北、山东、江苏、安徽、浙江、福建、台湾及香港。日本、朝鲜也有分布。辽宁产绥中、鞍山、凤城、丹东、东港、庄河、盖州、金州、瓦房店、长海、大连等市县。

中 文 名：中华草沙蚕

拼　　音：zhōng huá cǎo shā cán

其他俗名：草沙蚕，草沙蛋

科中文名：禾本科

科 学 名：Poaceae

属中文名：草沙蚕属

学　　名：Tripogon chinensis

生　　境：生于干山坡、岩石及墙上。

形态特征：多年生密丛草本。须根纤细而稠密。秆直立，细弱。叶互生；叶鞘通常仅于鞘口处有白色长柔毛；叶舌膜质，具纤毛；叶片狭线形，常内卷成针状。穗状花序细弱，穗轴三棱形；小穗铅绿色，有时微带紫色；颖不等长，具宽而透明的膜质边缘；外稃近膜质，主脉延伸成短且直的芒，芒长1～2毫米；内稃膜质，脊上粗糙，具微小纤毛。颖果长圆形。花果期7—9月。

分　　布：原产中国黑龙江、辽宁、内蒙古、甘肃、新疆、陕西、山西、河北、河南、山东、江苏、安徽、台湾、江西、四川。俄罗斯也有分布。辽宁产大连、长海等市县。

中 文 名：牛筋草

拼　　音：niú jīn cǎo

其他俗名：蟋蟀草

科中文名：禾本科

科 学 名：Poaceae

属中文名：穇属

学　　名：Eleusine indica

生　　境：生于路旁及荒草地。

形态特征：一年生草本。根系极发达。秆丛生，基部膝曲。叶互生；叶鞘扁
平而具脊；叶舌长约1毫米；叶片线形，长10～15厘米，宽3～5
毫米。穗状花序2～7个指状着生于秆顶；小穗长约5毫米，含
3～6花；颖不等长，披针形，具脊；第一外稃长3～4毫米，卵
形，膜质，具脊，脊上有狭翼；内稃短于外稃，具2脊，脊上具
狭翼。囊果卵形，长约1.5毫米，基部下凹，具明显的波状皱纹。
花果期6—10月。

分　　布：原产中国各省区。世界温带和热带地区广泛分布。辽宁广布。

中 文 名：糙隐子草

拼　　音：cāo yǐn zǐ cǎo

其他俗名：兔子毛

科中文名：禾本科

科 学 名：Poaceae

属中文名：隐子草属

学　　名：Cleistogenes squarrosa

生　　境：生于干旱草原、丘陵坡地、沙地、固定或半固定沙丘、山坡。

形态特征：多年生草本。秆密丛生，纤细，干后常呈蜿蜒状弯曲。叶互生；叶鞘多长于节间，层层包裹直达花序基部；叶舌为一圈短纤毛；叶片线形，常内卷。圆锥花序狭窄；小穗含2～3花，绿色或带紫色；颖不等长，边缘有宽膜质，脊上粗糙；外稃顶端微二裂，具短芒，芒长达4毫米；内稃脊延伸成长约1毫米短芒。颖果，长约2毫米。花果期8—10月。

分　　布：原产中国辽宁、内蒙古、河北、山西、陕西、山东、江苏、安徽、江西、福建。俄罗斯及欧洲国家也有分布。辽宁产彰武、铁岭、新民、金州等市县。

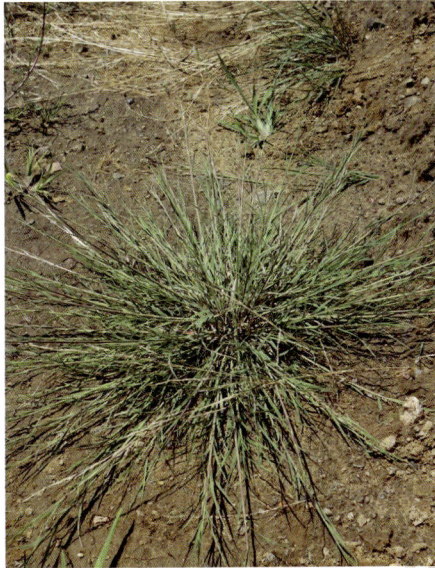

中 文 名：朝阳隐子草

拼　　音：cháo yáng yǐn zǐ cǎo

其他俗名：中华隐子草

科中文名：禾本科

科 学 名：Poaceae

属中文名：隐子草属

学　　名：Cleistogenes chinensis

生　　境：生于山坡、丘陵、林缘草及路旁。

形态特征：多年生草本。秆丛生，纤细，直立。叶互生；叶鞘长于节间；叶舌极短，边缘具纤毛；叶片线形，长3~7厘米，宽1~2毫米，通常内卷。圆锥花序疏展，具3~5分枝；小穗黄绿色或稍带紫色，长7~9毫米，含3~5花；颖不等长，披针形；外稃顶端具极小二微齿，先端芒长1~2（~3）毫米；内稃顶端微凹，脊上粗糙。颖果纺锤形。花果期7—9月。

分　　布：原产中国辽宁、内蒙古、宁夏、青海、河北、山西、陕西。朝鲜、日本也有分布。辽宁产锦州。

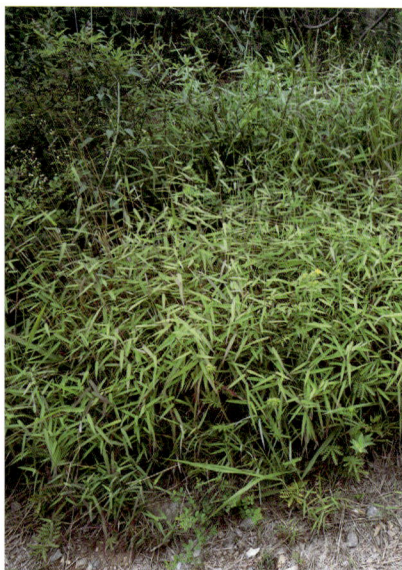

中 文 名：马唐

拼　　音：mǎ táng

其他俗名：大抓根草，鸡爪子，俭草

科中文名：禾本科

科 学 名：Poaceae

属中文名：马唐属

学　　名：Digitaria sanguinalis

生　　境：生于干草地、田野、路旁。

形态特征：一年生草本。秆基部倾斜或铺地展开，高10～80厘米。叶互生；叶鞘短于节间；叶片线状披针形，长5～15厘米，宽4～12毫米。总状花序4～12枚呈指状排列在主轴上；小穗通常孪生，一具长柄，一具极短柄或无柄；第一颖小，无脉；第二颖具3脉，长为小穗的1/2左右，具纤毛；第一外稃与小穗等长；第二外稃近革质，灰绿色，等长于第一外稃。颖果，几乎与小穗等长。花果期6—10月。

分　　布：中国广布。世界温带和亚热带地区广泛分布。辽宁广布。

中 文 名：稗

拼　　音：bài

其他俗名：野稗，稗，稗子

科中文名：禾本科

科 学 名：Poaceae

属中文名：稗属

学　　名：Echinochloa crusgalli

生　　境：生于沼泽地、沟边、水稻田及河岸潮湿处。

形态特征：一年生草本。秆基部倾斜或膝曲，高50～130厘米。叶互生；叶片线形，长10～40厘米，宽5～20毫米。圆锥花序近尖塔形；小穗长约3毫米，具短柄或近无柄；第一颖三角形，长为小穗的1/3～1/2；第二颖与小穗等长；第一小花通常中性，外稃顶端延伸成一粗壮的芒，芒长0.5～1.5（～3）厘米；第二外稃椭顶端具小尖头，尖头上有一圈细毛。颖果，长约2.5毫米。花果期6—10月。

分　　布：中国广布。世界温带地区也有分布。辽宁广布。

中 文 名：狗尾草

拼　　音：gǒu wěi cǎo

其他俗名：谷莠子，莠

科中文名：禾本科

科 学 名：Poaceae

属中文名：狗尾草属

学　　名：Setaria viridis

生　　境：生于荒野、路旁及田间。

形态特征：多年生草本。秆直立或基部膝曲，高10～100厘米。叶互生；叶片长三角状狭披针形或线状披针形，长4～30厘米，宽2～18毫米。圆锥花序紧密呈圆柱状或基部稍疏离，主轴被较长柔毛，刚毛长4～12毫米，通常绿色或褐黄到紫红或紫色；小穗铅绿色；第一颖长约为小穗的1/3；第二颖几乎与小穗等长；第一外稃与小穗等长；第二外稃具细点状皱纹。颖果，灰白色。花果期5—10月。

分　　布：中国广布。世界温带和亚热带地区广布。辽宁广布。

中 文 名：狼尾草

拼　　音：láng wěi cǎo

其他俗名：莨草，狗尾巴草

科中文名：禾本科

科 学 名：Poaceae

属中文名：蒺藜草属

学　　名：Cenchrus purpurascens

生　　境：生于田边、路旁、山坡、荒地。

形态特征：多年生草本。秆直立，丛生，高30～120厘米。叶互生；叶鞘两侧压扁，主脉呈脊，基部彼此跨生；叶片线形，长10～80厘米，宽3～8毫米，基部生疣毛。圆锥花序长5～25厘米，主轴密生柔毛；刚毛淡绿色或紫色；小穗通常单生，长5～8毫米；第一颖微小或缺，第二颖长为小穗的1/3～2/3；第一小花中性，外稃与小穗等长；第二小花两性。颖果长圆形，长约3.5毫米。花果期6—10月。

分　　布：原产中国黑龙江、吉林、辽宁、河北、山东、山西、河南、陕西、甘肃、江苏、安徽、浙江、台湾、福建、江西、湖北、湖南、广东、香港、海南、广西、贵州、四川、云南、西藏。日本、印度、朝鲜、缅甸、巴基斯坦、越南、菲律宾、马来西亚、大洋洲及非洲也有分布。辽宁产铁岭、绥中、锦州、营口、金州、大连、长海等市县。

中 文 名：野黍

拼　　音：yě shǔ

其他俗名：拉拉草，唤猪草

科中文名：禾本科

科 学 名：Poaceae

属中文名：野黍属

学　　名：Eriochloa villosa

生　　境：生于旷野、山坡、路旁及潮湿处。

形态特征：一年生草本。秆基直立，基部分枝，高30～100厘米。叶互生；叶鞘松弛抱茎；叶片线形，长5～25厘米，宽5～15毫米。圆锥花序狭长，由4～8枚总状花序组成；总状花序长1.5～4厘米，密生柔毛，常排列于主轴之一侧；小穗长4.5～5毫米；第一颖微小；第二颖与第一外稃皆为膜质，等长于小穗，均被细毛；第二外稃革质，稍短于小穗。颖果卵圆形，长约3毫米。花果期7—10月。

分　　布：原产中国黑龙江、吉林、辽宁、内蒙古、河北、山东、山西、河南、陕西、宁夏、甘肃、江苏、安徽、浙江、台湾、福建、江西、湖北、湖南、广东、香港、广西、贵州、四川、云南。俄罗斯、朝鲜、日本、印度也有分布。辽宁广布。

中 文 名：毛秆野古草

拼　　音：máo gǎn yě gǔ cǎo

其他俗名：野古草，硬骨草，白牛公

科中文名：禾本科

科 学 名：Poaceae

属中文名：野古草属

学　　名：Arundinella hirta

生　　境：生于干山坡灌丛、道旁、林缘、田地边及水沟旁。

形态特征：多年生草本。具横走根茎。秆直立，高70～140厘米，节黑褐色，具髯毛或无毛。叶互生；叶片线形，长15～30厘米，宽5～15厘米。圆锥花序开展或略收缩，主轴与分枝具棱，棱上粗糙或具短硬毛；孪生小穗柄分别长约1.5毫米及3毫米，小穗灰绿色或带深红紫色；第一小花雄性；第二小花雌性，外稃无芒或中脉延伸成芒状小尖头。颖果，长约1.5毫米。花果期7—10月。

分　　布：中国广布。朝鲜、日本也有分布。辽宁广布。

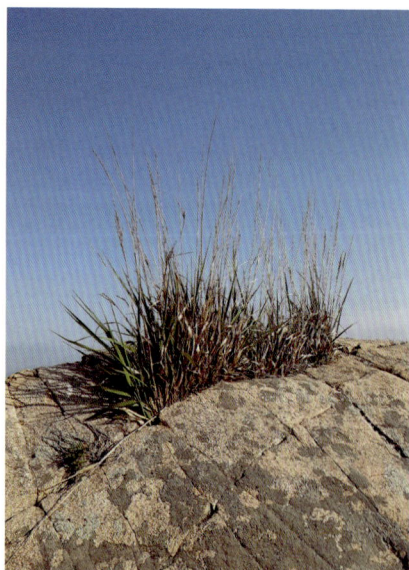

中 文 名：牛鞭草

拼　　音：niú biān cǎo

其他俗名：脱节草

科中文名：禾本科

科 学 名：Poaceae

属中文名：牛鞭草属

学　　名：Hemarthria sibirica

生　　境：生于河滩、田地、沟边及草地。

形态特征：多年生草本。具长而横走的根茎。秆直立，高1米左右。叶互生；叶片线形，长15～20厘米，宽4～6毫米。总状花序细弱，单生于茎顶或腋生；无柄小穗长5～8毫米，第一颖革质；第二颖厚纸质，贴生于总状花序轴凹穴中，但其先端游离；外稃膜质；内稃薄膜质。有柄小穗长约8毫米，有时更长。颖果卵圆形，长约2毫米。花果期6—9月。

分　　布：原产中国黑龙江、吉林、辽宁、内蒙古、河北、山东、山西、河南、陕西、江苏、安徽、浙江、福建、江西、湖北、湖南、广东、海南、广西、贵州、四川、云南。俄罗斯、日本及北非、欧洲地中海沿岸也有分布。辽宁产锦州、康平、沈阳、铁岭、鞍山、盖州、长海等市县。

中 文 名：荻

拼　　音：dí

其他俗名：巴茅，巴茅根

科中文名：禾本科

科 学 名：Poaceae

属中文名：芒属

学　　名：Miscanthus sacchariflorus

生　　境：生于山坡草地、平原岗地和河岸湿地。

形态特征：多年生草本。具粗壮被鳞片的根茎。秆高1~4米，节上生柔毛。叶片线形，长10~60厘米，宽5~18毫米；中脉白色。圆锥花序舒展成伞房状；小穗成对生于各节，长5~5.5毫米，草黄色至褐色，基盘具长为小穗2倍的丝状柔毛；颖近等长，第一颖边缘和背部具长柔毛；第一外稃稍短于颖；第二外稃无芒或稀有1芒状尖头。颖果长圆形，长1.5毫米。花果期8—10月。

分　　布：原产中国黑龙江、吉林、辽宁、河北、山西、河南、山东、甘肃、陕西。俄罗斯、日本、朝鲜也有分布。辽宁产铁岭、沈阳、丹东、锦州、本溪、新民、抚顺、宽甸、庄河、普兰店等市县。

中 文 名：黄背草

拼　　音：huáng bèi cǎo

其他俗名：阿拉伯黄背草，黄背茅

科中文名：禾本科

科 学 名：Poaceae

属中文名：菅属

学　　名：Themeda triandra

生　　境：生于干山坡、草地、路旁及林缘。

形态特征：多年生草本。秆直立，高80～130厘米，实心，髓白色。叶互生；叶舌长1～2毫米；叶片线形，长10～50厘米，宽4～8毫米。大型伪圆锥花序多回复出，由具佛焰苞的总状花序组成；总状花序由7小穗组成；下部总苞状雄小穗4枚轮生于一平面；无柄小穗两性，1枚，第二外稃具棕黑色芒，芒长3～6厘米，一至二回膝曲；有柄小穗2枚，雄性或中性。颖果长圆形。花果期7—10月。

分　　布：原产中国各省区（除新疆、青海、内蒙古外）。朝鲜、日本、印度也有分布。辽宁产铁岭、抚顺、丹东、营口、锦州、大连、凌源、建平、建昌、北镇等市县。

中 文 名：柔枝莠竹

拼　　音：róu zhī yǒu zhú

其他俗名：莠竹

科中文名：禾本科

科 学 名：Poaceae

属中文名：莠竹属

学　　名：Microstegium vimineum

生　　境：生于林地、河岸、沟边、田野路旁的阴湿地草丛中。

形态特征：一年生草本。秆高80～120厘米，下部横卧地面于节处生根。叶互生；叶片线状披针形，长4～9厘米，宽5～8毫米，两面生柔毛。总状花序着生于秆顶和上部叶鞘中，1～6枚有间隔地互生于主轴上；无柄小穗长4～5毫米，第一颖背部有浅沟；第二颖中脉成脊；第二外稃中脉延伸成扭曲的芒，芒长7～9毫米；有柄小穗稍短于其无柄小穗。颖果纺锤形，长约2.5毫米。花果期9—11月。

分　　布：原产中国吉林、辽宁、山西、陕西、江苏、广东、四川、云南。俄罗斯、日本、印度也有分布。辽宁产铁岭、本溪、鞍山、金州等市县。

中 文 名：荩草

拼　　音：jìn cǎo

其他俗名：绿竹

科中文名：禾本科

科 学 名：Poaceae

属中文名：荩草属

学　　名：Arthraxon hispidus

生　　境：生于山坡、草地及阴湿处。

形态特征：一年生草本。秆细弱，高30～60厘米。叶互生；叶鞘具短硬疣毛；叶片卵状披针形，基部心形抱茎，长2～4厘米，宽8～15毫米。总状花序细弱，2～10枚呈指状排列或簇生于秆顶；有柄小穗退化仅剩0.2～1毫米的短柄；无柄小穗灰绿色或带紫色；长3～4毫米；第一外稃透明膜质，第二外稃近基部伸出一膝曲的芒，芒长6～9毫米。颖果长圆形，与稃体近等长。花果期8—10月。

分　　布：原产中国各省区。亚洲、欧洲也有分布。辽宁广布。

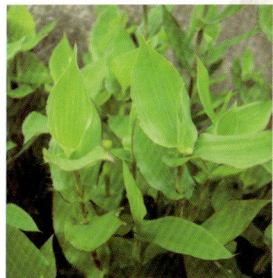

中 文 名：大油芒

拼　　音：dà yóu máng

其他俗名：大荻

科中文名：禾本科

科 学 名：Poaceae

属中文名：大油芒属

学　　名：Spodiopogon sibiricus

生　　境：生于山坡、路旁及林下。

形态特征：多年生草本。具粗壮被鳞片的根茎。秆高70～150厘米。叶互生；叶片线状披针形，长15～28厘米。圆锥花序长圆形；小穗成对生于小枝各节，一有柄，一无柄；颖近等长；第一小花雄性；第二小花两性，外稃稍短于小穗，顶端深裂，裂齿间伸出长8～15毫米的芒，芒中部膝曲，芒柱扭转；内稃短于外稃。颖果长圆状披针形，长约2毫米，棕栗色。花果期7—10月。

分　　布：原产中国黑龙江、吉林、辽宁、内蒙古、河北、山西、河南、陕西、甘肃、山东、江苏、安徽、浙江、江西、湖北、湖南。朝鲜、日本及亚洲北部温带区域也有分布。辽宁产铁岭、沈阳、抚顺、丹东、鞍山、营口、锦州、本溪、大连、凌源、建平、北镇等市县。

中 文 名：五刺金鱼藻

拼　　音：wǔ cì jīn yú zǎo

其他俗名：五针金鱼藻，十叶金鱼藻

科中文名：金鱼藻科

科 学 名：Ceratophyllaceae

属中文名：金鱼藻属

学　　名：Ceratophyllum platyacanthum subsp. oryzetorum

生　　境：生于河沟或池沼中。

形态特征：多年生沉水草本。茎平滑，多分枝。叶常10个轮生；叶片二次二叉状分歧，裂片线形，长1~2厘米，宽0.3~0.5毫米。花单性，腋生；总苞深裂，总苞片8~12枚，浅绿色。坚果椭圆形，褐色，长4~5毫米，直径1~1.5毫米，有5枚尖刺。花期6—7月，果期9—11月。

分　　布：原产中国黑龙江、辽宁、内蒙古、河北、台湾。俄罗斯、日本也有分布。辽宁产康平、铁岭、开原、清河、新民、营口、辽阳等市县。

中 文 名：荷青花

拼　　音：hé qīng huā

其他俗名：鸡蛋黄花

科中文名：罂粟科

科 学 名：Papaveraceae

属中文名：荷青花属

学　　名：Hylomecon japonica

生　　境：生于海拔300～1800（～2400）米的林下、林缘或沟边。

形态特征：多年生草本。茎直立，具条纹。茎生叶通常2，稀3，具短柄。花1～2（～3）朵排列成伞房状，顶生，有时也腋生；萼片卵形，外面散生卷毛或无毛，芽时覆瓦状排列，花期脱落；花瓣倒卵圆形或近圆形，基部具短爪；花瓣4枚，黄色。蒴果线形，直立，长5～8厘米，2瓣裂，具长达1厘米的宿存花柱。花期4—7月，果期5—8月。

分　　布：原产中国东北至华中、华东。朝鲜、日本、俄罗斯东西伯利亚也有分布。辽宁产鞍山、本溪、凤城、宽甸、开原、庄河、西丰、桓仁、抚顺、岫岩、新宾、清原、铁岭、海城、盖州、营口等市县。

中 文 名：白屈菜

拼　　音：bái qū cài

其他俗名：山黄连，地黄连

科中文名：罂粟科

科 学 名：Papaveraceae

属中文名：白屈菜属

学　　名：Chelidonium majus

生　　境：生于海拔500~2200米的山坡、山谷林缘草地、路旁、石缝。

形态特征：多年生草本。主根粗壮，圆锥形。茎聚伞状多分枝，分枝常被短柔毛。叶互生；倒卵状长圆形或宽倒卵形，羽状全裂；叶柄长被柔毛或无毛，基部扩大成鞘。伞形花序多花；花瓣倒卵形，全缘，黄色。蒴果狭圆柱形；种子卵形，长约1毫米或更小，暗褐色，具光泽及蜂窝状小格。花果期4—9月。

分　　布：原产中国大部分省区。朝鲜、日本、俄罗斯及欧洲也有分布。辽宁广布。

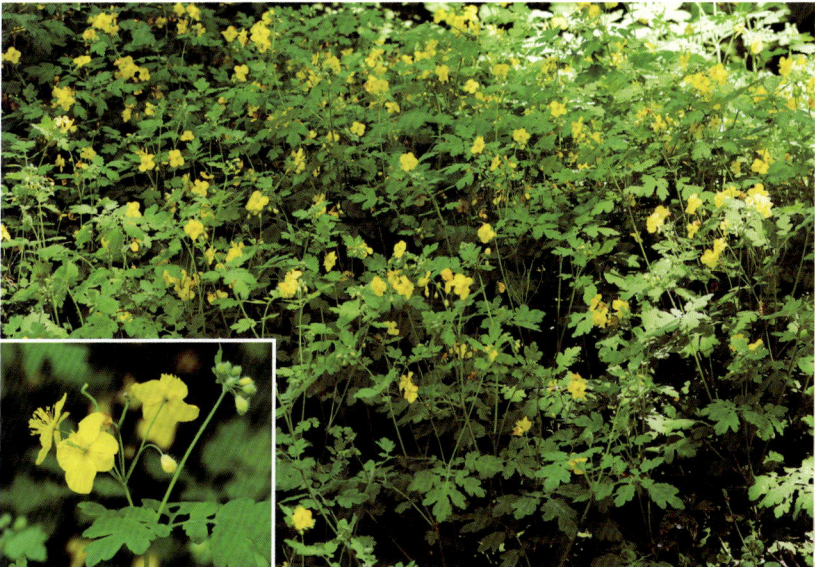

中 文 名：齿瓣延胡索
拼　　音：chǐ bàn yán hú suǒ
其他俗名：土元胡，元胡
科中文名：罂粟科
科 学 名：Papaveraceae
属中文名：紫堇属
学　　名：Corydalis turtschaninovii
生　　境：生于林缘和林间空地。
形态特征：多年生草本。块茎圆球形；茎多少直立或斜伸，基部以上具1枚大而反卷的鳞片；鳞片腋内有时具一腋生的块茎或枝条。茎生叶通常2枚，二回或近三回三出，末回小叶变异极大，有全缘的，有具粗齿和深裂的，有篦齿分裂的。总状花序花期密集，具6～20（～30）花；花蓝色、白色或紫蓝色。蒴果线形，多少扭曲。花期4—5月，果期5—6月。
分　　布：原产中国黑龙江、吉林、辽宁、内蒙古、河北。朝鲜、日本、俄罗斯远东地区也有分布。辽宁产绥中、大连、宽甸、桓仁、建昌、凌源、营口、新宾、开原、铁岭、抚顺、凤城等市县。

中 文 名：珠果黄堇

拼　　音：zhū guǒ huáng jǐn

其他俗名：黄堇，球果紫堇

科中文名：罂粟科

科 学 名：Papaveraceae

属中文名：紫堇属

学　　名：Corydalis pallida

生　　境：生于林间空地、火烧迹地、林缘、河岸、多石坡地。

形态特征：二年生草本。茎一至多条，发自基生叶腋，具棱，常上部分枝。基生叶多数，莲座状，花期枯萎；茎生叶互生，稍密集，下部的具柄，上部的近无柄，二回羽状全裂。总状花顶生和腋生，有时对叶生；萼片近圆形；外花瓣顶端勺状，具短尖，黄色。蒴果线形，念珠状。花期4—6月，果期5—7月。

分　　布：原产中国黑龙江、吉林、辽宁、河北、内蒙古、山西、山东、河南、陕西、湖北、江西、安徽、江苏、浙江、福建、台湾。朝鲜、日本、俄罗斯远东地区也有分布。辽宁产凤城、开原、绥中、凌源、宽甸、桓仁、本溪、大连、鞍山等市县。

中 文 名：蝙蝠葛

拼　　音：biān fú gě

其他俗名：山豆根，北山豆根，蝙蝠藤

科中文名：防己科

科 学 名：Menispermaceae

属中文名：蝙蝠葛属

学　　名：Menispermum dauricum

生　　境：生于路边灌丛、疏林中。

形态特征：草质落叶藤本。根状茎褐色，垂直生。叶互生；纸质或近膜质，轮廓通常为心状扁圆形，下面有白粉；叶柄长3～10厘米或稍长。圆锥花序单生或有时双生，有细长的总梗，有花数朵至20余朵；雄花萼片4～8，膜质，绿黄色，倒披针形至倒卵状椭圆形；花瓣6～8（～12），凹成兜状，有短爪；雄蕊通常12；雌花退化，雄蕊6～12。核果紫黑色。花期6—7月，果期8—9月。

分　　布：原产中国东北部、北部、东部及湖北。日本、朝鲜及俄罗斯西伯利亚南部也有分布。辽宁产北镇、彰武、清原、沈阳、鞍山、凤城、建昌、兴城、宽甸、桓仁、丹东、岫岩、大连、本溪、铁岭等市县。

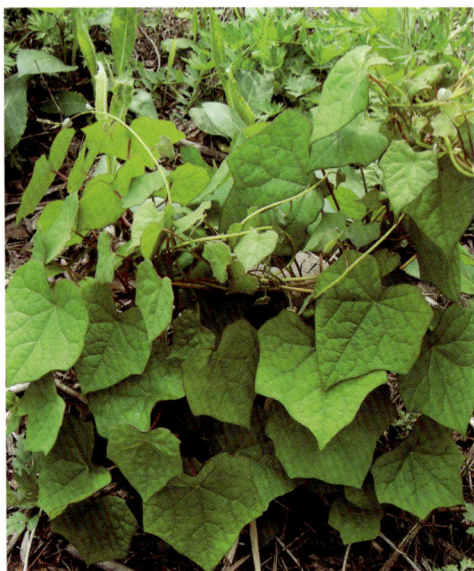

中 文 名：木防己

拼　　音：mù fáng jǐ

其他俗名：土木香，青藤

科中文名：防己科

科 学 名：Menispermaceae

属中文名：木防己属

学　　名：Cocculus orbiculatus

生　　境：生于灌丛、村边、林缘。

形态特征：木质藤本。叶片纸质至近革质，形状变异极大，自线状披针形至阔卵状近圆形，顶端短尖或钝而有小凸尖，有时微缺或2～5裂。聚伞花序；少花，腋生，或排成多花，狭窄聚伞圆锥花序，顶生或腋生。核果近球形，红色至紫红色；果核骨质，背部有小横肋状雕纹。花期5—8月，果期8—9月。

分　　布：原产中国各省区（除西北及西藏外）。亚洲、夏威夷群岛也有分布。辽宁产大连、长海等市县。

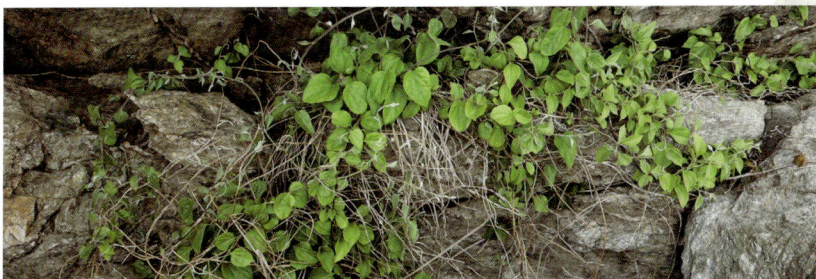

中 文 名：红毛七

拼　　音：hóng máo qī

其他俗名：类叶牡丹

科中文名：小檗科

科 学 名：Berberidaceae

属中文名：红毛七属

学　　名：Caulophyllum robustum

生　　境：生于海拔950～3500米林下、山沟阴湿处。

形态特征：多年生草本。根状茎粗短。茎生2叶，互生；二至三回三出复叶，下部叶具长柄；小叶卵形，长圆形或阔披针形，先端渐尖，基部宽楔形，全缘，有时2～3裂。圆锥花序顶生；花淡黄色；萼片6，倒卵形，花瓣状；花瓣6，远较萼片小，蜜腺状，扇形，基部缢缩呈爪。浆果圆球形；种子微被白粉，熟后蓝黑色，外被肉质假种皮。花期5—6月，果期7—9月。

分　　布：原产中国黑龙江、吉林、辽宁、山西、陕西、甘肃、河北、河南、湖南、湖北、安徽、浙江、四川、云南、贵州、西藏。朝鲜、日本、俄罗斯也有分布。辽宁产鞍山、本溪、凤城、桓仁、宽甸、清原、西丰、抚顺、丹东、大连、庄河等市县。

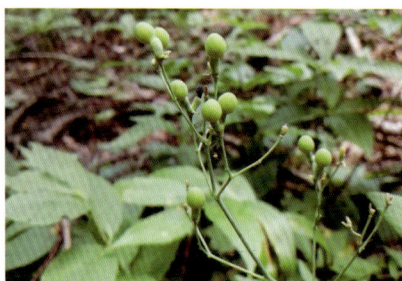

中 文 名：牡丹草

拼　　音：mǔ dān cǎo

其他俗名：山地豆

科中文名：小檗科

科 学 名：Berberidaceae

属中文名：牡丹草属

学　　名：Gymnospermium microrrhynchum

生　　境：生于林中或林缘。

形态特征：多年生草本。根状茎块根状；地上茎直立，草质多汁，顶生一叶。叶互生；为三出或二回三出羽状复叶，小叶具柄，叶片3深裂至基部，裂片长圆形至长圆状披针形，全缘；托叶大，2片，先端2~3浅裂。总状花序；顶生，单一，具花5~10朵；花淡黄色；萼片5~6，倒卵形；花瓣6。蒴果扁球形，5瓣裂至中部。花期4—5月，果期5—6月。

分　　布：原产中国吉林、辽宁。朝鲜也有分布。辽宁产本溪、宽甸、桓仁、凤城等市具。

中 文 名：黄芦木

拼　　音：huáng lú mù

其他俗名：大叶小檗

科中文名：小檗科

科 学 名：Berberidaceae

属中文名：小檗属

学　　名：Berberis amurensis

生　　境：生于山地灌丛中、沟谷、林缘、疏林中、溪旁、岩石旁。

形态特征：落叶灌木。老枝淡黄色或灰色，稍具棱槽；茎刺三分叉，稀单一。叶互生或簇生；叶纸质，倒卵状椭圆形、椭圆形或卵形，先端急尖或圆形，基部楔形，边缘具细刺齿。总状花序具10～25朵花，总梗长1～3厘米；花黄色；萼片2轮；花瓣椭圆形，先端浅缺裂，基部稍呈爪状，具2枚分离腺体。浆果长圆形，红色，顶端不具宿存花柱。花期4—5月，果期8—9月。

分　　布：原产中国黑龙江、吉林、辽宁、内蒙古、河北、山东、河南、山西、陕西、甘肃。日本、朝鲜、俄罗斯也有分布。辽宁产本溪、凤城、盖州、桓仁、宽甸、庄河、大连、凌源、建平、朝阳、丹东、抚顺、沈阳等市县。

中 文 名：鲜黄连

拼　　音：xiān huáng lián

其他俗名：细辛幌子

科中文名：小檗科

科 学 名：Berberidaceae

属中文名：鲜黄连属

学　　名：Plagiorhegma dubium

生　　境：生于海拔500～1040米的针叶林下、杂木林下、灌丛中、山坡阴湿处。

形态特征：多年生草本。根状茎细瘦，生叶4～6枚；地上茎缺。单叶，膜质，叶片轮廓近圆形，先端凹陷，具一针刺状突尖，基部深心形，边缘微波状或全缘，掌状脉9～11条。花葶长15～20厘米；花单生，淡紫色；萼片6，花瓣状，紫红色，具条纹早落；花瓣6，倒卵形，基部渐狭。蒴果纺锤形，自顶部往下纵斜开裂。花期5—6月，果期9—10月。

分　　布：原产中国吉林、辽宁。朝鲜、俄罗斯也有分布。辽宁产岫岩、本溪、凤城、桓仁、宽甸、丹东、抚顺、庄河等市县。

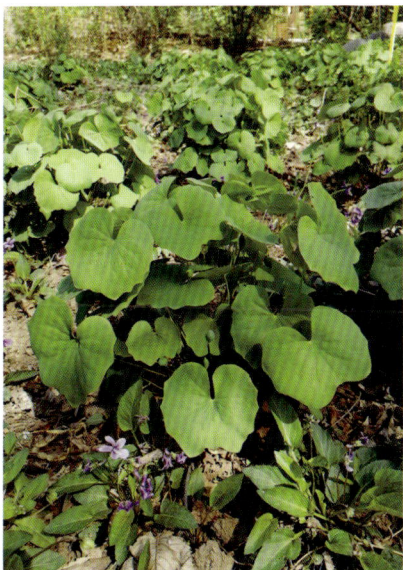

中 文 名：朝鲜淫羊藿

拼　　音：cháo xiǎn yín yáng huò

其他俗名：淫羊藿，羊藿叶，三枝九叶草

科中文名：小檗科

科 学 名：Berberidaceae

属中文名：淫羊藿属

学　　名：Epimedium koreanum

生　　境：生于海拔400～1500米林下、灌丛中。

形态特征：多年生草本。根状茎横走，褐色，质硬，多须根。花茎基部被有鳞片。二回三出复叶基生和茎生，通常小叶9枚；小叶纸质，卵形，叶缘具细刺齿；花茎仅1枚二回三出复叶。总状花序顶生，具4～16朵花；花直径2～4.5厘米，淡黄色或黄白色；花瓣通常远较内萼片长，向先端渐细呈钻状距，基部具花瓣状瓣片。蒴果狭纺锤形。花期4—5月，果期5月。

分　　布：原产中国吉林、辽宁、浙江、安徽。朝鲜、日本也有分布。辽宁产本溪、凤城、宽甸、桓仁、庄河、岫岩、丹东、抚顺等市县。

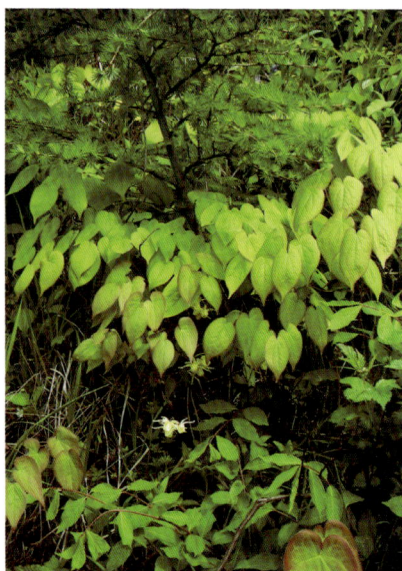

中 文 名：侧金盏花

拼　　音：cè jīn zhǎn huā

其他俗名：冰凉花，顶冰花，福寿草

科中文名：毛茛科

科 学 名：Ranunculaceae

属中文名：侧金盏花属

学　　名：Adonis amurensis

生　　境：生于山坡草地、林下。

形态特征：多年生草本。根状茎短而粗，有多数须根。茎在开花时高5~15厘米，基部有数个膜质鳞片。茎下部叶有长柄，无毛；叶片正三角形，长达7.5厘米，宽达9厘米，三全裂，全裂片有长柄，二至三回细裂。花直径2.8~3.5厘米；萼片约9，常带淡灰紫色，与花瓣等长或稍长；花瓣约10，黄色。瘦果倒卵球形，被短柔毛，有短宿存花柱。花果期3—5月。

分　　布：原产中国黑龙江、吉林、辽宁。朝鲜、日本、俄罗斯远东地区也有分布。辽宁产西丰、新宾、鞍山、本溪、凤城、宽甸、桓仁、丹东、开原等市县。

中 文 名：短瓣金莲花

拼　　音：duǎn bàn jīn lián huā

其他俗名：金莲花

科中文名：毛茛科

科 学 名：Ranunculaceae

属中文名：金莲花属

学　　名：Trollius ledebourii

生　　境：生于海拔110～900米湿草地、林间草地、河边。

形态特征：多年生草本，高50～110厘米。基生叶2～3个，有长柄；叶片五角形，基部心形，三全裂，边缘有小裂片及三角形小牙齿；茎生叶与基生叶相似，上部的较小。花单独顶生或2～3朵组成稀疏的聚伞花序；萼片5～8片，黄色，生少数不明显的小齿，长度超过雄蕊，但比萼片短。蓇葖果，长约7毫米，喙长约1毫米。花期6—7月，果期7—8月。

分　　布：原产中国黑龙江、辽宁、内蒙古。俄罗斯西伯利亚东部及远东地区也有分布。辽宁产凤城、宽甸等市县。

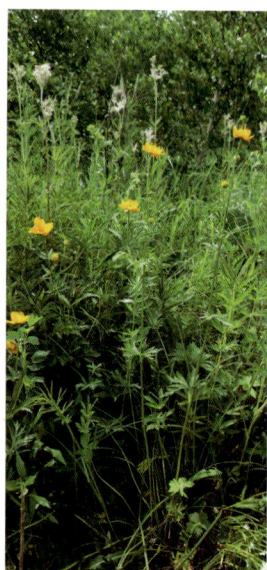

中 文 名：展枝唐松草

拼　　音：zhǎn zhī táng sōng cǎo

其他俗名：猫爪子

科中文名：毛茛科

科 学 名：Ranunculaceae

属中文名：唐松草属

学　　名：Thalictrum squarrosum

生　　境：生于海拔200～1900米间平原草地、田边、干燥草坡。

形态特征：多年生草本，高达1.5米。茎有细纵槽，通常自中部近二歧状分枝。茎下部及中部叶互生，有短柄，为二至三回羽状复叶；小叶坚纸质或薄革质，顶生小叶顶端急尖，基部楔形至圆形，通常三浅裂，裂片全缘或有2～3个小齿。花序圆锥状，近二歧状分枝；萼片4，淡黄绿色，脱落。瘦果狭倒卵球形或近纺锤形，稍斜。花期7—8月，果期9—10月。

分　　布：原产中国黑龙江、吉林、辽宁、内蒙古、河北、山西、陕西。蒙古、俄罗斯西伯利亚和远东地区也有分布。辽宁产彰武、宽甸、桓仁等县。

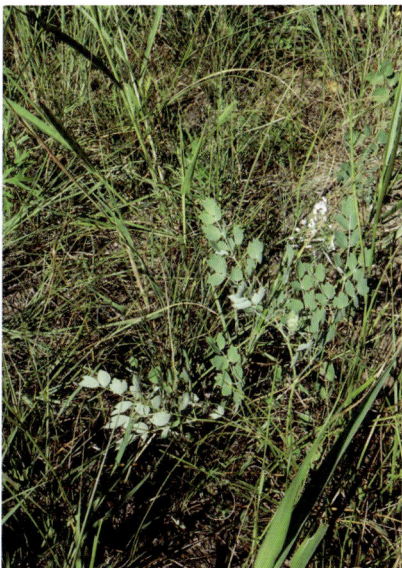

中 文 名：箭头唐松草

拼　　音：jiàn tóu táng sōng cǎo

其他俗名：猫爪子

科中文名：毛茛科

科 学 名：Ranunculaceae

属中文名：唐松草属

学　　名：Thalictrum simplex

生　　境：生于海拔1400～2400米间山地草坡或沟边。

形态特征：多年生草本，高达2米。叶互生；茎生叶向上近直展，为二回羽状复叶；茎下部的叶片长达20厘米，小叶较大，圆菱形、菱状宽卵形或倒卵形，脉在背面隆起；茎上部叶渐变小，小叶倒卵形或楔状倒卵形；茎下部叶有稍长柄，上部叶无柄。圆锥花序长9～35厘米。瘦果狭椭圆球形或狭卵球形，有8条纵肋。花期7—8月，果期9月。

分　　布：原产中国辽宁、内蒙古、新疆。亚洲西部和欧洲也有分布。辽宁产沈阳、铁岭、开原、彰武、北镇、鞍山、本溪、宽甸、东港、长海、大连等市县。

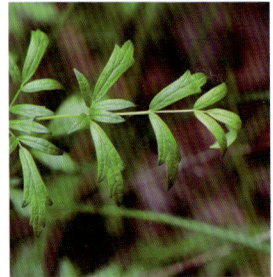

中　文　名：尖萼耧斗菜

拼　　　音：jiān è lóu dǒu cài

其他俗名：光萼耧斗菜，血见愁，漏斗菜

科中文名：毛茛科

科　学　名：Ranunculaceae

属中文名：耧斗菜属

学　　　名：Aquilegia oxysepala

生　　　境：生于海拔450～1000米间的山地杂木林边和草地中。

形态特征：多年生草本。根粗壮，圆柱形。茎高40～80厘米，上部多少分
　　　　　枝。基生叶数枚，为二回三出复叶；中央小叶楔状倒卵形，三浅
　　　　　裂或三深裂，裂片顶端圆形，常具2～3个粗圆齿；花3～5朵，微
　　　　　下垂；萼片紫色；花瓣瓣片黄白色，距长1.5～2厘米，末端强烈
　　　　　内弯呈钩状。蓇葖果，长2.5～3厘米，宿存花柱长约6毫米；种
　　　　　子狭卵形，长约2毫米，黑色。花期5—6月，果期7—8月。

分　　　布：原产中国黑龙江、吉林、辽宁。朝鲜、俄罗斯远东地区也有分
　　　　　布。辽宁产本溪、凤城、宽甸、桓仁、庄河、瓦房店等市县。

中 文 名：拟扁果草

拼　　音：nǐ biǎn guǒ cǎo

其他俗名：假扁果草

科中文名：毛茛科

科 学 名：Ranunculaceae

属中文名：拟扁果草属

学　　名：Enemion raddeanum

生　　境：生于山地林下。

形态特征：多年生草本。茎直立，高20～40厘米。基生叶1枚，早落，二回三出复叶；茎生叶通常仅1枚，为一回三出复叶；叶片三角形，三全裂，中全裂片菱形，上部三浅裂。伞形花序顶生或腋生，有1～8花；总苞片3，叶状；花直径1～1.5厘米；萼片5枚，白色。蓇葖果斜卵状椭圆形，长约8毫米，宽约3毫米；种子长约1.5毫米，褐色，密生横的细皱。花期5月，果期6—7月。

分　　布：原产中国黑龙江、吉林、辽宁。朝鲜、日本、俄罗斯远东地区也有分布。辽宁产凤城、宽甸、本溪、桓仁等市县。

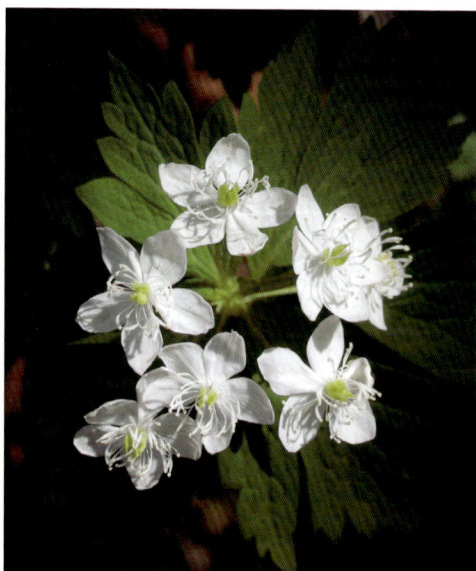

中 文 名：黄花乌头

拼　　音：huáng huā wū tóu

其他俗名：关白附，白附子，竹节白附

科中文名：毛茛科

科 学 名：Ranunculaceae

属中文名：乌头属

学　　名：Aconitum coreanum

生　　境：生于海拔200～900米间山地草坡或疏林中。

形态特征：多年生草本。块根倒卵球形或纺锤形。茎高30～100厘米，疏被反曲的短柔毛。茎下部叶在开花时枯萎，中部叶具稍长柄；叶片宽菱状卵形，长4.2～6.4厘米，宽3.6～6.4厘米，三全裂。顶生总状花序；花序轴和花梗密被反曲的短柔毛；萼片淡黄色；花瓣片狭长，距极短，头形。蓇葖果，长约1厘米；种子具三条纵棱，沿棱具狭翅。花果期8—10月。

分　　布：原产中国黑龙江、吉林、辽宁、河北。朝鲜、俄罗斯远东地区也有分布。辽宁产新民、抚顺、新宾、清原、西丰、开原、辽阳、鞍山、海城、盖州、营口、瓦房店、普兰店、庄河、岫岩、桓仁、宽甸、本溪、凤城、丹东、北镇、义县、建昌、凌源等市县。

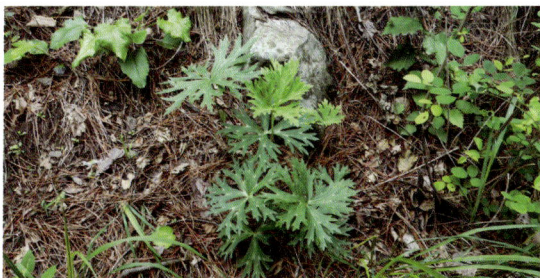

中 文 名：北乌头

拼　　音：běi wū tóu

其他俗名：草乌，五毒根

科中文名：毛茛科

科 学 名：Ranunculaceae

属中文名：乌头属

学　　名：Aconitum kusnezoffii

生　　境：生于山坡、草甸或疏林中。

形态特征：多年生草本。块根圆锥形或胡萝卜形。茎高65～150厘米，通常分枝。茎下部叶有长柄，在开花时枯萎。茎中部叶有稍长柄或短柄；叶片纸质或近革质，五角形，长9～16厘米，宽10～20厘米，基部心形，三全裂。顶生总状花序具9～22朵花，通常与其下的腋生花序形成圆锥花序；萼片紫蓝色。蓇葖果，长（0.8～）1.2～2厘米。花果期7—10月。

分　　布：原产中国黑龙江、吉林、辽宁、内蒙古、河北、山西。朝鲜、俄罗斯西伯利亚地区也有分布。辽宁广布。

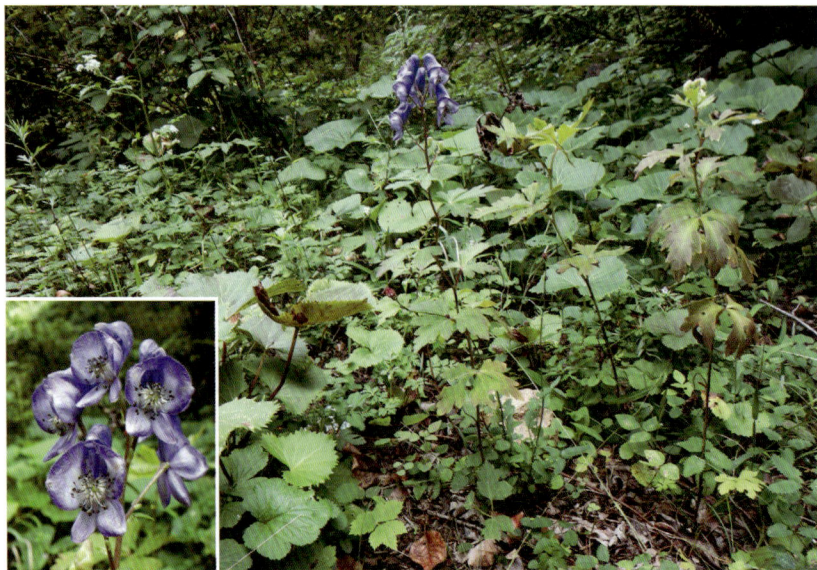

中 文 名： 翠雀

拼　　音： cuì què

其他俗名： 鸽子花，飞燕草，鸡爪连

科中文名： 毛茛科

科 学 名： Ranunculaceae

属中文名： 翠雀属

学　　名： Delphinium grandiflorum

生　　境： 生于海拔500～2800米山地草坡或丘陵砂地。

形态特征： 多年生草本，高30～60厘米，全株被灰白色短卷毛。茎直立，单一或分枝。基生叶和茎下部叶有长柄；叶片圆五角形，三全裂，中央全裂片近菱形。总状花序有3～15花；萼片紫蓝色，椭圆形或宽椭圆形，外面有短柔毛；距长1.7～2厘米，直或末端稍向下弯曲；花瓣蓝色。蓇葖果；长1.4～1.9厘米。种子倒卵状四面体形，长约2毫米，沿棱有翅。花果期6—10月。

分　　布： 原产中国黑龙江、吉林、辽宁、内蒙古、河北、山西、四川、云南。蒙古、俄罗斯西伯利亚地区也有分布。辽宁产宽甸、桓仁、昌图、调兵山、法库、康平、彰武、朝阳、建平、建昌、凌源、大连等市县。

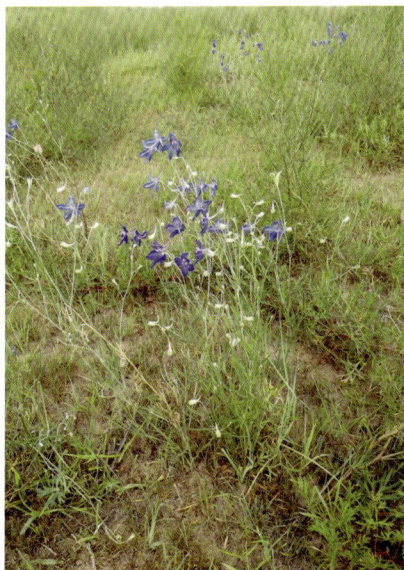

中 文 名：膜叶驴蹄草

拼　　音：mó yè lǘ tí cǎo

其他俗名：薄叶驴蹄草

科中文名：毛茛科

科 学 名：Ranunculaceae

属中文名：驴蹄草属

学　　名：Caltha palustris var. membranacea

生　　境：生于阔叶林下湿地、溪流旁。

形态特征：多年生草本。有多数肉质须根。茎高10～48厘米，具细纵沟，在中部或中部以上分枝。基生叶有长柄；叶片圆形，近膜质，圆肾形，边缘全部密生小牙齿；叶柄长4～24厘米。茎或分枝顶部有由2朵花组成的简单的单歧聚伞花序；苞片三角状心形，边缘生牙齿；萼片5，黄色。蓇葖果，长约1厘米，宽约3毫米，具横脉，喙长约1毫米。花期5—9月，果期6—7月。

分　　布：原产中国东北、华北。俄罗斯、朝鲜、日本也有分布。辽宁产本溪、凤城、桓仁、丹东、西丰等市县。

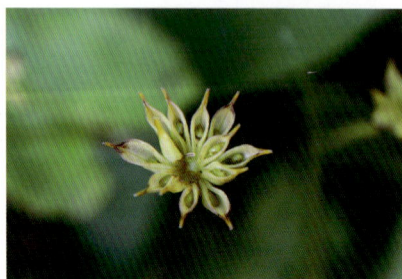

中 文 名：菟葵

拼　　音：tù kuí

其他俗名：兔葵

科中文名：毛茛科

科 学 名：Ranunculaceae

属中文名：菟葵属

学　　名：Eranthis stellata

生　　境：生于山地林中、林边草地阴处。

形态特征：多年生草本。根状茎球形。基生叶一或无；叶片圆肾形，长约6毫米，宽约1厘米，三全裂。花葶高达20厘米；花直径1.6～2厘米；萼片黄色，长7～10毫米，宽2.2～5毫米；花瓣约10，长3.5～5毫米，漏斗形。蓇葖果星状展开，长约15毫米，有短柔毛，喙细，长约3毫米；种子暗紫色，近球形，直径约1.6毫米，种皮表面有皱纹。花期3—4月，果期5月。

分　　布：原产中国吉林、辽宁。朝鲜、俄罗斯远东地区也有分布。辽宁产鞍山、庄河、桓仁、宽甸、凤城、西丰、铁岭、开原、本溪等市县。

中 文 名：类叶升麻

拼　　音：lèi yè shēng má

其他俗名：红升麻

科中文名：毛茛科

科 学 名：Ranunculaceae

属中文名：类叶升麻属

学　　名：Actaea asiatica

生　　境：生于海拔350～3100米间山地林下、沟边阴处、河边湿草地。

形态特征：多年生草本。根状茎横走，生多数细长的根。茎高30～80厘米，圆柱形，微具纵棱，不分枝。叶2～3枚，茎下部的叶为三回三出近羽状复叶，具长柄，三裂边缘有锐锯齿。总状花序长2.5～6厘米，轴和花梗密被白色或灰色短柔毛。浆果状果实近球形，直径约6毫米，紫黑色；种子卵形，有3纵棱，长约3毫米，宽约2毫米，深褐色。花期5—6月，果期7—9月。

分　　布：原产中国黑龙江、吉林、辽宁、内蒙古、河北、山西、陕西、甘肃、青海、湖北、四川、云南、西藏。朝鲜、日本、俄罗斯远东地区也有分布。辽宁产西丰、宽甸、桓仁、鞍山、庄河等市县。

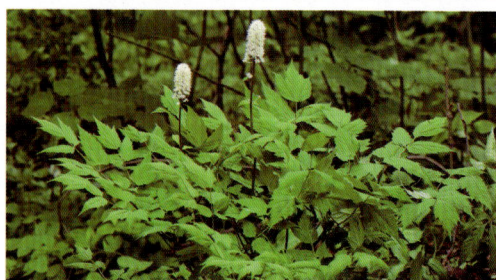

中 文 名：大三叶升麻

拼　　音：dà sān yè shēng má

其他俗名：窟窿牙根，龙眼根

科中文名：毛茛科

科 学 名：Ranunculaceae

属中文名：类叶升麻属

学　　名：Actaea heracleifolia

生　　境：生于山坡草丛或灌木丛中。

形态特征：根状茎粗壮，表面黑色。茎高达2米，下部微具槽。下部的茎生叶为二回三出复叶；叶片稍带革质，三角状卵形，宽达20厘米；顶生小叶顶端三浅裂，侧生小叶斜卵形，比顶生小叶小。茎上部叶通常为一回三出复叶。复总状花序具2~9条分枝；萼片黄白色。蓇葖果倒卵状椭圆形，长5~7毫米，宽3~4毫米；种子椭圆形，长约3毫米。花期8—9月，果期9—10月。

分　　布：原产中国黑龙江、吉林、辽宁。朝鲜、俄罗斯远东地区也有分布。辽宁产抚顺、本溪、丹东、岫岩、庄河、大连、普兰店等市县。

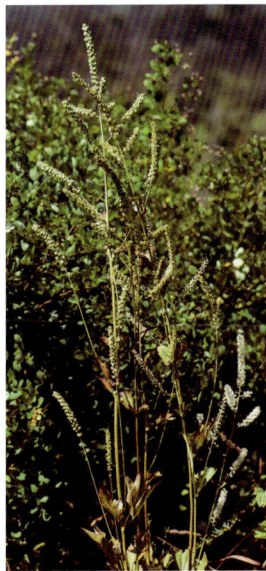

中 文 名：大叶铁线莲

拼　　音：dà yè tiě xiàn lián

其他俗名：牡丹藤，草牡丹

科中文名：毛茛科

科 学 名：Ranunculaceae

属中文名：铁线莲属

学　　名：Clematis heracleifolia

生　　境：生于山坡沟谷、林边及路旁的灌丛中。

形态特征：直立草本或半灌木。有粗大的主根，木质化。三出复叶；小叶片亚革质或厚纸质，边缘有不整齐的粗锯齿，齿尖有短尖头；叶柄粗壮，长达15厘米，被毛。聚伞花序顶生或腋生；花梗粗壮，有淡白色的糙绒毛；花杂性；花萼下半部呈管状，顶端常反卷；萼片4枚，蓝紫色，边缘密生白色绒毛。瘦果；卵圆形，两面凸起，长约4毫米，红棕色，被短柔毛。花期8—9月，果期10月。

分　　布：原产中国吉林、辽宁。朝鲜、日本也有分布。辽宁产铁岭、沈阳、长海、庄河、岫岩、本溪、凤城、宽甸、丹东、朝阳、喀左、法库、大连等市县。

中 文 名：棉团铁线莲
拼　　音：mián tuán tiě xiàn lián
其他俗名：野棉花
科中文名：毛茛科
科 学 名：Ranunculaceae
属中文名：铁线莲属
学　　名：Clematis hexapetala
生　　境：生于固定沙丘、干山坡、山坡草地。
形态特征：直立草本。老枝圆柱形，有纵沟。叶对生；叶片近革质绿色，单叶至复叶，一至二回羽状深裂，裂片线状披针形，全缘，网脉突出。花序顶生，聚伞花序或为总状、圆锥状聚伞花序，有时花单生；萼片4~8，通常6，白色，外面密生棉毛，花蕾时像棉花球，内面无毛。瘦果倒卵形，扁平，密生柔毛，宿存花柱有灰白色长柔毛。花期6—8月，果期7—10月。
分　　布：原产中国黑龙江、吉林、辽宁、内蒙古、河北、山西、陕西、甘肃。朝鲜、蒙古、俄罗斯西伯利亚地区也有分布。辽宁产沈阳、昌图、西丰、法库、本溪、鞍山、大连、普兰店、瓦房店、长海、北镇、义县、彰武、葫芦岛、兴城、绥中、建平、建昌、凌源等市县。

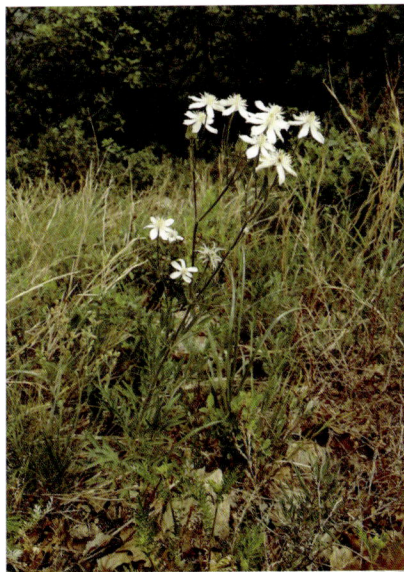

中 文 名：转子莲

拼　　音：zhuǎn zǐ lián

其他俗名：大花铁线莲

科中文名：毛茛科

科 学 名：Ranunculaceae

属中文名：铁线莲属

学　　名：Clematis patens

生　　境：生于海拔200～1000米间的山坡杂草丛及灌丛。

形态特征：多年生草质藤本。茎圆柱形，攀援，有明显的六条纵纹。羽状复叶对生；小叶片常3枚，稀5枚，纸质，基部常圆形，稀宽楔形，边缘全缘，基出主脉3～5条，小叶柄常扭曲。单花顶生；花大，直径8～14厘米；萼片8枚，白色或淡黄色。瘦果卵形，被金黄色长柔毛。花期5—6月，果期6—7月。

分　　布：原产中国辽宁、山东。日本、朝鲜也有分布。辽宁产丹东、东港、凤城、宽甸、本溪、普兰店、大连、庄河等市县。

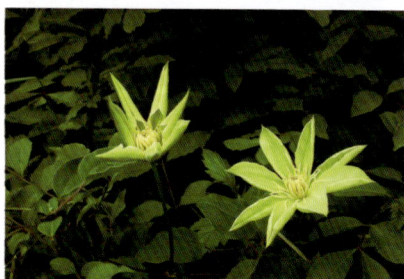

中 文 名：辣蓼铁线莲

拼　　音：là liǎo tiě xiàn lián

其他俗名：辣椒秧子

科中文名：毛茛科

科 学 名：Ranunculaceae

属中文名：铁线莲属

学　　名：Clematis terniflora var. mandshurica

生　　境：生于山坡灌丛中、杂木林内或林边。

形态特征：多年生草质藤本。茎长达1米，节部和嫩枝被白色柔毛。叶对
生；三出羽状复叶，小叶片5或7，有时3，卵形、长卵形或披针
状卵形，顶端渐尖或锐尖。圆锥状聚伞花序腋生或顶生多花；萼
片4～5，白色，长圆形或狭卵圆形，外面有短柔毛，边缘密被白
色绒毛。瘦果近卵形，长4～6毫米，宽2.5～4毫米，褐色。花期
6—8月，果期7—9月。

分　　布：原产中国黑龙江、吉林、辽宁、内蒙古、山西。朝鲜、蒙古、俄
罗斯西伯利亚也有分布。辽宁产沈阳、抚顺、西丰、清原、昌
图、鞍山、本溪、凤城、宽甸、桓仁、丹东、庄河、长海、大
连、北镇、锦州等市县。

中 文 名：獐耳细辛

拼　　音：zhāng ěr xì xīn

其他俗名：幼肺三七

科中文名：毛茛科

科 学 名：Ranunculaceae

属中文名：獐耳细辛属

学　　名：Hepatica nobilis var. asiatica

生　　境：生于山地杂木林内、草坡石下阴处。

形态特征：多年生草本，高10～20厘米。根状茎短，密生须根。基生叶3～6，有长柄；叶片正三角状宽卵形，基部深心形，三裂至中部，裂片宽卵形，全缘。花葶1～6条，有长柔毛；苞片3，卵形或椭圆状卵形，长7～12毫米，宽3～6毫米，背面稍密被长柔毛；萼片6～11，粉红色或堇色，狭长圆形。瘦果卵球形，长4毫米，有长柔毛和短宿存花柱。4月至5月开花。

分　　布：原产中国辽宁、河南、安徽、浙江。朝鲜也有分布。辽宁产本溪、凤城、宽甸、桓仁、东港等市县。

中 文 名：多被银莲花

拼　　音：duō bèi yín lián huā

其他俗名：两头尖，老鼠屎

科中文名：毛茛科

科 学 名：Ranunculaceae

属中文名：银莲花属

学　　名：Anemone raddeana

生　　境：生于海拔800米上下的山地林中或草地阴处。

形态特征：多年生草本。根状茎横走，圆柱形。植株高10～30厘米。基生叶1，有长柄，长5～15厘米；叶片三全裂，全裂片有细柄，三或二深裂。花苞片3；花梗长1～1.3厘米；萼片9～15，白色，长1.2～1.9厘米，宽2.2～6毫米，无毛；心皮约30，子房密被短柔毛，花柱短。瘦果倒卵形，被短柔毛，有短宿存花柱。花果期4—6月。

分　　布：原产中国黑龙江、吉林、辽宁、山东。朝鲜、俄罗斯远东地区也有分布。辽宁产西丰、本溪、桓仁、凤城、宽甸、庄河等市县。

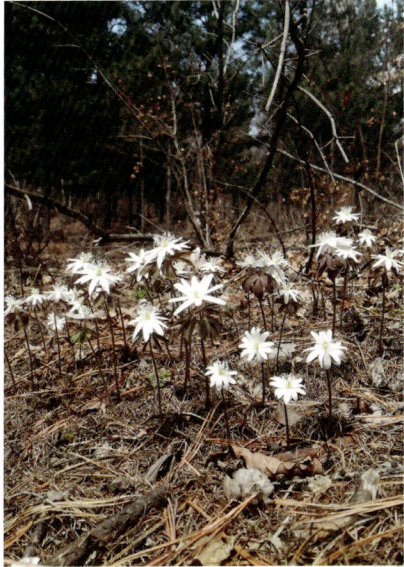

中 文 名：朝鲜白头翁

拼　　音：cháo xiǎn bái tóu wēng

其他俗名：毛姑朵花

科中文名：毛茛科

科 学 名：Ranunculaceae

属中文名：白头翁属

学　　名：Pulsatilla cernua

生　　境：生于山地草坡。

形态特征：多年生草本，高10～30厘米，全株密被开展的白色长柔毛。基生叶4～6，有长柄；叶片卵形，基部浅心形，三全裂，一回中全裂片有细长柄，五角状宽卵形，又三全裂。总苞近钟形，裂片线形，全缘或上部有3小裂片；萼片6，紫红色，长圆形。聚合果近球形，瘦果倒卵状长圆形，宿存花柱长约4厘米，有开展的长柔毛。花果期5—7月。

分　　布：原产中国吉林、辽宁。朝鲜、日本、俄罗斯远东地区也有分布。辽宁产沈阳、铁岭、西丰、开原、清河、本溪、桓仁、宽甸、凤城、丹东、普兰店、大连、瓦房店、东港等市县。

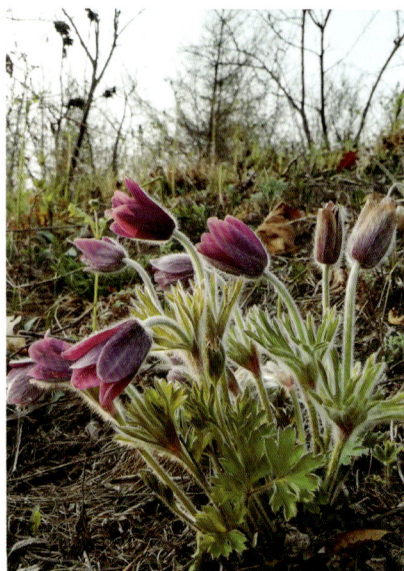

中 文 名：毛茛

拼　　音：máo gèn

其他俗名：老虎脚迹，五虎草

科中文名：毛茛科

科 学 名：Ranunculaceae

属中文名：毛茛属

学　　名：Ranunculus japonicus

生　　境：生于田沟旁、林缘路边的湿草地上。

形态特征：多年生草本。茎直立，中空，有槽，具分枝。叶互生；基生叶多数；叶片圆心形或五角形，基部心形或截形，通常3深裂不达基部；叶柄生开展柔毛。下部叶与基生叶相似，渐向上叶柄变短，叶片较小，3深裂，裂片披针形，有尖齿牙或再分裂；最上部叶线形，全缘，无柄。聚伞花序有多数花，疏散；花瓣5，倒卵状圆形。聚合果近球形，瘦果扁平。花果期4—9月。

分　　布：原产中国各省区（除西藏外）。朝鲜、日本、俄罗斯远东地区也有分布。辽宁产沈阳、昌图、开原、西丰、新宾、彰武、北镇、建昌、凌源、本溪、桓仁、东港、凤城、岫岩、宽甸、丹东、鞍山、庄河、长海、大连、清原等市县。

中 文 名：莲

拼　　音：lián

其他俗名：莲花，芙蓉，荷花

科中文名：莲科

科 学 名：Nelumbonacea

属中文名：莲属

学　　名：Nelumbo nucifera

生　　境：生于池塘、水田内。

形态特征：多年生水生草本。根状茎横生节间膨大，内有多数纵行通气孔道，节部缢缩，上生黑色鳞叶，下生须状不定根。叶圆形，盾状，全缘稍呈波状；叶柄粗壮，圆柱形，中空。花梗和叶柄等长或稍长，生小刺；花直径10～20厘米，美丽，芳香；花瓣红色、粉红色或白色；花托（莲房）直径5～10厘米。坚果椭圆形或卵形。花期6—8月，果期8—10月。

分　　布：原产中国各省区。苏联、朝鲜、日本、印度、越南及亚洲南部、大洋洲均有分布。辽宁产桓仁、新民、辽中、台安、辽阳、绥中、沈阳等市县。

中 文 名：草芍药

拼　　音：cǎo sháo yào

其他俗名：野芍药，草芍药

科中文名：芍药科

科 学 名：Paeoniaceae

属中文名：芍药属

学　　名：Paeonia obovata

生　　境：生于山坡杂木林下、林缘。

形态特征：多年生草本，高30～70厘米。叶互生；茎下部叶为二回三出复叶，上部叶为三出复叶或单叶；顶生小叶倒卵形或椭圆形，长9.5～14厘米，宽3～10厘米；侧生小叶比顶生小叶小，同形。单花顶生；萼片3～5枚，淡绿色；花瓣6枚，白色、红色或紫红色；花丝淡红色。蓇葖果卵圆形，长2～3厘米，成熟时果皮反卷呈红色。种子蓝黑色，近球形，直径约5毫米。花期5—6月，果期8—9月。

分　　布：原产中国东北、华北、西北、华东、华中、西南。俄罗斯、朝鲜、日本也有分布。辽宁产抚顺、西丰、开原、清河、清原、新宾、岫岩、本溪、宽甸、桓仁、凤城、丹东、庄河、营口、鞍山、凌源等市县。

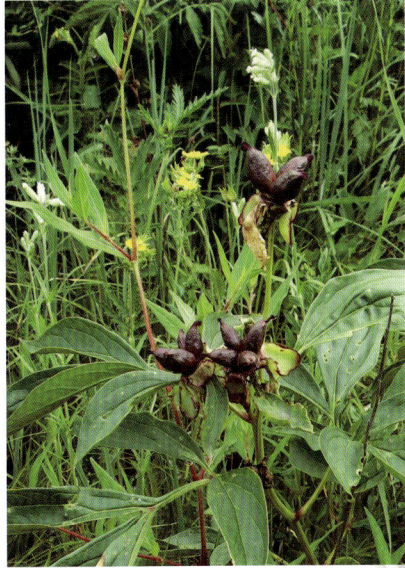

中 文 名：东北茶藨子

拼　　音：dōng běi chá biāo zǐ

其他俗名：东北茶藨

科中文名：茶藨子科

科 学 名：Grossulariaceae

属中文名：茶藨属

学　　名：Ribes mandshuricum

生　　境：生于海拔300～1800米的山坡、山谷针阔叶混交林下、杂木林内。

形态特征：落叶灌木。枝皮纵向或长条状剥落，无刺。叶互生；宽大，长5～10厘米，基部心脏形，常掌状3裂，稀5裂，裂片卵状三角形，边缘具不整齐粗锐锯齿或重锯齿。总状花序长7～16厘米，初直立后下垂；花序轴和花梗密被短柔毛；花瓣近匙形，浅黄绿色，下面有5个分离的突出体。浆果球形，直径7～9毫米，红色，无毛，味酸可食。花期4—6月，果期7—8月。

分　　布：原产中国黑龙江、吉林、辽宁、内蒙古、河北、山西、陕西、甘肃、河南。朝鲜及西伯利亚也有分布。辽宁产西丰、清原、本溪、宽甸、桓仁、丹东、凌源、抚顺等市县。

中 文 名：镜叶虎耳草

拼　　音：jìng yè hǔ ěr cǎo

其他俗名：朝鲜虎耳草，镜叶草

科中文名：虎耳草科

科 学 名：Saxifragaceae

属中文名：虎耳草属

学　　名：Saxifraga fortunei var. koraiensis

生　　境：生于林下或溪边岩隙。

形态特征：多年生草本。叶基生，具长柄；叶片肾形，基部心形，7～11浅裂，具掌状达缘脉序；叶柄长5～18.5厘米，被长腺毛。花葶被红褐色卷曲长腺毛；多歧聚伞花序圆锥状，长11.5～32厘米，具多花；花序分枝细弱，长6～6.5厘米，被腺毛；萼片两面均被腺毛；花瓣5，其中3枚较短，白色至淡红色。蒴果弯垂，长约6.7毫米，二果瓣叉开。花果期8—10月。

分　　布：原产中国吉林、辽宁。朝鲜也有分布。辽宁产本溪、凤城、宽甸、桓仁、岫岩、丹东、庄河等市县。

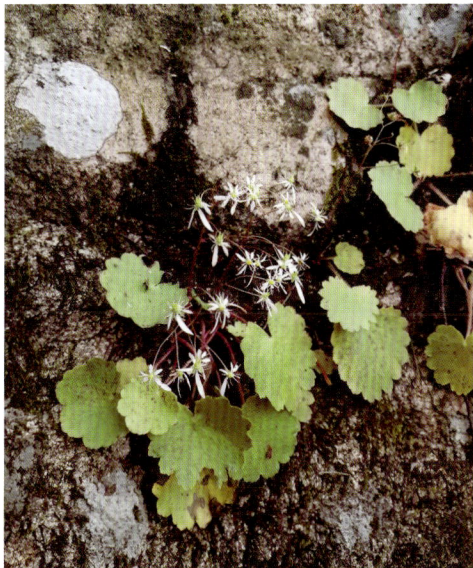

中 文 名：落新妇

拼　　音：luò xīn fù

其他俗名：红升麻

科中文名：虎耳草科

科 学 名：Saxifragaceae

属中文名：落新妇属

学　　名：Astilbe chinensis

生　　境：生于海拔390～3600米的山谷、溪边、林下、林缘、草甸。

形态特征：多年生草本。茎直立，高达1米。基生叶为二至三回三出羽状复叶；顶生小叶片菱状椭圆形，先端短渐尖至急尖，边缘有重锯齿；茎生叶互生，2～3枚，较小。圆锥花序长8～37厘米，宽3～4（～12）厘米；花瓣5，淡紫色至紫红色，线形，长4.5～5毫米，宽0.5～1毫米，单脉。蒴果，长约3毫米。花果期6—9月。

分　　布：原产中国黑龙江、吉林、辽宁、河北、山西、陕西、甘肃、青海、山东、浙江、江西、河南、湖北、湖南、四川、云南。苏联、朝鲜、日本也有分布。辽宁产铁岭、凤城、清原、本溪、鞍山、宽甸、桓仁、普兰店、庄河等市县。

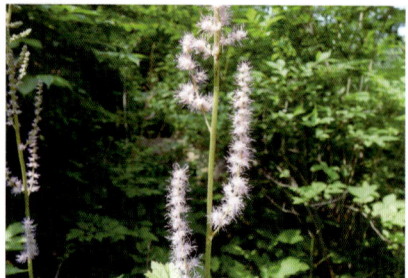

中 文 名：大叶子

拼　　音：dà yè zǐ

其他俗名：山荷叶

科中文名：虎耳草科

科 学 名：Saxifragaceae

属中文名：大叶子属

学　　名：Astilboides tabularis

生　　境：生于山坡杂木林下、山谷沟边。

形态特征：多年生草本。根状茎粗壮，节上生不定根；地上茎不分枝，下部疏生短硬腺毛。基生叶一，盾状着生，近圆形或卵圆形，掌状浅裂，边缘具齿状缺刻和不规则重锯齿；叶柄长30～60厘米，具刺状硬腺毛；茎生叶较小，掌状3～5浅裂。圆锥花序顶生，长15～20厘米，具多花；花小，白色或微带紫色；花瓣4～5。蒴果，长6.5～7毫米。种子具翅。花期6—7月，果期8—9月。

分　　布：原产中国吉林、辽宁。朝鲜也有分布。辽宁产本溪、岫岩、抚顺、桓仁等市县。

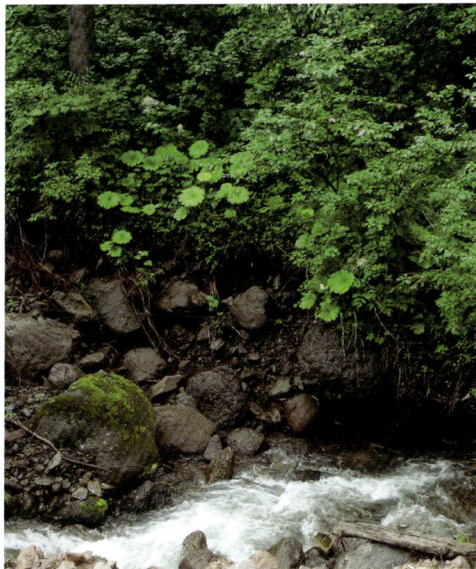

中 文 名：槭叶草

拼　　音：qì yè cǎo

其他俗名：丹顶菜，活阳草

科中文名：虎耳草科

科 学 名：Saxifragaceae

属中文名：槭叶草属

学　　名：Mukdenia rossii

生　　境：生于山谷石隙。

形态特征：多年生草本。根状茎较粗壮，具暗褐色鳞片。叶基生，具长柄；叶片阔卵形至近圆形，掌状5～7（～9）浅裂至深裂，边缘有锯齿。花葶被黄褐色腺毛。多歧聚伞花序长9～13.5厘米；花梗与托杯外面均被黄褐色腺毛；萼片狭卵状长圆形，长3～5毫米，宽约2毫米；花瓣白色，披针形。蒴果，长约7.5毫米，果瓣先端外弯，果柄弯垂。花果期5—7月。

分　　布：原产中国吉林、辽宁。朝鲜也有分布。辽宁产凤城、清原、宽甸、本溪等市县。

中 文 名：独根草

拼　　音：dú gēn cǎo

其他俗名：岩花，山苞草

科中文名：虎耳草科

科 学 名：Saxifragaceae

属中文名：独根草属

学　　名：Oresitrophe rupifraga

生　　境：生于海拔590～2050米的山谷、悬崖之阴湿石隙。

形态特征：多年生草本。根状茎粗壮，具芽，芽鳞棕褐色。叶基生，2～3
　　　　　枚；叶片心形至卵形，先端短渐尖，边缘具不规则齿牙，基部心
　　　　　形；叶柄长11.5～13.5厘米，被腺毛。花葶不分枝，密被腺毛。
　　　　　多歧聚伞花序长5～16厘米，多花；花梗长0.3～1厘米，与花序
　　　　　梗均密被腺毛；萼片5～7，不等大，全缘，具多脉，无毛。蒴果
　　　　　革质，1室，具2喙。花果期5—9月。

分　　布：原产中国辽宁、河北、北京、山西。辽宁产凌源市。

中 文 名：林金腰

拼　　音：lín jīn yāo

其他俗名：林金腰子

科中文名：虎耳草科

科 学 名：Saxifragaceae

属中文名：金腰属

学　　名：Chrysosplenium lectus-cochleae

生　　境：生于海拔450～1800米的林下、林缘阴湿处、石隙。

形态特征：多年生草本。不育枝出自茎基部叶腋。叶对生；近扇形，先端
　　　　　钝，边缘具5～8圆齿，基部楔形，两面无毛或多少具褐色柔毛。
　　　　　花茎疏生褐色柔毛。聚伞花序，花序分枝疏生柔毛；苞叶近阔卵
　　　　　形、倒阔卵形至扇形，苞腋具褐色乳头突起；花梗疏生柔毛；花
　　　　　黄绿色；萼片近阔卵形，先端钝；雄蕊8。蒴果，长2.4～6毫米，
　　　　　二果瓣明显不等大；种子黑褐色，近卵球形。花果期5—8月。

分　　布：原产中国黑龙江、吉林、辽宁。辽宁产本溪、凤城、宽甸、桓
　　　　　仁、清原、鞍山、庄河等市县。

中 文 名：狼爪瓦松

拼　　音：láng zhǎo wǎ sōng

其他俗名：辽瓦松

科中文名：景天科

科 学 名：Crassulaceae

属中文名：钝叶瓦松属

学　　名：Orostachys cartilaginea

生　　境：生于低山山坡上。

形态特征：二年生或多年生草本。莲座叶长圆状披针形，先端有软骨质附属物，背凸出，白色，全缘；茎生叶互生，线形或披针状线形，长1.5～3.5厘米，宽2～4毫米，先端有白色软骨质的刺。总状花序圆柱形，紧密多花，高10～30厘米；花瓣5，白色，长圆状披针形，长5～6毫米，宽2毫米，基部稍合生，先端急尖。蓇葖果长圆形，长5毫米。花果期9—10月。

分　　布：原产中国黑龙江、吉林、辽宁、内蒙古、山东。苏联也有分布。辽宁产鞍山、阜新、大连、彰武、西丰、庄河、岫岩、盖州、普兰店等市县。

中 文 名：长药八宝

拼　　音：cháng yào bā bǎo

其他俗名：八宝景天

科中文名：景天科

科 学 名：Crassulaceae

属中文名：八宝属

学　　名：Hylotelephium spectabile

生　　境：生于低山多石山坡上。

形态特征：多年生草本。茎直立。叶对生或三叶轮生；卵形至宽卵形或长圆状卵形，全缘或多少有波状齿牙。花序大形，伞房状，顶生，直径7～11厘米；花密生；花瓣5，淡紫红色至紫红色，披针形至宽披针形，长4～5毫米，雄蕊10，长6～8毫米，花药紫色。蓇葖果直立。花期8—9月，果期9—10月。

分　　布：原产中国黑龙江、吉林、辽宁、河北、山东、河南、陕西、安徽。朝鲜也有分布。辽宁产西丰、桓仁、本溪、凤城、普兰店、大连、鞍山等市县。

中 文 名：费菜

拼　　音：fèi cài

其他俗名：土三七，景天三七

科中文名：景天科

科 学 名：Crassulaceae

属中文名：费菜属

学　　名：Phedimus aizoon

生　　境：生于多石质山坡、灌丛间、草甸子、沙岗上。

形态特征：多年生草本。根状茎短，茎直立，无毛。叶互生；叶片坚实，近革质，狭披针形、椭圆状披针形至卵状倒披针形，基部楔形，边缘有不整齐的锯齿。聚伞花序有多花，水平分枝，平展；萼片5，线形，肉质，不等长，长3~5毫米，先端钝；花瓣5，黄色。蓇葖果呈星芒状排列，长约7毫米，有直喙。种子长圆形，长约1毫米。花期6—7月，果期8—9月。

分　　布：原产中国黑龙江、吉林、辽宁、内蒙古、山东、河北、陕西、山西、河南、宁夏、甘肃、四川、湖北、江西、安徽、浙江、江苏、青海。俄罗斯乌拉尔至蒙古及日本、朝鲜也有分布。辽宁广布。

中 文 名：垂盆草

拼　　音：chuí pén cǎo

其他俗名：狗牙草，护盆草，爬景天

科中文名：景天科

科 学 名：Crassulaceae

属中文名：景天属

学　　名：Sedum sarmentosum

生　　境：生于海拔1600米以下山坡阳处或石上。

形态特征：多年生草本。三叶轮生；叶倒披针形至长圆形，长15～28毫米，宽3～7毫米，先端近急尖，基部急狭，有距。聚伞花序，有3～5分枝，花少，宽5～6厘米；萼片5，披针形至长圆形，长3.5～5毫米，先端钝；花瓣5，黄色，披针形至长圆形。蓇葖果；种子多数，卵形，长约0.5毫米。花期5—7月，果期8月。

分　　布：原产中国吉林、辽宁、河南、河北、北京、山东、甘肃、陕西、山西、福建、贵州、四川、湖北、湖南、江西、安徽、浙江、江苏。朝鲜、日本也有分布。辽宁产本溪、海城、辽阳、鞍山、义县等市县。

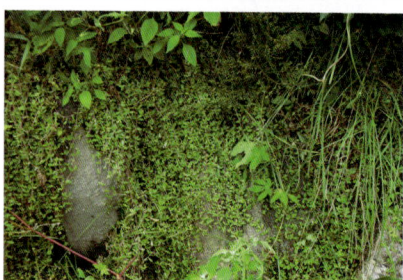

中 文 名：扯根菜

拼　　音：chě gēn cài

其他俗名：半娇红，扯根草，干黄草

科中文名：扯根菜科

科 学 名：Penthoraceae

属中文名：扯根菜属

学　　名：Penthorum chinense

生　　境：生于林下、灌丛草甸、水边。

形态特征：多年生草本。根状茎分枝；茎不分枝，稀基部分枝。叶互生；叶片披针形至狭披针形，边缘具细重锯齿。聚伞花序具多花，长1.5～4厘米；花序分枝与花梗均被褐色腺毛；苞片小，卵形至狭卵形；花梗长1～2.2毫米；花小型，黄白色；萼片5，革质，三角形；无花瓣。蒴果，直径4～5毫米，红紫色。花果期7—10月。

分　　布：原产中国黑龙江、吉林、辽宁、河北、陕西、甘肃、江苏、安徽、浙江、江西、河南、湖北、湖南、广东、广西、四川、贵州、云南。俄罗斯远东地区、日本、朝鲜也有分布。辽宁产凤城、新民、新宾、宽甸、桓仁、西丰、铁岭、岫岩、抚顺、本溪、庄河、康平、大连等市县。

中 文 名：狐尾藻

拼　　音：hú wěi zǎo

其他俗名：轮叶狐尾藻

科中文名：小二仙草科

科 学 名：Haloragidaceae

属中文名：狐尾藻属

学　　名：Myriophyllum verticillatum

生　　境：生于池塘、河川中。

形态特征：多年生沉水草本。茎圆柱形，多分枝。水中叶通常4片轮生，或3～5片轮生，长4～5厘米；水上叶互生，披针形，长约1.5厘米。花单性，雌雄同株或杂性，单生于水上叶腋内，每轮具4朵花；雌花生于水上茎下部叶腋中，萼片与子房合生，顶端4裂；花瓣4，舟状，雄花花药淡黄色。坚果广卵形，长3毫米。花期5—6月，果期6—8月。

分　　布：原产中国各省区。世界各地均有分布。辽宁产瓦房店、普兰店、旅顺、沈阳、辽中、新民、法库、康平、彰武、凌源等市县。

中 文 名：东北蛇葡萄

拼　　音：dōng běi shé pú táo

其他俗名：蛇葡萄，山葡萄，蛇白蔹

科中文名：葡萄科

科 学 名：Vitaceae

属中文名：蛇葡萄属

学　　名：Ampelopsis glandulosa var. brevipedunculata

生　　境：生于山坡、林下。

形态特征：落叶藤本。小枝圆柱形，有纵棱纹。卷须2～3叉分枝。叶互生；心形或卵形，长3.5～14厘米，宽3～11厘米，3～5中裂，常混生有不分裂者，叶片上面无毛，下面脉上被稀疏柔毛，边缘有粗钝或急尖锯齿。花5数，绿色，组成伞房状多歧聚伞花序或复二歧聚伞花序；萼碟形，5数，卵椭圆形。浆果近球形，直径0.5～0.8厘米。花期4—6月，果期7—10月。

分　　布：原产中国东北、华北、华东。朝鲜、日本、俄罗斯也有分布。辽宁产抚顺、沈阳、葫芦岛、建昌、建平、北镇、大连、金州、普兰店、瓦房店、庄河、长海、盖州、岫岩、桓仁、西丰等市县。

中 文 名：白蔹

拼　　音：bái liǎn

其他俗名：五爪藤

科中文名：葡萄科

科 学 名：Vitaceae

属中文名：蛇葡萄属

学　　名：Ampelopsis japonica

生　　境：生于山坡地边、灌丛、草地。

形态特征：落叶藤本。小枝圆柱形，有纵棱纹。卷须不分枝或卷须顶端有短的分叉。叶互生，掌状复叶3～5小叶，小叶片羽状深裂或小叶边缘有深锯齿而不分裂；叶柄长1～4厘米，托叶早落。聚伞花序通常集生于花序梗顶端，直径1～2厘米，通常与叶对生；绿色；萼碟形，边缘呈波状浅裂；花瓣5，卵圆形。浆果球形，成熟后带白色。花期5—6月，果期7—9月。

分　　布：原产中国吉林、辽宁、河北、山西、陕西、江苏、浙江、江西、河南、湖北、湖南、广东、广西、四川。日本也有分布。辽宁产沈阳、大连、金州、普兰店、抚顺、凌源、昌图、营口等市县。

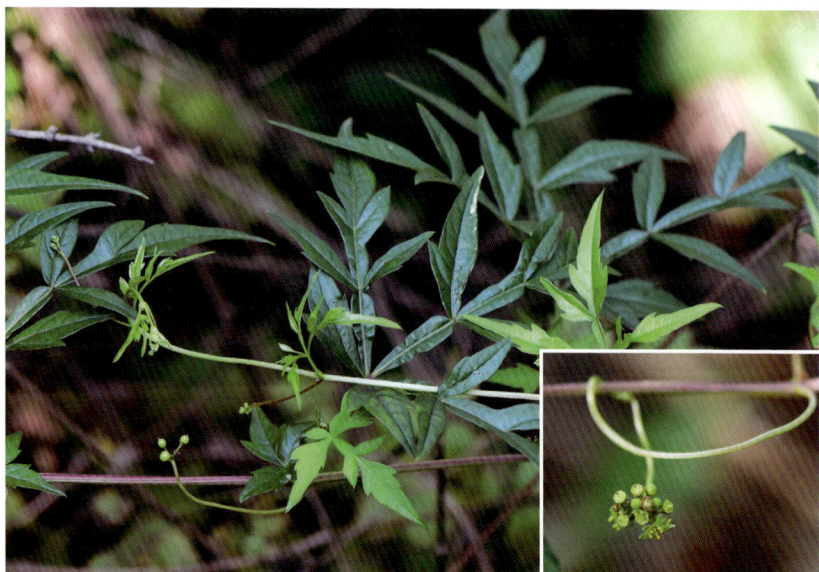

中 文 名：地锦

拼　　音：dì jǐn

其他俗名：爬山虎，爬墙虎

科中文名：葡萄科

科 学 名：Vitaceae

属中文名：地锦属

学　　名：Parthenocissus tricuspidata

生　　境：常攀援于墙壁、岩石上。

形态特征：落叶藤本。小枝圆柱形，几乎无毛或微被疏柔毛。卷须5～9
分枝，顶端嫩时膨大成圆珠形，后遇附着物扩大成吸盘。叶互
生；通常着生在短枝上为3浅裂，倒卵圆形，长4.5～17厘米，宽
4～16厘米。花序着生在短枝上形成多歧聚伞花序；绿色；萼碟
形，花瓣5，长椭圆形。浆果球形，直径1～1.5厘米，成熟时蓝
黑色。花期5—8月，果期9—10月。

分　　布：原产中国华北、华东、华中。朝鲜、日本也有分布。辽宁产丹
东、凤城、桓仁、营口、庄河、瓦房店、金州、大连等市县。

中 文 名：山葡萄

拼　　音：shān pú táo

其他俗名：阿穆尔葡萄

科中文名：葡萄科

科 学 名：Vitaceae

属中文名：葡萄属

学　　名：Vitis amurensis

生　　境：生于山坡、沟谷林中、灌丛。

形态特征：落叶藤本。小枝圆柱形，嫩枝疏被蛛丝状绒毛。卷须2~3分枝，每隔2节间断与叶对生。叶互生；阔卵圆形，长6~24厘米，宽5~21厘米，3稀5浅裂或中裂，或不分裂。圆锥花序疏散与叶对生，雌雄异株，花小，多数；黄绿色；萼片轮状截形，花瓣5，呈帽状黏合脱落。浆果球形，直径1~1.5厘米，黑色或黑蓝色。花期5—6月，果期7—9月。

分　　布：原产中国黑龙江、吉林、辽宁、河北、山西、山东、安徽、浙江。辽宁广布。

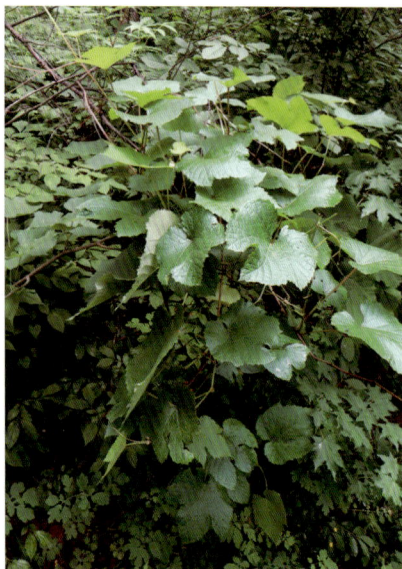

中 文 名：蒺藜

拼　　音：jí lí

其他俗名：蒺藜狗子

科中文名：蒺藜科

科 学 名：Zygophyllaceae

属中文名：蒺藜属

学　　名：Tribulus terrestris

生　　境：生于石砾质地、沙质地、路旁、河岸、荒地、田边及田间。

形态特征：一年生草本。全株密被白色丝状毛。茎由基部分枝，平卧。偶数
　　　　　羽状复叶对生；长1.5～5厘米，小叶矩圆形或斜短圆形，对生，
　　　　　3～8对，长1.5～5厘米，宽2～5毫米。花单生于叶腋；萼片5，
　　　　　卵状披针形，宿存；花瓣黄色，倒卵状，先端凹或浅裂。离果五
　　　　　角形或扁球形，背面有短硬毛及瘤状突起，长4～6毫米。花期
　　　　　6—8月，果期7—9月。

分　　布：原产中国各省区。世界温带地区也有分布。辽宁产沈阳、抚顺、
　　　　　本溪、盖州、凌源、喀左、建平、锦州、北镇、彰武、新民、铁
　　　　　岭、庄河、普兰店、大连、长海等市县。

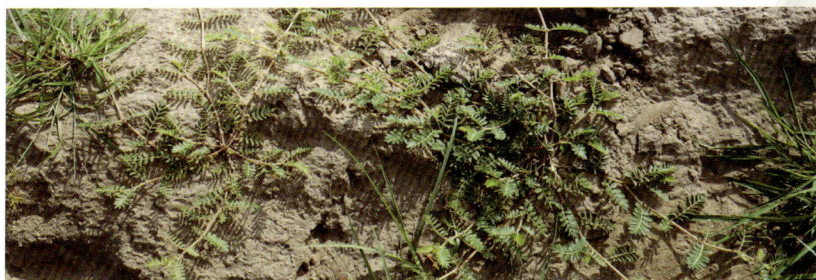

中 文 名：山皂荚

拼　　音：shān zào jiá

其他俗名：山皂角，日本皂荚

科中文名：豆科

科 学 名：Fabaceae

属中文名：皂荚属

学　　名：Gleditsia japonica

生　　境：生于山沟、阔叶林、山坡上。

形态特征：落叶乔木。枝上的棘刺略扁，分枝。偶数羽状复叶互生，短枝上叶常数叶簇生，新枝上叶为二回羽状复叶；小叶3~10对，卵状长圆形至长圆形，长2~9厘米，宽1~4厘米，全缘或具波状疏圆齿。总状花序；雌雄异株；花黄绿色；萼片和花瓣均为4~5边形状。荚果扁平，长20~35厘米，宽2~4厘米，暗赤褐色，呈不规则的旋钮状。花期6—7月，果期9—10月。

分　　布：原产中国东北、华东、华中。朝鲜、日本也有分布。辽宁产沈阳、鞍山、海城、本溪、凤城、宽甸、桓仁、丹东、大连、北镇、绥中等市县。

中 文 名：豆茶决明

拼　　音：dòu chá jué míng

其他俗名：山扁豆，山茶叶

科中文名：豆科

科 学 名：Fabaceae

属中文名：决明属

学　　名：Senna nomame

生　　境：生于向阳草地、山坡、河边、荒地。

形态特征：一年生直立草本。偶数羽状复叶互生，长4～8厘米；小叶8～28
　　　　　对，长5～9毫米，线状长圆形，全缘。花小，黄色，腋生；花梗
　　　　　长5～8毫米；萼5深裂，裂片披针形、锐尖、有毛；花瓣5枚，各
　　　　　瓣形状稍有差异。荚果线状长圆形，扁平，长3～8厘米，宽约5
　　　　　毫米，被细短毛。花期7—8月，果期8—9月。

分　　布：原产中国吉林、辽宁及华北、华东。朝鲜、日本也有分布。辽宁
　　　　　产西丰、清原、新宾、沈阳、桓仁、本溪、凤城、宽甸、丹东、
　　　　　岫岩、普兰店、庄河、金州、大连、锦州、葫芦岛等市县。

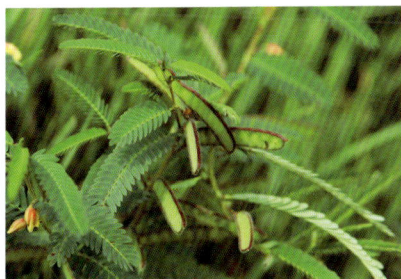

中 文 名：朝鲜槐

拼　　音：cháo xiǎn huái

其他俗名：楔槐，高丽槐，山槐

科中文名：豆科

科 学 名：Fabaceae

属中文名：马鞍树属

学　　名：Maackia amurensis

生　　境：生于阔叶林内、林边、溪流、灌丛间。

形态特征：落叶乔木。奇数羽状复叶互生；小叶7～11枚，对生或近对生，卵形、倒卵状椭圆形或长卵形，长3.5～9厘米，宽1～4.5厘米。总状花序3～4个集生，长5～9厘米，花密；萼钟状，5浅裂；花冠白色，长约10毫米。荚果线状长圆形，扁平，长3～7.2厘米，宽1～1.2厘米，褐色，沿缝线开裂。花期6—7月，果期8—10月。

分　　布：原产中国东北、华北、西北、华东、华中。朝鲜、日本、俄罗斯也有分布。辽宁产庄河、瓦房店、绥中、凌源、桓仁、盖州、沈阳、抚顺等市县。

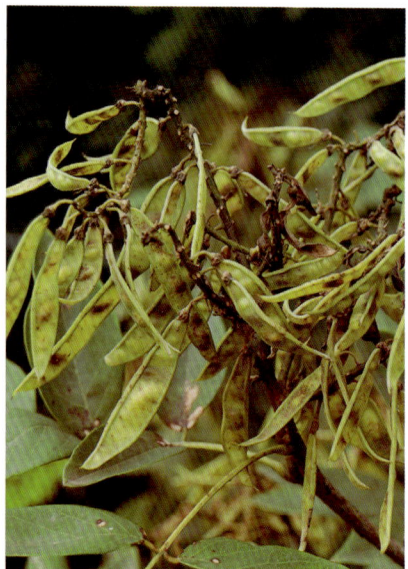

中 文 名：苦参

拼　　音：kǔ shēn

其他俗名：地槐

科中文名：豆科

科 学 名：Fabaceae

属中文名：苦参属

学　　名：Sophora flavescens

生　　境：生于山坡草地、砂地、河岸砾质地。

形态特征：落叶直立灌木或半灌木。主根粗壮，圆柱形，味苦。奇数羽状复叶互生；小叶6～12对，卵状长圆形至近广披针形，长3～6厘米，宽1～2厘米。总状花序顶生并于顶部腋生，比叶长；萼斜钟状5浅裂，萼齿短三角状，表面被疏柔毛；花瓣淡黄色或黄白色。荚果圆筒状，长5～10厘米，种子间缢缩，呈不明显的念珠状。花期6—8月，果期8—9月。

分　　布：原产中国南北各省区。日本、俄罗斯也有分布。辽宁广布。

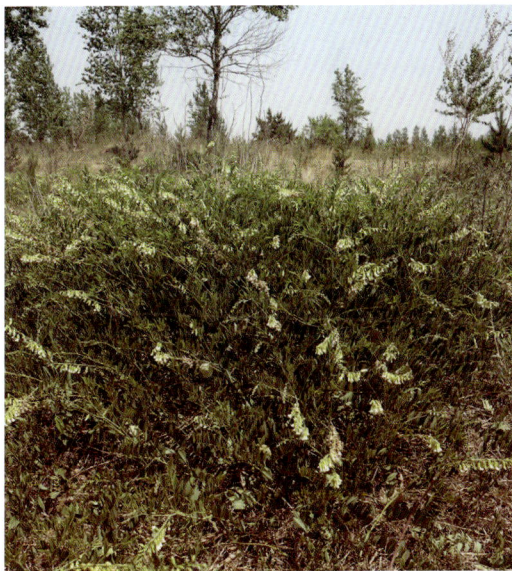

中 文 名：紫穗槐
拼　　音：zǐ suì huái
其他俗名：棉槐，椒条，棉条
科中文名：豆科
科 学 名：Fabaceae
属中文名：紫穗槐属
学　　名：Amorpha fruticosa
生　　境：生于荒山坡、道路旁、河岸、盐碱地。
形态特征：落叶灌木。小枝灰褐色，嫩枝密被短柔毛。奇数羽状复叶互生；小叶卵形或椭圆形，下面有白色短柔毛，具黑色腺点。穗状花序一至数个顶生和枝端腋生；萼齿三角形；旗瓣心形，紫色，无翼瓣和龙骨瓣。荚果下垂，微弯曲，顶端具小尖，棕褐色，表面有凸起的疣状腺点。花果期5—10月。
分　　布：原产美国东北部和东南部，归化于北亚、欧洲。辽宁广布。

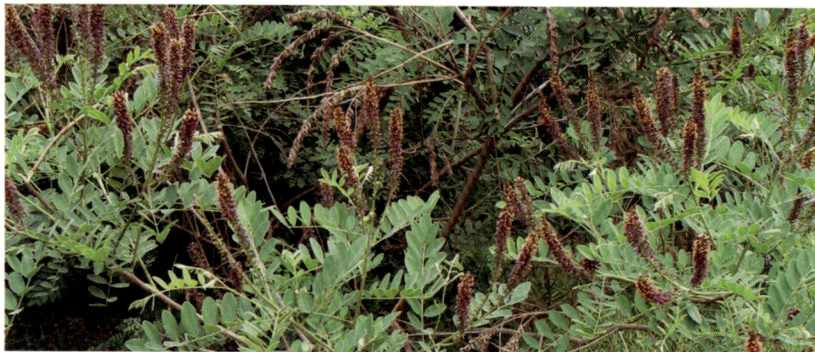

中 文 名：合萌

拼　　音：hé méng

其他俗名：田皂角

科中文名：豆科

科 学 名：Fabaceae

属中文名：合萌属

学　　名：Aeschynomene indica

生　　境：生于湿地、河岸边的沙土地。

形态特征：一年生直立草本。奇数羽状复叶互生；小叶20～30对或更多，互相紧接并容易闭合；小叶近无柄，线状长圆形，长5～15毫米，宽2～3毫米，全缘。短总状花序腋生；萼2深裂，呈2唇形，下唇具3齿，上唇2齿；花冠黄色或稍带紫色。荚果线状长圆形，直或弯曲，长3～4厘米，宽约3毫米，具5～8节，表面常有乳头状突起。花期7—8月，果期8—9月。

分　　布：原产中国华北、华东、华中、华南、西南。朝鲜、日本及亚洲热带、大洋洲也有分布。辽宁产沈阳、抚顺、营口、盖州、丹东、大连等市县。

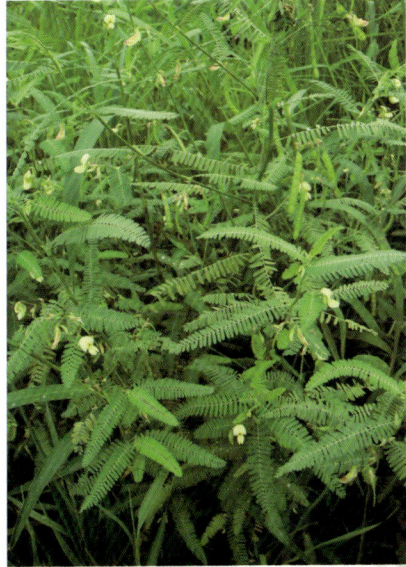

中 文 名：花木蓝

拼　　音：huā mù lán

其他俗名：山绿豆，吉氏木蓝，花槐蓝

科中文名：豆科

科 学 名：Fabaceae

属中文名：木蓝属

学　　名：Indigofera kirilowii

生　　境：生于向阳山坡、山脚、岩隙间。

形态特征：落叶小灌木。奇数羽状复叶互生；小叶3～5对，对生，卵形或近圆形，长1.5～4厘米，宽1～2.3厘米。总状花序比叶短或略相等，也见长于叶；花梗长3毫米；花长15～18毫米，花冠粉红色，稀白色；花萼杯状，萼齿披针状三角形。荚果圆柱形，褐色至赤褐色，长3.5～7厘米，径约5毫米，无毛。花期5—6月，果期8—10月。

分　　布：原产中国东北、华北、华东、中南。朝鲜也有分布。辽宁产凌源、朝阳、阜新、建平、北镇、义县、葫芦岛、沈阳、本溪、鞍山、岫岩、盖州、大连、旅顺、金州等市县。

中 文 名：鸡眼草

拼　　音：jī yǎn cǎo

其他俗名：掐不齐

科中文名：豆科

科 学 名：Fabaceae

属中文名：鸡眼草属

学　　名：Kummerowia striata

生　　境：生于山坡、路旁、田边、山脚下草地。

形态特征：一年生直立草本。茎及枝疏生向下的刚毛。三出羽状复叶互生；倒卵形、长倒卵形或长圆形，长6～22毫米，宽3～8毫米，先端圆形，稀微缺，全缘。花腋生，1～5朵；萼带紫色，钟状，5裂，萼齿广卵形，具网状脉，边缘及表面有白毛；花冠淡红紫色。荚果近圆形，稍侧扁，长3.5～5毫米，较萼稍长或长达1倍以内。花期7—8月，果期8—10月。

分　　布：原产中国东北及河北、山东、福建、广东、湖南、湖北、贵州、四川、云南。朝鲜、日本、俄罗斯西伯利亚东部也有分布。辽宁广布。

中 文 名：胡枝子

拼　　音：hú zhī zǐ

其他俗名：帚条，随军茶，野花生

科中文名：豆科

科 学 名：Fabaceae

属中文名：胡枝子属

学　　名：Lespedeza bicolor

生　　境：生于荒山坡的灌丛、杂木林间。

形态特征：落叶灌木。三出复叶互生；卵形至卵状长圆形，长1.5～6厘米，宽1～3.5厘米，先端通常钝圆或微凹，具短刺尖。总状花序比叶长，常形成圆锥花序；总花梗长4～10厘米；花萼5浅裂，裂片短于萼筒；花冠红紫色，长约10毫米。荚果歪倒卵形，长约10毫米，宽约5毫米，稍扁，表面具网脉，密被柔毛。花果期7—9月。

分　　布：原产中国东北、西北、华东、华中、华南。俄罗斯、朝鲜、日本也有分布。辽宁广布。

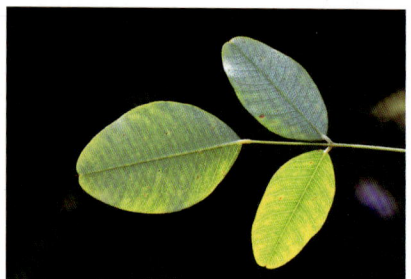

中 文 名：兴安胡枝子

拼　　音：xìng ān hú zhī zǐ

其他俗名：达呼里胡枝子

科中文名：豆科

科 学 名：Fabaceae

属中文名：胡枝子属

学　　名：Lespedeza davurica

生　　境：生于干山坡、草地、路旁、海滨沙地。

形态特征：落叶小灌木。茎单一或数个簇生。三出复叶互生；长圆形，长
　　　　　2～5厘米，宽5～16毫米，背面伏生短柔毛。花序腋生，较叶短
　　　　　或与叶近等长；小苞片披针状线形，有毛；花萼5深裂，外被白
　　　　　毛；花冠白色或黄白色；闭锁花生于叶腋，结实。荚果倒卵形，
　　　　　包于萼内，长3～4毫米，宽2～3毫米，有毛，先端有刺尖。花期
　　　　　7—8月，果期9—10月。

分　　布：原产中国东北、华北、西北、华中、西南。朝鲜、日本、俄罗斯
　　　　　也有分布。辽宁产西丰、法库、彰武、凌源、喀左、建昌、建
　　　　　平、北镇、兴城、绥中、沈阳、抚顺、本溪、金州、大连等市县。

中 文 名：宽卵叶长柄山蚂蝗

拼　　音：kuān luǎn yè cháng bǐng shān mǎ huáng

其他俗名：东北山马蝗

科中文名：豆科

科 学 名：Fabaceae

属中文名：长柄山蚂蝗属

学　　名：Hylodesmum podocarpum subsp. fallax

生　　境：生于林缘、疏林下、灌丛中。

形态特征：多年生草本。茎直立。羽状复叶互生；小叶3，顶生小叶宽倒卵形，长4～7厘米，宽3.5～6厘米，全缘。总状花序或圆锥花序，长20～30厘米，结果时延长至40厘米；通常每节生2花；花萼钟形，裂片较萼筒短；花冠紫红色。荚果，长约1.6厘米，通常有荚节2，背缝线弯曲，节间深凹入达腹缝线，荚节略呈宽半倒卵形。花果期8—9月。

分　　布：原产中国吉林、辽宁。朝鲜、日本也有分布。辽宁产庄河、清原、本溪、桓仁等市县。

中 文 名：野大豆

拼　　音：yě dà dòu

其他俗名：鹿藿

科中文名：豆科

科 学 名：Fabaceae

属中文名：大豆属

学　　名：Glycine soja

生　　境：生于山野、河流沿岸、湿草地。

形态特征：一年生草本。茎细弱、缠绕，疏生褐色长毛；主茎与分枝的直径
相差无几。羽状复叶互生；小叶3，顶生小叶卵圆形或卵状披针
形，长3.5~6厘米，宽1.5~2.5厘米，侧生小叶斜卵状披针形。
总状花序通常短；花长约5毫米；花萼钟状，密生长毛；花冠淡
红紫色或白色。荚果长圆形，稍弯，两侧稍扁，长17~23毫米，
宽4~5毫米，密被长硬毛。花期7—8月，果期8—10月。

分　　布：原产中国东北、华北、西北、华东、华中、西南。朝鲜、日本、
俄罗斯也有分布。辽宁广布。

中 文 名：葛麻姆

拼　　音：gě má mǔ

其他俗名：葛，葛藤，野葛

科中文名：豆科

科 学 名：Fabaceae

属中文名：葛属

学　　名：Pueraria montana var. lobata

生　　境：生于山坡、草丛、路旁。

形态特征：落叶木质藤本。羽状三出复叶互生；小叶3，顶生小叶宽卵形或斜卵形，长7～19厘米，宽5～18厘米，侧生小叶斜卵形，稍小。总状花序腋生，比叶短，总花梗贴生白色短柔毛，密花；花萼钟形，裂片披针形，比萼管略长；花冠紫色。荚果长圆形，长5～9厘米，宽8～11毫米，扁平，密被黄褐色长硬毛。花期7—8月，果期9—10月。

分　　布：原产中国东北、华北、西北、华东、华中、华南、西南。朝鲜、日本、俄罗斯也有分布。辽宁产本溪、桓仁、鞍山、宽甸、丹东、大连、凌源等市县。

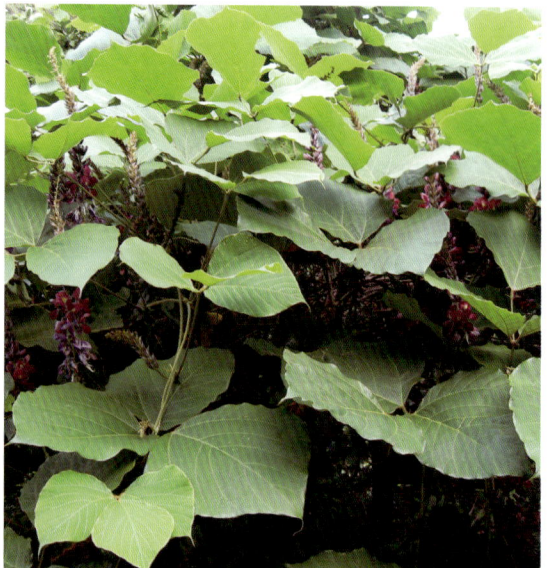

中 文 名：两型豆

拼　　音：liǎng xíng dòu

其他俗名：三籽两型豆，阴阳豆，银豆

科中文名：豆科

科 学 名：Fabaceae

属中文名：两型豆属

学　　名：Amphicarpaea edgeworthii

生　　境：生于林缘、疏林下、灌丛及草地。

形态特征：一年生缠绕性草本。羽状复叶互生；小叶3，顶生小叶菱状卵形
　　　　　或扁卵形。花异型；由地上茎生出的花为短总状，腋生，具花
　　　　　2～7朵，比叶短，花冠淡紫色；闭锁花无花瓣，生于茎基部附
　　　　　近，伸入地中结实。荚果也为异型；茎上部花结的荚果为长圆形
　　　　　或倒卵状长圆形，被淡褐色柔毛；由闭锁花伸入地下结的荚果呈
　　　　　椭圆形或近球形。花期7—8月，果期8—9月。

分　　布：原产中国东北、华北、西北、西南、华中、华东。朝鲜、日本、
　　　　　俄罗斯远东地区也有分布。辽宁广布。

中 文 名：刺槐

拼　　音：cì huái

其他俗名：洋槐

科中文名：豆科

科 学 名：Fabaceae

属中文名：刺槐属

学　　名：Robinia pseudoacacia

生　　境：生于干旱山坡。

形态特征：落叶乔木，高10～25米。具托叶刺，长达2厘米。奇数羽状复叶互生，长10～25厘米；小叶2～12对，椭圆形，上面绿色，下面灰绿色。总状花序腋生，下垂，花多数，芳香；花萼斜钟状，密被柔毛；花冠白色，旗瓣近圆形，反折，内有黄斑。荚果线状长圆形，扁平，褐色或具红褐色斑纹；种子褐色至黑褐色。花期4—6月，果期8—9月。

分　　布：原产北美洲。辽宁沈阳、大连、鞍山、抚顺、丹东、朝阳、锦州等市县有分布。

中 文 名：刺果甘草

拼　　音：cì guǒ gān cǎo

其他俗名：头序甘草，山大料

科中文名：豆科

科 学 名：Fabaceae

属中文名：甘草属

学　　名：Glycyrrhiza pallidiflora

生　　境：生于湿草地、荒地及河谷坡地。

形态特征：多年生草本。茎直立，基部木质化，茎及枝具棱。奇数羽状复叶互生；小叶9～15枚，披针形或卵状披针形，长2～6厘米，宽1.5～2厘米。花序腋生，花多数，密集成长圆形的总状花序；萼钟形，5齿裂，其中2萼齿较短；花瓣淡紫堇色，长7～9毫米。荚果卵形，长10～17毫米，宽6～8毫米，密被细长刺，黄褐色。花期7—8月，果期8—9月。

分　　布：原产中国东北、华北、西北、华东。俄罗斯也有分布。辽宁产彰武、清原、沈阳、本溪、抚顺、鞍山、营口、庄河、大连等市县。

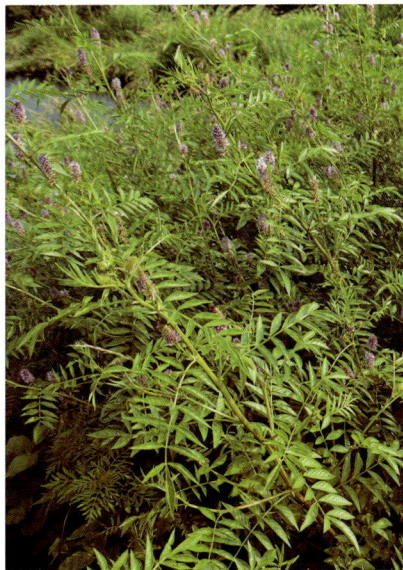

中 文 名：红花锦鸡儿

拼　　音：hóng huā jǐn jī ér

其他俗名：金雀儿，紫花锦鸡儿

科中文名：豆科

科 学 名：Fabaceae

属中文名：锦鸡儿属

学　　名：Caragana rosea

生　　境：生于山坡、山脊及灌丛中。

形态特征：落叶灌木。假掌状复叶互生；小叶4，楔状倒卵形，长1～2.5厘米，宽4～12毫米，掌状排列。花单生，花梗长6～13毫米，通常于中下部有一关节，被毛；萼筒状钟形，萼齿三角形，表面有疏短毛；花冠黄色，通常带堇色或为浅红色，凋谢时变红紫色。荚果圆筒形，稍扁，长3～6厘米，先端尖。花期4—5月，果期6—7月。

分　　布：原产中国华北、西北、华东、西南。俄罗斯也有分布。辽宁产北镇、黑山、凌源、旅顺等市县。

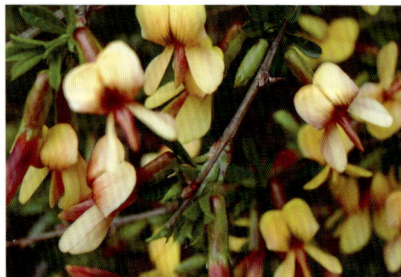

中 文 名：少花米口袋

拼　　音：shǎo huā mǐ kǒu dài

其他俗名：米口袋，多花米口袋，大根地丁

科中文名：豆科

科 学 名：Fabaceae

属中文名：米口袋属

学　　名：Gueldenstaedtia verna

生　　境：生于向阳草地、干山坡、沙质地、路旁。

形态特征：多年生草本，全株被白色长绵毛。奇数羽状复叶，多数，丛生于根状茎或短缩茎上端；小叶9～21枚，长椭圆形至披针形，长0.5～2.5厘米，宽1.5～7毫米。总花梗自叶丛间抽出数个至十数个，顶端集生2～8朵花，排列成伞形；花梗极短；萼钟状；花冠紫堇色。荚果圆筒状，长15～20毫米，直径3～4毫米，被长柔毛，成熟时毛稀疏。花果期4—7月。

分　　布：原产中国东北、华北、西北、华东、中南。朝鲜、俄罗斯也有分布。辽宁产彰武、凌源、建昌、黑山、绥中、昌图、沈阳、台安、大连等市县。

中 文 名：砂珍棘豆

拼　　音：shā zhēn jí dòu

其他俗名：东北棘豆

科中文名：豆科

科 学 名：Fabaceae

属中文名：棘豆属

学　　名：Oxytropis racemosa

生　　境：生于沙丘。

形态特征：多年生草本。茎短缩或几乎无地上茎。奇数羽状复叶，小叶
　　　　　6～12轮，每轮4～6枚，长圆形、线形或披针形，长5～10毫
　　　　　米，宽1～2毫米，两面密被长柔毛。总状花序较密集，生于总花
　　　　　梗上端；花萼管状钟形，长萼齿线形；花长8～10毫米，红紫色
　　　　　或淡紫红色。荚果卵状近球形，膨胀，长约10毫米，先端具短
　　　　　喙，表面密被短柔毛。花期6—7月，果期7—10月。

分　　布：原产中国辽宁、内蒙古东部。朝鲜也有分布。辽宁产彰武县。

中 文 名：蒙古黄耆

拼　　音：měng gǔ huáng qí

其他俗名：黄耆，膜荚黄耆，东北黄耆

科中文名：豆科

科 学 名：Fabaceae

属中文名：黄耆属

学　　名：Astragalus mongholicus

生　　境：生于林缘、灌丛、林间草地、疏林下、山坡草地。

形态特征：多年生直立草本。奇数羽状复叶互生；小叶6～13对，椭圆形，长7～30毫米，宽3～12毫米，背面被伏贴白色柔毛。总状花序于顶部腋生；花梗与苞近等长；萼钟状，被细毛，萼齿为萼筒长的1/5或1/4；花冠初期黄色或淡黄色，后期带有粉色。荚果半椭圆形，薄膜质，稍膨胀，长20～30毫米，宽8～12毫米，顶端具刺尖，两面被白色或黑色细短柔毛。花果期7—9月。

分　　布：原产中国东北、华北、西北、西南。朝鲜、蒙古、俄罗斯也有分布。辽宁产鞍山、本溪、岫岩、丹东、凤城、清原、庄河等市县。

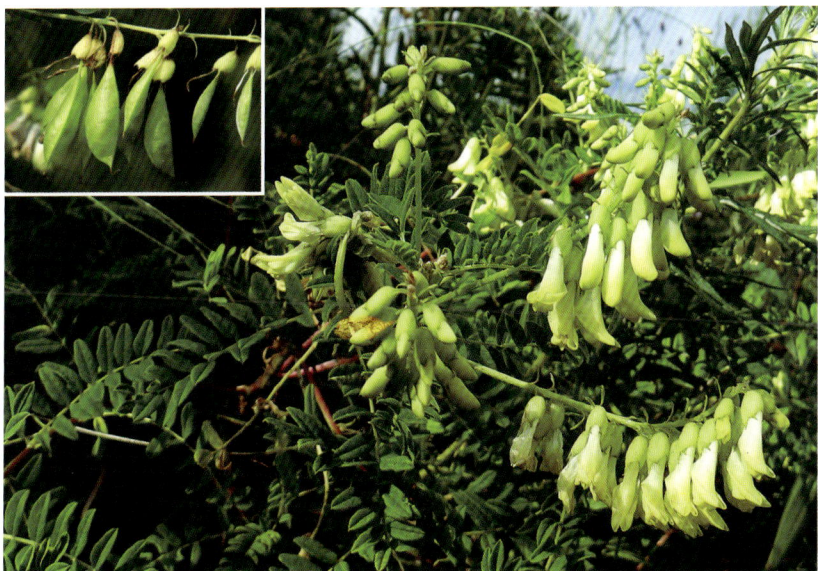

中 文 名：天蓝苜蓿

拼　　音：tiān lán mù xū

其他俗名：天蓝

科中文名：豆科

科 学 名：Fabaceae

属中文名：苜蓿属

学　　名：Medicago lupulina

生　　境：生于湿草地、路旁、田边。

形态特征：一或二年生草本。茎细弱，通常多分枝。三出羽状复叶互生；广倒卵形，长5～20毫米，宽4～16毫米。总状花序腋生，超出叶，花很小，密生于总花梗上端；萼钟状，密被毛，与花冠等长或短于花冠；花冠黄色，长1.7～2毫米。荚果肾形，长3毫米，宽2毫米，表面具同心弧形脉纹，被稀疏毛，熟时变黑。花期7—9月，果期8—10月。

分　　布：原产中国东北、华北、西北、西南。日本、蒙古、俄罗斯及欧洲部分国家也有分布。辽宁产大连、长海、鞍山、凌源、彰武等市县。

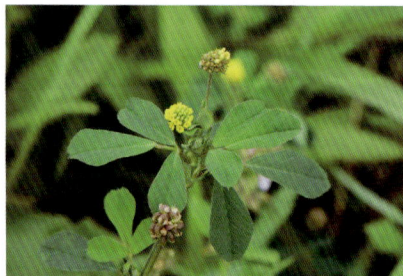

中 文 名：野火球

拼　　音：yě huǒ qiú

其他俗名：野火荻，红五叶

科中文名：豆科

科 学 名：Fabaceae

属中文名：车轴草属

学　　名：Trifolium lupinaster

生　　境：生于山地灌丛中。

形态特征：多年生草本。掌状复叶互生；小叶5，稀3～7，披针形至线状长圆形，长25～50毫米，宽5～16毫米。花多数，密集于总花梗顶端呈头状，淡红色至红紫色；花长10～17毫米；萼钟状，萼齿长于萼筒，锥形。荚果长圆形，长6毫米（不包括宿存花柱），宽2.5毫米，膜质，棕灰色。花果期6—10月。

分　　布：原产中国东北、华北。朝鲜、日本、蒙古、俄罗斯也有分布。辽宁产瓦房店、彰武、西丰、新宾、海城等市县。

中 文 名：山野豌豆

拼　　音：shān yě wān dòu

其他俗名：透骨草

科中文名：豆科

科 学 名：Fabaceae

属中文名：野豌豆属

学　　名：Vicia amoena

生　　境：生于山坡、灌丛、林缘、草地。

形态特征：多年生草本。偶数羽状复叶互生；叶轴末端具分歧的卷须；小叶4～7对，椭圆形至卵状披针形，长1.3～4厘米，宽0.5～1.8厘米，侧脉与主脉成锐角，末端通常达叶边缘。总状花序腋生，通常超出叶，具10～20朵花；花萼斜钟状，萼齿近三角形；花红紫色、蓝紫色或蓝色。荚果长圆状菱形，长1.8～2.8厘米，宽0.4～0.6厘米。花果期7—10月。

分　　布：原产中国东北及内蒙古、甘肃、青海、山西、陕西、河北、山东、河南。俄罗斯、日本、朝鲜、蒙古也有分布。辽宁产彰武、阜新、凌源、北镇、法库、沈阳、抚顺、本溪、新宾、清原、丹东、大连等市县。

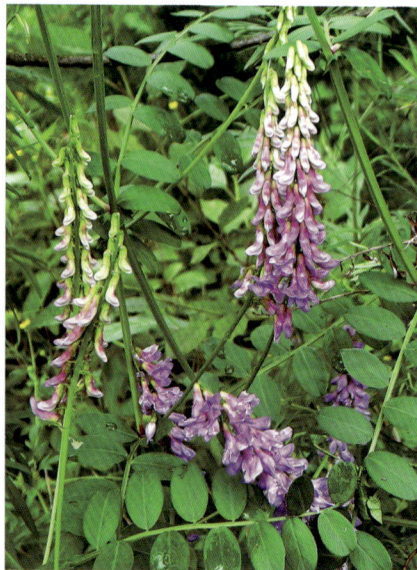

中 文 名：歪头菜

拼　　音：wāi tóu cài

其他俗名：草豆，豆苗菜，山豌豆

科中文名：豆科

科 学 名：Fabaceae

属中文名：野豌豆属

学　　名：Vicia unijuga

生　　境：生于山坡草地、灌丛、林下。

形态特征：多年生草本。偶数羽状复叶互生；小叶1对，卵状披针形或近菱形，长2～10厘米，宽1.5～4.5厘米，叶轴末端为刺状。花序总状，腋生，比叶长；花萼紫色，斜钟状或钟状，萼齿明显短于萼筒；花紫色，长11～14毫米。荚果长圆形，扁，长2～3.5厘米，宽0.5～0.7厘米，两端楔形，成熟时腹背开裂，果瓣扭曲。花期7—8月，果期9—10月。

分　　布：原产中国东北、华北、西北、华东、华中、西南。朝鲜、日本、蒙古、俄罗斯也有分布。辽宁产建平、凌源、建昌、义县、北镇、法库、清原、桓仁、本溪、鞍山、海城、岫岩、庄河、大连等市县。

中 文 名：大山黧豆

拼　　音：dà shān lí dòu

其他俗名：茳芒香豌豆

科中文名：豆科

科 学 名：Fabaceae

属中文名：山黧豆属

学　　名：Lathyrus davidii

生　　境：生于林缘、疏林下灌丛、草坡或林间溪流附近。

形态特征：多年生草本。茎圆柱状，有细沟，近直立或上升，稍攀援。偶数
　　　　　羽状复叶互生；小叶2~5对，通常为卵形，全缘，长4~6厘米，
　　　　　宽2~7厘米。总状花序腋生，比叶长或近等长，花梗与萼近等
　　　　　长；花黄色，长16~20毫米。荚果线形，长8~15厘米，宽5~6
　　　　　毫米，两面膨胀，成熟时果瓣裂开扭卷，落出种子。花期5月下
　　　　　旬至7月上旬，果期8—9月。

分　　布：原产中国东北、华北、西北、华东、华中。朝鲜、日本、俄罗斯
　　　　　也有分布。辽宁广布。

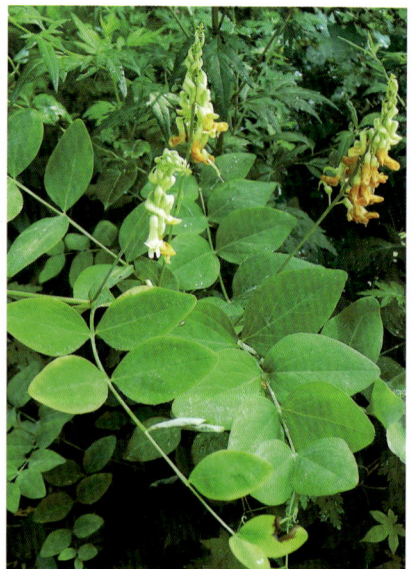

中 文 名：远志

拼　　音：yuǎn zhì

其他俗名：细叶远志

科中文名：远志科

科 学 名：Polygalaceae

属中文名：远志属

学　　名：Polygala tenuifolia

生　　境：生于多石砾山坡、路旁、灌丛、杂木林中。

形态特征：多年生草本。茎多数，较细，直立或斜生。叶互生；近无柄，线形至线状披针形，长1～3厘米，宽0.5～1（～3）毫米。总状花序顶生；萼片5，宿存，外萼片3，线状披针形，内萼片2，花瓣状，长圆形，边缘带紫堇色；花瓣3，侧瓣倒卵形，中间龙骨状花瓣背部具流苏状附属物，淡蓝色至蓝紫色。蒴果近圆形，扁平，径约4毫米。花果期6—9月。

分　　布：原产中国东北、华北、西北。朝鲜、蒙古、俄罗斯也有分布。辽宁产凌源、建平、义县、彰武、绥中、葫芦岛、北镇、昌图、开原、西丰、桓仁、本溪、沈阳、营口、盖州、瓦房店、普兰店、大连等市县。

中 文 名：槭叶蚊子草

拼　　音：qì yè wén zǐ cǎo

其他俗名：蚊子草

科中文名：蔷薇科

科 学 名：Rosaceae

属中文名：蚊子草属

学　　名：Filipendula glaberrima

生　　境：生于林缘、林下、湿草地。

形态特征：多年生草本。奇数羽状复叶互生；有小叶1～3对，中间有时夹有附片，顶生小叶大，常5～7裂，裂片卵形，顶端常尾状渐尖，两面绿色，无毛，侧生小叶通常不分裂。顶生圆锥花序，花梗无毛；花直径4～5毫米；萼片卵形，顶端急尖，外面无毛；花瓣粉红色至白色，倒卵形。瘦果直立，基部有短柄，背腹两边有一行柔毛。花果期6—8月。

分　　布：原产中国黑龙江、吉林、辽宁。苏联、日本也有分布。辽宁产新宾、清原、凤城、桓仁、宽甸、本溪等市县。

中 文 名：牛叠肚

拼　　音：niú dié dù

其他俗名：山楂叶悬钩子，托盘，马林果

科中文名：蔷薇科

科 学 名：Rosaceae

属中文名：悬钩子属

学　　名：Rubus crataegifolius

生　　境：生于山坡灌丛或林边。

形态特征：落叶灌木。茎直立，小枝具直立针状皮刺。单叶互生；叶片广卵
　　　　　形至近圆卵形，长5~12厘米，宽达8厘米，边缘常为3~5掌状浅
　　　　　裂至中裂。花2~6朵簇生于枝顶呈短伞房状花序，或1~2朵生于
　　　　　叶腋，直径1~1.5厘米；花瓣卵状椭圆形，白色。由小核果集生
　　　　　于花托上而呈聚合果近球形，直径约1厘米，暗红色。花期6月，
　　　　　果期8—9月。

分　　布：原产中国东北、华北。朝鲜、日本也有分布。辽宁广布。

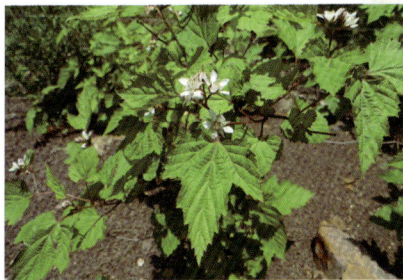

中 文 名：路边青

拼　　音：lù biān qīng

其他俗名：水杨梅

科中文名：蔷薇科

科 学 名：Rosaceae

属中文名：路边青属

学　　名：Geum aleppicum

生　　境：生于山坡半阴处、路边、河边。

形态特征：多年生草本，全株被长刚毛及腺毛。基生叶为大头羽状复叶；小叶2～6对，顶生小叶最大，菱状广卵形或宽扁圆形，长4～8厘米，宽5～10厘米；茎生叶羽状复叶，向上小叶逐渐减少。花两性，单生或呈伞房花序，顶生；花直径1～1.7厘米；花瓣黄色；萼片卵状三角形，副萼片披针形。聚合果倒卵球形；瘦果被长硬毛，宿存花柱顶端有小钩。花果期7—10月。

分　　布：原产中国东北、华北、西北、中南、西南。朝鲜、日本、土耳其及东欧也有分布。辽宁广布。

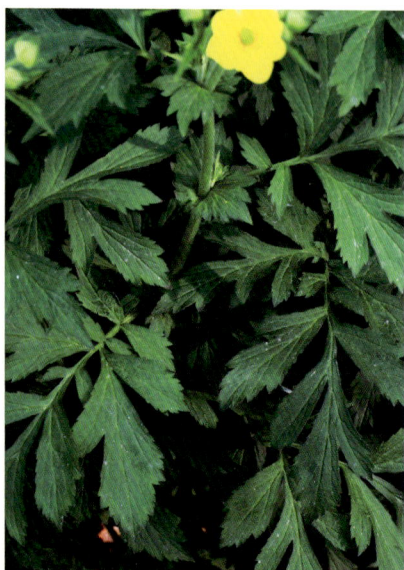

中 文 名：龙牙草

拼　　音：lóng yá cǎo

其他俗名：仙鹤草

科中文名：蔷薇科

科 学 名：Rosaceae

属中文名：龙牙草属

学　　名：Agrimonia pilosa

生　　境：生于荒山坡草地、路旁、草甸、林下、林缘及山下河边。

形态特征：多年生草本，全株被白色长毛及腺毛。羽状复叶互生；通常有小叶3～4对，向上减少至3小叶；小叶片倒卵形或倒卵披针形等，长1.5～5厘米，宽1～2.5厘米；托叶镰形或半圆形，边缘锯齿急尖。总状花序单一或2～3个生于茎顶；花直径6～9毫米；萼片5，三角卵形；花瓣5，黄色。瘦果上的钩刺幼时直立，老时向内靠合。花期7—9月，果期8—10月。

分　　布：原产中国西部及东部。朝鲜、蒙古、日本、俄罗斯也有分布。辽宁广布。

中 文 名：地榆

拼　　音：dì yú

其他俗名：黄瓜香，玉札，山枣子

科中文名：蔷薇科

科 学 名：Rosaceae

属中文名：地榆属

学　　名：Sanguisorba officinalis

生　　境：生于干山坡、柞林缘、草甸、灌丛间。

形态特征：多年生草本。奇数羽状复叶互生；基生叶小叶4～6对，有短柄，卵形或长圆状卵形，长1～7厘米，宽0.5～3厘米；茎生叶较少，小叶片有短柄至几乎无柄，长圆形至长圆披针形，狭长。穗状花序椭圆形、圆柱形或卵球形，直立，通常长1～4厘米；萼片4枚，紫红色。瘦果倒卵状长圆形，微具翅。花期6—8月，果期8—9月。

分　　布：原产中国各省区。朝鲜、日本、俄罗斯及其他一些欧洲国家、北美也有分布。辽宁广布。

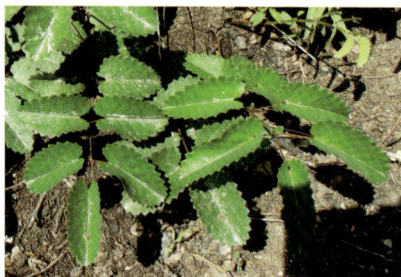

中 文 名：玫瑰

拼　　音：méi guī

其他俗名：海蓬蓬，刺玫菊

科中文名：蔷薇科

科 学 名：Rosaceae

属中文名：蔷薇属

学　　名：Rosa rugosa

生　　境：生于沿海低地及海岛。

形态特征：落叶灌木。小枝被黄色绒毛并密生皮刺和刺毛。奇数羽状复叶互生；小叶5～9，椭圆形，长1.5～4.5厘米，宽1～2.5厘米，有皱褶。花单生或数朵簇生于叶腋；花直径4～5.5厘米；萼片卵状披针形，先端尾状渐尖；花瓣倒卵形，重瓣至半重瓣，紫红色至白色。瘦果木质，着生在肉质萼筒内形成扁球形蔷薇果，直径2～2.5厘米，砖红色，平滑，萼片宿存。花期5—6月，果期8—9月。

分　　布：原产中国吉林、辽宁、山东。朝鲜、日本、俄罗斯远东地区也有分布。辽宁产庄河、长海、金州、大连、东港、鲅鱼圈等市县。

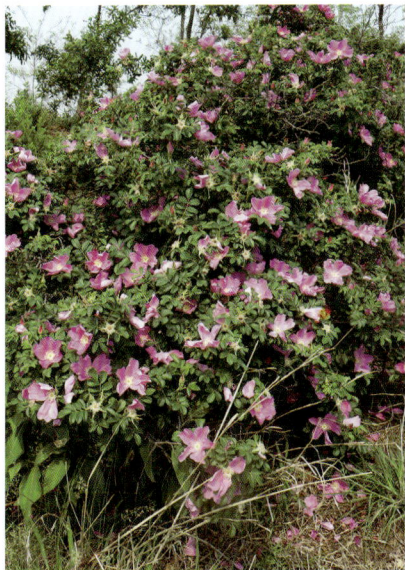

中 文 名：山刺玫

拼　　音：shān cì méi

其他俗名：刺玫蔷薇

科中文名：蔷薇科

科 学 名：Rosaceae

属中文名：蔷薇属

学　　名：Rosa davurica

生　　境：生于山坡、山脚及路旁灌丛中。

形态特征：落叶灌木。奇数羽状复叶互生；小叶7～9，长圆形或阔披针形，长1.5～3.5厘米，宽5～15毫米；托叶大部贴生于叶柄，离生部分卵形，边缘有带腺锯齿。花单生或2～3朵簇生于叶腋；花直径3～4厘米；萼筒近圆形，光滑无毛；萼片披针形，先端扩展成叶状；花瓣粉红色。瘦果木质，着生在肉质萼筒内形成近球形或卵球形的果中，直径1～1.5厘米，红色，光滑，萼片宿存，直立。花期6—7月，果期8—9月。

分　　布：原产中国东北、华北。朝鲜、俄罗斯也有分布。辽宁广布。

中 文 名：委陵菜

拼　　音：wěi líng cài

其他俗名：扑地虎，天青地白

科中文名：蔷薇科

科 学 名：Rosaceae

属中文名：委陵菜属

学　　名：Potentilla chinensis

生　　境：生于山坡草地、沟谷、林缘、灌丛、疏林下。

形态特征：多年生草本。茎直立，密被灰白色绵毛。基生叶为羽状复叶，小叶5～15对，长圆形至长圆披针形，长1～5厘米，宽0.5～1.5厘米，边缘羽状中裂；茎生叶互生，叶形与基生叶相似，唯叶片对数较少。伞房状聚伞花序；花直径1厘米左右；萼片三角卵形，副萼片带形或披针形；花瓣黄色。瘦果卵球形，深褐色，有明显皱纹。花果期4—10月。

分　　布：原产中国东北、华北、西北、华中。朝鲜、日本、俄罗斯也有分布。辽宁广布。

中 文 名：莓叶委陵菜

拼　　音：méi yè wěi líng cài

其他俗名：雉子莛

科中文名：蔷薇科

科 学 名：Rosaceae

属中文名：委陵菜属

学　　名：Potentilla fragarioides

生　　境：生于沟边、草地、灌丛及疏林下。

形态特征：多年生草本。全株被开展的长柔毛。基生叶为羽状复叶，有小叶 2～3对，小叶片倒卵形至长椭圆形，长0.5～7厘米，宽0.4～3厘米；茎生叶互生，常有3小叶。伞房状聚伞花序顶生；花直径1～1.7厘米；萼片三角卵形，副萼片长圆披针形；花瓣黄色。瘦果近肾形，直径约1毫米。花期4—6月，果期6—8月。

分　　布：原产中国东北、华北、西北。朝鲜、日本、俄罗斯也有分布。辽宁产凌源、建昌、朝阳、绥中、凤城、庄河、桓仁、丹东、东港、瓦房店、盖州、西丰、开原、鞍山、沈阳等市县。

中 文 名：蛇莓

拼　　音：shé méi

其他俗名：蛇泡草，龙吐珠，三爪风

科中文名：蔷薇科

科 学 名：Rosaceae

属中文名：委陵菜属

学　　名：Potentilla indica

生　　境：生于山坡、路旁、沟边、田埂。

形态特征：多年生草本。茎匍匐，纤细，节处生不定根。基生叶数枚，茎生叶互生，皆为三出复叶；小叶片倒卵形等，长2~4厘米，宽1~3厘米，边缘有钝锯齿。花单生于叶腋；直径1.5~2.5厘米；萼片卵形，副萼片倒卵形；花瓣倒卵形，长5~10毫米，黄色；花托果期膨大，海绵质，鲜红色，直径10~20毫米。瘦果卵形，长约1.5毫米。花期6—8月，果期8—10月。

分　　布：原产中国辽宁以南各省区。朝鲜、日本、印度、马来西亚、俄罗斯及美洲各国也有分布。辽宁产桓仁、宽甸、凤城、鞍山、大连等市县。

中 文 名：东方草莓

拼　　音：dōng fāng cǎo méi

其他俗名：野草莓

科中文名：蔷薇科

科 学 名：Rosaceae

属中文名：草莓属

学　　名：Fragaria orientalis

生　　境：生于山坡草地或林下。

形态特征：多年生草本。茎被开展柔毛，高5～30厘米。三出复叶互生；小叶几无柄，倒卵形或菱状卵形，长1～5厘米，宽0.8～3.5厘米，上面绿色，散生疏柔毛，下面淡绿色，有疏柔毛，沿叶脉较密。花序聚伞状，有花1～6朵。花两性，稀单性，直径1～1.5厘米；萼片卵圆披针形，顶端尾尖；花瓣白色。聚合果半圆形，成熟后紫红色。花期5—7月，果期7—9月。

分　　布：原产中国黑龙江、吉林、辽宁、内蒙古、河北、山西、陕西、甘肃、青海。朝鲜、蒙古、俄罗斯也有分布。辽宁产宽甸、凤城等市县。

中 文 名：灰毛地蔷薇

拼　　音：huī máo dì qiáng wēi

其他俗名：毛地蔷薇

科中文名：蔷薇科

科 学 名：Rosaceae

属中文名：地蔷薇属

学　　名：Chamaerhodos canescens

生　　境：生于干山坡。

形态特征：多年生草本。全株密生长白毛及腺毛。茎丛生。基生叶密集，长1～1.5厘米，有腺毛及灰色长刚毛，二回三裂；茎生叶似基生叶，侧裂片常全缘。复聚伞花序；总花梗及花梗有具腺柔毛；花直径3～5毫米；萼筒宽钟形，萼片披针形；花瓣倒卵形，长3～4毫米，粉红色或白色。瘦果长圆卵形，长2毫米，黑褐色。花期6—8月，果期8—10月。

分　　布：原产中国黑龙江、辽宁及华北北部。蒙古也有分布。辽宁产大连、喀左、凌源等市县。

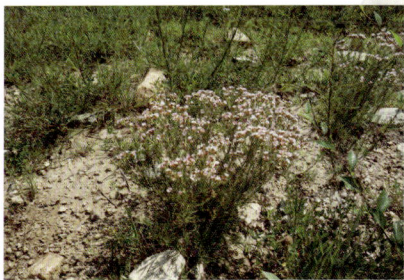

中 文 名：东北绣线梅

拼　　音：dōng běi xiù xiàn méi

其他俗名：绣线梅

科中文名：蔷薇科

科 学 名：Rosaceae

属中文名：绣线梅属

学　　名：Neillia uekii

生　　境：生于干山坡灌丛中。

形态特征：落叶灌木。单叶互生；叶片卵形至椭圆卵形，长3～6厘米，宽
　　　　　2～4厘米，边缘有重锯齿和羽状分裂。顶生总状花序，具花
　　　　　10～25朵，微被短柔毛或星状毛；两性花，花直径5～6毫米；
　　　　　萼筒钟状，萼片三角形，内外两面均被短柔毛；花瓣匙形，长约
　　　　　4毫米，宽约2毫米，先端钝，白色。蓇葖果，具宿萼，外被腺毛
　　　　　及短柔毛。花期5月末，果期8月。

分　　布：原产中国吉林、辽宁。朝鲜也有分布。辽宁产桓仁、宽甸等县。

中 文 名：小米空木

拼　　　音：xiǎo mǐ kōng mù

其他俗名：小野珠兰，稀米菜

科中文名：蔷薇科

科 学 名：Rosaceae

属中文名：小米空木属

学　　　名：Stephanandra incisa

生　　　境：生于干山坡灌丛中、沟边溪流旁草地。

形态特征：落叶灌木。小枝细弱，常呈"之"字形弯曲。单叶互生；叶片卵形，长2～4厘米，宽1.5～2.5厘米，边缘通常3～4深裂，表面绿色，背面灰白色或淡绿色。顶生疏松的圆锥花序，具花多朵；花直径约5毫米；萼筒浅杯状，萼片三角形至长圆形；花瓣倒卵形，先端钝，白色。蓇葖果近球形，2～3毫米，外被柔毛。花期5—6月，果期7—9月。

分　　　布：原产中国东北及山东、台湾。朝鲜、日本也有分布。辽宁产岫岩、桓仁、宽甸、凤城、东港、长海等市县。

中 文 名：齿叶白鹃梅

拼　　音：chǐ yè bái juān méi

其他俗名：榆叶白鹃梅

科中文名：蔷薇科

科 学 名：Rosaceae

属中文名：白鹃梅属

学　　名：Exochorda serratifolia

生　　境：生于山坡、河边、灌丛中。

形态特征：落叶灌木。单叶互生；叶片椭圆形或长圆倒卵形，长5～9厘米，宽3～5厘米，基部楔形或宽楔形，中部以上有锐锯齿，幼叶下面微被柔毛，老叶两面均无毛，羽状网脉，侧脉微呈弧形。总状花序，有花4～7朵；花直径3～4厘米；萼筒浅钟状，萼片三角卵形；花瓣长圆形至倒卵形，先端微凹，基部有长爪，白色。蒴果倒圆锥形，光滑无毛，具脊棱，5室。花期5—6月，果期7—8月。

分　　布：原产中国辽宁、河北。朝鲜也有分布。辽宁产朝阳、北票、建平、喀左、凌源、阜新、铁岭、鞍山等市县。

中 文 名：东北扁核木

拼　　音：dōng běi biǎn hé mù

其他俗名：扁担骨子，辽宁扁核木

科中文名：蔷薇科

科 学 名：Rosaceae

属中文名：扁核木属

学　　名：Prinsepia sinensis

生　　境：生于山沟杂木林、林缘灌丛中。

形态特征：落叶灌木。单叶互生；叶片长圆状披针形，长3～6.5厘米，宽6～20毫米，全缘，偶有稀疏细锯齿。花1～4朵簇生于叶腋；花径1～1.5厘米；萼筒钟状，萼片短三角状卵形；花瓣黄色。核果近球形或长圆形，直径1～1.5厘米，红紫色或紫褐色，光滑无毛，萼片宿存；核坚硬，卵球形，微扁，直径8～10毫米，有皱纹。花期4—5月，果期8—9月。

分　　布：原产中国东北。朝鲜北部也有分布。辽宁产铁岭、庄河、宽甸、凤城、桓仁、本溪、清原等市县。

中 文 名：鸡麻

拼　　音：jī má

其他俗名：白棣棠

科中文名：蔷薇科

科 学 名：Rosaceae

属中文名：鸡麻属

学　　名：Rhodotypos scandens

生　　境：生于山沟林中。

形态特征：落叶灌木。单叶对生，卵形，长4~11厘米，宽3~6厘米，边缘有尖锐重锯齿。单花顶生于新梢上；花直径3~5厘米；萼片大，卵状椭圆形，顶端急尖，边缘有锐锯齿，外面被稀疏绢状柔毛；副萼片细小，狭带形；花瓣白色，倒卵形，比萼片长1/4~1/3。核果斜椭圆形，1~4枚，长约8毫米，黑色或褐色，光滑。花期4—5月，果期6—9月。

分　　布：原产中国辽宁、山东、河南、陕西、甘肃、安徽、江苏、浙江、湖北。日本也有分布。辽宁产长海县。

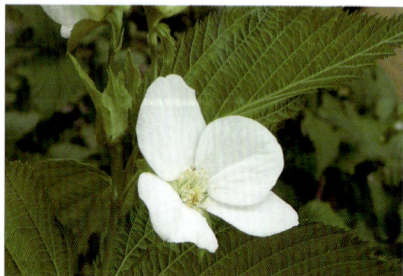

中 文 名：毛樱桃

拼　　音：máo yīng táo

其他俗名：野樱桃

科中文名：蔷薇科

科 学 名：Rosaceae

属中文名：李属

学　　名：Prunus tomentosa

生　　境：生于山坡灌丛中。

形态特征：落叶灌木或小乔木。单叶互生；叶片倒卵形，长2~7厘米，宽
　　　　　1~3.5厘米。花单生或2朵并生，直径1.5~2厘米，先于叶或与
　　　　　叶同时开放；萼筒管状，长为宽的2倍以上；萼片三角卵形；花
　　　　　瓣狭倒卵形，淡粉红色至白色，倒卵形，先端圆钝。核果球形，
　　　　　直径约1厘米，暗红色，被毛。花果期4—6月。

分　　布：原产中国东北、华北、西北、西南。朝鲜、日本也有分布。辽宁
　　　　　产丹东、宽甸、桓仁、本溪、庄河、大连、瓦房店、金州、鞍
　　　　　山、北镇、义县、沈阳等市县。

中 文 名：欧李

拼　　音：ōu lǐ

其他俗名：酸丁，钙果

科中文名：蔷薇科

科 学 名：Rosaceae

属中文名：李属

学　　名：Prunus humilis

生　　境：生于荒山坡、沙丘边。

形态特征：落叶小灌木。单叶互生；叶片倒卵状狭披针形，长2.5～5厘米，宽1～2厘米，中部或中部以上最宽，基部楔形，边缘具细密锯齿。花单生或2～3朵簇生，直径约1.5厘米，与叶同时开放；萼筒长宽近相等，外面被稀疏柔毛；萼片三角卵圆形；花瓣白色或粉红色，长圆形或倒卵形。核果近球形，红色或紫红色，直径1.5～1.8厘米。花期4—5月，果期8月。

分　　布：原产中国黑龙江、辽宁、河北、山东、陕西、河南、江苏。辽宁产建昌、建平、朝阳、兴城、葫芦岛、绥中、彰武、北镇、义县、法库、铁岭、沈阳、鞍山、盖州、瓦房店、大连、金州、旅顺、凤城等市县。

中 文 名：山杏

拼　　音：shān xìng

其他俗名：西伯利亚杏

科中文名：蔷薇科

科 学 名：Rosaceae

属中文名：李属

学　　名：Prunus sibirica

生　　境：生于阳坡杂木林中、固定沙丘上。

形态特征：落叶灌木或小乔木。单叶互生；叶卵形或近圆形，长3～10厘米，宽3～7厘米，先端长渐尖至尾尖，基部圆形至近心形。花单生，直径1.5～2厘米，先于叶开放；花梗长1～2毫米；花萼紫红色；萼筒钟形，萼片长圆状椭圆形，花后先端反折；花瓣白色或粉红色。核果扁球形，直径1.5～2.5厘米，黄色或橘红色，被短柔毛。花期3—4月，果期6—7月。

分　　布：原产中国东北、华北及内蒙古。蒙古、俄罗斯远东地区也有分布。辽宁产北镇、阜新、建平、凌源、建昌、绥中、金州、沈阳等市县。

中 文 名：榆叶梅

拼　　音：yú yè méi

其他俗名：小桃红

科中文名：蔷薇科

科 学 名：Rosaceae

属中文名：李属

学　　名：Prunus triloba

生　　境：生于坡地或沟旁林下、林缘。

形态特征：落叶灌木。单叶互生；叶片倒卵状圆形，长2～6厘米，宽1.5～4厘米，先端短渐尖，有时3裂。花1～2朵生于叶腋，先于叶开放，直径2～3厘米；花梗长4～8毫米；萼筒宽钟形，萼片卵形或卵状披针形；花瓣粉红色，长6～10毫米。核果近球形，直径1～1.8厘米，顶端具短小尖头，红色，外被短柔毛；核球形，表面无孔穴，仅有浅沟纹。花果期4—6月。

分　　布：原产中国黑龙江、吉林、辽宁、内蒙古、河北、山西、陕西、甘肃、山东、江西、江苏、浙江。俄罗斯中亚也有分布。辽宁产铁岭、凌源、建平、阜新等市县。

中 文 名：稠李

拼　　音：chóu lǐ

其他俗名：臭李，稠梨

科中文名：蔷薇科

科 学 名：Rosaceae

属中文名：稠李属

学　　名：Padus avium

生　　境：生于山中溪流沿岸及沟谷地带。

形态特征：落叶乔木。单叶互生；叶片椭圆形、倒卵形等，长4～10厘米，宽2～4.5厘米，边缘有锐锯齿，背面无褐色腺点；叶柄顶端两侧各有一腺体。总状花序下垂，基部具少数叶片；萼筒钟状，比萼片稍长；萼片三角状卵形，边有带腺细锯齿；花瓣倒卵形，白色。核果近球形，直径8～10毫米，黑色，无纵沟和白霜。花期4—5月，果期8—9月。

分　　布：原产中国东北、西北、华北。朝鲜、日本、苏联也有分布。辽宁产丹东、宽甸、凤城、桓仁、本溪、沈阳、鞍山、庄河、凌源等市县。

中 文 名：星毛珍珠梅

拼　　音：xīng máo zhēn zhū méi

其他俗名：星毛华楸珍珠梅

科中文名：蔷薇科

科 学 名：Rosaceae

属中文名：珍珠梅属

学　　名：Sorbaria sorbifolia var. stellipila

生　　境：生于山坡疏林、山脚、溪流沿岸。

形态特征：落叶灌木。奇数羽状复叶互生；小叶片11～19枚，背面有或疏或密的星状毛，具侧脉18～22对。顶生圆锥花序大，总花梗和花梗均被星状毛或短柔毛，果期逐渐脱落；花序及叶轴密被星状毛；花径10～12毫米；萼筒钟状，外面微被短柔毛；花瓣白色；雄蕊40～50，比花瓣长1.5～2倍；心皮密被白色柔毛。蓇葖果长圆形，顶生弯曲花柱长3毫米，萼片宿存。花期7—9月，果期9—10月。

分　　布：原产中国东北。朝鲜也有分布。辽宁产岫岩、本溪、清原、盖州、西丰等市县。

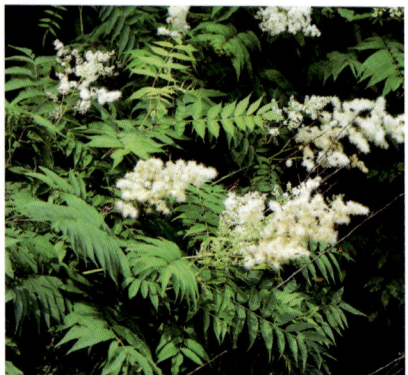

中 文 名：假升麻

拼　　音：jiǎ shēng má

其他俗名：棣棠升麻

科中文名：蔷薇科

科 学 名：Rosaceae

属中文名：假升麻属

学　　名：Aruncus sylvester

生　　境：生于山沟、山坡杂木林下。

形态特征：多年生高大草本。茎基部木质化。大型二至三回羽状复叶互生；小叶片3~9，菱状卵形、卵状披针形或长椭圆形，长5~13厘米，宽2~8厘米，边缘有不规则的尖锐重锯齿。圆锥花序，花多数，单性，雌雄异株；花冠白色，花瓣5；雄蕊多数，明显超出花冠。蓇葖果并立，无毛，果梗下垂；萼片宿存，开展稀直立。花期6月，果期8—9月。

分　　布：原产中国黑龙江、吉林、辽宁、河南、甘肃、陕西、湖南、江西、安徽、浙江、四川、云南、广西、西藏。俄罗斯、日本、朝鲜也有分布。辽宁产丹东、岫岩、凤城、本溪、鞍山等市县。

中 文 名：毛果绣线菊

拼　　音：máo guǒ xiù xiàn jú

其他俗名：石嘣子

科中文名：蔷薇科

科 学 名：Rosaceae

属中文名：绣线菊属

学　　名：Spiraea trichocarpa

生　　境：生于河岸及溪流旁的杂木林中。

形态特征：落叶灌木。单叶互生；叶片长圆形，长1.5～3厘米，宽0.7～1.5厘米，全缘或仅先端有数齿牙，两面无毛。复伞房花序着生在侧生小枝顶端，多花，密被短柔毛；花直径5～7毫米；萼筒钟状，萼裂片三角形，外面近无毛，内面微被短柔毛；花瓣宽倒卵形或近圆形，先端微凹或圆钝，长2～3.5毫米，宽几乎与长相等，白色。蓇葖果直立，密被黄褐色短柔毛。花期5—6月，果期7—9月。

分　　布：原产中国东北。朝鲜也有分布。辽宁产东部山区。

中 文 名：三裂绣线菊

拼　　音：sān liè xiù xiàn jú

其他俗名：团叶绣球，三裂叶绣线菊

科中文名：蔷薇科

科 学 名：Rosaceae

属中文名：绣线菊属

学　　名：Spiraea trilobata

生　　境：生于向阳山坡、灌丛中。

形态特征：落叶灌木。单叶互生；叶片近圆形，长1.7～3厘米，宽1.5～3厘米，先端钝，通常3裂，背面灰绿色。伞形花序具总梗，有花15～30朵；苞片线形或倒披针形，先端深裂成细裂片；花直径6～8毫米；萼筒钟状，外面无毛，内面有稀短柔毛；花瓣广倒卵形，先端常微凹，白色。蓇葖果开张，无毛或仅沿腹缝微具短柔毛，花柱顶生稍倾斜，具直立萼片。花期5—6月，果期7—8月。

分　　布：原产中国黑龙江、辽宁、内蒙古、山东、山西、河北、河南、安徽、陕西、甘肃。俄罗斯西伯利亚也有分布。辽宁产凌源、建平、北镇、绥中、大连、旅顺、长海等市县。

中 文 名：土庄绣线菊

拼　　音：tǔ zhuāng xiù xiàn jú

其他俗名：薄毛绣线菊

科中文名：蔷薇科

科 学 名：Rosaceae

属中文名：绣线菊属

学　　名：Spiraea pubescens

生　　境：生于向阳多石山坡灌丛中、林间空地。

形态特征：落叶灌木。单叶互生；叶菱状卵形至椭圆形，长2～4.5厘米，宽1.3～2.5厘米，先端急尖，基部广楔形，两面绿色，上面有稀疏柔毛，下面被灰色短柔毛。伞形花序具总梗，有花15～30朵；花直径5～7毫米；萼筒钟状，萼片卵状三角形；花瓣卵形或近圆形，先端圆钝或微凹，白色，雄蕊约与花瓣等长。蓇葖果张开，仅在腹缝线被短柔毛。花期5—6月，果期7—8月。

分　　布：原产中国东北、华北、西北。蒙古、俄罗斯、朝鲜也有分布。辽宁广布。

中 文 名：山楂

拼　　音：shān zhā

其他俗名：山里红

科中文名：蔷薇科

科 学 名：Rosaceae

属中文名：山楂属

学　　名：Crataegus pinnatifida

生　　境：生于山坡林缘、灌丛中。

形态特征：落叶乔木。单叶互生；叶片广卵形，长5～10厘米，宽4～7.5厘米，羽状深裂，侧脉达裂片先端或裂片分裂处。伞房花序具多花；花直径约1.5厘米；萼筒钟状，外面密被灰白色柔毛；萼片三角卵形至披针形，内外两面均无毛；花瓣倒卵形或近圆形，白色。梨果近球形或梨形，直径1～1.5厘米，深红色，有浅色斑点；小核3～5。花期5—6月，果期9—10月。

分　　布：原产中国东北、华北、西北。朝鲜、俄罗斯也有分布。辽宁广布。

中 文 名：山荆子

拼　　音：shān jīng zǐ

其他俗名：山定子，酸定子

科中文名：蔷薇科

科 学 名：Rosaceae

属中文名：苹果属

学　　名：Malus baccata

生　　境：生于山坡、山谷杂木林中及溪流旁。

形态特征：落叶乔木。单叶互生；叶片椭圆形，长3～8厘米，宽2～3.5厘米，边缘有锯齿。伞形花序，具花4～6朵；花梗细长；萼筒外面无毛，萼裂片披针形，全缘，外面无毛，内面密被绒毛；花瓣白色，花柱4～5，基部有长柔毛。梨果近球形，直径8～10毫米，红色或黄红色，梗洼和萼洼稍陷入，萼片脱落。花期4—6月，果期8—10月。

分　　布：原产中国东北、华北、西北。蒙古、朝鲜、俄罗斯也有分布。辽宁广布。

中 文 名：水栒子

拼　　音：shuǐ xún zǐ

其他俗名：栒子木，多花栒子

科中文名：蔷薇科

科 学 名：Rosaceae

属中文名：栒子属

学　　名：Cotoneaster multiflorus

生　　境：生于山坡灌丛、杂木林中。

形态特征：落叶灌木。单叶互生；叶片卵形或宽卵形，长2～4厘米，宽1.5～3厘米，下面幼时稍有绒毛，后渐脱落。花多数，5～21朵，呈疏松的聚伞花序；花直径1～1.2厘米；萼筒钟状，萼片三角形，内外两面均无毛；花瓣平展，近圆形，直径4～5毫米，白色。果实小型梨果状，近球形或倒卵形，直径8毫米，红色，有1个小核。花期5—6月，果期8—9月。

分　　布：原产中国东北、华北、西北、西南。俄罗斯及亚洲中、西部也有分布。辽宁产朝阳、建平、大连、金州等市县。

中 文 名：秋子梨

拼　　音：qiū zǐ lí

其他俗名：山梨，野梨

科中文名：蔷薇科

科 学 名：Rosaceae

属中文名：梨属

学　　名：Pyrus ussuriensis

生　　境：生于山脊和河谷的杂木林中。

形态特征：落叶乔木。单叶互生；叶片卵形，长5～10厘米，宽4～6厘米，叶缘刺芒长。伞形总状花序，有花5～7朵；花直径3～3.5厘米；萼片三角披针形，边缘有腺齿；花瓣倒卵形或广卵形，白色；雄蕊20，短于花瓣，花药紫色；花柱5，离生。梨果近球形，黄色、黄绿色或带红晕，直径2～6厘米，萼片宿存，果梗长1～2厘米。花期5月，果期8—10月。

分　　布：原产中国东北、华北、西北。朝鲜、俄罗斯远东地区也有分布。辽宁广布。

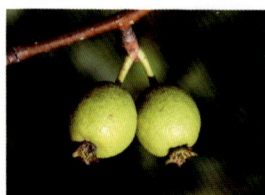

中 文 名：水榆花楸

拼　　音：shuǐ yú huā qiū

其他俗名：水榆，黄山榆，枫榆

科中文名：蔷薇科

科 学 名：Rosaceae

属中文名：花楸属

学　　名：Sorbus alnifolia

生　　境：生于山坡、山沟或山顶混交林或灌丛中。

形态特征：落叶乔木。单叶互生；叶片卵形至椭圆状卵形，长5～10厘米，宽3～6厘米，边缘具不规则重锯齿，有时微浅裂。复伞房花序较疏松，花梗长10～25毫米，花径10～18毫米；萼筒钟状，萼裂片三角形，外面无毛，内面密被白色绒毛；花瓣卵形或近圆形，白色。梨果椭圆形等，直径7～10毫米，红色或黄色。花期5月，果期8—9月。

分　　布：原产中国东北、华北、西北、西南、华东、华中。朝鲜、日本也有分布。辽宁广布。

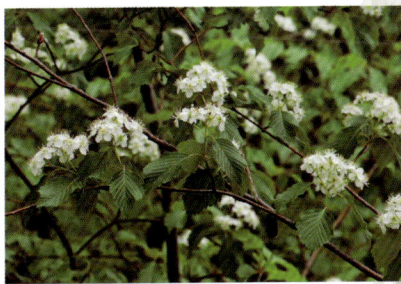

中 文 名：牛奶子

拼　　音：niú nǎi zǐ

其他俗名：甜枣，秋胡颓子

科中文名：胡颓子科

科 学 名：Elaeagnaceae

属中文名：胡颓子属

学　　名：Elaeagnus umbellata

生　　境：生于向阳疏林、灌丛中。

形态特征：落叶灌木。枝上常具长1～4厘米的刺。叶互生；椭圆形至卵状椭圆形，长3～8厘米，宽1～3.2厘米；叶下面密被银白色和散生少数褐色鳞片。花1～7朵簇生于新枝基部，较叶先开放，黄白色，芳香；密被银白色盾形鳞片；萼筒圆筒状漏斗形，裂片卵状三角形。核果近球形或卵圆形；幼时绿色，成熟时红色；长5～7毫米。花期4—5月，果期7—8月。

分　　布：原产中国长江流域及以北各省区。日本、朝鲜、印度、尼泊尔、不丹、阿富汗、意大利及中南半岛也有分布。辽宁产葫芦岛、庄河、长海、金州、大连等市县。

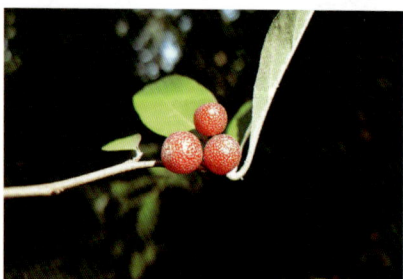

中 文 名：乌苏里鼠李

拼　　音：wū sū lǐ shǔ lǐ

其他俗名：老鸹眼，老乌眼

科中文名：鼠李科

科 学 名：Rhamnaceae

属中文名：鼠李属

学　　名：Rhamnus ussuriensis

生　　境：生于河边、山地林中、山坡灌丛。

形态特征：落叶灌木。枝端常有刺，对生或近对生。叶对生或近对生，或在短枝端簇生；狭椭圆形或狭矩圆形，侧脉每边4～5。花单性，雌雄异株，4基数，有花瓣，花梗长6～10毫米；雌花数个至20余个簇生于长枝下部叶腋或短枝顶端，萼片卵状披针形。核果球形或倒卵状球形，黑色，具2分核，基部有宿存的萼筒，果梗长6～10毫米。花期4—6月，果期6—10月。

分　　布：原产中国黑龙江、吉林、辽宁、内蒙古、河北、山东。俄罗斯、朝鲜、日本也有分布。辽宁产铁岭、沈阳、北镇、锦州、新宾、清原、抚顺、鞍山、本溪、桓仁、宽甸、瓦房店、庄河、凤城、丹东等市县。

中 文 名：金刚鼠李

拼　　音：jīn gāng shǔ lǐ

其他俗名：老鸹眼

科中文名：鼠李科

科 学 名：Rhamnaceae

属中文名：鼠李属

学　　名：Rhamnus diamantiaca

生　　境：生于沟边、林中。

形态特征：落叶灌木。小枝对生或近对生，暗紫色，平滑而有光泽，枝端具针刺。叶对生或近对生，偶有互生；近圆形、卵圆状菱形或椭圆形，长3~7厘米，宽1.5~3.5（~4.5）厘米，边缘具圆齿状锯齿。花单性，雌雄异株，4基数，有花瓣，通常数个簇生于短枝端或长枝下部叶腋；花梗长3~4毫米。核果近球形或倒卵状球形，黑色或紫黑色。花期5—6月，果期7—9月。

分　　布：原产中国黑龙江、吉林、辽宁。朝鲜、日本、俄罗斯远东地区也有分布。辽宁产抚顺、清原、新宾、桓仁、宽甸、本溪、凤城、鞍山等市县。

中 文 名：酸枣

拼　　音：suān zǎo

其他俗名：名棘，野枣，山枣

科中文名：鼠李科

科 学 名：Rhamnaceae

属中文名：枣属

学　　名：Ziziphus jujuba var. spinosa

生　　境：生于向阳、干燥山坡、山谷、丘陵。

形态特征：落叶小乔木，常为灌木。有长枝、短枝和无芽小枝，呈"之"字形曲折，具2个托叶刺。叶互生；卵形，卵状椭圆形，卵状矩圆形，长3～7厘米，宽1.5～4厘米。花单生或2～8个密集成腋生聚伞花序；黄绿色，5基数，具短总花梗；萼片卵状三角形；花瓣倒卵圆形，基部有爪。核果矩圆形或长卵圆形，成熟时红色，后变红紫色。花期5—7月，果期8—9月。

分　　布：原产中国辽宁、内蒙古、河北、山东、山西、河南、陕西、甘肃、宁夏、新疆、江苏、安徽。朝鲜、俄罗斯也有分布。辽宁产大连、北镇、锦州、兴城、绥中、朝阳、建平、建昌、喀左、凌源等市县。

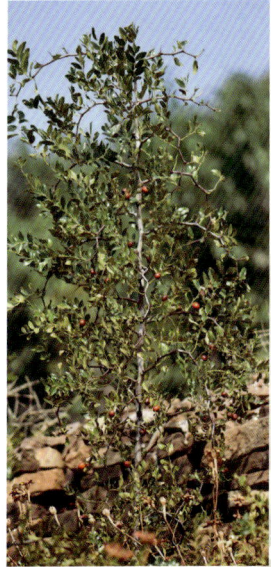

中 文 名：刺榆

拼　　音：cì yú

其他俗名：钉枝榆，刺榆针子

科中文名：榆科

科 学 名：Ulmaceae

属中文名：刺榆属

学　　名：Hemiptelea davidii

生　　境：生于海拔2000米以下的坡地次生林中。

形态特征：落叶小乔木，或呈灌木状。树皮深灰色或褐灰色；小枝灰褐色或紫褐色，具粗而硬的棘刺；刺长2～10厘米。叶互生；叶片椭圆形或椭圆状矩圆形，稀倒卵状椭圆形，长4～7厘米，宽1.5～3厘米；托叶矩圆形、长矩圆形或披针形，长3～4毫米。花杂性，具梗，与叶同时开放，单生或2～4朵簇生于当年生枝的叶腋。坚果斜卵圆形，两侧扁，长5～7毫米，黄绿色。花期4—5月，果期9—10月。

分　　布：原产吉林、辽宁、内蒙古、河北、山西、陕西、甘肃、山东、江苏、安徽、浙江、江西、河南、湖北、湖南、广西。朝鲜也有分布。辽宁产彰武、葫芦岛、沈阳、鞍山、大连、丹东、凤城、庄河等市县。

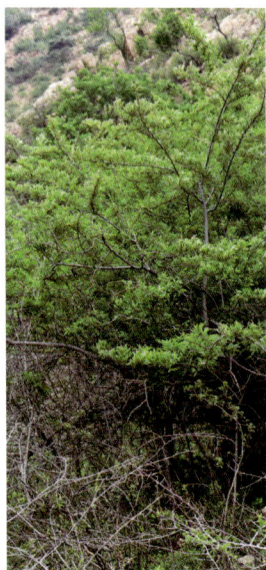

中 文 名：裂叶榆

拼　　音：liè yè yú

其他俗名：春榆，大叶榆，榆

科中文名：榆科

科 学 名：Ulmaceae

属中文名：榆属

学　　名：Ulmus laciniata

生　　境：生于溪流旁或山坡上。

形态特征：落叶乔木。叶互生；叶片倒卵形、倒三角状、倒三角状椭圆形或倒卵状长圆形，长7～18厘米，宽4～14厘米，先端通常3～7裂，基部明显地偏斜，楔形、微圆、半心脏形或耳状。花在上一年生枝上排成簇状聚伞花序。翅果椭圆形或长圆状椭圆形，长1.5～2厘米，宽1～1.4厘米，除顶端凹缺柱头面被毛外，其余处无毛，果核部分位于翅果的中部或稍向下，宿存花被无毛，钟状。花果期4—5月。

分　　布：原产中国东北及内蒙古、河北、山西。俄罗斯远东地区、朝鲜、日本也有分布。辽宁产大连、沈阳、鞍山、本溪、桓仁、宽甸、凤城等市县。

中 文 名: 榆树

拼　　音: yú shù

其他俗名: 家榆，白榆，长叶榆树

科中文名: 榆科

科 学 名: Ulmaceae

属中文名: 榆属

学　　名: Ulmus pumila

生　　境: 多生于山麓、丘陵、沙地上，河堤，村旁。

形态特征: 落叶乔木。叶互生；叶片椭圆状卵形、长卵形、椭圆状披针形或卵状披针形，长2～8厘米，宽1.2～3.5厘米，先端渐尖或长渐尖，基部偏斜或近对称。花先于叶开放，多朵簇生于上年生枝上，花被钟状，4～5裂；雄蕊4～5，长约为花被的2倍，花药暗紫色；花柱2裂，柱头2，宽线形。翅果近圆形，先端微缺，基部广楔形至圆形。果核部分位于翅果的中部，上端不接近缺口。花果期4—5月。

分　　布: 原产中国东北、华北、西北、华东。俄罗斯、蒙古、朝鲜也有分布。辽宁广布。

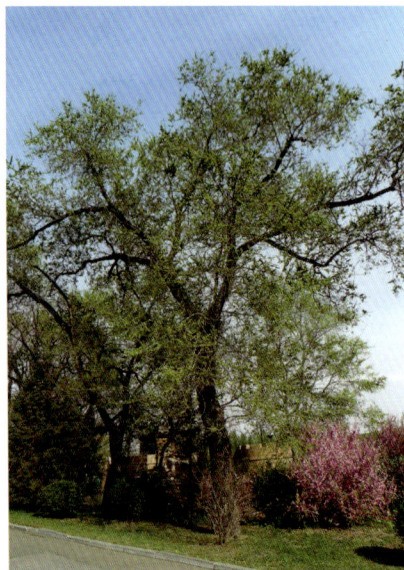

中 文 名：旱榆

拼　　音：hàn yú

其他俗名：灰榆，崖榆，粉偷，黄青榆

科中文名：榆科

科 学 名：Ulmaceae

属中文名：榆属

学　　名：Ulmus glaucescens

生　　境：生于海拔500～2400米地带。

形态特征：落叶乔木或灌木；树皮浅纵裂。叶互生；叶卵形、菱状卵形、椭
　　　　　圆形、长卵形或椭圆状披针形，长2.5～5厘米，宽1～2.5厘米；
　　　　　叶柄长5～8毫米，上面被短柔毛。花散生于新枝基部或近基部。
　　　　　翅果椭圆形或宽椭圆形，长2～2.5厘米，宽1.5～2厘米，除顶端
　　　　　缺口柱头面有毛外，其余处无毛，果核部分较两侧之翅宽，位于
　　　　　翅果中上部，上端接近或微接近缺口。花果期3—5月。

分　　布：原产辽宁、内蒙古、河北、山东、河南、山西、陕西、甘肃、宁
　　　　　夏。辽宁产朝阳凤凰山。

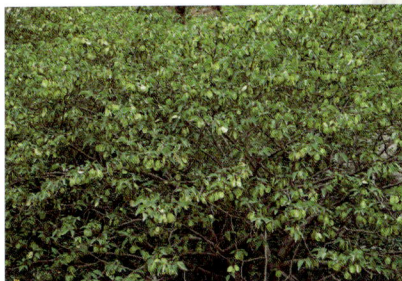

中 文 名：大果榆

拼　　音：dà guǒ yú

其他俗名：黄榆，蒙古黄榆，山榆

科中文名：榆科

科 学 名：Ulmaceae

属中文名：榆属

学　　名：Ulmus macrocarpa

生　　境：生于山地、丘陵及固定沙丘上。

形态特征：落叶乔木或灌木。叶互生；叶片广倒卵形，通常长5~9厘米，宽
3.5~5厘米。花在去年生枝上排成簇状聚伞花序或散生于新枝的
基部。翅果宽倒卵状圆形、近圆形或宽椭圆形，长1.5~4.7（通
常2.5~3.5）厘米，宽1~3.9（通常2~3）厘米，基部多少偏斜
或近对称，顶端凹或圆，缺口内缘柱头面被毛，两面及边缘有
毛，果核部分位于翅果中部，宿存花被钟形。花果期4—5月。

分　　布：原产黑龙江、吉林、辽宁、内蒙古、河北、山东、江苏、安徽、
河南、山西、陕西、甘肃、青海。朝鲜、蒙古、俄罗斯远东地区
也有分布。辽宁广布。

中 文 名：春榆

拼　　音：chūn yú

其他俗名：日本榆，白皮榆，栓皮春榆

科中文名：榆科

科 学 名：Ulmaceae

属中文名：榆属

学　　名：Ulmus davidiana var. japonica

生　　境：多生于河谷阶地、河岸及山麓地带排水良好、水分充足的冲积土上。

形态特征：落叶乔木。叶互生；叶片倒卵状椭圆形或广倒卵形，表面绿色，粗糙，背面带灰绿色，被短柔毛，边缘具重锯齿。花簇生于上年生枝上，花被4裂，中部以下绿色，先端稍带褐色，雄蕊4，长约为花被的2倍，花药紫红色；子房绿色，扁平，花柱2裂，柱头2，有毛。翅果倒卵形，先端圆形，微凹；种子位于中上部，与缺口相连，无毛。花果期4—5月。

分　　布：原产辽宁、河北、山西、河南、陕西。朝鲜、日本、俄罗斯远东地区也有分布。辽宁产鞍山、本溪、凤城、沈阳等市县。

中 文 名：大麻

拼　　音：dà má

其他俗名：野线麻

科中文名：大麻科

科 学 名：Cannabaceae

属中文名：大麻属

学　　名：Cannabis sativa

生　　境：生于沙丘、干山坡及草原。

形态特征：一年生直立草本。茎直立，有纵沟，密生柔毛。叶互生或茎下部叶对生，掌状全裂，裂片披针形或线状披针形，长7～15厘米，中裂片最长，宽0.5～2厘米。雌雄异株，雄花序长达25厘米，黄绿色；雌花绿色，花被1，紧包子房，略被小毛；子房近球形，外面包于苞片。瘦果，长约3毫米，宽约2毫米，为宿存黄褐色苞片所包，果皮坚脆，表面具细网纹。花期5—6月，果期7月。

分　　布：原产锡金、不丹、印度和中亚，现各国均有野生或栽培。辽宁广布。

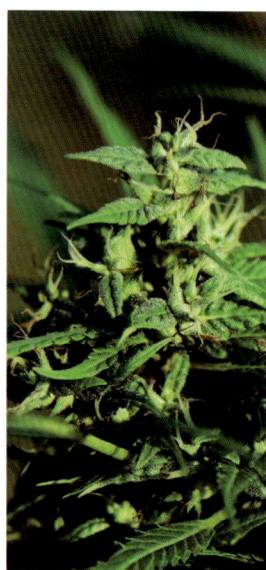

中 文 名：葎草

拼　　音：lǜ cǎo

其他俗名：拉拉秧，拉拉藤

科中文名：大麻科

科 学 名：Cannabaceae

属中文名：葎草属

学　　名：Humulus scandens

生　　境：生于沟边、荒地、废墟、林缘边。

形态特征：一年生缠绕草本。茎、枝、叶柄均具倒钩刺。叶对生，叶片通常掌状3~7裂，长、宽7~10厘米，两面均粗糙。花单性，雌雄异株；雄花小，黄绿色，圆锥花序，长15~25厘米；雌花序球果状，径约5毫米，苞片纸质，三角形，顶端渐尖，具白色绒毛；子房为苞片包围，柱头2，伸出苞片外。瘦果，成熟时露出苞片外。花期春夏，果期秋季。

分　　布：原产中国各省区。日本也有分布。辽宁广布。

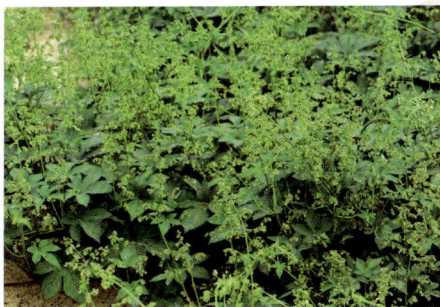

中 文 名：大叶朴

拼　　音：dà yè pǔ

其他俗名：大叶白麻子，白麻子

科中文名：大麻科

科 学 名：Cannabaceae

属中文名：朴属

学　　名：Celtis koraiensis

生　　境：生于山坡或沟谷杂木林中。

形态特征：落叶乔木。树皮灰色或暗灰色，浅微裂。叶互生；叶椭圆形至倒卵状椭圆形，少有为倒广卵形，长7～12厘米（连尾尖），宽3.5～10厘米，基部稍不对称；叶柄长5～15毫米，无毛或生短毛。花小，两性或单性，有柄，集成小聚伞花序或圆锥花序。核果近球形，单生于叶腋，直径约12毫米，成熟时橙黄色至深褐色；梗长约2厘米，有稀疏柔毛。花期4—5月，果熟期9—10月。

分　　布：原产中国辽宁、河北、山东、安徽、山西、河南、陕西、甘肃。朝鲜也有分布。辽宁产沈阳、北镇以南各市县。

中 文 名：黑弹树

拼　　音：hēi dàn shù

其他俗名：小叶朴，狭叶朴，黑果朴

科中文名：大麻科

科 学 名：Cannabaceae

属中文名：朴属

学　　名：Celtis bungeana

生　　境：生于路旁、山坡、灌丛中或林边。

形态特征：落叶乔木。树皮灰色或暗灰色。叶互生；叶片卵形至卵状披针形，长3~7（~15）厘米，宽2~4（~5）厘米，先端尖，基部广楔形至圆形。花杂性或单性，与叶同时开放；雄花2~4朵成聚伞花序生于当年生枝基部，花被4深裂，直径约5毫米；雌花或两性花单生于当年生枝的上部叶腋，花梗长约7毫米，花被同雄花，雄蕊4，花柱自基部2裂，柱头披针形，被密毛。核果球形，长10~25毫米，成熟后蓝黑色。花期4—5月，果熟期9—10月。

分　　布：原产中国辽宁、内蒙古、河北、山东、山西、甘肃、宁夏、青海、陕西、河南、安徽、江苏、浙江、湖南、江西、湖北、四川、云南、西藏。朝鲜也有分布。辽宁产大连、凌源、彰武、建昌、北镇、沈阳、鞍山、凤城等市县。

中 文 名：青檀

拼　　音：qīng tán

其他俗名：檀，檀树，翼朴

科中文名：大麻科

科 学 名：Cannabaceae

属中文名：青檀属

学　　名：Pteroceltis tatarinowii

生　　境：生于山谷溪边石灰岩山地疏林中。

形态特征：落叶乔木。树皮灰色或深灰色，不规则的长片状剥落。叶互生；叶片纸质，宽卵形至长卵形，长3～10厘米，宽2～5厘米。花单性、同株，雄花数朵簇生于当年生枝的下部叶腋；雌花单生于当年生枝的上部叶腋。坚果翅果状，近圆形或近四方形，直径10～17毫米，黄绿色或黄褐色，翅宽，稍带木质，有放射线条纹，下端截形或浅心形，顶端有凹缺，常有不规则的皱纹。花期3—5月，果期8—10月。

分　　布：原产河北、山西、陕西、甘肃、青海、山东、江苏、安徽、浙江、江西、福建、河南、湖北、湖南、广东、广西、四川、贵州。辽宁产旅顺蛇岛。

中 文 名：桑

拼　　音：sāng

其他俗名：家桑

科中文名：桑科

科 学 名：Moraceae

属中文名：桑属

学　　名：Morus alba

生　　境：生于山坡疏林中，也见栽培。

形态特征：落叶乔木。树皮厚，灰色，具不规则浅纵裂。叶互生；叶片卵形
　　　　　或广卵形，长5～15厘米，宽5～12厘米。花单性，雌雄异株或
　　　　　同株；雄花序长1～2.5厘米，密生细毛，雄花直径约3毫米，无
　　　　　梗，花被片广椭圆形，绿色；雌花序长5～15毫米，具毛，总花
　　　　　梗长5～10毫米，雌花直径约2毫米，无梗，花被片倒卵形，几
　　　　　乎无花柱，柱头2裂，向外反卷，宿存。聚花果卵状椭圆形，长
　　　　　1～2.5厘米，成熟时红色或暗紫色。花期4—5月，果期6—7月。

分　　布：原产中国各省区。朝鲜、日本、蒙古及欧洲各国也有分布。辽宁
　　　　　产凌源、黑山、彰武、法库、沈阳、辽阳、鞍山、本溪、凤城、
　　　　　宽甸、庄河、金州、大连、长海等市县。

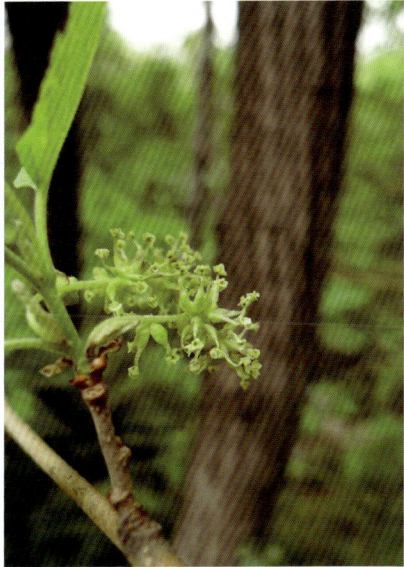

中 文 名：蒙桑

拼　　音：měng sāng

其他俗名：崖桑，刺叶桑，桑葚树

科中文名：桑科

科 学 名：Moraceae

属中文名：桑属

学　　名：Morus mongolica

生　　境：生于向阳山坡、平原及低地。

形态特征：落叶小乔木或灌木。叶互生；叶片长椭圆状卵形，长8～15厘米，宽5～8厘米，不分裂或3～5裂，边缘锯齿先端有长刺芒。花单性，雌雄同株或异株；雄花为柔荑花序，长3厘米，雄花花被暗黄色，花药2室，纵裂；雌花序短圆柱状，长1～1.5厘米；雌花花被片外面上部疏被柔毛，或近无毛；花柱长，柱头2裂。聚花果，长1.5厘米，成熟时红色至紫黑色。花期5月，果期6—7月。

分　　布：原产中国东北、华北、西北、西南及湖北、湖南、江西。朝鲜也有分布。辽宁产凌源、建平、义县、北镇、鞍山、金州、大连等市县。

中 文 名：构树

拼　　音：gòu shù

其他俗名：构桃树，构乳树，楮树

科中文名：桑科

科 学 名：Moraceae

属中文名：构属

学　　名：Broussonetia papyrifera

生　　境：生于山坡、山谷或平原。

形态特征：乔木或小乔木。小枝密生柔毛。叶互生；广卵形至长椭圆状卵形，长6～18厘米，宽5～9厘米，不分裂或3～5深裂。雌雄异株；雄花序圆柱形下垂，被长柔毛，雄花花被片4，淡绿色，雄蕊4，花药淡黄色；雌花穗球形，密被毛，雌花苞片棒状，花被筒状，花柱丝状，红紫色，柱头长于花被。聚花果球形，直径1.5～3厘米，成熟时橙红色，肉质。花期5—6月，果期8—9月。

分　　布：原产中国华北、华中、华南、西南、西北。朝鲜、日本、越南、印度也有分布。辽宁产长海县。

中 文 名：透茎冷水花

拼　　音：tòu jīng lěng shuǐ huā

其他俗名：肥肉草

科中文名：荨麻科

科 学 名：Urticaceae

属中文名：冷水花属

学　　名：Pilea pumila

生　　境：生于湿润多荫山地林下、林缘、林间小路旁、石砬子裂缝间、山顶石砬子下阴处、河岸边草甸。

形态特征：一年生草本。茎肉质，直立，高5～50厘米，具棱。单叶，交互对生；叶片菱状卵形或宽卵形，近膜质，长1～9厘米，宽0.6～5厘米。花单性，雌雄同株或异株，并常同序；雄花常生于花序的下部，花序蝎尾状，密集，长0.5～5厘米；雌花在果时增长。瘦果三角状卵形，扁，长1.2～1.8毫米，初时光滑，常有褐色或深棕色斑点，熟时色斑多少隆起。花期6—8月，果期8—10月。

分　　布：原产中国东北及河北、河南、陕西、甘肃、四川、江苏、浙江、云南。俄罗斯、朝鲜、日本也有分布。辽宁产沈阳、鞍山、本溪、桓仁、庄河、金州等市县。

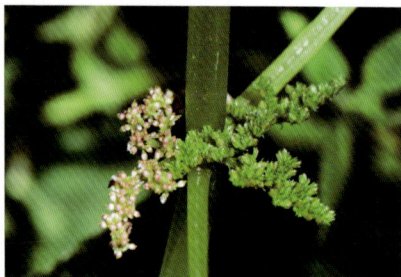

中 文 名：珠芽艾麻

拼　　音：zhū yá ài má

其他俗名：珠芽螯麻，螯麻子

科中文名：荨麻科

科 学 名：Urticaceae

属中文名：翅艾麻属

学　　名：Laportea bulbifera

生　　境：生于山地林下或林边。

形态特征：多年生草本。茎下部多少木质化，高50～150厘米，不分枝或少分
　　　　　枝，具5条纵棱。叶互生；叶片卵形至披针形，长（6～）8～16厘
　　　　　米，宽（2～5）3.5～8厘米。雌雄同株，稀异株，花序圆锥状；
　　　　　雄花序生于茎顶部以下的叶腋，具短梗，长3～10厘米，分枝多，
　　　　　开展，花被片4～5，绿白色；雌花序生于茎顶部或近顶部叶腋，
　　　　　长10～25厘米，花被片4，淡绿色。瘦果圆状倒卵形，扁平，平
　　　　　滑，有短柄，淡黄色；花柱宿存。花期7—8月，果期8—9月。

分　　布：原产中国东北、华北、西北、西南。朝鲜、日本也有分布。辽宁
　　　　　产本溪、凤城、宽甸、桓仁、丹东、大连、新宾、清原、西丰等
　　　　　市县。

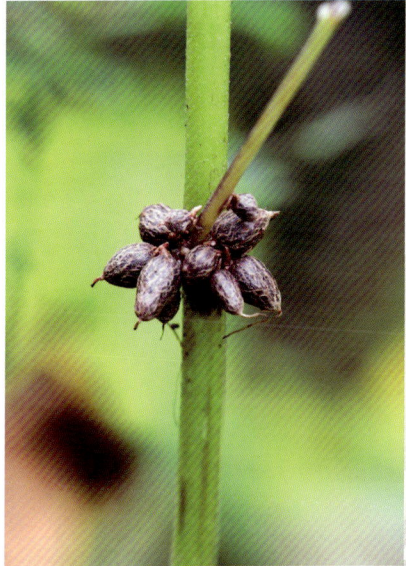

中 文 名：蝎子草

拼　　音：xiē zǐ cǎo

其他俗名：掀麻，哈拉海

科中文名：荨麻科

科 学 名：Urticaceae

属中文名：蝎子草属

学　　名：Girardinia diversifolia subsp. suborbiculata

生　　境：生于坡地、河漫滩、溪旁。

形态特征：一年生草本。茎高30～100厘米，四棱形。叶对生；叶膜质，宽卵形或近圆形，长5～19厘米，宽4～18厘米。花雌雄同株；雄花序圆锥状，生于下部叶腋，斜展，生于最上部叶腋的雄花序中常混生雌花；雌花序生于上部叶腋，常穗状，有时在下部有少数分枝，序轴粗硬，直立或斜展。瘦果狭卵形，顶端锐尖，稍扁，熟时变灰褐色，表面有明显或不明显的褐红色点；宿存花被片4，在下部1/3合生，近膜质。花期7—8月，果期8—10月。

分　　布：原产中国黑龙江、吉林、辽宁、内蒙古、河北、四川、陕西、山西、甘肃、新疆。蒙古、俄罗斯、伊朗及中亚、欧洲也有分布。辽宁产沈阳、北镇等市县。

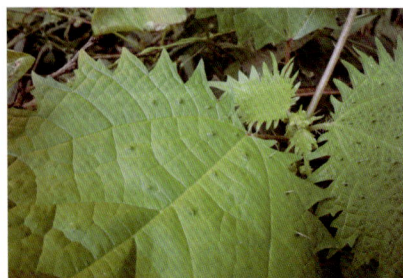

中 文 名：狭叶荨麻

拼　　音：xiá yè qián má

其他俗名：螫麻子，哈拉海

科中文名：荨麻科

科 学 名：Urticaceae

属中文名：荨麻属

学　　名：Urtica angustifolia

生　　境：生于灌木林内、山地混交林内湿地、水甸子边、山野多荫处。

形态特征：多年生草本。茎直立，高40～150厘米，四棱形，疏生刺毛和稀疏的细糙毛。叶对生，叶片披针形至披针状条形，稀狭卵形，长4～15厘米，宽1～3.5（～5.5）厘米，先端长渐尖或锐尖，基部圆形。花单性，雌雄异株，花序圆锥状；雄花近无梗，在芽时直径约0.2毫米，开放后径约2.5毫米；雌花小，近无梗。瘦果；卵形或宽卵形，双凸透镜状，长0.8～1毫米，近光滑或有不明显的细疣点。花期6—8月，果期8—9月。

分　　布：原产中国黑龙江、吉林、辽宁、内蒙古、河北、山西。朝鲜、俄罗斯、日本也有分布。辽宁产沈阳、鞍山、宽甸、桓仁、大连等市县。

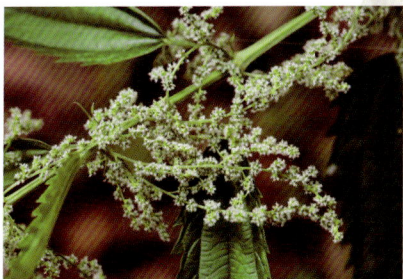

中 文 名：赤麻

拼　　音：chì má

其他俗名：三裂苎麻，长白苎麻，线麻

科中文名：荨麻科

科 学 名：Urticaceae

属中文名：苎麻属

学　　名：Boehmeria silvestrii

生　　境：生于沟边草地、林下或山坡路旁。

形态特征：多年生草本或亚灌木。分枝或不分枝。叶对生，同一对叶不等大或近等大；叶片薄草质，茎中部的近五角形或圆卵形，长5～8（～13）厘米，宽4.8～7.5（～13）厘米。花单性，雌雄同株或异株，花序穗状，腋生，细长，同株者雄花序生于下部，雌花序生于上部；雄花细小，直径约1.5毫米，淡黄白色；雌花簇生于上部叶腋，直径约3毫米，花淡红色，集成小球状。瘦果近卵球形或椭圆球形，长约1毫米。花期7—8月，果期8—9月。

分　　布：原产中国吉林、辽宁、四川、湖北、甘肃、陕西、河南、河北、山东。朝鲜、日本也有分布。辽宁产大连市。

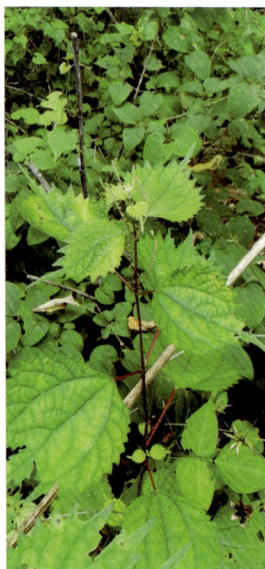

中 文 名：麻栎

拼　　音：má lì

其他俗名：橡碗栎，青冈

科中文名：壳斗科

科 学 名：Fagaceae

属中文名：栎属

学　　名：Quercus acutissima

生　　境：生于低山缓坡地土层深厚肥沃处。

形态特征：落叶乔木。树皮深灰褐色，深纵裂。叶互生；叶片革质，长椭圆状披针形或长椭圆形，长8～19厘米，宽2～6厘米。花单性，同株；雄花序常数个集生于当年生枝下部叶腋，有花1～3朵，花柱3裂，壳斗杯形，包着坚果约1/2，连小苞片直径2～4厘米，高约1.5厘米；雌花1～3朵腋生于二年生枝上。坚果卵形或椭圆形，直径1.5～2厘米，高1.7～2.2厘米，顶端圆形，果脐突起。花期4月，果期翌年9—10月。

分　　布：原产中国各省区。日本、朝鲜、印度也有分布。辽宁产海城、盖州、金州、大连等市县。

中 文 名：栓皮栎

拼　　音：shuān pí lì

其他俗名：软木栎，粗皮栎，白麻栎

科中文名：壳斗科

科 学 名：Fagaceae

属中文名：栎属

学　　名：Quercus variabilis

生　　境：生于土层深厚、土质肥沃的向阳坡地或杂木林内。

形态特征：落叶乔木。树皮黑褐色，深纵裂，木栓层发达，柔软。叶互生；叶片卵状披针形或长椭圆形，长8～15（～20）厘米，宽2～6（～8）厘米，顶端渐尖，基部圆形或宽楔形，叶缘具刺芒状锯齿，叶背密被灰白色星状绒毛。雄花序轴密被褐色绒毛，雄蕊较多；雌花序生于叶腋，壳斗杯形，包着坚果2/3，小苞片钻形。坚果近球形或宽卵形，顶端圆，果脐突起。花期3—4月，果期翌年9—10月。

分　　布：原产中国辽宁至广东。辽宁产丹东、东港、庄河、大连、金州、兴城、绥中等市县。

中 文 名：柞栎

拼　　音：zuò lì

其他俗名：槲树，波罗栎，波罗叶，大叶栎

科中文名：壳斗科

科 学 名：Fagaceae

属中文名：栎属

学　　名：Quercus dentata

生　　境：生于山麓阳坡的杂木林内。

形态特征：落叶乔木。树皮暗灰褐色，深纵裂。叶互生；叶片倒卵形或长倒卵形，长10～30厘米，宽6～20厘米，顶端短钝尖，基部耳形，叶背面密被灰褐色星状绒毛；托叶线状披针形，长1.5厘米；叶柄长2～5毫米，密被棕色绒毛。雄花序下垂，数序集生于新枝叶腋；雌花数朵集生于新枝顶端，稀单生。坚果近球形或卵圆形，约1/2部分坐落于杯状壳斗内；壳斗鳞片线状披针形，反曲。花期5—6月，果期9—10月。

分　　布：原产中国东北、华北、华东、华中、西南。朝鲜、日本也有分布。辽宁广布。

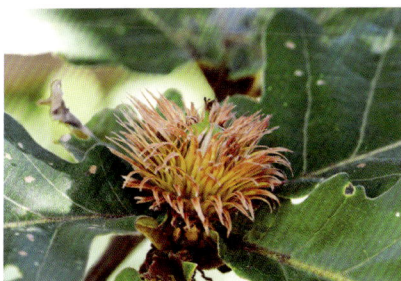

中 文 名：蒙古栎

拼　　音：měng gǔ lì

其他俗名：蒙古栎，柞树，小叶槲树

科中文名：壳斗科

科 学 名：Fagaceae

属中文名：栎属

学　　名：Quercus mongolica

生　　境：生于阳坡。

形态特征：落叶乔木。树皮灰褐色，纵裂。叶互生；叶片倒卵形至长倒卵形，长7～19厘米；宽3～11厘米，顶端短钝尖或短突尖，基部窄圆形或耳形，叶缘7～10对钝齿或粗齿；叶柄长2～8毫米，无毛。雄花序生于新枝下部，长5～7厘米；雌花序生于新枝上端叶腋，长约1厘米，有花4～5朵。壳斗杯形，包着坚果1/3～1/2，壳斗外壁小苞片三角状卵形，呈半球形瘤状突起。坚果卵形至长卵形，直径1.3～1.8厘米，高2～2.3厘米。花期4—5月，果期9月。

分　　布：原产中国东北、华北、西北、华中。俄罗斯、日本、蒙古及朝鲜半岛也有分布。辽宁广布。

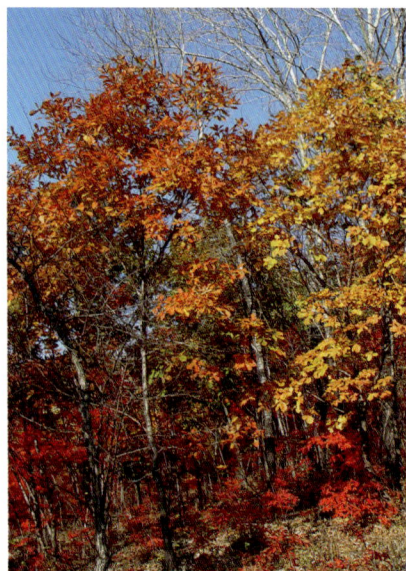

中 文 名：辽东栎

拼　　音：liáo dōng lì

其他俗名：辽东柞，小叶青冈，柴树

科中文名：壳斗科

科 学 名：Fagaceae

属中文名：栎属

学　　名：Quercus liaotungensis

生　　境：生于低山向阳坡地杂木林中。

形态特征：落叶乔木。树皮灰褐色，纵裂。叶互生；叶片倒卵形至长倒卵形，长5～17厘米，宽2～10厘米，顶端圆钝或短渐尖，基部窄圆形或耳形，叶缘有5～7对圆齿；叶柄长2～5毫米，无毛。雄花序生于新枝基部，长5～7厘米；雌花序生于新枝上端叶腋，长0.5～2厘米。壳斗浅杯形，包着坚果约1/3，直径1.2～1.5厘米，高约8毫米。坚果卵形至卵状椭圆形，直径1～1.3厘米，高1.5～1.8厘米。花期4—5月，果期9月。

分　　布：原产中国东北、华北及内蒙古、山东、河南、陕西、宁夏、甘肃、青海、四川。朝鲜也有分布。辽宁产铁岭、清原、沈阳、抚顺、新宾、本溪、桓仁、宽甸、凤城、岫岩、丹东、金州、大连等市县。

中 文 名：枫杨

拼　　音：fēng yáng

其他俗名：枰柳，麻柳

科中文名：胡桃科

科 学 名：Juglandaceae

属中文名：枫杨属

学　　名：Pterocarya stenoptera

生　　境：生于河流两岸。

形态特征：落叶乔木，高达30米。幼树树皮平滑，浅灰色，老时则深纵裂。羽状复叶互生；叶轴有翅，小叶8～18枚，无柄，长圆形，长5～10厘米，宽1.5～3厘米，基部歪斜。雄性柔荑花序长6～10厘米，生于老枝叶腋，雌性柔荑花序生于新枝顶端。坚果球状长椭圆形，长6～7毫米，具两翅，翅长圆形，果熟时下垂。花期4—5月，果熟期8—9月。

分　　布：原产中国东北、西北、华东、华中、华南、西南。辽宁产大连、庄河、丹东、岫岩、宽甸、本溪等市县。

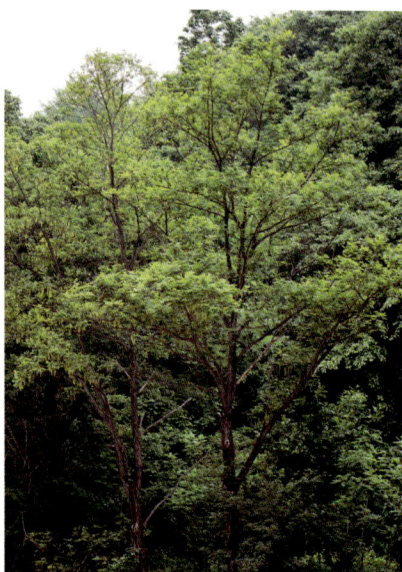

中 文 名：胡桃楸

拼　　音：hú táo qiū

其他俗名：核桃楸，山核桃

科中文名：胡桃科

科 学 名：Juglandaceae

属中文名：胡桃属

学　　名：Juglans mandshurica

生　　境：生于阔叶林或沟谷。

形态特征：落叶乔木，高达20余米。树冠扁圆形；树皮灰色，具浅纵裂。奇数羽状复叶互生；叶长40～60厘米，小叶（9～）15～23枚，长圆形，长6～16（～25）厘米，宽3～7厘米，基部歪斜，截形至近于心脏形。雄性菜荑花序，腋生，先叶开放；雌花4～10呈穗状花序，顶生，与叶同时开放。核果卵球形，顶端尖，密被带褐色腺毛。花期5月，果期8—9月。

分　　布：原产中国东北、华北、华东。俄罗斯、朝鲜、日本也有分布。辽宁产西丰、新宾、清原、开原、鞍山、本溪、宽甸、桓仁等市县。

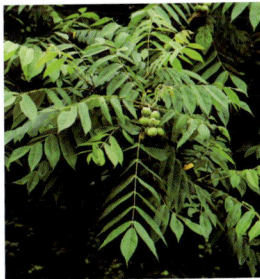

中 文 名：辽东桤木

拼　　音：liáo dōng qī mù

其他俗名：水冬瓜赤杨，水冬瓜，毛赤杨

科中文名：桦木科

科 学 名：Betulaceae

属中文名：赤杨属

学　　名：Alnus hirsuta

生　　境：生于林中湿地、河岸。

形态特征：落叶乔木。树皮灰褐色，光滑；枝条暗灰色，具棱；小枝褐色，密被灰色短柔毛。叶互生；近圆形，长4～9厘米，宽2.5～9厘米，边缘具波状缺刻，缺刻间具不规则的粗锯齿。花单性，雌雄同株，异花；雄花葇荑花序柱状，下垂；雌花葇荑花序圆柱状，直立。果序2～8枚呈总状或圆锥状排列，近球形或矩圆形；坚果宽卵形，长约3毫米，果翅厚纸质，极狭。花期4—5月，果期8—10月。

分　　布：原产中国东北及山东。苏联西伯利亚和远东地区、朝鲜、日本也有分布。辽宁产铁岭、抚顺、本溪、凤城、丹东等市县。

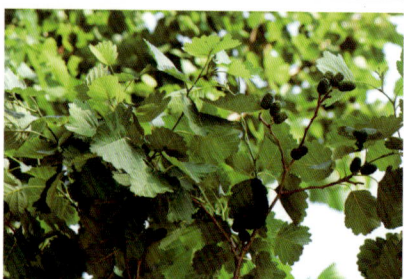

中 文 名：风桦

拼　　音：fēng huà

其他俗名：硕桦，黄桦

科中文名：桦木科

科 学 名：Betulaceae

属中文名：桦木属

学　　名：Betula costata

生　　境：生于山地阔叶林及针阔混交林内。

形态特征：落叶乔木。树皮为淡黄、淡粉红或灰褐色，表面纸片状剥落；嫩枝褐色，被毛。叶互生；长卵形或卵形，长1.5～2.5厘米，宽1.5厘米。花单性，雌雄同株；雄花菜荑花序长圆柱形，红褐色；雌花菜荑花序卵圆柱形。坚果卵球形，单生，直立或下垂；果苞具缘毛，下部楔形或狭楔形，上部3裂，中裂片狭长椭圆形或卵形，两侧裂片宽短；坚果倒卵形或卵形，长1～2厘米，具膜质翅。花期5月，果期9月。

分　　布：原产中国东北及内蒙古、河北、北京。苏联也有分布。辽宁产清原、抚顺、新宾、本溪、桓仁、宽甸、凤城、岫岩等市县。

中 文 名：白桦

拼　　音：bái huà

其他俗名：桦树，桦木

科中文名：桦木科

科 学 名：Betulaceae

属中文名：桦木属

学　　名：Betula platyphylla

生　　境：生于山地中上部杂木林内。

形态特征：落叶乔木。树皮白色，具白粉，光滑。叶互生；广卵形或三角
状广卵形，边缘有锯齿，表面绿色，有光泽，背面淡绿色，长
3～9厘米，宽2～7.5厘米。花单性，雌雄同株；雄雌花皆为葇荑
花序；雄花序常成对生于小枝顶端，开放时柔软下垂，长约7厘
米；雌花序单生于叶腋，不下垂。果序圆柱形，下垂；坚果狭矩
圆形、矩圆形或卵形，具膜质宽翅，长1.5～3毫米。花期4月，
果期6月。

分　　布：原产中国东北、华北。俄罗斯、朝鲜、日本也有分布。辽宁产桓
仁、宽甸等县。

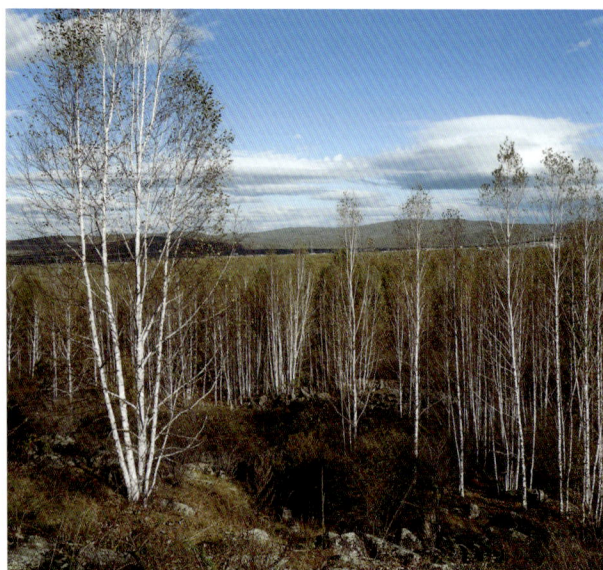

中 文 名：黑桦

拼　　音：hēi huà

其他俗名：臭桦，棘皮桦，千层皮

科中文名：桦木科

科 学 名：Betulaceae

属中文名：桦木属

学　　名：Betula dahurica

生　　境：生于低山向阳山坡、山麓较干燥处或杂木林内。

形态特征：落叶乔木。树皮暗灰褐色或黑褐色，鳞块状深沟裂。叶互生；卵形、卵状椭圆形或菱状卵形，长3.5～8厘米，宽1.5～5厘米。花单性，雌雄同株；雌、雄花序均呈柱状椭圆形，雄花序下垂，雌花序直立。果序椭圆状短筒形；序梗基部具2叶；果苞稍具缘毛，下部楔形，上部3裂，两侧裂片宽短。坚果倒卵形，2.5毫米，两侧具膜质翅。花期5月，果期9月。

分　　布：原产中国东北及内蒙古、河北、山西。俄罗斯、蒙古、朝鲜、日本也有分布。辽宁产清原、抚顺、新宾、本溪、桓仁、宽甸、凤城、岫岩等市县。

中 文 名：榛

拼　　音：zhēn

其他俗名：平榛，榛子

科中文名：桦木科

科 学 名：Betulaceae

属中文名：榛属

学　　名：Corylus heterophylla

生　　境：常丛生于裸露向阳坡地或林缘低平处。

形态特征：落叶灌木或小乔木。树皮灰色；枝条暗灰色，无毛，小枝黄褐色，密被短柔毛兼被疏生的长柔毛。叶互生；矩圆形或宽倒卵形，长4～13厘米，宽2.5～10厘米。花单性，雌雄同株，先于叶开放；雄花序2～3生于上一年生枝上，雄蕊8，花药椭圆形，黄色微带红色；雌花无柄，生于枝顶或雄花序下方。坚果近球形，长0.7～1.5厘米，淡棕褐色；总苞钟状，与坚果近等长或稍长。花期4—5月，果期8—10月。

分　　布：原产中国东北及河北、陕西、甘肃、贵州。朝鲜、日本、苏联东西伯利亚和远东地区、蒙古东部也有分布。辽宁广布。

中 文 名：毛榛

拼　　音：máo zhēn

其他俗名：火榛子，小榛树，胡榛子

科中文名：桦木科

科 学 名：Betulaceae

属中文名：榛属

学　　名：Corylus mandshurica

生　　境：生于低山地的林内或灌丛中。

形态特征：落叶灌木。小枝黄褐色，具淡锈褐色柔毛。叶互生；叶宽卵形、矩圆形或倒卵状矩圆形，长6～12厘米，宽4～9厘米。雄花序淡灰褐色，2～3腋生，苞鳞密被白色短柔毛；雌花2～4，腋生于雄花序上方。果单生或2～6枚簇生，长3～6厘米；果苞管状，在坚果上部缢缩，较果长2～3倍，外面密被黄色刚毛兼有白色短柔毛。坚果卵球形，长约1.5厘米，顶端具小突尖，外面密被白色绒毛。花期5月，果期9月。

分　　布：原产中国东北、华北、西北、西南。俄罗斯远东地区、朝鲜、日本也有分布。辽宁产抚顺、新宾、本溪、桓仁、宽甸、凤城、北镇、朝阳、建平、凌源、建昌等市县。

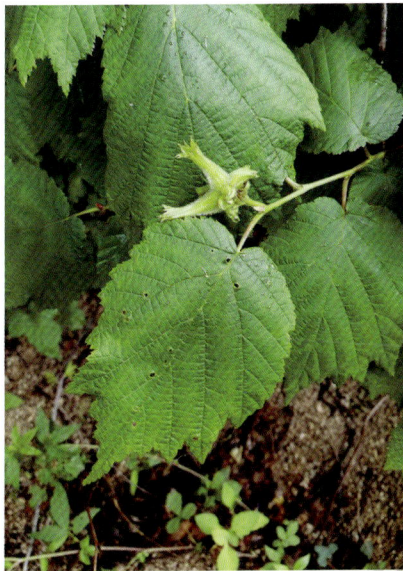

中 文 名：虎榛子

拼　　音：hǔ zhēn zǐ

其他俗名：棱榆

科中文名：桦木科

科 学 名：Betulaceae

属中文名：虎榛子属

学　　名：Ostryopsis davidiana

生　　境：生于干旱山坡。

形态特征：落叶灌木。树皮淡灰色，小枝具棱条。叶互生；广卵形或卵形，先端渐尖或短渐尖，基部近心形或圆形，边缘重锯齿，表面绿色，散生短毛，背面淡绿色，密具赤褐色腺点，疏生短毛。花单性，雌雄同株；雄花序短圆柱状，近无梗，生于新枝叶腋，苞鳞具短毛；雌花数朵集生，呈总状，生于新枝顶端。坚果宽卵圆形或近球形，长5～6毫米，直径4～6毫米，褐色，有光泽，疏被短柔毛，具细肋。花期5—7月，果期7—8月。

分　　布：原产辽宁、内蒙古、河北、山西、陕西、甘肃、四川。辽宁产建平、凌源、喀左、建昌等市县。

中 文 名：千金榆

拼　　音：qiān jīn yú

其他俗名：半拉子，千金鹅耳枥

科中文名：桦木科

科 学 名：Betulaceae

属中文名：鹅耳枥属

学　　名：Carpinus cordata

生　　境：生于杂木林内湿润、肥沃处。

形态特征：落叶乔木。树皮灰色；小枝棕色或橘黄色。叶互生；卵形至长圆状卵形，表面深绿色，背面淡绿色，侧脉14～20对。花单性，雌雄同株；雄花序长5～6厘米，下垂；苞片长圆状卵圆形，长约4毫米，先端及边缘具白色长纤毛；雌花序生于当年生枝顶；苞片，宽卵状长圆形，基部具长毛。坚果卵圆形，长约5毫米，棕褐色。花期5月，果期9—10月。

分　　布：原产中国东北、华北及河南、陕西、甘肃。俄罗斯远东地区、朝鲜、日本也有分布。辽宁产抚顺、新宾、本溪、桓仁、凤城、宽甸、岫岩、庄河等市县。

中 文 名：鹅耳枥

拼　　音：é ěr lì

其他俗名：见风干，穗子榆

科中文名：桦木科

科 学 名：Betulaceae

属中文名：鹅耳枥属

学　　名：Carpinus turczaninowii

生　　境：生于山坡或山谷林中，山顶及贫瘠山坡也能生长。

形态特征：落叶乔木。树皮暗灰褐色，粗糙，浅纵裂；小枝被短柔毛。叶互生；卵形、宽卵形。花单性，雌雄同株；雄花序生于上一年的枝条上，春季开放；苞鳞覆瓦状排列，每苞鳞内具1朵雄花；雄花无花被；雌花序生于上部的枝顶或腋生于短枝上，单生，直立或下垂；苞鳞覆瓦状排列，每苞鳞内具2朵雌花；雌花基部具1枚苞片和2枚小苞片；具花被。果序长3~5厘米。坚果宽卵形，长约3毫米。花期4—5月，果期8—9月。

分　　布：原产中国辽宁及华北、西北。朝鲜、日本也有分布。辽宁产朝阳、建平、喀左、凌源、建昌、丹东、东港、长海、大连等市县。

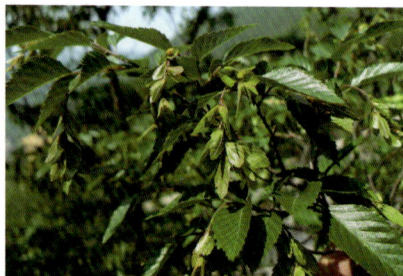

中 文 名：赤瓟

拼　　音：chì páo

其他俗名：气包王瓜

科中文名：葫芦科

科 学 名：Cucurbitaceae

属中文名：赤瓟属

学　　名：Thladiantha dubia

生　　境：生于山坡、林缘、田边。

形态特征：草质藤本。全株被黄白色的长柔毛状硬毛。叶互生；宽卵状心形，长5~8厘米，宽4~9厘米。雌雄异株；雄花单生或聚生于短枝的上端呈假总状花序，有时2~3花生于总梗上；花冠黄色，上部向外反折；雌花单生，子房外面密被淡黄色长柔毛。瓠果卵状长圆形，长4~5厘米，径2.8厘米，表面橙黄色或红棕色，具10条明显的纵纹。花期6—8月，果期8—10月。

分　　布：原产中国黑龙江、吉林、辽宁、河北、山西、山东、陕西、甘肃、宁夏。辽宁产沈阳、大连、长海、鞍山、盖州、岫岩、丹东、宽甸、桓仁、新宾、彰武等市县。

中 文 名：中华秋海棠

拼　　音：zhōng huá qiū hǎi táng

其他俗名：珠芽秋海棠

科中文名：秋海棠科

科 学 名：Begoniaceae

属中文名：秋海棠属

学　　名：Begonia grandis subsp. sinensis

生　　境：生于山谷阴湿岩石上、疏林阴处、荒坡阴湿处、山坡林下。

形态特征：多年生草本。叶互生，较小；椭圆状卵形至三角状卵形；长5～12（～20）厘米，宽3.5～9（～13）厘米；先端渐尖，基部心形，宽侧下延呈圆形。花序呈伞房状至圆锥状二歧聚伞花序；花粉红色，较多数；苞片长圆形，早落；雄花花被片4，外面2枚宽卵形，内面2枚倒卵形；雌花花被片3，外面2枚近圆形或扁圆形。蒴果倒卵形，具三不等大的翅。花期7月，果期8月。

分　　布：原产中国辽宁、河北、山东、河南、山西、甘肃、陕西、四川、贵州、广西、湖北、湖南、江苏、浙江、福建。辽宁产凌源市。

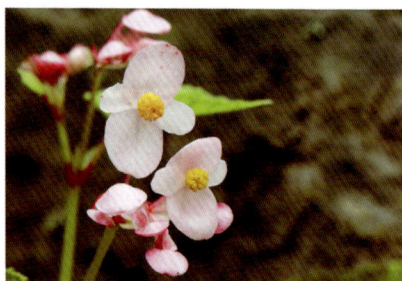

中 文 名：南蛇藤

拼　　音：nán shé téng

其他俗名：明开夜合，合欢，南蛇风

科中文名：卫矛科

科 学 名：Celastraceae

属中文名：南蛇藤属

学　　名：Celastrus orbiculatus

生　　境：生于丘陵、山沟、多石灰质山坡的灌丛中。

形态特征：落叶藤本。小枝光滑无毛，具稀而不明显的皮孔。叶互生；近圆形或倒卵圆形，先端圆阔，具有小尖头或短渐尖，长5～13厘米，宽3～9厘米。聚伞花序，顶生或腋生；花杂性；花瓣5，淡绿色，长圆状卵形；雄花雄蕊着生于杯状花盘的边缘；雌花雄蕊短而不育。蒴果近球形，顶部有刺尖，开裂为3瓣，橙黄色，直径8～10毫米。花期5—7月，果期8—9月。

分　　布：原产中国东北、华北、西北、华东、华中、华南、西南。俄罗斯、朝鲜、日本也有分布。辽宁广布。

中 文 名：卫矛

拼　　音：wèi máo

其他俗名：鬼箭羽，扁榆

科中文名：卫矛科

科 学 名：Celastraceae

属中文名：卫矛属

学　　名：Euonymus alatus

生　　境：生于针阔混交林中、林缘及山坡草地。

形态特征：落叶灌木。小枝常具2～4列宽阔木栓翅。叶对生；卵状椭圆形、窄长椭圆形，偶为倒卵形，长2～8厘米，宽1～3厘米，边缘具细锯齿。聚伞花序1～3花；花白绿色，直径约8毫米，4数；萼片半圆形；花瓣近圆形。蒴果1～4深裂，裂瓣椭圆状；种子椭圆状或阔椭圆状，种皮褐色或浅棕色，假种皮橙红色，全包种子。花期5—6月，果期7—10月。

分　　布：原产中国北部、中部。日本、朝鲜也有分布。辽宁产鞍山、瓦房店、大连、庄河、东港等市县。

中 文 名：白杜

拼　　音：bái dù

其他俗名：华北卫矛

科中文名：卫矛科

科 学 名：Celastraceae

属中文名：卫矛属

学　　名：Euonymus maackii

生　　境：生于河岸、溪谷、杂木林中、坡地。

形态特征：落叶乔木。叶对生；叶片披针状长圆形或长圆形，先端长渐尖，基部阔楔形或近圆形，边缘具细锯齿，有时极深而锐利，长4～8厘米，宽2～5厘米。聚伞花序，具10余朵花；萼4裂，裂片近圆形；花瓣4，长圆形或长圆状倒卵形，先端钝，带黄白色。蒴果倒圆锥形，4深裂，成熟时粉红色；种子红色，假种皮橘红色。花期5—6月，果期9月。

分　　布：原产中国东北、华北。朝鲜、俄罗斯、日本也有分布。辽宁产彰武、阜新、义县、葫芦岛、沈阳、西丰、抚顺、鞍山、营口、金州、大连、庄河、桓仁、丹东、本溪等市县。

中 文 名：瘤枝卫矛

拼　　音：liú zhī wèi máo

其他俗名：少花瘤枝卫矛

科中文名：卫矛科

科 学 名：Celastraceae

属中文名：卫矛属

学　　名：Euonymus verrucosus

生　　境：生于山地灌丛中。

形态特征：落叶灌木。小枝常被黑褐色长圆形木栓质扁瘤突。叶对生；倒卵形或长方倒卵形，近无柄，先端长渐尖，长3～6厘米，宽1.5～3.5厘米。聚伞花序1～5花，花紫红色或红棕色；萼片有缘毛；花瓣近圆形；花盘扁平圆形。蒴果倒三角状，上部4裂稍深，直径约8毫米，黄色或极浅黄色；种子长方椭圆状，假种皮红色，包围种子全部。花期6月，果期9月。

分　　布：原产中国东北。俄罗斯远东地区、朝鲜也有分布。辽宁产西丰、新宾、本溪、宽甸、桓仁、凤城、庄河等市县。

中 文 名：酢浆草

拼　　音：cù jiāng cǎo

其他俗名：酸浆，酸味草，酸醋酱

科中文名：酢浆草科

科 学 名：Oxalidaceae

属中文名：酢浆草属

学　　名：Oxalis corniculata

生　　境：生于林下和沟谷潮湿处。

形态特征：多年生草本。全株疏生白伏毛。茎伏卧或斜生，多分枝。叶基生或茎上互生；具3小叶，小叶倒心形，长4～16毫米，宽4～22毫米。花单生或数朵集为伞形花序状；萼片披针形或长圆状披针形，背部及边缘有毛，果期宿存；花瓣黄色，长圆状倒卵形。蒴果近圆柱形，略呈5棱面，表面被伏毛，长1～2.5厘米。种子长卵形，褐色或红棕色。花果期6—9月。

分　　布：原产中国各省区。朝鲜、日本、俄罗斯及欧洲部分国家、亚洲热带地区及北美各国也有分布。辽宁产北镇、新民、沈阳、抚顺、鞍山、本溪、桓仁、宽甸、凤城、岫岩、大连、金州、旅顺等市县。

中 文 名：黄海棠

拼　　音：huáng hǎi táng

其他俗名：长柱金丝桃

科中文名：金丝桃科

科 学 名：Hypericaceae

属中文名：金丝桃属

学　　名：Hypericum ascyron

生　　境：生于山坡林下、林缘、溪旁、灌丛间、草丛、草甸中。

形态特征：多年生草本。茎直立或在基部上升，单一或数茎丛生，茎及枝条幼时具4棱，后明显具4纵线棱。叶对生；无柄，基部楔形或心形而抱茎，全缘。花序具1~35花，顶生，近伞房状至狭圆锥状；萼片卵形或披针形至椭圆形或长圆形；花瓣金黄色，十分弯曲。花柱5，自基部或至上部4/5处分离。蒴果三角形。花期7—8月，果期8—9月。

分　　布：原产中国各省区。苏联、朝鲜、日本、越南、美国、加拿大也有分布。辽宁产桓仁、西丰、清原、本溪、凤城、岫岩、庄河、普兰店、瓦房店、葫芦岛、绥中、凌源、彰武、喀左、沈阳、抚顺、鞍山、大连等市县。

中 文 名：鸡腿堇菜

拼　　音：jī tuǐ jǐn cài

其他俗名：鸡腿菜，鸡蹬菜，哺鸽腿

科中文名：堇菜科

科 学 名：Violaceae

属中文名：堇菜属

学　　名：Viola acuminata

生　　境：生于杂木林林下、林缘、灌丛、山坡草地、溪谷湿地。

形态特征：多年生草本。茎直立。叶互生；心形、卵状心形或卵形，长1.5～5.5厘米，宽1.5～4.5厘米；托叶通常羽状深裂呈流苏状。花淡紫色或近白色，具长梗；花瓣有褐色腺点，上方花瓣与侧方花瓣近等长，上瓣向上反曲，侧瓣里面近基部有长须毛，下瓣里面常有紫色脉纹。蒴果椭圆形，长约1厘米，无毛，通常有黄褐色腺点。花果期5—9月。

分　　布：原产中国黑龙江、吉林、辽宁、内蒙古、河北、山西、陕西、甘肃、山东、江苏、安徽、浙江、河南。日本、朝鲜、俄罗斯也有分布。辽宁广布。

中 文 名：早开堇菜

拼　　音：zǎo kāi jǐn cài

其他俗名：尖瓣堇菜

科中文名：堇菜科

科 学 名：Violaceae

属中文名：堇菜属

学　　名：Viola prionantha

生　　境：生于向阳草地、山坡、荒地、路旁。

形态特征：多年生草本。无地上茎，根状茎稍粗，根黄白色。叶多数，花期呈长圆状卵形、卵状披针形或狭卵形，长1～4.5厘米，宽6～20毫米，果期叶片三角状卵形，显著增大，长可达10厘米，宽可达4厘米。花瓣紫堇色、淡紫色或淡蓝色；上瓣倒卵形，侧瓣长圆状倒卵形，下瓣中下部为白色并具紫色脉纹。蒴果椭圆形至长圆形。花果期4月中旬至9月。

分　　布：原产中国黑龙江、吉林、辽宁、内蒙古、河北、山西、陕西、宁夏、甘肃、山东、江苏、河南、湖北、云南。朝鲜、俄罗斯远东地区也有分布。辽宁广布。

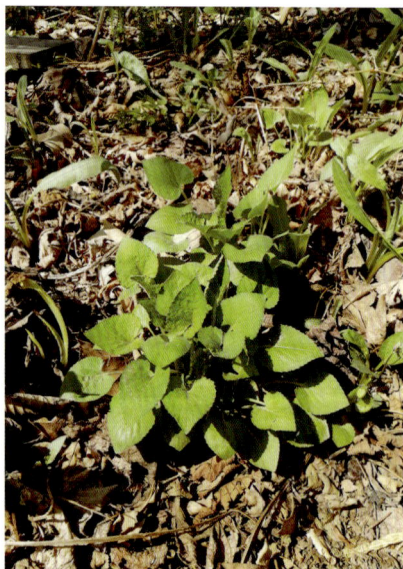

中 文 名：山杨

拼　　音：shān yáng

其他俗名：山白杨，山杨树

科中文名：杨柳科

科 学 名：Salicaceae

属中文名：杨属

学　　名：Populus davidiana

生　　境：生于山坡。

形态特征：落叶乔木，高达25米。树冠圆形；树皮光滑灰绿色，老树基部
　　　　　黑色粗糙。小枝圆筒形，光滑，赤褐色。叶互生；三角状卵圆
　　　　　形，长宽近等，长3～6厘米，先端钝尖，基部圆形，边缘有密
　　　　　波状浅齿，发叶时显红色，萌枝叶大，三角状卵圆形，下面被柔
　　　　　毛；叶柄侧扁，长2～6厘米。雌雄异株；雄花序长5～9厘米；
　　　　　雌花序长4～7厘米。蒴果卵状圆锥形。花期3—4月，果期4—5
　　　　　月。

分　　布：原产中国东北、华北、西北、华中、西南。俄罗斯远东地区、朝
　　　　　鲜也有分布。辽宁产各地山区。

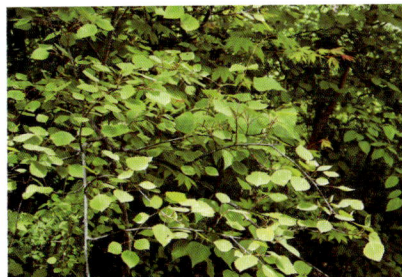

中 文 名：小叶杨

拼　　音：xiǎo yè yáng

其他俗名：白达木，白杨柳，冬瓜杨

科中文名：杨柳科

科 学 名：Salicaceae

属中文名：杨属

学　　名：Populus simonii

生　　境：生于山谷。

形态特征：落叶乔木，高达20米。树冠近圆形；树皮幼时灰绿色，老时暗灰色，沟裂。幼树小枝及萌枝有明显棱脊。叶互生；菱状卵形，长3～12厘米，宽2～8厘米，中部以上较宽，先端突急尖，基部楔形，细锯齿，上面淡绿色，下面灰绿色；叶柄圆筒形。雌雄异株；雄花序长2～7厘米；雌花序长2.5～6厘米。蒴果。花期3—5月，果期4—6月。

分　　布：原产中国东北、华北、华中、西北、西南。辽宁产凌源市。

中 文 名：香杨

拼　　音：xiāng yáng

其他俗名：朝鲜杨，皱叶杨

科中文名：杨柳科

科 学 名：Salicaceae

属中文名：杨属

学　　名：Populus koreana

生　　境：生于山坡或溪流旁。

形态特征：落叶乔木，高达30米。树冠广圆形；树皮老时暗灰色，具深沟裂。小枝圆柱形，带黄红褐色。短枝叶椭圆形，长9～12厘米，先端钝尖，基部狭圆形，边缘具细的腺圆锯齿，叶柄长1.5～3厘米；长枝叶互生，窄卵状椭圆形，长5～15厘米，宽8厘米，基部多为楔形，叶柄长0.4～1厘米。雌雄异株；雄花序长3.5～5厘米；雌花序长3.5厘米。蒴果。花期4月下旬至5月，果期6月。

分　　布：原产中国东北。俄罗斯东部、朝鲜也有分布。辽宁产盖州、宽甸、桓仁、大连等市县。

中 文 名：大黄柳

拼　　音：dà huáng liǔ

其他俗名：黄花柳，红心柳

科中文名：杨柳科

科 学 名：Salicaceae

属中文名：柳属

学　　名：Salix raddeana

生　　境：生于山坡、林中。

形态特征：落叶灌木或乔木。枝暗红色。叶互生；革质，倒卵状圆形，长3.5～9厘米，宽3～4厘米，先端短渐尖，上面暗绿色，有明显的皱纹，下面具灰色绒毛；叶柄有密毛。雌雄异株；花先叶开放；雄花序多椭圆形，长约2.5厘米，直径1.5厘米以上，苞片卵状椭圆形；雌花序长2～2.5厘米，直径0.8～1厘米。蒴果。花期4月中旬，果期5月上中旬。

分　　布：原产中国东北。俄罗斯远东地区、朝鲜也有分布。辽宁产凤城、本溪、抚顺、沈阳、北票、鞍山等市县。

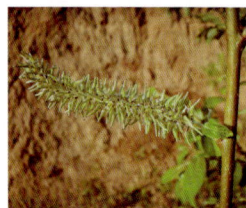

中 文 名：蒿柳

拼　　音：hāo liǔ

其他俗名：绢柳

科中文名：杨柳科

科 学 名：Salicaceae

属中文名：柳属

学　　名：Salix schwerinii

生　　境：生于溪边或山坡。

形态特征：落叶灌木或小乔木，高可达10米。树皮灰绿色。叶互生；叶线状披针形，长15～20厘米，宽0.5～1.5厘米，先端渐尖，基部狭楔形，上面暗绿色，下面有密丝状长毛，有银色光泽。雌雄异株；花序先叶开放或同时开放；雄花序长圆状卵形，长2～3厘米，苞片长圆状卵形；雌花序圆柱形，长3～4厘米。蒴果。花期4—5月，果期5—6月。

分　　布：原产中国东北、华北。俄罗斯、朝鲜、日本及其他欧洲国家也有分布。辽宁产西丰、桓仁、新宾、抚顺、鞍山、凤城、岫岩等市县。

中 文 名：杞柳

拼　　音：qǐ liǔ

其他俗名：白箕柳，白杞柳

科中文名：杨柳科

科 学 名：Salicaceae

属中文名：柳属

学　　名：Salix integra

生　　境：生于河边或山地潮湿处。

形态特征：落叶灌木，高1～3米。树皮灰绿色；小枝淡黄色，有光泽。叶近对生；椭圆状长圆形，长2～5厘米，宽1～2厘米，先端短渐尖，基部圆形，全缘或上部有尖齿，成叶上面暗绿色，下面苍白色。雌雄异株；花先叶开放；花序长1～2厘米，基部有小叶；苞片倒卵形，褐色至近黑色，被柔毛。蒴果。花期5月，果期6月。

分　　布：原产中国华北、东北。俄罗斯东部、朝鲜、日本也有分布。辽宁产西丰、新宾、桓仁、宽甸、本溪、抚顺、岫岩、庄河等市县。

中 文 名：钻天柳

拼　　音：zuān tiān liǔ

其他俗名：红毛柳，朝鲜柳

科中文名：杨柳科

科 学 名：Salicaceae

属中文名：钻天柳属

学　　名：Chosenia arbutifolia

生　　境：生于林区河流两岸排水良好的碎石沙土上。

形态特征：落叶乔木，高达30米。树冠圆柱形；树皮褐灰色。小枝无毛，黄红色或紫红色，有白粉。叶互生；长圆状披针形，长5～8厘米，宽1.5～2.3厘米，先端渐尖，基部楔形，上面灰绿色，下面苍白色，常有白粉，边缘稍有锯齿或近全缘。雌雄异株；花序先叶开放；雄花序开放时下垂；雌花序直立，花柱2，明显。蒴果。花期5月，果期6月。

分　　布：原产中国东北。俄罗斯远东地区、朝鲜、日本也有分布。辽宁产西丰、桓仁、宽甸、凤城等市县。

中 文 名：铁苋菜

拼　　音：tiě xiàn cài

其他俗名：血见愁，叶里藏珠，灯笼菜

科中文名：大戟科

科 学 名：Euphorbiaceae

属中文名：铁苋菜属

学　　名：Acalypha australis

生　　境：生于田间路旁、荒地、河岸砂砾地、山沟、山坡林下。

形态特征：一年生草本。全株被短毛。茎直立，小枝细长，被贴毛柔毛。叶互生；长卵形、近菱状卵形或阔披针形，长3～9厘米，宽1～5厘米。穗状花序腋生；雄花多数，细小，在花序上部排成穗状，带紫红色，苞片极小，萼于蕾期愈合；雌花生于花序下部，通常3花着生于对合的叶状苞片内，萼3裂。蒴果近球形，直径4毫米。花期8月，果期9月。

分　　布：原产中国各省区。朝鲜、日本、俄罗斯、菲律宾及北美和拉丁美洲各国也有分布。辽宁广布。

中 文 名：狼毒大戟

拼　　音：láng dú dà jǐ

其他俗名：狼毒

科中文名：大戟科

科 学 名：Euphorbiaceae

属中文名：大戟属

学　　名：Euphorbia fischeriana

生　　境：生于干燥丘陵坡地、多石砾干山坡、阳坡稀疏林下。

形态特征：多年生草本。茎单一，粗壮直立。茎基部叶呈鳞片状，互生；卵状长圆形，长1~2厘米，宽4~6毫米；中上部叶常3~5轮生，长圆形，长4~6.5厘米，宽1~2厘米，无柄。总花序顶生复伞状；苞叶4~5，轮生，卵状长圆形；抽出5~6伞梗，再抽出2~3小伞梗，先端有2枚对生的小苞片及1~3个杯状聚伞花序。蒴果扁球形，直径6~7毫米。花期5—6月，果期6—7月。

分　　布：原产中国东北、华北。蒙古、俄罗斯也有分布。辽宁产大连、瓦房店、庄河、建平、沈阳、凤城、岫岩等市县。

中 文 名：乳浆大戟

拼　　音：rǔ jiāng dà jǐ

其他俗名：猫眼草，烂疤眼，东北大戟

科中文名：大戟科

科 学 名：Euphorbiaceae

属中文名：大戟属

学　　名：Euphorbia esula

生　　境：生于干燥沙质地、海边沙地、草原、干山坡、山沟。

形态特征：多年生草本。茎单生或丛生。叶互生；线形至卵形，变化极不稳
　　　　　定，无叶柄，不育枝叶常为松针状，长2～7厘米，宽4～7毫米。
　　　　　总状花序顶生，苞叶5～10余枚，轮生于茎顶端伞梗的基部；伞
　　　　　梗5～10，顶端再1～4次分生出2小伞梗；顶部苞片及小苞片对
　　　　　生，黄绿色，心状肾形或肾形。蒴果卵状球形，无瘤状突起，长
　　　　　与直径均5～6毫米。花果期5—7月。

分　　布：原产中国东北、华北、西北、华中、西南。朝鲜、日本、蒙古、
　　　　　俄罗斯等欧洲部分国家也有分布。辽宁产凌源、建昌、建平、朝
　　　　　阳、黑山、彰武、新民、沈阳、本溪、丹东、大连、长海、瓦房
　　　　　店、金州、普兰店等市县。

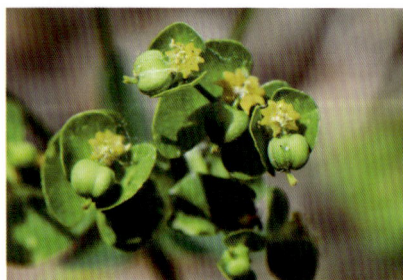

中 文 名：野亚麻

拼　　音：yě yà má

其他俗名：山胡麻，繁缕亚麻

科中文名：亚麻科

科 学 名：Linaceae

属中文名：亚麻属

学　　名：Linum stelleroides

生　　境：生于干燥的山坡、向阳草地、荒地、灌丛。

形态特征：一年生草本。茎直立，圆柱形，基部稍木质，上部多分枝。叶互生，密集；线形或线状披针形，全缘，长1～4厘米，宽1～4毫米。单花或多花组成聚伞花序，分枝多，小花梗细长；萼片5，卵状椭圆形，先端尖，边缘有黑色腺点；花瓣5，淡红色、淡紫色或蓝紫色，广倒卵形。蒴果球形或扁球形，直径3～5毫米。花期8月，果期8—9月。

分　　布：原产中国东北、华北、西北、华东。俄罗斯、朝鲜、日本也有分布。辽宁广布。

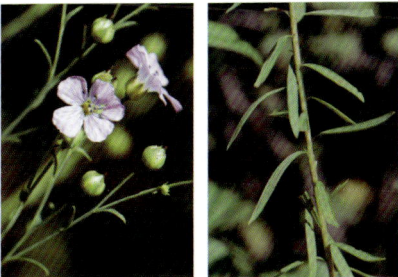

中 文 名：雀儿舌头

拼　　音：què ér shé tóu

其他俗名：黑钩叶，断肠草

科中文名：叶下珠科

科 学 名：Phyllanthaceae

属中文名：雀舌木属

学　　名：Leptopus chinensis

生　　境：生于山坡阴处。

形态特征：落叶灌木。多分枝，茎上部和小枝条具棱。叶互生；叶片卵状椭圆形或卵状披针形，长1～5厘米，宽0.4～2.5厘米。花单生或2～4朵簇生于叶腋；单性，雌雄同株，稀异株；雄花萼片5，长圆形或披针形，花瓣5，白色，倒卵状匙形；雌花萼片长约3毫米，先端尖，花瓣小，不足1毫米。蒴果扁球形，棕黄色，直径6～8毫米。花期5—8月，果期7—10月。

分　　布：原产中国吉林、辽宁、河北、山西、陕西、甘肃、山东、河南、湖北、四川、云南、广西。辽宁产建昌、绥中、兴城、大连等市县。

中 文 名：一叶萩

拼　　音：yī yè qiū

其他俗名：叶底珠，狗杏条

科中文名：叶下珠科

科 学 名：Phyllanthaceae

属中文名：白饭树属

学　　名：Flueggea suffruticosa

生　　境：生于干旱山坡灌丛中、山坡向阳处。

形态特征：落叶灌木。小枝浅绿色，近圆柱形，有棱槽，有不明显的皮孔。叶互生；椭圆形、长圆形或倒卵状椭圆形，长1.5～8厘米，宽1～3厘米，侧脉两面凸起。花单生或多数簇生于叶腋，雌雄异株，淡黄色；雄花数朵，有短梗，萼片通常5，椭圆形；雌花单生或2～3，萼片5，广卵形。蒴果三棱状扁球形，红褐色，直径约5毫米。花期6—7月，果期8—9月。

分　　布：原产中国东北、华中、华东、华北、西南、西北。蒙古、俄罗斯、日本、朝鲜等也有分布。辽宁广布。

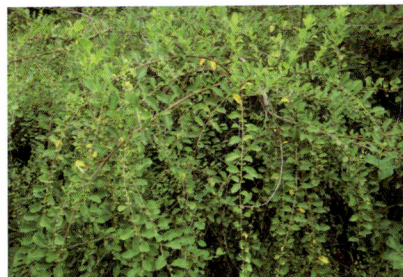

中 文 名：鼠掌老鹳草

拼　　音：shǔ zhǎng lǎo guàn cǎo

其他俗名：风露草，老鸹嘴，老鹳草

科中文名：牻牛儿苗科

科 学 名：Geraniaceae

属中文名：老鹳草属

学　　名：Geranium sibiricum

生　　境：生于杂草地、河岸、林缘。

形态特征：多年生草本。茎细长，伏卧或斜生，多分枝。基生叶早枯萎；茎生叶对生；肾状五角形，掌状5深裂，长3～6厘米，宽4～8厘米。花单生于叶腋，花梗丝状，具倒生柔毛或伏毛；近中部具2披针形苞片，果期向侧方弯曲；萼片卵状椭圆形或卵状披针形，花瓣淡蔷薇色或近白色，倒卵形。蒴果有微柔毛，果柄下垂，长15～18毫米。花果期7—10月。

分　　布：原产中国东北。朝鲜、日本、俄罗斯及欧洲部分国家也有分布。辽宁产朝阳、建平、喀左、建昌、葫芦岛、北镇、西丰、沈阳、抚顺、桓仁、鞍山、海城、大连、金州等市县。

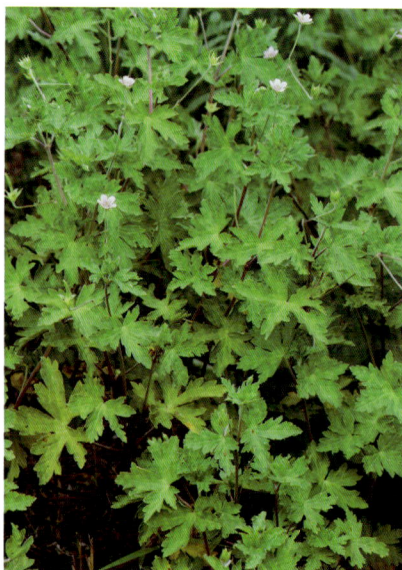

中 文 名：牻牛儿苗

拼　　音：máng niú ér miáo

其他俗名：太阳花，老鸦嘴

科中文名：牻牛儿苗科

科 学 名：Geraniaceae

属中文名：牻牛儿苗属

学　　名：Erodium stephanianum

生　　境：生于山坡、河岸沙地、荒地。

形态特征：一年生或二年生草本。茎平铺地面或斜生，多分枝。叶对生；二回羽状深裂，叶片卵形或椭圆状三角形，长5～10厘米，宽3～5厘米。伞形花序腋生，通常有2～5朵花；萼片近椭圆形，具多数脉及长硬毛，顶端钝；花瓣倒卵形，淡紫蓝色，基部具长白毛，顶端钝圆。蒴果，长约4厘米，顶端有长喙，具密而极短的伏毛。种子褐色，具斑点。花期6—8月，果期8—9月。

分　　布：原产中国东北、华北、西北、西南、华中。朝鲜、蒙古、俄罗斯、印度也有分布。辽宁产凌源、建平、北镇、兴城、彰武、阜新、沈阳、大连等市县。

中 文 名：千屈菜

拼　　音：qiān qū cài

其他俗名：水枝锦，水芝锦，水柳

科中文名：千屈菜科

科 学 名：Lythraceae

属中文名：千屈菜属

学　　名：Lythrum salicaria

生　　境：生于河边、沼泽湿地。

形态特征：多年生草本。茎直立，多分枝，略被粗毛或密被绒毛。叶对生或三叶轮生；披针形或阔披针形，全缘，无柄，长4～6（～10）厘米，宽8～15毫米。聚伞花序，簇生；红紫色或淡紫色；萼筒有纵棱12条，稍被粗毛，裂片6，三角形；花瓣6，倒披针状长椭圆形，基部楔形，着生于萼筒上部，有短爪，稍皱缩。蒴果扁圆形，长约4毫米。花期4—8月，果期7—9月。

分　　布：原产中国各省区。亚洲、欧洲、非洲、北美洲及澳大利亚东南部也有分布。辽宁产凌源、喀左、大连、瓦房店、普兰店、长海等市县。

中 文 名：欧菱

拼　　音：ōu líng

其他俗名：丘角菱，菱角

科中文名：千屈菜科

科 学 名：Lythraceae

属中文名：菱属

学　　名：Trapa natans

生　　境：生于湖泊或河湾旧河床中。

形态特征：一年生浮水草本。叶二型；沉水叶丝状，浮水叶集生成菱盘，主盘上的叶较大，叶柄及气囊有毛，后脱落，叶片广菱形或卵状菱形，长25～4.5厘米，宽2～6厘米，边缘上部有齿。花小，单生于叶腋，两性；萼筒4裂；花瓣4，长匙形，白色或微红。坚果三角形，高1.5～1.8厘米，具2肩角，肩角平伸至稍斜上，先端有倒刺，角间端宽4～6厘米。花期7—9月，果期8—10月。

分　　布：原产中国黑龙江、吉林、辽宁、内蒙古、河北、河南、山东、安徽、江苏、浙江、江西、福建、湖北、湖南、广东、广西、四川、云南。俄罗斯、朝鲜、日本也有分布。辽宁产开原、铁岭、丹东、海城等市县。

中 文 名：露珠草

拼　　音：lù zhū cǎo

其他俗名：牛泷草，心叶露珠草

科中文名：柳叶菜科

科 学 名：Oenotheraceae

属中文名：露珠草属

学　　名：Circaea cordata

生　　境：生于山坡灌丛下、路旁草地。

形态特征：多年生草本。茎被毛，通常较密；根状茎不具块茎。叶对生，花序轴上的叶则互生并呈苞片状；叶狭卵形至宽卵形，中部的长4～11（～13）厘米，宽2.3～7（～11）厘米。单总状花序顶生，或基部具分枝；花管长0.6～1毫米；萼片卵形至阔卵形，白色或淡绿色，开花时反曲；花瓣白色，倒卵形至阔倒卵形。蒴果斜倒卵形，长1.6～2.7毫米。花期6—8月，果期7—9月。

分　　布：原产中国东北、华北、华东、西南及台湾。印度、俄罗斯、朝鲜、日本也有分布。辽宁产庄河、宽甸、桓仁、西丰、清原、鞍山等市县。

中 文 名：沼生柳叶菜

拼　　音：zhǎo shēng liǔ yè cài

其他俗名：水湿柳叶菜

科中文名：柳叶菜科

科 学 名：Oenotheraceae

属中文名：柳叶菜属

学　　名：Epilobium palustre

生　　境：生于山沟溪流旁、沟边、河岸、湖边湿地、沼泽地、阴湿山坡。

形态特征：多年生草本。茎直立，圆柱形，高20～70厘米，通常单一或上部多分枝，上部被弯曲短毛。叶对生，上部叶互生；叶片线形、线状披针形或长圆状披针形，长2～7厘米，宽3～10毫米，通常全缘或微具细锯齿。花单生于茎上部叶腋；淡红色、白色或紫红色；萼裂片4，披针形；花瓣4，倒卵形。蒴果圆柱形，长3～9厘米。花期7—9月，果期8—10月。

分　　布：原产中国东北、华北、西北。亚洲其他国家、非洲、欧洲、北美洲也有分布。辽宁产绥中、西丰、铁岭、开原、本溪、大连等市县。

中 文 名：省沽油

拼　　　音：shěng gū yóu

其他俗名：水条

科中文名：省沽油科

科　学　名：Staphyleaceae

属中文名：省沽油属

学　　　名：Staphylea bumalda

生　　　境：生于路旁、山地、丛林中。

形态特征：落叶灌木。树皮紫红色或灰褐色，有纵棱。叶对生；三出复叶，柄长2.5～3厘米，具三小叶，小叶椭圆形、卵圆形或卵状披针形，长（3.5～）4.5～8厘米，宽（2～）2.5～5厘米。圆锥花序顶生，直立；萼片长椭圆形，浅黄白色，花瓣5，白色，倒卵状长圆形，较萼片稍大，长5～7毫米。蒴果膀胱状扁平，2室，先端2裂。花期4—5月，果期8—9月。

分　　　布：原产中国黑龙江、吉林、辽宁、河北、山西、陕西、浙江、湖北、安徽、江苏、四川。辽宁产庄河、本溪、凤城、桓仁、宽甸等市县。

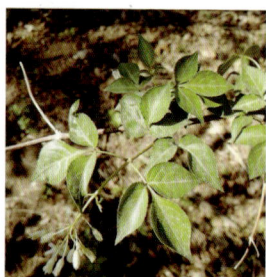

中 文 名：盐麸木

拼　　　音：yán fū mù

其他俗名：盐肤木，五倍子树

科中文名：漆树科

科 学 名：Anacardiaceae

属中文名：盐麸木属

学　　　名：Rhus chinensis

生　　　境：生于山坡、沟谷、杂木林中。

形态特征：落叶乔木。小枝棕褐色，被锈色柔毛。奇数羽状复叶互生；叶轴
　　　　　具狭翅，小叶3～6对，卵形、椭圆状卵形或长圆形，长6～12厘
　　　　　米，宽3～7厘米。圆锥花序顶生，密被灰褐色毛；雄花萼裂片长
　　　　　卵形，花瓣倒卵状长圆形，花白色；雌花萼裂片短，花鳞椭圆状
　　　　　卵形。核果球形，略扁，径4～5毫米，被具节柔毛和腺毛，成熟
　　　　　时红色。花期8—9月，果期10月。

分　　　布：原产中国各省区（除黑龙江、吉林、内蒙古、新疆外）。朝鲜、
　　　　　日本、印度、马来西亚、印度尼西亚及中南半岛也有分布。辽宁
　　　　　产绥中、沈阳、盖州、金州、大连、庄河、长海、普兰店、本
　　　　　溪、丹东、宽甸、桓仁等市县。

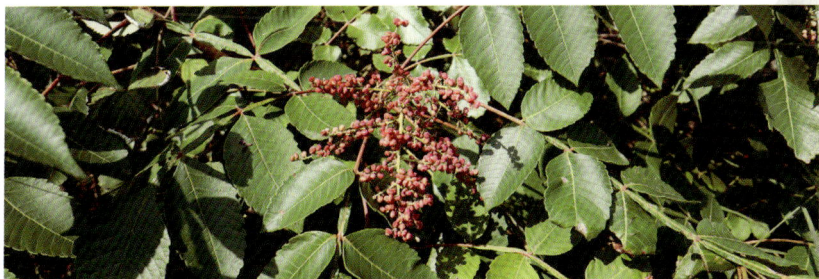

中 文 名：文冠果

拼　　音：wén guān guǒ

其他俗名：木瓜，文冠树，文官果

科中文名：无患子科

科 学 名：Sapindaceae

属中文名：文冠果属

学　　名：Xanthoceras sorbifolia

生　　境：生于丘陵、山坡等灌丛、杂木林中。

形态特征：落叶灌木或乔木。小枝粗壮，褐红色。奇数羽状复叶互生，连柄长15～30厘米；小叶4～8对，披针形或近卵形。总状花序；两性花的花序顶生，雄花序腋生；苞片长0.5～1厘米；萼片长6～7毫米；花瓣白色，基部紫红色或黄色，长约2厘米，宽7～10毫米。蒴果近球形，长达6厘米；种子长达1.8厘米，黑色而有光泽。花期5—6月，果期8—9月。

分　　布：原产中国吉林、辽宁，西北及华北。辽宁西部有记录，其他地方有栽培。

中 文 名：五角枫

拼　　音：wǔ jiǎo fēng

其他俗名：色木槭，色木，水色树

科中文名：无患子科

科 学 名：Sapindaceae

属中文名：槭属

学　　名：Acer pictum subsp. mono

生　　境：生于林中、林缘、河岸旁。

形态特征：落叶乔木。树皮灰色或灰褐色，粗糙，浅纵裂。叶对生；叶片掌
状5裂，稀7裂，基部稍呈心形或近截形；长6～8厘米，宽9～11
厘米。伞房花序生于枝端；花杂性同株；萼片5，黄绿色，长卵
形或卵形；花瓣5，淡黄色，倒披针形。翅果嫩时紫绿色，成熟
时淡黄色，翅长圆形，张开成锐角或近于钝角。花期5月，果期9
月。

分　　布：原产中国东北、华北。朝鲜、日本、俄罗斯和蒙古也有分布。辽
宁产丹东、本溪、抚顺、彰武、凤城、宽甸、桓仁等市县。

中 文 名：元宝槭

拼　　音：yuán bǎo qì

其他俗名：元宝枫，平基槭

科中文名：无患子科

科 学 名：Sapindaceae

属中文名：槭属

学　　名：Acer truncatum

生　　境：生于林中。

形态特征：落叶小乔木。树皮灰褐色或深褐色，深纵裂。叶对生；叶片掌状5裂，基部常截形；长5～10厘米，宽8～12厘米。伞房花序顶生于枝端，花6～10朵；花杂性，雄花与两性花同株；萼片5，淡黄色或黄绿色，长圆形；花瓣5，淡黄色或白色，狭椭圆形。翅果幼嫩时淡绿色，成熟时淡黄色或淡褐色，翅长圆形，张开成锐角或钝角。花期4—5月，果期9月。

分　　布：原产中国华北及吉林、辽宁、陕西、甘肃、山东、江苏、河南。朝鲜、日本也有分布。辽宁产新宾、沈阳、盖州、凤城、宽甸、东港、庄河、朝阳、北镇、彰武等市县。

中 文 名：茶条槭

拼　　音：chá tiáo qì

其他俗名：茶条枫，枫树

科中文名：无患子科

科 学 名：Sapindaceae

属中文名：槭属

学　　名：Acer tataricum subsp. ginnala

生　　境：生于海拔500米以下的山坡、稀疏林下、林缘。

形态特征：落叶灌木或小乔木。树皮灰褐色，平滑或粗糙，浅纵裂。叶对生；卵形或长卵形，长尖头，有时再分裂为3浅裂；长6～10厘米，宽4～6厘米。伞房花序顶生，花多而密；杂性，同株；萼片5，长圆形；花瓣5，倒披针形，花黄白色。翅果深褐色，翅微展开成锐角或两翅相重叠。花期5—6月，果期9月。

分　　布：原产中国黑龙江、吉林、辽宁、内蒙古、河北、山西、河南、陕西、甘肃。蒙古、俄罗斯、朝鲜、日本也有分布。辽宁产西丰、抚顺、清原、本溪、凤城、桓仁、庄河、瓦房店、营口等市县。

中 文 名：紫花槭

拼　　音：zǐ huā qì

其他俗名：紫花枫，假色槭

科中文名：无患子科

科 学 名：Sapindaceae

属中文名：槭属

学　　名：Acer pseudosieboldianum

生　　境：生于阔叶林、针阔混交林及林缘。

形态特征：落叶乔木。树皮灰色，较光滑。叶对生；叶片圆形，常9～11裂，基部广深心形，直径6～10厘米。伞房花序，具长梗，花10～16朵；杂性，同株；萼片5，紫色，长圆形；花瓣5，黄色，卵形。翅果嫩时紫色，成熟时紫黄色，翅倒卵形，基部狭窄，开展近90°左右，翅脉整齐。花期5—6月，果期9月。

分　　布：原产中国东北。朝鲜、俄罗斯也有分布。辽宁产宽甸、桓仁、凤城、清原、本溪、抚顺、沈阳、盖州、北镇、鞍山、岫岩、瓦房店、庄河等市县。

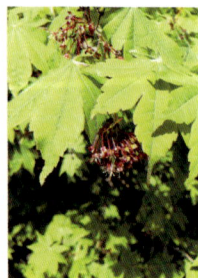

中 文 名：三花槭

拼　　音：sān huā qì

其他俗名：三花枫，扭筋槭，伞花槭

科中文名：无患子科

科 学 名：Sapindaceae

属中文名：槭属

学　　名：Acer triflorum

生　　境：生于针阔混交林中、阔叶杂木林中。

形态特征：落叶乔木。树皮褐色，常成薄片脱落。三出复叶对生；顶生小叶长圆卵形或长圆披针形，长7～9厘米，宽2.5～3.5厘米；侧生小叶长卵形，长5～7厘米。伞房花序，三花聚生；花杂性，同株；花萼片5，卵圆形，黄绿色，花瓣5，与萼片同形而稍短。翅果黄褐色，长4～4.5厘米，开展成锐角或近直角。花期4—5月，果期9月。

分　　布：原产中国东北。朝鲜也有分布。辽宁产新宾、宽甸、桓仁、凤城、本溪、庄河等市县。

中 文 名：栾树

拼　　音：luán shù

其他俗名：木栾，栾华，黑色叶树

科中文名：无患子科

科 学 名：Sapindaceae

属中文名：栾树属

学　　名：Koelreuteria paniculata

生　　境：生于山坡杂木林中。

形态特征：落叶乔木。树皮厚，灰褐色至灰黑色，老时纵裂。叶丛生于当年生枝上，平展，一回、不完全二回或偶有为二回羽状复叶，长可达50厘米，小叶7~15。圆锥花序顶生；萼片5深裂，卵形；花瓣4，狭长圆形，黄色。蒴果长卵形，膜质囊状，具3棱，先端渐狭，长4~6厘米；种子近球形，直径6~8毫米。花期6月，果熟期9月。

分　　布：原产中国东北、华北、西北、西南。朝鲜、日本也有分布。辽宁产旅顺（蛇岛）、瓦房店、凌源等市县。

中 文 名：白鲜

拼　　音：bái xiān

其他俗名：八股牛

科中文名：芸香科

科 学 名：Rutaceae

属中文名：白鲜属

学　　名：Dictamnus dasycarpus

生　　境：生于山坡及丛林中。

形态特征：多年生草本。茎直立，基部木质。叶互生，通常密集于茎中部；奇数羽状复叶互生，叶轴有甚狭窄的叶翼，小叶9～13，椭圆至长圆形，长3～12厘米，宽1～5厘米。总状花序顶生；花瓣5，倒披针形，淡红色或紫红色，稀为白色，花瓣有明显的红紫色条纹，背面沿中脉两侧有腺点和柔毛；苞片狭披针形。蓇葖果星形，5室。花期5—7月，果期7—9月。

分　　布：原产中国东北、华北、西北、华东。朝鲜、蒙古、俄罗斯也有分布。辽宁广布。

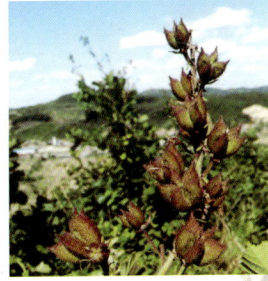

中 文 名：黄檗

拼　　音：huáng bò

其他俗名：黄波罗，黄菠萝

科中文名：芸香科

科 学 名：Rutaceae

属中文名：黄檗属

学　　名：Phellodendron amurense

生　　境：生于山坡杂木林中、山间谷地。

形态特征：落叶乔木。木栓层发达，柔软，内皮鲜黄色。奇数羽状复叶对生；小叶5～13，卵状披针形或卵形，长6～12厘米，宽2.5～4.5厘米。聚伞状圆锥花序顶生；花单性，雌雄异株；萼片5，细小，阔卵形，长约1毫米；花瓣5，紫绿色，长圆形，长3～4毫米。核果浆果状，圆球形，径约1厘米，成熟后黑色，通常有5～8浅纵沟。花期5—6月，果期9—10月。

分　　布：原产中国东北及河北、内蒙古。俄罗斯、朝鲜、日本也有分布。辽宁广布。

中 文 名：臭檀吴萸

拼　　音：chòu tán wú yú

其他俗名：臭檀吴茱萸，臭檀

科中文名：芸香科

科 学 名：Rutaceae

属中文名：吴茱萸属

学　　名：Tetradium daniellii

生　　境：生于沟边、疏林。

形态特征：落叶乔木。树皮暗灰色。奇数羽状复叶对生；小叶5～11，阔卵形至卵状椭圆形，长6～15厘米，宽3～7厘米。伞房状聚伞花序顶生，雌雄异株；花白色；萼片5，卵状三角形，长不及1毫米；花瓣5，狭卵状椭圆形，长约3毫米。蓇葖果扁球形，紫红色或红褐色，干后变淡黄色或淡棕色，长5～6毫米，果皮有透明腺点，分果先端有尖喙。花期6—7月，果期9月。

分　　布：原产中国辽宁、河北、山西、陕西、甘肃、山东、河南、湖北。朝鲜、日本也有分布。辽宁产金州、大连、旅顺等市县。

中 文 名：青花椒

拼　　音：qīng huā jiāo

其他俗名：山花椒，香椒子，崖椒

科中文名：芸香科

科 学 名：Rutaceae

属中文名：花椒属

学　　名：Zanthoxylum schinifolium

生　　境：生于山坡疏林中，干燥及湿润地。

形态特征：落叶灌木。树皮暗灰色，多皮刺。奇数羽状复叶互生；小叶
　　　　　13～21，宽卵形至披针形，或阔卵状菱形，长5～10毫米，宽
　　　　　4～6毫米。伞房状圆锥花序顶生；花单性，雌雄异株；萼片5，
　　　　　广卵形，长约2毫米；花瓣5，淡黄白色，长圆形或长卵形，长约
　　　　　1.5毫米。蓇葖果球形，褐色或红褐色，径4～5毫米，果皮有腺
　　　　　点。花期7—8月，果期9—10月。

分　　布：原产中国东北、华北、西北、华中、华南、西南。日本、朝鲜也
　　　　　有分布。辽宁产绥中、营口、凤城、宽甸、庄河、金州、大连等
　　　　　市县。

中 文 名：臭椿

拼　　　音：chòu chūn

其他俗名：椿树，樗，臭树

科中文名：苦木科

科 学 名：Simaroubaceae

属中文名：臭椿属

学　　　名：Ailanthus altissima

生　　　境：生于山坡、林中。

形态特征：落叶乔木。树皮平滑而有直纹；嫩枝有髓。奇数羽状复叶互生；
　　　　　长40~60厘米；有小叶13~27，卵状披针形，长7~13厘米，宽
　　　　　2.5~4厘米。圆锥花序；萼片5，覆瓦状排列，裂片长0.5~1毫
　　　　　米；花瓣5，淡绿色，长2~2.5毫米，基部两侧被硬粗毛。翅果
　　　　　长椭圆形，长3~4.5厘米，宽1~1.2厘米，初黄绿色，后有时微
　　　　　带红色，成熟后变为褐色。花期4—5月，果期8—10月。

分　　　布：原产中国各省区（除黑龙江、吉林、新疆、青海、宁夏、甘肃、
　　　　　海南外）。辽宁产鞍山、岫岩、盖州、瓦房店、普兰店、庄河、
　　　　　大连、凌源、建昌等市县。

中 文 名：扁担杆

拼　　音：biǎn dān gān

其他俗名：扁担木，小花扁担杆，孩儿拳头

科中文名：锦葵科

科 学 名：Malvaceae

属中文名：扁担杆属

学　　名：Grewia biloba

生　　境：生于山坡、山沟边。

形态特征：落叶灌木。树皮灰褐色。嫩枝被粗毛。叶互生；卵形或菱状卵
　　　　　形，长4～9厘米，宽2.5～4厘米。聚伞花序，与叶对生；花乳黄
　　　　　色；萼片5，长圆状披针形，外面密被灰色星状毛和短柔毛，内
　　　　　面无毛；花瓣5，椭圆形，长1～1.5毫米，内面有腺体，周围生
　　　　　有灰白色柔毛。核果，常呈完全结合的双球形，橙红色至红色。
　　　　　花期7月，果熟期9—10月。

分　　布：原产中国华北、华东、西南及辽宁、广东、湖北、陕西。朝鲜也
　　　　　有分布。辽宁产长海、大连、旅顺、金州等市县。

中 文 名：糠椴

拼　　音：kāng duàn

其他俗名：辽椴，大叶椴，菩提树

科中文名：锦葵科

科 学 名：Malvaceae

属中文名：椴属

学　　名：Tilia mandshurica

生　　境：生于山间、沟谷、杂木林中。

形态特征：落叶乔木。树皮暗灰色，嫩枝被灰白色星状茸毛。叶互生；卵圆形，长8~10厘米，宽7~9厘米，上面无毛，下面密被灰色星状茸毛，边缘有三角形锯齿。聚伞花序；黄绿色；苞片窄长圆形或窄倒披针形，长5~9厘米，宽1~2.5厘米；萼片长5毫米，花瓣长7~8毫米。核果球形，长7~9毫米，有5条不明显的棱。花期7月，果期9月。

分　　布：原产中国东北各省及河北、内蒙古、山东、江苏。朝鲜及俄罗斯西伯利亚南部也有分布。辽宁广布。

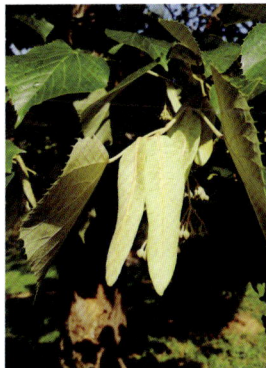

中 文 名：紫椴

拼　　音：zǐ duàn

其他俗名：籽椴

科中文名：锦葵科

科 学 名：Malvaceae

属中文名：椴属

学　　名：Tilia amurensis

生　　境：生于水分充足、排水良好、土层深厚的山坡。

形态特征：落叶乔木。树皮灰色或暗灰色，浅纵裂。叶互生；叶广卵形或卵圆形，长4.5～6厘米，宽4～5.5厘米，基部心形，边缘有锯齿，齿尖突出，先端呈尾状，上面无毛，下面浅绿色，脉腋内有毛丛。聚伞花序，有花3～20朵；苞片多为倒披针形；萼片5，广披针形；花瓣5，黄白色，倒披针形。核果球形或椭圆形，长5～8毫米，被褐色星状茸毛。花期6—7月，果期9月。

分　　布：原产中国东北。朝鲜也有分布。辽宁产瓦房店、普兰店、庄河及辽东地区各市县。

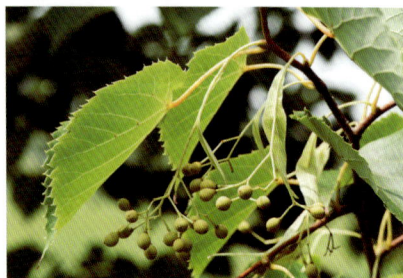

中 文 名：狼毒

拼　　音：láng dú

其他俗名：断肠草，燕子花，馒头花

科中文名：瑞香科

科 学 名：Thymelaeaceae

属中文名：狼毒属

学　　名：Stellera chamaejasme

生　　境：生于干燥向阳的高山草坡、草坪、河滩台地。

形态特征：多年生草本。茎直立，丛生，不分枝。叶散生，稀对生或近轮
　　　　　生，薄纸质，披针形或长圆状披针形，长12～28毫米，宽3～10
　　　　　毫米。头状花序，顶生，圆球形；花白色、黄色至带紫色，芳
　　　　　香；具绿色叶状总苞片；花萼筒细瘦，具明显纵脉，裂片5，常
　　　　　具紫红色的网状脉纹。坚果圆锥形，长5毫米，直径约2毫米，为
　　　　　宿存的花萼筒所包围。花期4—6月，果期7—9月。

分　　布：原产中国北方各省区及西南。俄罗斯西伯利亚也有分布。辽宁产
　　　　　建平、彰武等县。

中 文 名：草瑞香

拼　　音：cǎo ruì xiāng

其他俗名：粟麻，元棍条

科中文名：瑞香科

科 学 名：Thymelaeaceae

属中文名：草瑞香属

学　　名：Diarthron linifolium

生　　境：生于山坡草地、林缘、灌丛间。

形态特征：一年生草本，多分枝，小枝纤细，圆柱形。叶互生，稀近对生，散生于小枝上；线形至线状披针形，长7～15毫米，宽1～3毫米。花顶生总状花序，绿色；花萼筒细小，筒状，裂片4，卵状椭圆形，直立或微开展。坚果卵形或圆锥状，长约2毫米，直径约1.1毫米，黑色，为宿存的花萼筒所包围，基部具关节。花期5—7月，果期6—8月。

分　　布：原产中国吉林、辽宁、河北、山西、陕西、甘肃、新疆、江苏。俄罗斯西伯利亚地区也有分布。辽宁广布。

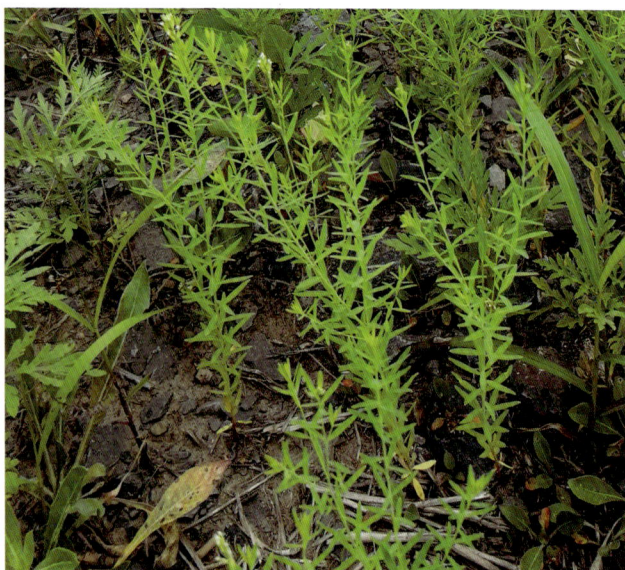

中 文 名：芫花

拼　　音：yuán huā

其他俗名：芫花条

科中文名：瑞香科

科 学 名：Thymelaeaceae

属中文名：瑞香属

学　　名：Daphne genkwa

生　　境：生于山坡。

形态特征：落叶灌木，多分枝。叶对生，稀互生；卵形或卵状披针形至椭圆状长圆形，长3～4厘米，宽1～2厘米。花比叶先开放，紫色或淡紫蓝色，常3～6朵簇生于叶腋或侧生；花盘环状，不发达；花萼筒细瘦，筒状，裂片4，卵形或长圆形，顶端圆形。浆果椭圆形，长约4毫米，肉质，白色，包藏于宿存的花萼筒的下部。花期3—5月，果期6—7月。

分　　布：原产中国辽宁、河北、山西、陕西、甘肃、山东、江苏、安徽、浙江、江西、福建、台湾、河南、湖北、湖南、四川、贵州。日本也有分布。辽宁产瓦房店、长海、旅顺等市县。

中 文 名：花旗杆

拼　　音：huā qí gān

其他俗名：花旗竿

科中文名：十字花科

科 学 名：Cruciferae

属中文名：花旗竿属

学　　名：Dontostemon dentatus

生　　境：生于海拔870～1900米的石砾质山地、岩石隙间、山坡、林边、路旁。

形态特征：二年生草本。茎单一或分枝，基部常带紫色。叶互生；椭圆状披针形，两面稍具毛。总状花序生于枝顶，结果时长10～20厘米；花瓣淡紫色，倒卵形，长6～10毫米，宽约3毫米，顶端钝，基部具爪。长角果长圆柱形，宿存花柱短，顶端微凹。花期5—7月，果期7—8月。

分　　布：原产中国黑龙江、吉林、辽宁、河北、山西、山东、河南、安徽、江苏、陕西。朝鲜、日本、苏联也有分布。辽宁产昌图、西丰、法库、铁岭、彰武、阜新、建平、凌源、兴城、义县、北镇、沈阳、抚顺、清原、鞍山、本溪、桓仁、岫岩、凤城、盖州、普兰店、瓦房店、庄河、丹东、大连、长海等市县。

中 文 名：白花碎米荠

拼　　音：bái huā suì mǐ jì

其他俗名：白花石芥菜，白花碎米芥

科中文名：十字花科

科 学 名：Cruciferae

属中文名：碎米荠属

学　　名：Cardamine leucantha

生　　境：生于海拔200～2000米的路边、山坡湿草地、杂木林下、山谷沟
　　　　　边阴湿处。

形态特征：多年生草本。根状茎短而匍匐；茎单一，表面有沟棱、密被短绵
　　　　　毛或柔毛。基生叶有长叶柄，小叶2～3对，边缘有不整齐的钝
　　　　　齿或锯齿，基部楔形或阔楔形；茎生叶互生，中部叶有较长的叶
　　　　　柄，通常有小叶2对；茎上部叶有小叶1～2对，较小。总状花序
　　　　　顶生；花瓣白色。长角果；种子长圆形，长约2毫米，栗褐色，
　　　　　边缘具窄翅或无。花期4—7月，果期6—8月。

分　　布：原产中国东北及河北、山西、河南、安徽、江苏、浙江、湖北、
　　　　　江西、陕西、甘肃。日本、朝鲜、俄罗斯西伯利亚南地区也有分
　　　　　布。辽宁产西丰、清原、开原、抚顺、新宾、鞍山、本溪、桓
　　　　　仁、岫岩、凤城、宽甸、庄河、普兰店、瓦房店等市县。

中 文 名：风花菜

拼　　音：fēng huā cài

其他俗名：球果蔊菜

科中文名：十字花科

科 学 名：Cruciferae

属中文名：蔊菜属

学　　名：Rorippa globosa

生　　境：生于河岸、湿地、路旁、沟边、草丛中、干旱处。

形态特征：一年或二年生直立粗壮草本。茎单一，基部木质化，下部被白色长毛，上部近无毛分枝或不分枝。叶互生；茎下部叶具柄，上部叶无柄。基部渐狭，下延成短耳状而半抱茎，边缘具不整齐粗齿。总状花序多数，呈圆锥花序式排列；花小，黄色，具细梗；花瓣4，倒卵形，与萼片等长或比萼片稍短，基部渐狭成短爪。短角果近球形。花期4—6月，果期7—9月。

分　　布：原产中国黑龙江、吉林、辽宁、河北、山西、山东、安徽、江苏、浙江、湖北、湖南、江西、广东、广西、云南。俄罗斯也有分布。辽宁产彰武、沈阳、辽阳、鞍山、西丰、岫岩、凤城、庄河、大连、长海、普兰店、瓦房店、本溪等市县。

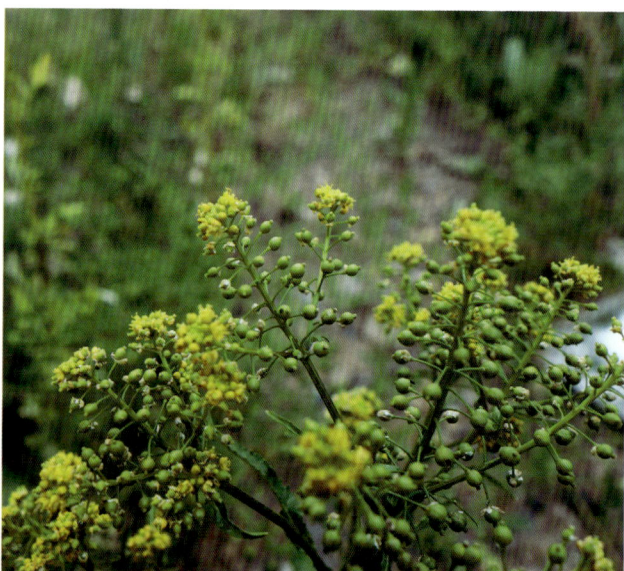

中 文 名：垂果南芥

拼　　音：chuí guǒ nán jiè

其他俗名：垂果南芥菜，垂果南荠

科中文名：十字花科

科 学 名：Cruciferae

属中文名：南芥属

学　　名：Arabis pendula

生　　境：生于山坡、路旁、河边草丛中及高山灌木林下和荒漠地区。

形态特征：二年生草本。全株被硬单毛，杂有2~3叉毛。叶互生；茎下部的叶长椭圆形至倒卵形，边缘有浅锯齿，基部渐狭而成叶柄；茎上部的叶狭长椭圆形至披针形，较下部的叶略小，基部呈心形或箭形，抱茎，上面黄绿色至绿色。总状花序顶生或腋生，有花十几朵；花瓣白色、匙形，长3.5~4.5毫米，宽约3毫米。长角果线形，弧曲，下垂。花期6—9月，果期7—10月。

分　　布：原产中国黑龙江、吉林、辽宁、内蒙古、河北、山西、湖北、陕西、甘肃、青海、新疆、四川、贵州、云南、西藏。亚洲北部、东部也有分布。辽宁产北镇、沈阳、抚顺、清原、西丰、法库、本溪、桓仁、鞍山、营口、岫岩、凤城、宽甸、丹东、普兰店、大连、庄河、瓦房店、朝阳等市县。

中 文 名：葶苈

拼　　音：tíng lì

其他俗名：大适，猫耳菜

科中文名：十字花科

科 学 名：Cruciferae

属中文名：葶苈属

学　　名：Draba nemorosa

生　　境：生于田边路旁、山坡草地、河谷湿地。

形态特征：一年或二年生草本。茎直立，单一或分枝，下部密生单毛、叉状毛和星状毛，上部渐稀至无毛。基生叶莲座状；茎生叶互生，长卵形或卵形，顶端尖，基部楔形或渐圆，边缘有细齿，上面被单毛和叉状毛，下面以星状毛为多。总状花序有花25～90朵，密集成伞房状；花瓣黄色，倒楔形，长约2毫米，顶端凹。短角果长圆形或长椭圆形，被短单毛。花期3—5月，果期5—6月。

分　　布：原产中国东北、华北及江苏、浙江、四川、西藏。北温带其他地区也有分布。辽宁产开原、沈阳、辽阳、鞍山、抚顺、本溪、凤城、瓦房店、庄河、宽甸、丹东、大连、普兰店、桓仁、彰武等市县。

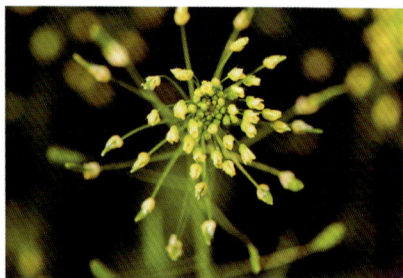

中 文 名：槲寄生

拼　　音：hú jì shēng

其他俗名：冬青

科中文名：檀香科

科 学 名：Santalaceae

属中文名：槲寄生属

学　　名：Viscum coloratum

生　　境：寄生于杨树、柳树、梨树、榆树及其他树的树枝上。

形态特征：常绿小灌木。茎、枝均圆柱状，二歧或三歧。叶对生，革质，长
　　　　　椭圆形至椭圆状披针形，长3～7厘米，宽0.7～1.5（～2）厘米。
　　　　　雌雄异株；花序顶生或腋生于茎叉状分枝处；雄花序聚伞状，总
　　　　　苞舟形，长5～7毫米；雌花序聚伞式穗状，总花梗长2～3毫米或
　　　　　几无，具花3～5朵。浆果球形，直径6～8毫米，具宿存花柱，成
　　　　　熟时淡黄色或橙红色，果皮平滑。花期4—5月，果期9月。

分　　布：原产中国东北、华北及湖北、陕西、甘肃。俄罗斯、朝鲜、日本
　　　　　也有分布。辽宁产庄河、沈阳、鞍山、本溪、盖州、岫岩、开
　　　　　原、新宾等市县。

中 文 名：二色补血草

拼　　音：èr sè bǔ xuè cǎo

其他俗名：苍蝇架，苍蝇花

科中文名：白花丹科

科 学 名：Plumbaginaceae

属中文名：补血草属

学　　名：Limonium bicolor

生　　境：生于平原、山坡下部、丘陵。

形态特征：多年生草本。叶基生，偶可见花序轴下部1～3节上有叶；叶匙形至长圆状匙形，长3～15厘米，宽0.5～3厘米，先端通常圆或钝，基部渐狭成平扁的柄。花序圆锥状；不育枝少；小枝近扁平，二棱形；萼檐白色或淡紫色部分达到萼的中部，开张幅径与萼长相等；花冠黄色。蒴果包于宿存萼内，具5棱。花期5—7月，果期6—8月。

分　　布：原产中国东北、黄河流域各省区及江苏。蒙古也有分布。辽宁产彰武县。

中 文 名：酸模

拼　　音：suān mó

其他俗名：酸溜溜

科中文名：蓼科

科 学 名：Polygonaceae

属中文名：酸模属

学　　名：Rumex acetosa

生　　境：生于湿地、草地、山坡、路旁、林缘。

形态特征：多年生草本。茎直立，高40～100厘米。叶互生；基生叶和茎下部叶箭形，长3～12厘米，宽2～4厘米；托叶鞘膜质。花单性异株；花梗中部具关节；花被片6，成2轮，雄花内花被片椭圆形，长约3毫米，外花被片较小；雌花内花被片果时增大，近圆形，直径3.5～4毫米。瘦果椭圆形，具3锐棱，两端尖，长约2毫米，黑褐色。花期5—7月，果期6—8月。

分　　布：原产中国东北、华北及台湾。朝鲜、日本、俄罗斯及其他欧洲国家和北美洲部分国家也有分布。辽宁产西丰、开原、昌图、沈阳、北镇、本溪、丹东、鞍山、金州、庄河等市县。

中 文 名：扁蓄

拼　　音：biǎn xù

其他俗名：萹蓄蓼

科中文名：蓼科

科 学 名：Polygonaceae

属中文名：萹蓄属

学　　名：Polygonum aviculare

生　　境：生于荒地、路旁及河边沙地上。

形态特征：一年生草本。茎平卧、上升或直立，高10～40厘米，自基部多分枝，具纵棱。叶互生；椭圆形，狭椭圆形或披针形，长1～4厘米，宽3～12毫米，托叶鞘宽。花单生或数朵簇生于叶腋，遍布于植株，花被淡绿色，中裂或浅裂，裂片有白色或蔷薇色的狭边，向基部收缩。瘦果卵形，具3棱，长2.5～3毫米，黑褐色，密被由小点组成的细条纹，无光泽，与宿存花被近等长或稍超过。花期5—7月，果期6—8月。

分　　布：原产中国各省区。欧洲、亚洲、美洲也有分布。辽宁产大连、西丰、开原、法库、丹东、凌源等市县。

中 文 名：红蓼

拼　　音：hóng liǎo

其他俗名：东方蓼，红草

科中文名：蓼科

科 学 名：Polygonaceae

属中文名：萹蓄属

学　　名：Polygonum orientale

生　　境：生于荒废处、沟旁及近水肥沃湿地。

形态特征：一年生草本。茎直立，粗壮，高1～2米，上部多分枝，密被开展的长柔毛。叶互生；叶片宽卵形、宽椭圆形或卵状披针形，长10～20厘米，宽5～12厘米，两面密生短柔毛。总状花序呈穗状，顶生或腋生，长3～7厘米，花紧密，微下垂；苞片宽漏斗状，长3～5毫米，草质，绿色，每苞内具3～5花；花被5深裂，淡红色或白色；花被片椭圆形，长3～4毫米。瘦果近圆形，双凹，直径长3～3.5毫米，黑褐色。花果期7—9月。

分　　布：原产中国各省区。朝鲜、俄罗斯、菲律宾、印度及中南半岛各国、中亚和欧洲各国也有分布。辽宁产西丰、铁岭、北镇、新民、沈阳、抚顺、辽阳、营口、大连、新宾、凤城、丹东等市县。

中 文 名：酸模叶蓼

拼　　音：suān mó yè liǎo

其他俗名：大马蓼

科中文名：蓼科

科 学 名：Polygonaceae

属中文名：萹蓄属

学　　名：Polygonum persicaria

生　　境：生于田边、路旁、水边、荒地或沟边湿地。

形态特征：一年生草本。茎直立，高20～120厘米，节部膨大。叶互生；叶片披针形或宽披针形，长5～15厘米，宽1～3厘米，顶端渐尖，基部楔形，表面绿色，常有新月形黑斑。圆锥花序由数个总状花序穗构成，顶生或腋生，花紧密；花被粉红色或淡绿色，常4裂。坚果卵圆形，扁平，长2～3毫米，黑褐色，有光泽，包于宿存花被内。花果期7—8月。

分　　布：原产中国各省区。蒙古、朝鲜、日本、菲律宾、印度、巴基斯坦及欧洲各国也有分布。辽宁广布。

中 文 名：叉分蓼

拼　　音：chā fēn liǎo

其他俗名：叉分神血宁，分叉蓼

科中文名：蓼科

科 学 名：Polygonaceae

属中文名：萹蓄属

学　　名：Polygonum divaricatum

生　　境：生于山坡。

形态特征：多年生草本。茎直立，高70~120厘米，茎叉状分枝，开展。叶互生；叶披针形或长圆形，长5~12厘米，宽0.5~2厘米，两面无毛或被疏柔毛；托叶鞘膜质，偏斜，长1~2厘米，疏生柔毛或无毛，开裂，脱落。花序圆锥状，分枝开展；苞片卵形，每苞片内具2~3花；花被5深裂，白色，花被片椭圆形，长2.5~3毫米，大小不相等。瘦果宽椭圆形，具3锐棱，长5~6毫米，黄褐色，超出宿存花被约1倍。花期7—8月，果期8—9月。

分　　布：原产中国东北、华北。朝鲜、蒙古、俄罗斯也有分布。辽宁产凌源、建平、葫芦岛、锦州、彰武、北镇、西丰、辽阳、鞍山、金州、庄河、瓦房店等市县。

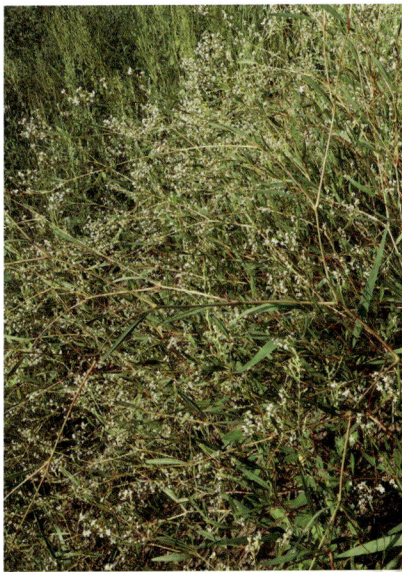

中 文 名：种阜草

拼　　音：zhǒng fù cǎo

其他俗名：莫石竹

科中文名：石竹科

科 学 名：Caryophyllaceae

属中文名：种阜草属

学　　名：Moehringia lateriflora

生　　境：生于稀疏的针叶林和针阔叶混交林内、红松林下、灌丛间、林缘、湿草甸、沙丘间低湿地。

形态特征：多年生草本。匍匐根状茎，直立。叶对生；叶片椭圆形或长圆形，长1~2.5厘米，宽4~10毫米。聚伞花序顶生或腋生，具1~3朵花；花梗密被短毛；苞片针状；花直径约7毫米；萼片卵形或椭圆形，长约2毫米；花瓣白色，椭圆状倒卵形，比萼片长1~1.5倍；雄蕊短于花瓣；花柱3。蒴果长卵圆形，长3.5~5.5毫米，顶端6裂。花期6月，果期7—8月。

分　　布：原产黑龙江、吉林、辽宁、内蒙古、河北、山西、宁夏。哈萨克斯坦、俄罗斯、土耳其、蒙古、朝鲜、日本及欧洲也有分布。辽宁产凤城、本溪、昌图等市县。

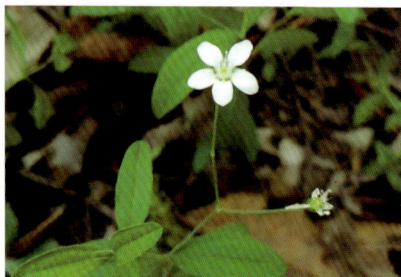

中 文 名：孩儿参

拼　　音：hái ér shēn

其他俗名：太子参，异叶假繁缕

科中文名：石竹科

科 学 名：Caryophyllaceae

属中文名：孩儿参属

学　　名：Pseudostellaria heterophylla

生　　境：生于杂木林、阔叶林内、灌丛、林下岩石旁的阴湿地。

形态特征：多年生草本。块根长纺锤形。茎直立，单生。叶对生；叶异型，茎下部叶常1~2对，叶片倒披针形，上部叶2~3对，叶片宽卵形或菱状卵形，长3~6厘米，宽2~17（~20）毫米。花两型；开花受精花1~3朵，腋生或呈聚伞花序；萼片5，狭披针形，长约5毫米；花瓣5，白色，长圆形或倒卵形，长7~8毫米；闭花受精花具短梗。蒴果宽卵形，含少数种子。花果期4—6月。

分　　布：原产中国东北、华北、西北、华中。朝鲜、日本也有分布。辽宁产金州、大连、普兰店、瓦房店、庄河、东港、岫岩、凤城、宽甸、桓仁、本溪、丹东、鞍山等市县。

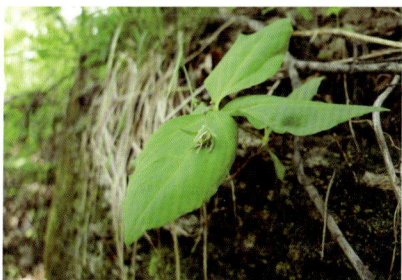

中 文 名：叉歧繁缕

拼　　音：chā qí fán lǚ

其他俗名：叉繁缕，歧枝繁缕，双歧繁缕

科中文名：石竹科

科 学 名：Caryophyllaceae

属中文名：雀舌草属

学　　名：Stellaria dichotoma

生　　境：生于向阳石质山坡、石缝间或固定沙丘。

形态特征：多年生草本。茎丛生，圆柱形，多次二歧分枝。叶对生；叶片卵形或卵状披针形，长0.5～2厘米，宽3～10毫米。聚伞花序顶生，具多数花；萼片5，披针形，长4～5毫米；花瓣5，白色，倒披针形，长4毫米，2深裂至1/3处或中部；雄蕊10，长仅花瓣的1/3～1/2；花柱3。蒴果宽卵形，长约3毫米，比宿存萼短，6齿裂。花期5—6月，果期7—8月。

分　　布：原产中国黑龙江、辽宁、内蒙古、河北、甘肃、青海、新疆。俄罗斯、蒙古也有分布。辽宁产北镇市。

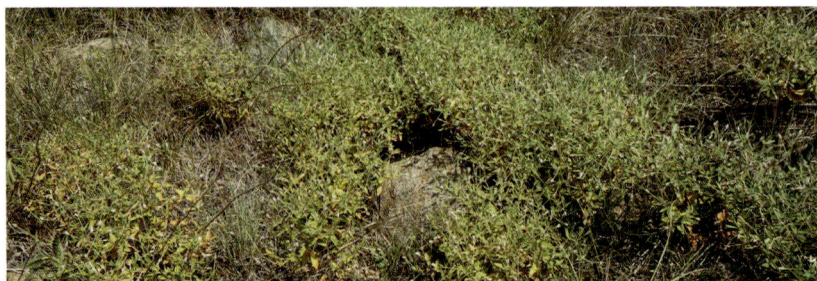

中 文 名：狗筋蔓

拼　　音：gǒu jīn màn

其他俗名：白牛膝，抽筋草，筋骨草

科中文名：石竹科

科 学 名：Caryophyllaceae

属中文名：蝇子草属

学　　名：Silene baccifera

生　　境：生于山沟溪流旁灌丛、草丛间、林缘、山坡路旁的灌丛。

形态特征：多年生草本。茎铺散，俯仰，多分枝。叶对生；叶片卵形或长椭圆形，长1.5～5（～13）厘米，宽0.8～2（～4）厘米。圆锥花序疏松；花梗细，具1对叶状苞片；花萼宽钟形，长9～11毫米，后期膨大呈半圆球形；花瓣白色，轮廓倒披针形，长约15毫米，宽约2.5毫米，瓣片叉状浅2裂。蒴果圆球形，呈浆果状，直径6～8毫米。花果期6—9月。

分　　布：原产中国东北、西北、西南、华北、华东。朝鲜、日本、俄罗斯也有分布。辽宁产普兰店、瓦房店、庄河、大连、凤城、宽甸、桓仁、本溪、抚顺、开原、铁岭、绥中、丹东、鞍山等市县。

中 文 名：疏毛女娄菜

拼　　音：shū máo nǚ lóu cài

其他俗名：坚硬女娄菜，光萼女娄菜，粗壮女娄菜

科中文名：石竹科

科 学 名：Caryophyllaceae

属中文名：蝇子草属

学　　名：Silene firma

生　　境：生于山坡草地、林缘、灌丛间、河谷、草甸、山沟路旁。

形态特征：多年生草本。茎直立，较粗壮。叶对生；叶片卵状披针形至披针形，长3～11厘米，宽8～30毫米，基部渐狭，稍抱茎。总状聚伞花序似轮生状；花瓣白色，稀稍带粉紫色，稍长于萼，先端2裂，喉部具2鳞片，基部具狭爪；雄蕊短于花瓣，花丝细长；子房长椭圆形，花柱3。蒴果长卵形，长8～11毫米，稍长于萼；种子肾形，黑褐色。花期7—8月，果期8—9月。

分　　布：原产中国东北、华北。朝鲜、日本、俄罗斯也有分布。辽宁产大连、长海、金州、瓦房店、普兰店、庄河、凤城、宽甸、桓仁、西丰、铁岭、丹东、鞍山、沈阳等市县。

中 文 名：浅裂剪秋萝

拼　　音：qiǎn liè jiǎn qiū luó

其他俗名：剪秋萝，毛缘剪秋萝

科中文名：石竹科

科 学 名：Caryophyllaceae

属中文名：剪秋萝属

学　　名：Lychnis cognata

生　　境：生于林缘草地、灌丛间、山沟路旁、草甸子处。

形态特征：多年生草本。茎直立。叶对生；叶片长圆状披针形或长圆形，长
　　　　　5～11厘米，宽1～4厘米。二歧聚伞花序具数花；花直径3.5～5
　　　　　厘米；花梗长3～12毫米，被短柔毛；苞片叶状；花萼筒状棒
　　　　　形，长20～25毫米，直径3.5～5毫米；花瓣橙红色或淡红色，瓣
　　　　　片宽倒卵形，长15～20毫米。蒴果长椭圆状卵形，长约15毫米；
　　　　　种子圆肾形，长约1.5毫米，黑褐色。花果期7—9月。

分　　布：原产中国东北、华北。朝鲜、俄罗斯也有分布。辽宁产庄河、岫
　　　　　岩、凤城、本溪、桓仁、清原、铁岭、鞍山等市县。

中 文 名：长蕊石头花

拼　　音：cháng ruǐ shí tóu huā

其他俗名：长蕊丝石竹，山蚂蚱菜，石头花

科中文名：石竹科

科 学 名：Caryophyllaceae

属中文名：石头花属

学　　名：Gypsophila oldhamiana

生　　境：生于向阳山坡、山顶、山沟旁多石质地、海滨荒山、沙坡地。

形态特征：多年生草本。茎分歧，木质化，数个丛生。叶对生；叶片近革质，长圆形，长4～8厘米，宽5～15毫米。伞房状聚伞花序较密集，顶生或腋生；花梗长2～5毫米；苞片卵状披针形，膜质；花萼钟形或漏斗状，长2～3毫米；花瓣粉红色，倒卵状长圆形，长于花萼1倍；雄蕊长于花瓣；子房倒卵球形，花柱长线形。蒴果卵球形，稍长于宿存萼。花期6—9月，果期8—10月。

分　　布：原产中国东北、华北、西北。朝鲜也有分布。辽宁广布。

中 文 名：石竹

拼　　音：shí zhú

其他俗名：石竹子花，石留节花

科中文名：石竹科

科 学 名：Caryophyllaceae

属中文名：石竹属

学　　名：Dianthus chinensis

生　　境：生于向阳山坡草地、林缘、灌丛、岩石裂隙。

形态特征：多年生草本。茎直立，上部分枝。叶对生；叶片线状披针形，长3～5厘米，宽2～4毫米，灰绿色。花单生于枝端或数花集成聚伞花序；苞片4，卵形；花萼圆筒形，长15～25毫米；花瓣长16～18毫米，瓣片倒卵状三角形，长13～15毫米，紫红色、粉红色、鲜红色或白色，喉部有斑纹；雄蕊露出喉部外，花药蓝色；子房长圆形，花柱线形。蒴果圆筒形，包于宿存萼内。花果期6—10月。

分　　布：原产中国各省区（除华南较热地区外）。朝鲜、日本、俄罗斯、印度也有分布。辽宁广布。

中 文 名：轴藜

拼　　音：zhóu lí

其他俗名：大帚菜，冻不死草，扫帚菜

科中文名：苋科

科 学 名：Amaranthaceae

属中文名：轴藜属

学　　名：Axyris amaranthoides

生　　境：生于山坡、杂草地、路旁、河边。

形态特征：一年生草本。茎直立，粗壮。叶互生；基生叶大，披针形，长3～7厘米，宽0.5～1.3厘米，叶脉明显；枝生叶和苞叶较小，狭披针形或狭倒卵形，长约1厘米，宽2～3毫米。花小，单性；雄花序穗状；花被裂片3，狭矩圆形；雄蕊3；雌花花被片3，白膜质。胞果长椭圆状倒卵形，侧扁，长2～3毫米，灰黑色。花果期8—9月。

分　　布：原产中国东北、华北、西北。朝鲜、日本、蒙古、俄罗斯及欧洲部分国家也有分布。辽宁产建昌、凌源、西丰、新宾、宽甸、本溪、营口、鞍山、海城、庄河等市县。

中 文 名：滨藜

拼　　音：bīn lí

其他俗名：尖叶落藜，碱灰菜

科中文名：苋科

科 学 名：Amaranthaceae

属中文名：滨藜属

学　　名：Atriplex patens

生　　境：生于轻度盐碱性草地、沙土地。

形态特征：一年生草本。茎直立或外倾。叶互生或近基部近对生；叶片披针形至条形，长3～9厘米，宽4～10毫米。花序穗状，或有短分枝，于茎上部再集成穗状圆锥状；雄花花被4～5裂，雄蕊与花被裂片同数；雌花的苞片果时菱形至卵状菱形，长约3毫米，宽约2.5毫米。胞果；种子二型，扁平，圆形或双凸镜形，黑色或红褐色，直径1～2毫米。花果期8—10月。

分　　布：原产中国东北、华北、西北。俄罗斯及东欧部分国家也有分布。辽宁产营口、葫芦岛、大连、长海等市县。

中 文 名：地肤

拼　　音：dì fū

其他俗名：地麦，落帚，孔雀松，野菠菜

科中文名：苋科

科 学 名：Amaranthaceae

属中文名：地肤属

学　　名：Kochia scoparia

生　　境：生于田边、路旁、荒漠、沙地。

形态特征：一年生草本。茎直立，圆柱状。叶互生；叶片披针形或条状披针形，长2～5厘米，宽3～7毫米。花两性或雌性；花被近球形，淡绿色；翅端附属物三角形至倒卵形，有时近扇形，膜质；花丝丝状，花药淡黄色；柱头2，丝状，紫褐色，花柱极短。胞果扁球形，果皮膜质，与种子离生；种子卵形，黑褐色，长1.5～2毫米。花期6—9月，果期7—10月。

分　　布：原产中国各省区。欧洲、亚洲也有分布。辽宁广布。

中 文 名：猪毛菜

拼　　音：zhū máo cài

其他俗名：扎蓬棵，山叉明棵

科中文名：苋科

科 学 名：Amaranthaceae

属中文名：碱猪毛菜属

学　　名：Salsola collina

生　　境：生于路旁沟边、荒地、沙质地。

形态特征：一年生草本。茎自基部分枝，伸展。叶互生；叶片线状圆柱形，长2～5厘米，宽0.5～1.5毫米，先端具锐刺尖，肉质。花两性；花序穗状；苞片卵形，顶部延伸；小苞片狭披针形，顶端有刺状尖，苞片及小苞片与花序轴紧贴；花被片卵状披针形，膜质；花药长1～1.5毫米；柱头丝状，长为花柱的1.5～2倍。胞果近球形。花期7—9月，果期8—10月。

分　　布：原产中国东北、华北、西北、西南及河南、山东、江苏、西藏。朝鲜、蒙古、巴基斯坦、俄罗斯及中亚细亚、欧洲部分国家也有分布。辽宁产西丰、开原、阜新、建平、锦州、沈阳、抚顺、大连等市县。

中 文 名：商陆

拼　　音：shāng lù

其他俗名：章柳，山萝卜，见肿消

科中文名：商陆科

科 学 名：Phytolacca

属中文名：商陆属

学　　名：Phytolacca acinosa

生　　境：生于山沟湿润地。

形态特征：多年生草本。茎直立，高0.5～1.5米。叶互生；叶片薄纸质，椭圆形、长椭圆形或披针状椭圆形，长10～30厘米，宽4.5～15厘米。总状花序顶生或与叶对生，直立；花两性，直径约8毫米；花被片5，白色、黄绿色，椭圆形、卵形或长圆形，长3～4毫米，宽约2毫米。果序直立；浆果扁球形，熟时黑色；种子肾形，黑色，具3棱。花期5—8月，果期6—10月。

分　　布：原产中国各省区（除黑龙江、吉林、内蒙古、青海、新疆外）。朝鲜、日本、印度也有分布。辽宁产鞍山市（千山）。

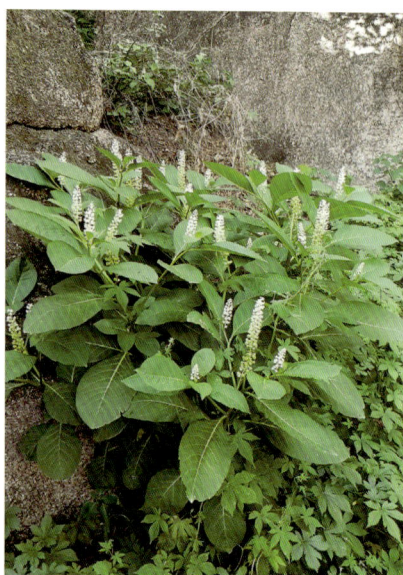

中 文 名：马齿苋

拼　　音：mǎ chǐ xiàn

其他俗名：马齿菜，蚂蚁菜

科中文名：马齿苋科

科 学 名：Portulacaceae

属中文名：马齿苋属

学　　名：Portulaca oleracea

生　　境：生于田间、路旁、荒地。

形态特征：一年生草本。茎平卧或斜生，多分枝，圆柱形。叶互生，有时近
　　　　　对生；叶片扁平，肥厚，倒卵形，似马齿状，长1～3厘米，宽
　　　　　0.6～1.5厘米，全缘。花两性，直径4～5毫米，常3～5朵簇生于
　　　　　枝端，午时盛开；花瓣5，稀4，黄色，倒卵形。蒴果卵球形，长
　　　　　约5毫米，盖裂；种子细小，偏斜球形，黑褐色，有光泽，具小
　　　　　疣状突起。花期5—8月，果期6—9月。

分　　布：原产中国各省区。全球温带、亚热带及热带地区也有分布。辽宁
　　　　　广布。

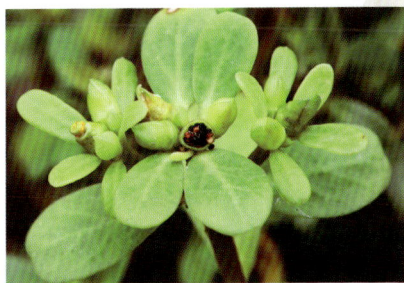

中 文 名：钩齿溲疏

拼　　音：gōu chǐ sōu shū

其他俗名：李叶溲疏

科中文名：绣球科

科 学 名：Hydrangeaceae

属中文名：溲疏属

学　　名：Deutzia hamata

生　　境：生于海拔500～1200米山坡灌丛中。

形态特征：落叶灌木。叶对生；纸质，先端急尖，基部楔形或阔楔形，边缘
具不整齐或大小相间锯齿，上面疏被4～5辐线星状毛，下面疏被
5～6（～7）辐线星状毛；叶柄长3～5毫米，疏被星状毛。聚伞
花序，具2～3花或花单生；花冠直径1.5～2.5厘米；花瓣5，白
色；花丝先端2齿。蒴果半球形，密被星状毛，具宿存的萼裂片
外弯。花期4—5月，果期9—10月。

分　　布：原产中国辽宁、河北、山西、陕西、山东、江苏和河南。朝鲜也
有分布。辽宁产鞍山、本溪、凤城、宽甸、岫岩、丹东、庄河、
盖州、瓦房店、大连、北镇、义县、葫芦岛、朝阳、喀左、桓仁
等市县。

中 文 名：光萼溲疏

拼　　音：guāng è sōu shū

其他俗名：无毛溲疏，千层皮

科中文名：绣球科

科 学 名：Hydrangeaceae

属中文名：溲疏属

学　　名：Deutzia glabrata

生　　境：生于海拔300～600米的山地石隙间、山坡林下。

形态特征：落叶灌木。老枝表皮常脱落。叶对生；薄纸质，卵形或卵状披针形，先端渐尖，基部阔楔形或近圆形，边缘具细锯齿，上面无毛或疏被3～4（～5）辐线星状毛，下面无毛。伞房花序直径3～8厘米，有花5～20（～30）朵；花冠直径1～1.2厘米；花瓣白色，两面被细毛；花丝钻形，基部宽扁。蒴果球形，无毛。花期6—7月，果期8—9月。

分　　布：原产中国黑龙江、吉林、辽宁、山东、河南。朝鲜、俄罗斯、西伯利亚东部也有分布。辽宁产西丰、清原、鞍山、本溪、凤城、丹东、宽甸、桓仁、岫岩、庄河、瓦房店、北镇等市县。

中 文 名：太平花

拼　　音：tài píng huā

其他俗名：京山梅花

科中文名：绣球科

科 学 名：Hydrangeaceae

属中文名：山梅花属

学　　名：Philadelphus pekinensis

生　　境：生于海拔700～900米的山坡杂木林中或灌丛中。

形态特征：灌木。叶对生；卵形或阔椭圆形，先端长渐尖，基部阔楔形或楔形，边缘具锯齿；花枝上叶较小，椭圆形或卵状披针形，长2.5～7厘米，宽1.5～2.5厘米。总状花序有花5～7（～9）朵；花序轴长3～5厘米，黄绿色；花梗长3～6毫米，无毛；花萼黄绿色；花瓣白色，倒卵形，长9～12毫米，宽约8毫米。蒴果近球形或倒圆锥形。花期5—7月，果期8—10月。

分　　布：原产中国辽宁、内蒙古、河北、河南、山西、陕西、湖北。朝鲜也有分布。辽宁产北镇、义县、葫芦岛、朝阳、建昌、凌源、大连、凤城等市县。

中 文 名：东北山梅花

拼　　音：dōng běi shān méi huā

其他俗名：辽东山梅花，山梅花

科中文名：绣球科

科 学 名：Hydrangeaceae

属中文名：山梅花属

学　　名：Philadelphus schrenkii

生　　境：生于海拔100～1500米杂木林中。

形态特征：灌木。叶对生；卵形或椭圆状卵形，先端渐尖，基部楔形或阔楔形，边全缘或具锯齿，下面沿叶脉被长柔毛。总状花序有花5～7朵；花序轴疏被微柔毛；花梗长6～12毫米，疏被毛；花萼黄绿色，萼筒外面疏被短柔毛；花冠直径2.5～4厘米，花瓣4，白色，倒卵或长圆状倒卵形，长1～1.5厘米，宽1～1.2厘米。蒴果椭圆形。花期6—7月，果期8—9月。

分　　布：原产中国黑龙江、辽宁、吉林。朝鲜、俄罗斯也有分布。辽宁产西丰、清原、鞍山、瓦房店、本溪、凤城、桓仁、宽甸等市县。

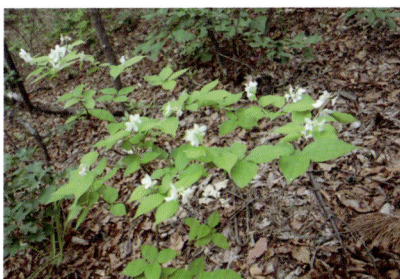

中 文 名：东陵绣球

拼　　音：dōng líng xiù qiú

其他俗名：东陵八仙花，八仙花，东陵绣球花

科中文名：绣球科

科 学 名：Hydrangeaceae

属中文名：绣球属

学　　名：Hydrangea bretschneideri

生　　境：生于海拔1200～2800米的山谷溪边、山坡密林、疏林。

形态特征：灌木。树皮较薄，常呈薄片状剥落。叶对生；薄纸质或纸质，卵形至长卵形、倒长卵形或长椭圆形，边缘有具硬尖头的锯形小齿或粗齿；叶柄1～3.5厘米，初时被柔毛。伞房状聚伞花序较短小，分枝3，中间1枝常较短，密被短柔毛；不育花萼片4，近等大，钝头，全缘；孕性花萼筒杯状，长约1毫米，萼齿三角形；花瓣白色。蒴果卵球形。花期6—7月，果期9—10月。

分　　布：原产中国辽宁、河北、山西、陕西、宁夏、甘肃、青海、河南。辽宁产凌源市。

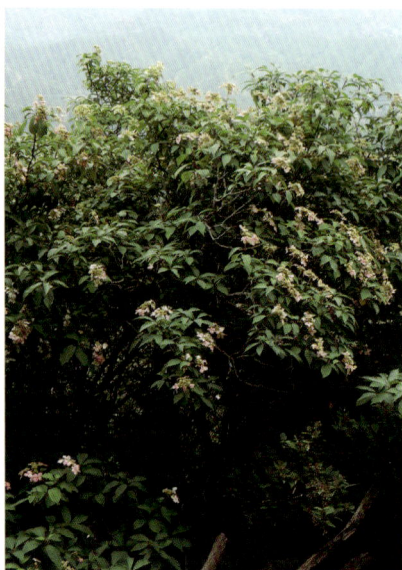

中 文 名：瓜木

拼　　音：guā mù

其他俗名：三裂叶瓜木，八角枫

科中文名：八角枫科

科 学 名：Alangiaceae

属中文名：八角枫属

学　　名：Alangium platanifolium

生　　境：生于杂木林较阴处。

形态特征：落叶灌木或小乔木。树皮平滑，小枝略呈"之"字形。叶互生；近圆形，长11～13（～18）厘米，宽8～11（～18）米，顶端钝尖，基部近于心脏形或圆形，常偏斜，常有3～7浅裂。花1～7朵组成腋生的聚伞花序，白色或黄白色，芳香；花萼6～7裂，裂片三角形；花瓣6～7，线形。核果长卵圆形或长椭圆形，长8～12毫米，直径4～8毫米，成熟时深蓝色。花期6月，果期7—9月。

分　　布：原产中国吉林、辽宁、河北、山西、河南、陕西、甘肃、山东、浙江、台湾、江西。朝鲜、日本也有分布。辽宁产庄河、北镇、鞍山、岫岩、凤城、桓仁等市县。

中 文 名：灯台树

拼　　音：dēng tái shù

其他俗名：灯台山茱萸，瑞木，六角树

科中文名：山茱萸科

科 学 名：Cornaceae

属中文名：山茱萸属

学　　名：Cornus controversa

生　　境：生于杂木林内、溪流旁。

形态特征：落叶乔木。树皮暗灰色，枝暗紫红色。叶互生，常簇生于枝梢；叶柄紫红绿色，阔卵形、阔椭圆状卵形或披针状椭圆形，长6～13厘米，宽3.5～9厘米。伞房状聚伞花序，生于新枝顶端；花小，白色；萼筒卵形，密生白色茸毛，檐部近截形，花萼裂片4，三角形，花瓣4，披针状长椭圆形。核果近球形，直径5～6毫米，成熟后变为紫黑色。花期5—6月，果期9—10月。

分　　布：原产中国辽宁、河北、陕西、甘肃、山东、安徽、台湾、河南、广东、广西及长江以南各省区。朝鲜、日本、印度、尼泊尔、锡金、不丹也有分布。辽宁产清原、本溪、桓仁、凤城、宽甸、庄河、金州等市县。

中 文 名：水金凤

拼　　音：shuǐ jīn fèng

其他俗名：辉菜花

科中文名：凤仙花科

科 学 名：Balsaminaceae

属中文名：凤仙花属

学　　名：Impatiens noli-tangere

生　　境：生于林下湿地、沟边。

形态特征：一年生草本。茎较粗壮，肉质，直立，上部多分枝。叶互生；叶片卵形或卵状椭圆形，长3~8厘米，宽1.5~4厘米。总状花序；苞片披针形，长3~5毫米；侧生2萼片卵形或宽卵形，长5~6毫米；花黄色，旗瓣圆形或近圆形，直径约10毫米，翼瓣长圆形，唇瓣宽漏斗状，基部渐狭成长10~15毫米内弯的距。蒴果线状圆柱形，长1.5~2.5厘米。花果期7—9月。

分　　布：原产中国黑龙江、吉林、辽宁、内蒙古、河北、河南、山西、陕西、甘肃、浙江、安徽、山东、湖北、湖南。朝鲜、日本、俄罗斯远东地区也有分布。辽宁产清原、桓仁、本溪、鞍山、宽甸、岫岩、营口、葫芦岛、大连等市县。

中 文 名：花荵

拼　　音：huā rěn

其他俗名：电灯花，天蓝花荵

科中文名：花荵科

科 学 名：Polemoniaceae

属中文名：花荵属

学　　名：Polemonium caeruleum

生　　境：生于湿草甸子、草地、林下。

形态特征：多年生草本。奇数羽状复叶互生；小叶19～27枚，狭披针形至卵状披针形，长1.5～4厘米，宽0.5～1.4厘米，全缘。圆锥状聚伞花序；花萼长3～5毫米，约与花冠筒近等长，被短的或疏长腺毛；花冠裂片三角形或狭三角形；花冠长12～17毫米，蓝色或淡蓝色，辐状或广钟状。蒴果广卵球形，长5～7毫米。花果期6—8月。

分　　布：原产中国黑龙江、辽宁、内蒙古。俄罗斯、蒙古、朝鲜也有分布。辽宁产彰武、清原、本溪、凤城、庄河等市县。

中 文 名：点地梅

拼　　音：diǎn dì méi

其他俗名：喉咙草

科中文名：报春花科

科 学 名：Primulaceae

属中文名：点地梅属

学　　名：Androsace umbellata

生　　境：生于林缘、草地、疏林下。

形态特征：一年生草本。叶全部基生，叶片近圆形或卵圆形，直径5～20毫米，先端钝圆，基部浅心形至近圆形，边缘具三角状钝齿牙，两面均被贴伏的短柔毛；叶柄长1～4厘米，被开展的柔毛。伞形花序；苞片数枚，卵形至披针形；花萼杯状，5深裂几乎达基部；花冠通常白色至淡紫白色，喉部黄色。蒴果近球形，直径2.5～3毫米，成熟后5瓣裂。花期4—5月，果期6月。

分　　布：原产中国各省区。俄罗斯、朝鲜、日本、菲律宾、印度、越南、柬埔寨、老挝也有分布。辽宁产清原、桓仁、宽甸、沈阳、本溪、大连、长海等市县。

中 文 名：樱草

拼　　音：yīng cǎo

其他俗名：樱草报春

科中文名：报春花科

科 学 名：Primulaceae

属中文名：报春花属

学　　名：Primula sieboldii

生　　境：生于林下湿处、山坡林缘。

形态特征：多年生草本。叶3~8枚丛生，叶片卵状矩圆形至矩圆形，长4~10厘米，宽2~7厘米，边缘圆齿状浅裂。伞形花序顶生，5~15花；苞片线状披针形；花萼钟状，分裂达全长的1/2~2/3，边缘具小睫毛；花冠紫红色至淡红色，稀白色，冠筒长9~13毫米，冠檐直径1~3厘米，裂片倒卵形，先端2深裂。蒴果近球形，长约为花萼的1/2。花期5月，果期6月。

分　　布：原产中国东北及内蒙古。日本、朝鲜、俄罗斯也有分布。辽宁产庄河、丹东、凤城、本溪、新宾、桓仁、宽甸等市县。

中 文 名：黄连花

拼　　音：huáng lián huā

其他俗名：黄花珍珠菜

科中文名：报春花科

科 学 名：Primulaceae

属中文名：黄连花属

学　　名：Lysimachia davurica

生　　境：生于草甸、林缘、灌丛中。

形态特征：多年生直立草本。叶对生或3～4枚轮生；椭圆状披针形至线状披针形，长4～12厘米，宽5～40毫米。总状花序顶生；花梗长7～12毫米；花萼分裂近达基部；花冠深黄色，分裂近达基部，有明显脉纹，内面密布淡黄色小腺体；雄蕊比花冠短。蒴果，直径2～4毫米，褐色。花期6—8月，果期8—9月。

分　　布：原产中国黑龙江、吉林、辽宁、内蒙古、山东、江苏、浙江、云南。俄罗斯、朝鲜、日本也有分布。辽宁产鞍山、海城、本溪、凤城、丹东、大连、彰武、康平、清原、新宾、桓仁、宽甸等市县。

中 文 名：狼尾花

拼　　音：láng wěi huā

其他俗名：狼尾珍珠菜，虎尾草

科中文名：报春花科

科 学 名：Primulaceae

属中文名：黄连花属

学　　名：Lysimachia barystachys

生　　境：生于山坡、路旁较潮湿处。

形态特征：多年生直立草本。茎、叶、花轴及花梗均被柔毛。叶互生或近对生，长圆状披针形、倒披针形以至线形，长4～10厘米，宽6～22毫米。总状花序顶生，花密集，常向一侧弯曲呈狼尾状；苞片线状钻形；花萼近钟形，5～7深裂；花冠白色，5～7深裂。蒴果近球形，直径2.5～4毫米。花期6—7月，果期9月。

分　　布：原产中国东北、华北、西北、华东、西南。朝鲜、日本、俄罗斯也有分布。辽宁广布。

中 文 名：白檀

拼　　音：bái tán

其他俗名：白檀山矾，碎米子树

科中文名：山矾科

科 学 名：Symplocacea

属中文名：山矾属

学　　名：Symplocos paniculata

生　　境：生于山坡、林下或灌丛中。

形态特征：落叶灌木或小乔木。单叶互生；叶膜质或薄纸质，阔倒卵形、椭圆状倒卵形或卵形，长3～11厘米，宽2～4厘米，边缘有细尖锯齿。圆锥花序；萼筒褐色，裂片稍长于萼筒，淡黄色；花冠白色，长4～5毫米，5深裂几达基部；雄蕊40～60枚。核果卵状球形，稍偏斜，长5～8毫米，熟时蓝色，顶端宿萼裂片直立。花期5月，果期8月。

分　　布：原产中国东北、华北、华中、华南、西南。朝鲜、日本、印度也有分布。辽宁产本溪、丹东、宽甸、桓仁、凤城、岫岩、鞍山、海城、庄河、金州、绥中等市县。

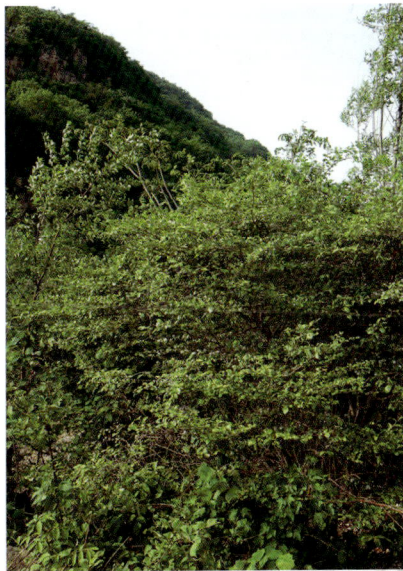

中 文 名：玉铃花

拼　　音：yù líng huā

其他俗名：玉铃茉莉

科中文名：安息香科

科 学 名：Styracaceae

属中文名：安息香属

学　　名：Styrax obassis

生　　境：生于山地杂木林中。

形态特征：落叶小乔木。叶二型，小枝下部两叶较小而近对生，上部的叶大而互生，广椭圆形或近圆形，长5～15厘米，宽4～10厘米，背面密被星状绒毛。总状花序有花10～20多朵；花白色或带粉红色，下垂；花萼钟形，密被星状毛；花冠5深裂，裂片长圆形。核果卵形或近卵形，直径10～15毫米，顶端具短尖头，密被黄褐色星状短绒毛。花期5—6月，果期8月。

分　　布：原产中国辽宁、吉林、山东、浙江、安徽、江西、湖北。朝鲜、日本也有分布。辽宁产本溪、桓仁、宽甸、凤城、丹东、岫岩、庄河等市县。

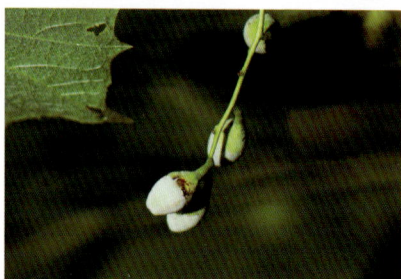

中 文 名：狗枣猕猴桃

拼　　音：gǒu zǎo mí hóu táo

其他俗名：狗枣子

科中文名：猕猴桃科

科 学 名：Actinidiaceae

属中文名：猕猴桃属

学　　名：Actinidia kolomikta

生　　境：生于山地混交林、杂木林中的开旷地。

形态特征：大型落叶藤本。髓褐色，片层状。叶互生；膜质或薄纸质，阔卵形、长方卵形至长方倒卵形，基部心形，两侧不对称，边缘有单锯齿或重锯齿，上部往往变为白色，后渐变为紫红色。聚伞花序，雄性的有花3朵，雌性的通常一花单生；花白色或粉红色，芳香；萼片5片；花瓣5片。浆果未熟时暗绿色，成熟时淡橘红色，果熟时花萼脱落。花期6—7月，果熟期9—10月。

分　　布：原产中国黑龙江、吉林、辽宁、河北、四川、云南。朝鲜、日本、俄罗斯远东地区也有分布。辽宁产宽甸、桓仁、本溪等市县。

中 文 名：软枣猕猴桃

拼　　音：ruǎn zǎo mí hóu táo

其他俗名：软枣子

科中文名：猕猴桃科

科 学 名：Actinidiaceae

属中文名：猕猴桃属

学　　名：Actinidia arguta

生　　境：生于阔叶林或针阔混交林中、林缘。

形态特征：大型落叶藤本。髓白色至淡褐色，片层状。叶互生；膜质或纸质、卵形、长圆形、阔卵形至近圆形，顶端急短尖，基部圆形至浅心形，等侧或稍不等侧，边缘具繁密的锐锯齿。花序腋生或腋外生，为一至二回分枝，1～7花。花绿白色或黄绿色；萼片4～6枚；花瓣4～6片。浆果圆球形至柱状长圆形，不具宿存萼片，成熟时绿黄色或紫红色。花期6—7月，果熟期8—9月。

分　　布：原产中国东北、华北、西北及长江流域各省区。俄罗斯、朝鲜、日本也有分布。辽宁产凤城、本溪、宽甸、岫岩、鞍山等市县。

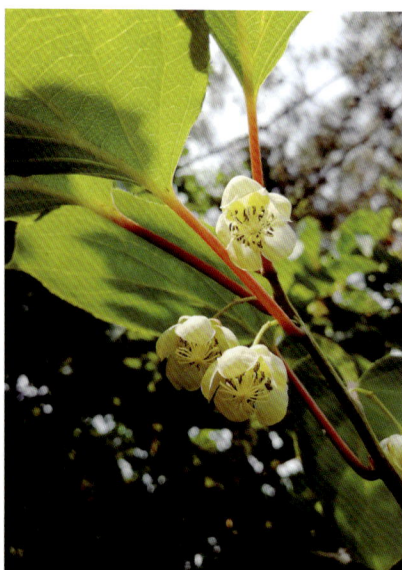

中 文 名：红花鹿蹄草

拼　　音：hóng huā lù tí cǎo

其他俗名：鹿蹄草

科中文名：杜鹃花科

科 学 名：Ericaceae

属中文名：鹿蹄草属

学　　名：Pyrola asarifolia subsp. incarnata

生　　境：生于林下。

形态特征：常绿草本状半灌木，高达25厘米。根状茎细长，横走；地上茎短缩。叶簇生于花葶基部，薄革质，卵状椭圆形或近圆形，长、宽各2~5厘米，边缘有很不明显的稀疏腺齿或近全缘。总状花序；花萼5深裂，裂片披针形，长约3.5毫米；花瓣5，深红色至粉红色，长约7毫米。蒴果扁球形，直径7~8毫米。花期6—7月，果期8—9月。

分　　布：原产中国黑龙江、吉林、辽宁、内蒙古、河北、河南、山西、新疆。朝鲜、蒙古、日本、俄罗斯也有分布。辽宁产宽甸、鞍山、西丰等市县。

中 文 名：喜冬草

拼　　音：xǐ dōng cǎo

其他俗名：梅笠草

科中文名：杜鹃花科

科 学 名：Ericaceae

属中文名：喜冬草属

学　　名：Chimaphila japonica

生　　境：生于针阔叶混交林、阔叶林、灌丛下。

形态特征：常绿草本状半灌木。单叶对生或3～4枚轮生，革质，阔披针形，长1.6～3厘米，宽0.6～1.2厘米，边缘有锯齿；鳞片状叶互生，褐色，卵状长圆形或卵状披针形。花葶有细小疣，苞片1～2枚；花1～2朵，半下垂，白色，直径13～18毫米；萼片卵状长圆形，边缘有不整齐的锯齿；花瓣倒卵圆形。蒴果扁球形，直径5～5.5毫米。花期6—7月，果期7—8月。

分　　布：原产中国吉林、辽宁、山西、陕西、安徽、台湾、湖北、贵州、四川、云南、西藏。朝鲜、日本、俄罗斯远东地区也有分布。辽宁产桓仁、宽甸、鞍山、辽阳等市县。

中　文　名：球果假沙晶兰

拼　　　音：qiú guǒ jiǎ shā jīng lán

其他俗名：假水晶兰，长白假水晶兰，东北假水晶兰

科中文名：杜鹃花科

科　学　名：Ericaceae

属中文名：假沙晶兰属

学　　　名：Monotropastrum humile

生　　　境：生于海拔900米以上的针阔混交林、阔叶林下。

形态特征：多年生腐生草本植物，全株肉质。叶互生；鳞片状，无柄，长圆形、披针状长圆形等，长10～20毫米，宽4～12毫米。花单一，顶生，下垂，无色，花冠管状钟形；萼片2～5，长圆形；花瓣3～5，长方状长圆形，边缘外卷；雄蕊8～12，花药橙黄色；柱头中央凹入呈漏斗状。浆果近卵球形，长12～19毫米，直径11～15毫米，下垂。花期6—7月，果期8—9月。

分　　　布：原产中国东北及湖北、浙江、台湾、云南、西藏。朝鲜、俄罗斯、日本、印度、尼泊尔、锡金、不丹、缅甸也有分布。辽宁产宽甸县。

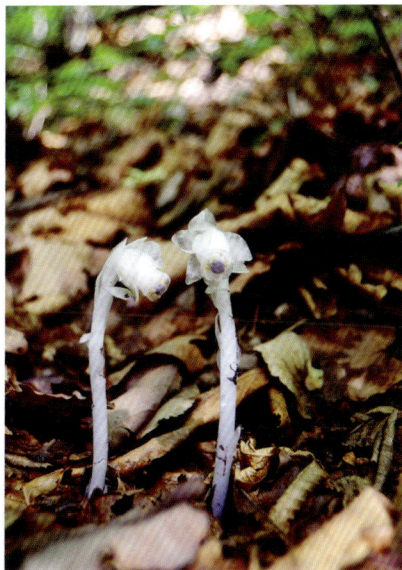

中 文 名：松下兰

拼　　音：sōng xià lán

其他俗名：地花

科中文名：杜鹃花科

科 学 名：Ericaceae

属中文名：水晶兰属

学　　名：Monotropa hypopitys

生　　境：生于山地阔叶林、针阔混交林下。

形态特征：多年生腐生草本。全株白色或淡黄色，肉质。叶互生；鳞片状，卵状长圆形或卵状披针形，长1～1.5厘米，宽0.5～0.7厘米，近全缘。总状花序有3～8花；花初下垂，后渐直立，花冠筒状钟形；苞片卵状长圆形；萼片长圆状卵形，早落；花瓣4～5，长圆形或倒卵状长圆形，早落。蒴果椭圆状球形，长7～10毫米，直径5～7毫米。花果期6—9月。

分　　布：原产中国吉林、辽宁、山西、陕西、青海、甘肃、新疆、湖北、四川。朝鲜、俄罗斯、日本、欧洲、北美也有分布。辽宁产鞍山、桓仁、宽甸等市县。

中 文 名：大字杜鹃

拼　　音：dà zì dù juān

其他俗名：达子香，辛伯楷杜鹃

科中文名：杜鹃花科

科 学 名：Ericaceae

属中文名：杜鹃花属

学　　名：Rhododendron schlippenbachii

生　　境：生于低海拔的山地阔叶林下、灌丛中。

形态特征：落叶灌木。常5片叶集生于枝端，呈"大"字形，倒卵形或阔倒卵形，长4.5～7.5厘米，宽2.5～4.5厘米。伞形花序，有花3～6朵；花梗密被腺毛；花萼5裂，外面及边缘具腺毛；花冠蔷薇色或白色至粉红色，具红棕色斑点；雄蕊10，部分伸出于花冠外；花柱比雄蕊长。蒴果长圆球形，黑褐色，长达1.7厘米，密被腺毛。花期5—6月，果期7—9月。

分　　布：原产中国辽宁、内蒙古。朝鲜、日本也有分布。辽宁产宽甸、凤城、丹东、岫岩、本溪、鞍山、营口、庄河等市县。

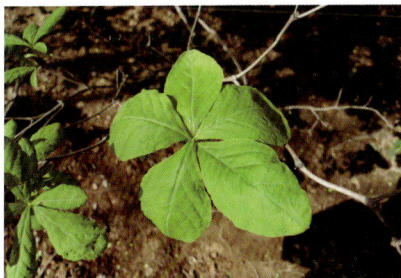

中 文 名：照山白

拼　　音：zhào shān bái

其他俗名：照白杜鹃

科中文名：杜鹃花科

科 学 名：Ericaceae

属中文名：杜鹃花属

学　　名：Rhododendron micranthum

生　　境：生于山地林下、灌丛、山坡、石隙。

形态特征：常绿灌木。单叶互生；叶片革质，倒披针形至披针形，长2～5厘米，宽0.4～2厘米，上面深绿色，有光泽，常被疏鳞片，下面黄绿色，被淡或深棕色有宽边的鳞片。总状花序；花梗细，密生细柔毛；花萼5裂，裂片三角形，有毛；花冠白色，5深裂。蒴果长圆形，长4～7毫米，褐色，有疏腺鳞，由先端开裂；花柱与果实等长，宿存。花期6—8月，果期9月。

分　　布：原产中国东北、华北、山东。朝鲜也有分布。辽宁产建平、朝阳、北票、喀左、建昌、义县、凌源、绥中、北镇、本溪、丹东、鞍山、海城、营口、盖州、普兰店、庄河、大连等市县。

中 文 名：迎红杜鹃

拼　　音：yíng hóng dù juān

其他俗名：映山红

科中文名：杜鹃花科

科 学 名：Ericaceae

属中文名：杜鹃花属

学　　名：Rhododendron mucronulatum

生　　境：生于山坡灌丛中、石砬子上。

形态特征：半常绿灌木。小枝较粗且直，节间长，褐红色。单叶互生；叶片质薄，椭圆形或椭圆状披针形，长3～7厘米，宽1～3.5厘米。花先于叶或与叶同时开放；花萼短，裂片5，有白缘毛；花冠漏斗状，淡紫红色，径3～4厘米，花冠外面下部有白色绒毛。蒴果短圆柱形，长1～1.5厘米，径4～5毫米，密被褐色腺鳞，先端5瓣开裂，花柱宿存。花期4—5月，果期6—7月。

分　　布：原产中国吉林、辽宁、河北、山东、江苏。朝鲜、俄罗斯也有分布。辽宁广布。

中 文 名：红果越橘

拼　　音：hóng guǒ yuè jú

其他俗名：朝鲜越桔

科中文名：杜鹃花科

科 学 名：Ericaceae

属中文名：越橘属

学　　名：Vaccinium koreanum

生　　境：生于山顶石砬上。

形态特征：落叶小灌木。单叶互生；叶片纸质，椭圆形或卵形，长3~6.5厘米，宽1.3~3厘米，顶端尖，边缘有细锯齿。花序生于枝端，有花2~3；花萼5裂，裂片广三角形；花冠钟形，粉红色。浆果椭圆形或长圆形，直径1厘米左右；果梗长6~8毫米，无毛，与果实相接处有关节，成熟时红色。花期5月末，果期9月。

分　　布：原产中国辽宁。朝鲜也有分布。辽宁产宽甸、凤城、岫岩等市县。

中 文 名：林生茜草

拼　　音：lín shēng qiàn cǎo

其他俗名：茜草，林茜草

科中文名：茜草科

科 学 名：Rubiaceae

属中文名：茜草属

学　　名：Rubia sylvatica

生　　境：生于阔叶林下、灌丛中。

形态特征：多年生攀援草本。茎有4棱，沿棱有倒生小刺。叶轮生，每轮
　　　　　4~6枚；叶片卵状披针形，长3~11厘米或过之，宽通常2~9厘
　　　　　米。聚伞花序圆锥状；花冠黄白色，钟状，裂片三角状披针形，
　　　　　先端尖；雄蕊5，与花冠裂片互生。浆果近球形，直径约5毫米，
　　　　　成熟时黑色。花果期7—9月。

分　　布：原产中国东北。朝鲜也有分布。辽宁产沈阳、铁岭、法库、北
　　　　　镇、凌源、鞍山、本溪、凤城、宽甸、桓仁、丹东、庄河、大连
　　　　　等市县。

中 文 名：异叶轮草

拼　　音：yì yè lún cǎo

其他俗名：异叶车叶草

科中文名：茜草科

科 学 名：Rubiaceae

属中文名：拉拉藤属

学　　名：Galium maximowiczii

生　　境：生于林下。

形态特征：多年生草本。叶轮生；每轮4～8片，长圆形至卵状披针形，长1.5～5.3厘米，宽0.7～2厘米，通常3脉，稀4～5脉。聚伞花序顶生和生于上部叶腋，疏散，再组成大而开展的顶生圆锥花序；花冠钟形，白色，4裂，裂片向外反卷；雄蕊4。坚果球状，直径2～2.5毫米，有小颗粒状凸起，果爿（pán）近球形，双生或单生。花期7—8月，果期9—10月。

分　　布：原产中国东北、华北。俄罗斯、朝鲜也有分布。辽宁产西丰、鞍山、本溪、凤城、宽甸、桓仁、岫岩、丹东、庄河、大连、北镇、绥中、凌源、建昌等市县。

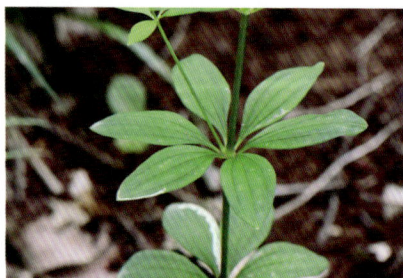

中 文 名：蓬子菜

拼　　音：péng zǐ cài

其他俗名：蓬子菜拉拉藤

科中文名：茜草科

科 学 名：Rubiaceae

属中文名：拉拉藤属

学　　名：Galium verum

生　　境：生于山地、河滩、旷野、沟边、灌丛、林下。

形态特征：多年生草本。茎直立或斜生，基部稍木质化，近四棱形。叶轮生，每轮7～15枚，无柄，线形，通常长1.5～3厘米，宽1～1.5毫米，顶端突尖或具芒刺，上面无毛。聚伞花序顶生和腋生，多花密集成圆锥状；花小，有短梗；花萼小，无毛；花冠黄色，4裂，裂片卵形。坚果双生，近球形，直径约2毫米，无毛。花果期6—8月。

分　　布：原产中国东北、华北、西北、华东。亚洲、欧洲和北美洲各国也有分布。辽宁产沈阳、抚顺、清原、西丰、昌图、彰武、义县、北镇、建平、凌源、辽阳、鞍山、大连、庄河、丹东、凤城、本溪等市县。

中 文 名：笔龙胆

拼　　音：bǐ lóng dǎn

其他俗名：绍氏龙胆

科中文名：龙胆科

科 学 名：Gentianaceae

属中文名：龙胆属

学　　名：Gentiana zollingeri

生　　境：生于山坡草地、林下。

形态特征：二年生草本，高5～10厘米。茎直立，无匍匐枝。单叶对生；基生叶花期不枯萎，与茎生叶相似而较小；茎生叶对生，常密集，覆瓦状排列，卵圆形或卵形，顶端具小芒刺。花序生于茎顶，通常1～5花；花萼漏斗形；花冠蓝紫色或淡蓝紫色，漏斗状钟形，裂片卵形，顶端尖，褶比裂片短，2浅裂。蒴果倒卵状长圆形，具长柄，长6～7毫米，先端圆形，具宽翅，两侧边缘有狭翅。花期4—5月。

分　　布：原产中国东北、华北、西北、华东。朝鲜、日本、俄罗斯也有分布。辽宁产沈阳、鞍山、金州、大连、庄河、丹东、本溪、凤城、宽甸、桓仁、新宾、建昌等市县。

中 文 名：瘤毛獐牙菜

拼　　音：liú máo zhāng yá cài

其他俗名：当药，獐牙菜

科中文名：龙胆科

科 学 名：Gentianaceae

属中文名：獐牙菜属

学　　名：Swertia pseudochinensis

生　　境：生于山坡灌丛、杂木林下、路边、荒地。

形态特征：一年生草本。茎直立，多分枝。单叶对生；叶披针形，长达3.5厘米，宽至0.6厘米，几乎无柄或具短柄，先端尖。圆锥状聚伞花序顶生和腋生，多花，花5数；花萼绿色，与花冠近等长，裂片线形；花冠直径2～2.5厘米，淡蓝紫色或淡蓝色，有浓紫色脉纹；腺窝边缘的流苏状长毛表面具小瘤状突起。蒴果狭卵形或长圆形。花果期9—10月。

分　　布：原产中国东北、华北、华东。朝鲜、日本也有分布。辽宁广布。

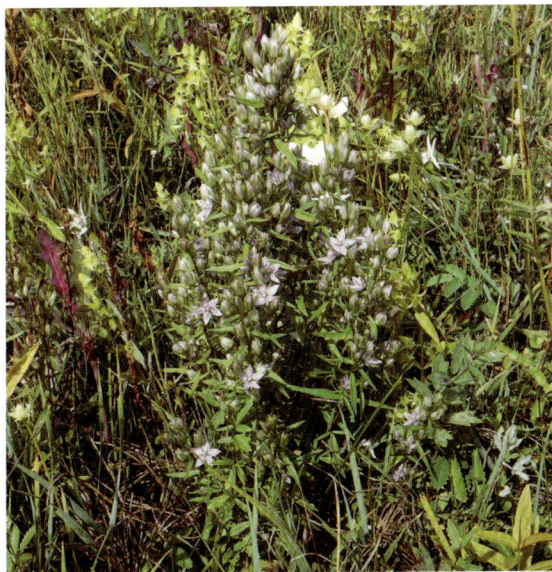

中 文 名：花锚

拼　　音：huā máo

其他俗名：西伯利亚花锚

科中文名：龙胆科

科 学 名：Gentianaceae

属中文名：花锚属

学　　名：Halenia corniculata

生　　境：生于山坡草地、林下、林缘。

形态特征：一年生直立草本。茎近四棱形，具细条棱，从基部起分枝。单叶对生，全缘；基生叶倒卵形或椭圆形，长1~3厘米，宽0.5~0.8厘米；茎生叶椭卵状披针形或卵形，长3~8厘米，宽1~1.5厘米。聚伞花序顶生和腋生；花4数；花萼裂片狭三角状披针形；花冠黄色，钟形，裂片卵形或椭圆形。蒴果卵圆形，淡褐色，长11~13毫米。花果期7—9月。

分　　布：原产中国黑龙江、吉林、辽宁、内蒙古、河北、山西、陕西。俄罗斯、蒙古、朝鲜、日本、加拿大也有分布。辽宁产桓仁、宽甸等县。

中 文 名：罗布麻

拼　　音：luó bù má

其他俗名：茶叶花

科中文名：夹竹桃科

科 学 名：Apocynaceae

属中文名：罗布麻属

学　　名：Apocynum venetum

生　　境：生于盐碱荒地、河流两岸。

形态特征：半灌木或多年生宿根草本。单叶对生；长圆形至卵状披针形，长1~5厘米，宽0.5~1.5厘米。圆锥状聚伞花序，顶生或腋生；花萼5深裂，裂片披针形或卵圆状披针形；花冠圆筒状钟形，紫红色或粉红色，花冠裂片基部向右覆盖，裂片与花冠筒几乎等长。蓇葖果棒状，双生，长8~20厘米，直径2~3毫米，下垂。花期6—8月，果期9—10月。

分　　布：原产中国东北、华北、西北。广布于欧洲及亚洲温带地区。辽宁产新民、彰武、阜新、凌源、北镇、台安、盘山、大洼、康平、营口、岫岩、鞍山（千山）、金州、大连、长海等市县。

中 文 名：杠柳

拼　　音：gàng liǔ

其他俗名：北五加皮

科中文名：夹竹桃科

科 学 名：Apocynaceae

属中文名：杠柳属

学　　名：Periploca sepium

生　　境：生于沿海石砾山坡、干燥砂质地。

形态特征：木质藤本，有乳汁。单叶对生；叶片卵状披针形，长5～9厘米，宽1.5～2.5厘米。聚伞花序腋生；花萼裂片卵圆形，顶端钝；花冠暗紫色，5深裂，花冠筒短，花冠裂片长圆状披针形，反折，中央加厚呈纺锤形，里面密生白绒毛；副花冠环状，10裂，其中5裂延伸呈丝状。蓇葖果圆柱形，双生，长7～12厘米，直径约5毫米。花期5—6月，果期7—10月。

分　　布：原产中国东北、华北、西北、华东、华中、西南。辽宁产彰武、葫芦岛、沈阳、本溪、盖州、大洼、庄河、长海、金州、大连等市县。

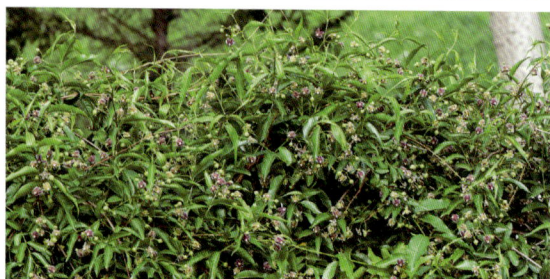

中 文 名：徐长卿

拼　　音：xú cháng qīng

其他俗名：土细辛，铜锣草，黑薇，逍遥竹

科中文名：夹竹桃科

科 学 名：Apocynaceae

属中文名：鹅绒藤属

学　　名：Cynanchum paniculatum

生　　境：生于向阳山坡、草丛中。

形态特征：多年生直立草本。根须状，茎部分枝。单叶对生；叶纸质，披针形至线形，长5～13厘米，宽5～15毫米。圆锥状聚伞花序；花冠黄绿色，近辐状，裂片长达4毫米；副花冠裂片5，基部增厚，顶端钝；花粉块每室1个，下垂；子房椭圆形；柱头五角形，顶端略为突起。蓇葖果披针形，单生，长6厘米，直径6毫米。花期6—8月，果期7—9月。

分　　布：原产中国辽宁、内蒙古、山西、河北、河南、陕西、甘肃、四川、贵州、云南、山东、安徽、江苏、浙江、江西、湖北、湖南、广东、广西。日本和朝鲜也有分布。辽宁广布。

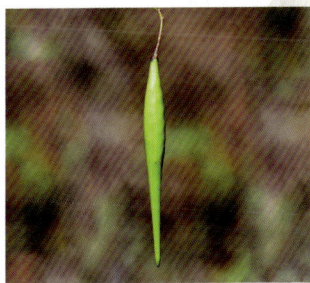

中 文 名：地梢瓜

拼　　音：dì shāo guā

其他俗名：细叶白前，地梢花

科中文名：夹竹桃科

科 学 名：Apocynaceae

属中文名：鹅绒藤属

学　　名：Cynanchum thesioides

生　　境：生于山坡、沙丘、干旱山谷、荒地、田边。

形态特征：半灌木；茎自基部多分枝。单叶对生或近对生；线形，长3～5厘米，宽2～5毫米，叶背中脉隆起。聚伞花序腋生；花萼外面被柔毛；花冠绿白色；副花冠杯状，裂片三角状披针形，渐尖，高过药隔的膜片。蓇葖果纺锤形，先端渐尖，中部膨大，长5～6厘米，直径2厘米；种子扁平，暗褐色，种毛白色绢质，长2厘米。花期6—7月，果期7—9月。

分　　布：原产中国黑龙江、吉林、辽宁、内蒙古、河北、河南、山东、山西、陕西、甘肃、新疆、江苏。俄罗斯、蒙古、朝鲜也有分布。辽宁广布。

中 文 名：鹅绒藤

拼　　音：é róng téng

其他俗名：祖子花

科中文名：夹竹桃科

科 学 名：Apocynaceae

属中文名：鹅绒藤属

学　　名：Cynanchum chinense

生　　境：生于向阳山坡灌木丛中、路旁、河畔、田埂边。

形态特征：多年生草本。茎自基部缠绕。单叶对生；叶宽三角状心形，顶端锐尖，基部心形，长4～9厘米，宽4～7厘米。伞形聚伞花序腋生；花冠白色，裂片长圆状披针形；副花冠二形，杯状，上端裂成10个丝状体，分为两轮，外轮约与花冠裂片等长，内轮略短。蓇葖果细圆柱状，双生或仅有一个发育，长11厘米，直径5毫米。花期6—8月，果期8—10月。

分　　布：原产中国辽宁、河北、河南、山东、山西、陕西、宁夏、甘肃、江苏、浙江。辽宁产康平、彰武、建平、葫芦岛、沈阳、鞍山、盖州、营口、金州、长海、大连等市县。

中 文 名：萝藦

拼　　音：luó mó

其他俗名：赖瓜瓢

科中文名：萝藦科

科 学 名：Asclepiadaceae

属中文名：萝藦属

学　　名：Metaplexis japonica

生　　境：生于山坡、路旁、河边、灌丛。

形态特征：多年生草质藤本。单叶对生；叶膜质，卵状心形，长5～12厘米，宽4～7厘米。总状式聚伞花序；花萼裂片披针形；花冠白色或淡粉色，有淡紫红色斑纹，近辐状，花冠筒短，花冠裂片披针形，张开，顶端反折，内面被柔毛；副花冠环状，着生于合蕊冠上，短5裂，裂片兜状。蓇葖果纺锤形，叉生，长8～9厘米，直径2厘米。花果期8—9月。

分　　布：原产中国东北、华北、华东及甘肃、陕西、贵州、河南、湖北。俄罗斯、朝鲜、日本也有分布。辽宁产清原、沈阳、本溪、凤城、丹东、大洼、盖州、大连、北镇、建昌、凌源等市县。

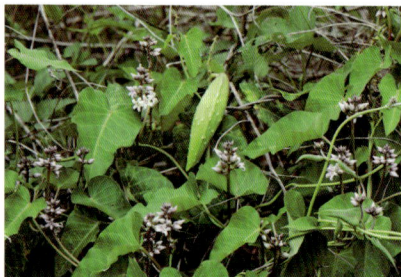

中 文 名：砂引草

拼　　 音：shā yǐn cǎo

其他俗名：滨紫

科中文名：紫草科

科 学 名：Boraginaceae

属中文名：紫丹属

学　　 名：Tournefortia sibirica

生　　 境：生于海岸、内陆沙地。

形态特征：多年生草本。茎葡匐或斜生，通常分枝，高10～25厘米。叶互生；叶片倒披针形或长圆状披针形，长2～4厘米，宽0.5～2厘米。伞房状聚伞花序，顶生，直径1.5～4厘米；花冠黄白色，钟状，长1～1.3厘米，裂片5；雄蕊5，内藏；子房4室，每室有1胚珠，柱头2浅裂。核果椭圆形或卵球形，长7～9毫米，直径5～8毫米。花期5月，果期6—7月。

分　　 布：原产中国东北、华北。俄罗斯、蒙古、日本也有分布。辽宁产绥中、兴城、庄河、丹东、盖州、大连等市县。

中 文 名：紫草

拼　　音：zǐ cǎo

其他俗名：大紫草，紫丹

科中文名：紫草科

科 学 名：Boraginaceae

属中文名：紫草属

学　　名：Lithospermum erythrorhizon

生　　境：生于干山坡、草地、柞林下、灌丛间。

形态特征：多年生草本。茎通常1～3条，直立，高40～80厘米。叶互生；无柄，披针形或长圆状披针形，长3.5～7厘米，宽0.8～1.5厘米。花序总状，生于枝端，长2～6厘米；花白色，有短梗；花萼长约4毫米；花冠筒短，长约3毫米；雄蕊5，内藏；喉部有绒毛状突起；子房4裂，柱头2浅裂。坚果卵形，高3～3.5毫米。花期6月，果期7—8月。

分　　布：原产中国东北、华北、华中、西南。俄罗斯、朝鲜、日本也有分布。辽宁广布。

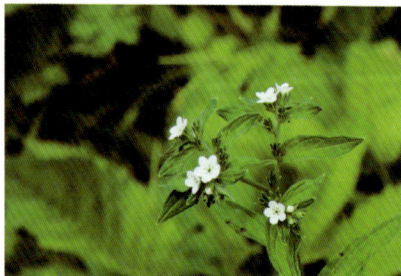

中 文 名：鹤虱

拼　　音：hè shī

其他俗名：鬼虱，北鹤虱

科中文名：紫草科

科 学 名：Boraginaceae

属中文名：鹤虱属

学　　名：Lappula myosotis

生　　境：生于沙丘、干山坡、路旁草地、沙质地上。

形态特征：一年生草本。茎单一或有分枝，高20～40厘米。基生叶匙形，长达7厘米（包括叶柄），宽3～9毫米；茎生叶互生，几乎无柄，狭披针形、倒披针形或线形，长1.5～5厘米，宽3～5毫米。总状花序顶生，长达20厘米；花冠淡蓝色，喉部附属物5；雄蕊5，内藏；子房4裂，花柱短，内藏。坚果扁三棱形，长约3毫米，沿脊线有一行短刺，边缘有2～3行锚状刺。花果期5—9月。

分　　布：原产中国东北、华北。俄罗斯、朝鲜及地中海沿岸、中欧、北美也有分布。辽宁广布。

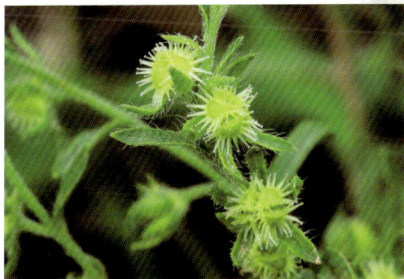

中 文 名：北齿缘草

拼　　音：běi chǐ yuán cǎo

其他俗名：齿缘草，华北齿缘草

科中文名：紫草科

科 学 名：Boraginaceae

属中文名：齿缘草属

学　　名：Eritrichium borealisinense

生　　境：生于干旱山坡、山坡灌丛中。

形态特征：多年生草本。茎多分枝，较粗壮，高20～40厘米，全株被糙伏毛。基生叶丛生，匙状线形，长3～9厘米，宽3～5毫米；茎生叶互生，长2～4（～5）厘米，宽3～5毫米。总状花序密集，常分枝2～4个；花冠蓝色，5裂，裂片钝圆，长约5毫米；附属物半月形至矮梯形；雄蕊5，内藏；子房4裂，内藏。坚果斜陀螺形，长约2毫米。花果期6—9月。

分　　布：原产中国辽宁、内蒙古、山西、河北。辽宁产凌源、建平、朝阳等市县。

中 文 名：附地菜

拼　　音：fù dì cài

其他俗名：鸡肠草，地胡椒

科中文名：紫草科

科 学 名：Boraginaceae

属中文名：附地菜属

学　　名：Trigonotis peduncularis

生　　境：生于草地、荒地、灌丛间。

形态特征：一年生草本。茎单一或数条，直立或斜生，高5～20厘米。基生叶有长柄；叶片椭圆形、椭圆状卵形或匙形，长1～2厘米，宽0.5～1厘米；茎生叶互生，下部有短柄，上部无柄，两面均有糙伏毛。总状花序生于枝端，长5～20厘米，通常有多数花；花冠蓝色，直径约1.5毫米，5裂；附属物5；雄蕊5，内藏；子房4裂。坚果四面体形，长约0.8毫米。花果期5—7月。

分　　布：原产中国东北、华北。俄罗斯、朝鲜、日本也有分布。辽宁产沈阳、庄河、丹东、凤城、盖州、凌源等市县。

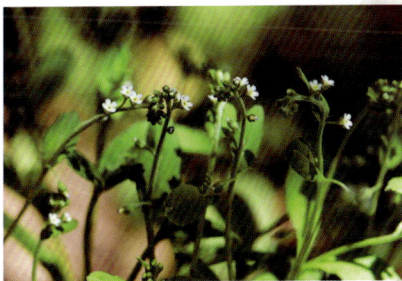

中 文 名：山茄子

拼　　音：shān qié zǐ

其他俗名：山茄秧，棒槌幌子

科中文名：紫草科

科 学 名：Boraginaceae

属中文名：山茄子属

学　　名：Brachybotrys paridiformis

生　　境：生于林下、林缘。

形态特征：多年生草本。茎直立，高30～40厘米。基部茎生叶鳞片状；中部茎生叶片倒卵状长圆形，长2～5厘米；茎上部叶5～6枚近轮生，倒卵状长圆形，长7～17厘米，宽2.5～8厘米。伞形花序顶生，长约5厘米，通常有花3～4朵；花冠紫色，长约11毫米，喉部附属物舌状；雄蕊5，伸出；子房4裂，花柱伸出花冠之外。坚果黑色，有光泽，长约3.5毫米。花果期6—8月。

分　　布：原产中国东北。俄罗斯、朝鲜也有分布。辽宁产宽甸、凤城、鞍山、本溪等市县。

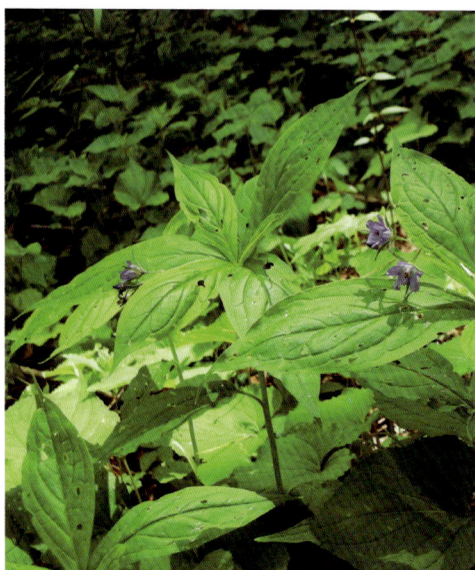

中 文 名：斑种草

拼　　音：bān zhǒng cǎo

其他俗名：细茎斑种草

科中文名：紫草科

科 学 名：Boraginaceae

属中文名：斑种草属

学　　名：Bothriospermum chinense

生　　境：生于草地。

形态特征：一年或二年生草本。茎数条丛生，高15～40厘米，密生开展或向上的硬毛。基生叶和茎下部叶有长柄；茎生叶互生；叶片倒披针形或匙形，长3.5～12厘米，两面有短糙毛。总状花序长5～15厘米，具苞片；花冠淡蓝色，长3.5～4毫米；喉部有附属物5；雄蕊5，内藏；子房4裂，花柱内藏。坚果肾形，长约2.5毫米，黄褐色，有网状皱褶，着生面在基部。花果期5—8月。

分　　布：原产中国东北、西北、华中、华东。辽宁产凌源、义县、北镇等市县。

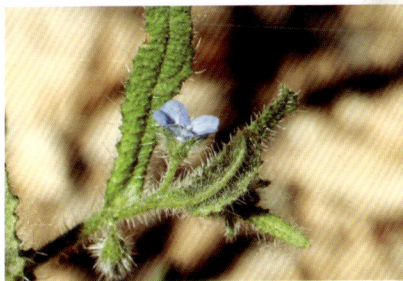

中 文 名：大果琉璃草

拼　　音：dà guǒ liú lí cǎo

其他俗名：展枝倒提壶

科中文名：紫草科

科 学 名：Boraginaceae

属中文名：琉璃草属

学　　名：Cynoglossum divaricatum

生　　境：生于山坡、沙丘。

形态特征：二年生草本。茎直立，中空，高25～100厘米。基生叶和茎下部叶长圆状披针形或披针形，长7～13厘米，宽1.5～4厘米；茎生叶互生；茎中部及上部叶无柄，狭披针形。花序顶生及腋生，长约10厘米，集为疏松的圆锥状花序；花初开时紫红色，后变为蓝紫色，花冠直径4～5毫米；雄蕊5，内藏；子房4裂，花柱短，内藏。坚果卵形，长约5毫米。花果期6—8月。

分　　布：原产中国北部。蒙古、俄罗斯也有分布。辽宁产彰武、凌源、义县、大连等市县。

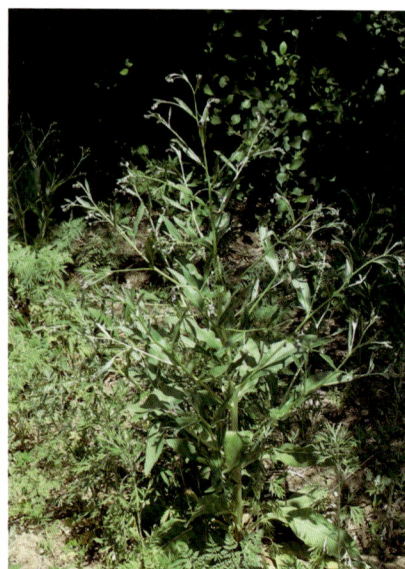

中 文 名：菟丝子

拼　　音：tù sī zǐ

其他俗名：豆寄生，豆阎王，黄丝

科中文名：旋花科

科 学 名：Convolvulaceae

属中文名：菟丝子属

学　　名：Cuscuta chinensis

生　　境：寄生于豆科、菊科、藜科、桦木科等多种植物上。

形态特征：一年生寄生草本。茎黄色，缠绕，无叶。花于茎侧簇生成聚伞花序或总状花序；萼钟形，5裂至中部，裂片三角状；花冠白色，钟形，比萼长，5裂，裂片三角状卵形；雄蕊5；子房近球形，花柱2，柱头头状，伸出花冠。蒴果球形；种子2至4粒，淡褐色。花期6—8（9）月，果期8—10月。

分　　布：原产中国东北、华北、西北、华东、中南、西南。朝鲜、日本、俄罗斯远东地区也有分布。辽宁广布。

中 文 名：田旋花

拼　　音：tián xuán huā

其他俗名：小旋花，中国旋花

科中文名：旋花科

科 学 名：Convolvulaceae

属中文名：旋花属

学　　名：Convolvulus arvensis

生　　境：生于固定沙丘、平地上。

形态特征：多年生草本。茎平卧或缠绕。叶互生，具柄；叶不裂，卵状椭圆形或椭圆形，基部箭形或心形，长3～5厘米，宽1.5～3.5厘米，全缘。花序腋生，有1～2朵花；苞片2，线形，与花远离，萼片5，不等长，边缘膜质；花冠漏斗状，粉红色，长16～20毫米，5浅裂。蒴果球形或圆锥形，无毛；种子黑褐色。花期6—8月，果期6—11月。

分　　布：原产中国东北、华北、西北、华东、西南。俄罗斯远东地区、蒙古也有分布。辽宁产大连、辽阳、朝阳和凌源等市县。

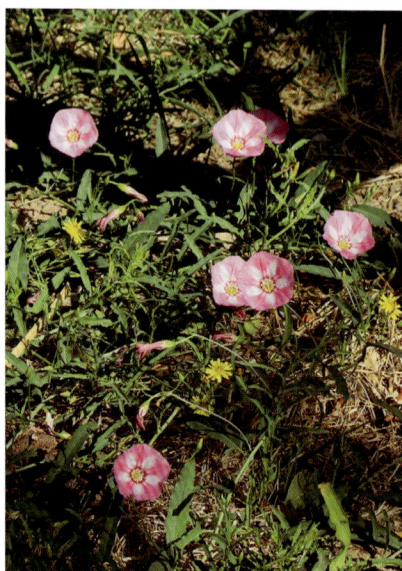

中 文 名：肾叶打碗花

拼　　音：shèn yè dǎ wǎn huā

其他俗名：喇叭花

科中文名：旋花科

科 学 名：Convolvulaceae

属中文名：旋花属

学　　名：Convolvulus soldanella

生　　境：生于海滨沙地。

形态特征：多年生草本。具细长的根。茎细长，匍匐，有细棱，无毛或近无毛。叶互生，具长柄；叶片肾形，长1.5～3厘米，宽2.5～4.5厘米。单花腋生，花梗长4～9厘米，有细棱；苞片2，广卵圆形，长0.9～1.5厘米；萼片5，近等长；花冠淡红色或淡紫色，漏斗状，长3.5～5.5厘米，5浅裂。蒴果卵圆形，长约1.6厘米；种子黑褐色，光滑。花期6—7月，果期8—9月。

分　　布：原产中国东北、华北、华东等沿海地区。亚洲、欧洲的温带地区、大洋洲也有分布。辽宁产丹东、兴城、瓦房店、庄河、长海、大连等市县。

中 文 名：柔毛打碗花

拼　　音：róu máo dǎ wǎn huā

其他俗名：日本打碗花，打碗花

科中文名：旋花科

科 学 名：Convolvulaceae

属中文名：旋花属

学　　名：Convolvulus pubescens

生　　境：生于山坡、平原、荒地。

形态特征：多年生草本。茎缠绕，具棱。叶互生；具柄，长1.5～4厘米；叶片3裂，长4～9厘米，基部深心形或戟形；茎基部叶较宽，上部叶较狭细。花腋生，单一；苞卵形，长1.5～2.5厘米；萼片5；花冠大，长约5厘米，淡红色；雄蕊5；子房2室，每室2个胚珠。蒴果球形，无毛；种子卵状圆形，无毛。花期6—7月，果期8—9月。

分　　布：原产中国东北。朝鲜、日本也有分布。辽宁产西丰、沈阳、北镇、凌源、建平、本溪、宽甸、凤城、辽阳、大连等市县。

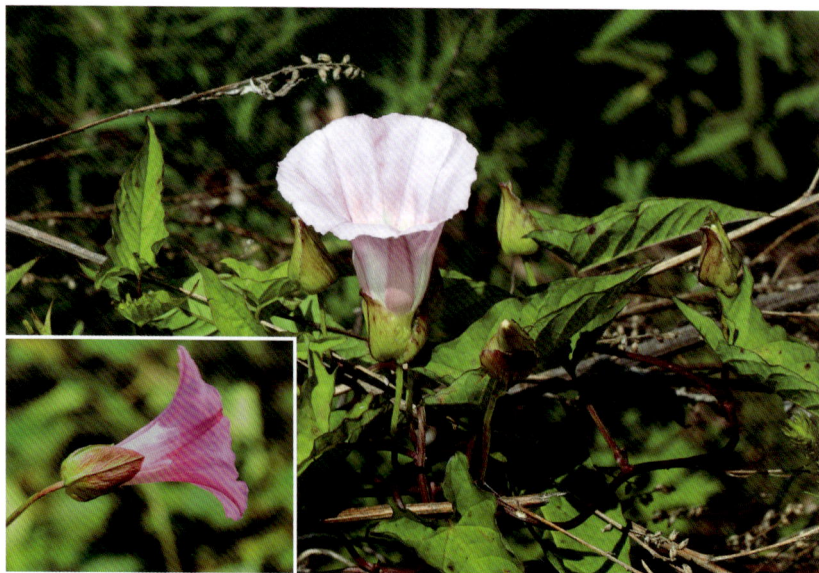

中 文 名：枸杞

拼　　音：gǒu qǐ

其他俗名：狗奶子

科中文名：茄科

科 学 名：Solanaceae

属中文名：枸杞属

学　　名：Lycium chinense

生　　境：生于山坡、荒地、丘陵地、盐碱地、路旁及村边宅旁。

形态特征：落叶灌木。枝条柔弱，高0.8～2米。单叶互生或2～4枚簇生；叶片狭卵形、长椭圆形或卵状披针形，长1.5～5厘米，宽0.5～2.5厘米，全缘。花在长枝上单生或双生于叶腋，在短枝上则同叶簇生；花萼钟状；花冠漏斗状，淡紫色，长9～12毫米；雄蕊较花冠稍短；花柱伸出雄蕊，柱头绿色。浆果卵状，长0.7～1.5厘米，径5～8毫米，红色。花期7—8月，果期8—10月。

分　　布：原产中国东北、华北、西北、华中、华南、华东。辽宁产沈阳、辽阳、鞍山、大连、凌源等市县。

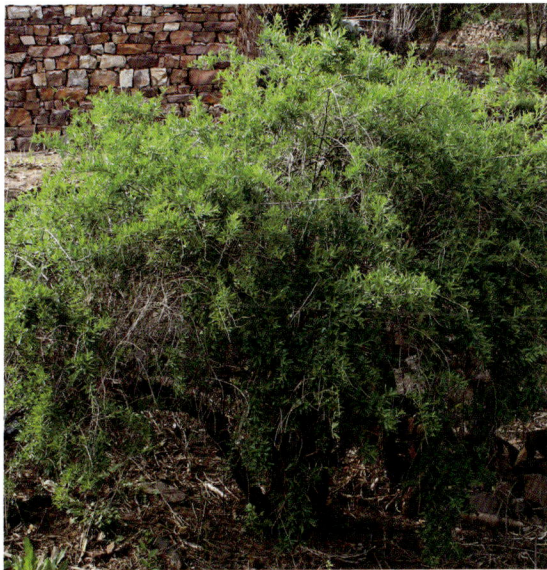

中 文 名：天仙子

拼　　音：tiān xiān zǐ

其他俗名：小天仙子，北莨菪，山烟

科中文名：茄科

科 学 名：Solanaceae

属中文名：天仙子属

学　　名：Hyoscyamus bohemicus

生　　境：生于村旁或路边多腐殖质的肥沃土壤上。

形态特征：一年生草本。茎常不分枝，高15～70厘米，全株生腺毛。叶互生；茎下部叶有柄，叶片椭圆形或卵形，长3～12厘米，宽1.5～9厘米。花单生于叶腋，聚集成顶生蝎尾状总状花序；花萼筒状钟形，花后增大呈坛状；花冠钟状，长2～2.5厘米，直径1.5～2厘米，黄色有紫色网状脉；雄蕊5；雌蕊1。蒴果卵圆状，直径约1厘米，成熟时盖裂。花期6—7月，果期7—8月。

分　　布：原产中国东北及河北。俄罗斯也有分布。辽宁产沈阳、本溪、鞍山、庄河、彰武、阜新、凌源等市县。

中 文 名：龙葵

拼　　音：lóng kuí

其他俗名：甜甜，黑天天

科中文名：Solanaceae

科 学 名：茄科

属中文名：茄属

学　　名：Solanum nigrum

生　　境：生于田边、河边、荒地、住宅附近。

形态特征：一年生草本。茎直立，高30～60厘米。叶互生；叶片卵形或近菱形，长2.5～10厘米，宽1.5～6厘米，全缘或具波状粗齿。蝎尾状花序腋外生，由3～10朵花组成，下垂；花萼绿色，浅杯状，5浅裂；花冠白色，筒部隐于萼内；雄蕊5，伸出花冠筒外；子房卵形，花柱稍超出雄蕊，柱头头状。浆果球形，径约8毫米，熟时黑色。花期7—9月，果期8—10月。

分　　布：几乎遍布全国。欧洲、亚洲、美洲的温带至热带地区也有分布。辽宁广布。

中 文 名：日本散血丹

拼　　音：rì běn sàn xuè dān

其他俗名：白姑娘，山茄子

科中文名：茄科

科 学 名：Solanaceae

属中文名：散血丹属

学　　名：Physaliastrum echinatum

生　　境：生于林下或河岸灌木丛，山坡草地。

形态特征：多年生草本。茎直立，高30～60厘米。叶互生；叶柄成狭翼状；叶片卵形或广卵形，长4～9厘米，宽3～6厘米，基部偏斜楔形并下延到叶柄，先端急尖或渐尖，全缘或微波状。花常2～3朵生于叶腋或枝腋；花萼短钟状，萼齿极短，大小相等；花冠钟状，5浅裂；雄蕊5，稍短于花冠筒。浆果球形，径约1厘米，被增大的果萼包围，顶端裸露。花果期6—8月。

分　　布：原产中国东北及河北、陕西、山东。朝鲜、日本及俄罗斯也有分布。辽宁产本溪、凤城、丹东、宽甸、桓仁、义县、凌源等市县。

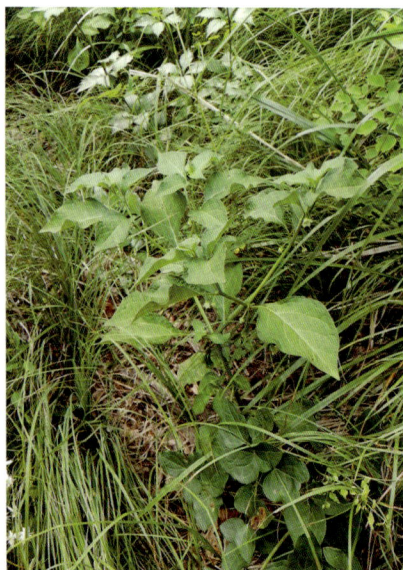

中 文 名：雪柳

拼　　音：xuě liǔ

其他俗名：五谷树，雪杨

科中文名：木樨科

科 学 名：Oleaceae

属中文名：雪柳属

学　　名：Fontanesia phillyreoides subsp. fortunei

生　　境：生于山野、沟边、路旁。

形态特征：落叶灌木或小乔木。单叶对生；叶片纸质，披针形至狭卵形，长3～12厘米，宽0.8～2.6厘米，先端尖，基部楔形，全缘。圆锥花序顶生或腋生；花两性或杂性同株，白色，稍带绿色；花萼微小，杯状，深裂；花冠深裂至近基部；雄蕊伸出或不伸出花冠外，柱头2叉。翅果倒卵形，扁平，长7～9毫米，黄棕色，先端微凹，边缘具窄翅。花期4—6月，果期6—10月。

分　　布：原产中国辽宁、河北、陕西、山东、江苏、安徽、浙江、河南、湖北。辽宁产本溪、宽甸、凤城、岫岩、大连等市县。

中 文 名：东北连翘

拼　　音：dōng běi lián qiào

其他俗名：直生连翘

科中文名：木樨科

科 学 名：Oleaceae

属中文名：连翘属

学　　名：Forsythia mandschurica

生　　境：生于山坡。

形态特征：落叶灌木。枝在节间具片状髓。单叶对生；叶片纸质，宽卵形或近圆形，长5～12厘米，宽3～7厘米，表面无毛，背面及叶柄疏生短柔毛。花单生于叶腋；花萼长约5毫米，先端钝，边缘具睫毛；花冠黄色，长约2厘米，裂片披针形。蒴果长卵形，长0.7～1厘米，宽4～5毫米，先端喙状尖，皮孔不明显，开裂时向外反折。花期4—5月，果熟期10月。

分　　布：原产中国辽宁。辽宁产岫岩、凤城等市县。

中 文 名：暴马丁香

拼　　音：bào mǎ dīng xiāng

其他俗名：暴马子，荷花丁香，白丁香

科中文名：木樨科

科 学 名：Oleaceae

属中文名：丁香属

学　　名：Syringa reticulata subsp. amurensis

生　　境：生于山坡混交林中或林缘。

形态特征：灌木或小乔木。单叶对生；厚纸质至革质，叶片卵形至椭圆状卵形，或为长圆状披针形，长2.5～13厘米，宽1～7厘米，先端尖，表面淡绿色，微皱。圆锥花序常侧生，顶芽缺；花冠白色，花冠筒较萼稍长；花丝约为花冠长的1.5倍，伸出花冠之外。蒴果长椭圆形，两端钝，长1.5～2.5厘米，表面常有灰白色的小瘤。花期6月，果熟期9月。

分　　布：原产中国东北、西北、华北、华中。俄罗斯、朝鲜、日本也有分布。辽宁山区广布。

中 文 名：辽东丁香

拼　　音：liáo dōng dīng xiāng

其他俗名：吴氏丁香

科中文名：木樨科

科 学 名：Oleaceae

属中文名：丁香属

学　　名：Syringa villosa subsp. wolfii

生　　境：生于山坡杂木林中、灌丛中、林缘、河边。

形态特征：落叶灌木。单叶对生；叶片椭圆状长圆形至倒卵状长圆形，长3.5～14厘米，宽1.5～9厘米，表面绿色不皱，背面灰绿色有毛，叶缘具睫毛。花序顶生，花序轴基部有叶；花紫青色，花冠筒较短，漏斗形，裂片近于直立，先端内曲。蒴果长圆形，长1.0～1.7厘米，宽4～6毫米，先端近骤凸或凸尖，皮孔不明显。花期6月，果期8月。

分　　布：原产中国黑龙江、吉林、辽宁。朝鲜也有分布。辽宁产凤城、本溪等市县。

中 文 名：关东巧铃花

拼　　音：guān dōng qiǎo líng huā

其他俗名：毛叶丁香，关东丁香

科中文名：木樨科

科 学 名：Oleaceae

属中文名：丁香属

学　　名：Syringa pubescens subsp. patula

生　　境：生于山坡灌丛中。

形态特征：落叶灌木。单叶对生；叶片卵状椭圆形、椭圆形、披针形或近圆形等，先端尾状渐尖，常歪斜，或近凸尖。花冠淡紫色、粉红色或白带蔷薇色，略呈漏斗状，长1~1.5厘米，花冠管长0.7~1.1厘米；花药淡紫色或紫色，着生于距花冠管喉部0~1毫米处。蒴果长椭圆形，有明显皮孔，先端锐尖或具小尖头。花期5—7月，果期8—10月。

分　　布：原产中国辽宁、吉林。朝鲜也有分布。辽宁产东部山区。

中 文 名：紫丁香

拼　　音：zǐ dīng xiāng

其他俗名：华北紫丁香，北丁香

科中文名：木樨科

科 学 名：Oleaceae

属中文名：丁香属

学　　名：Syringa oblata

生　　境：生于山地、山沟。

形态特征：落叶灌木或小乔木。小枝、花序轴、花梗、苞片、花萼、幼叶两面以及叶柄均无毛而密被腺毛。单叶对生；叶片厚纸质至革质，广卵圆形至肾形，通常宽大于长，长2～14厘米，宽2～15厘米，基部心形，先端短突尖；萌枝上叶片常呈长卵形。花序发自侧芽；花序轴基部无叶；花萼长约3毫米；花冠大，紫红色。蒴果倒卵状椭圆形、卵形至长椭圆形，长1～2厘米，宽4～8毫米，平滑。花期5月，果熟期9月。

分　　布：原产中国华北、西北、西南。朝鲜也有分布。辽宁产朝阳、北票、凌源、喀左、义县、阜新、北镇、盖州、本溪、凤城等市县。

中 文 名：水蜡树

拼　　音：shuǐ là shù

其他俗名：辽东水蜡树

科中文名：木樨科

科 学 名：Oleaceae

属中文名：女贞属

学　　名：Ligustrum obtusifolium

生　　境：生于山坡。

形态特征：落叶灌木。单叶对生；叶纸质，较狭，长圆形或广倒披针形，长1.5～6厘米，宽0.5～2.2厘米，先端钝或尖，两面无毛，或被稀疏短柔毛或仅沿下面中脉疏被短柔毛。圆锥花序生于当年生枝顶端；花萼及花梗具短柔毛；花冠白色，4裂，花冠裂片较长而尖，花药短于花冠裂片。核果长圆状球形，长5～8毫米，径4～6毫米。花期6月，果期9月。

分　　布：原产中国辽宁、山东、安徽、湖南、江苏、台湾。朝鲜、日本也有分布。辽宁产丹东、大连、长海、鞍山等市县。

中 文 名：水曲柳

拼　　音：shuǐ qǔ liǔ

其他俗名：东北梣

科中文名：木樨科

科 学 名：Oleaceae

属中文名：梣属

学　　名：Fraxinus mandshurica

生　　境：生于土壤湿润肥沃的缓坡、山谷。

形态特征：落叶大乔木。奇数羽状复叶对生；小叶7～13枚，长圆形，长5～20厘米，宽2～5厘米，近无柄，基部着生处密生黄褐色绒毛；叶轴具狭翅。圆锥花序生于去年生枝上，先叶开放；雄花与两性花异株，无花冠；雄花序紧密，两性花序稍松散。翅果长圆状披针形，长3～4厘米，宽6～9毫米，扭曲，果翅延至坚果基部，无花萼。花期5月，果熟期9—10月。

分　　布：原产中国东北、华北及陕西、甘肃、湖北。俄罗斯、朝鲜、日本也有分布。辽宁产东部山区及南票、海城、瓦房店、普兰店、庄河等市县。

中 文 名：小叶白蜡树

拼　　音：xiǎo yè bái là shù

其他俗名：小叶梣

科中文名：木樨科

科 学 名：Oleaceae

属中文名：梣属

学　　名：Fraxinus bungeana

生　　境：生于山坡、疏林、沟旁。

形态特征：落叶小乔木或为灌木状。奇数羽状复叶对生；小叶柄长2～8毫米；小叶片通常5，稀3或7，卵形，长2～5厘米，宽1.5～3厘米。圆锥花序生于当年生枝顶端或叶腋，与叶同放或后于叶；花萼小，裂片披针形；花瓣4，倒披针状线形。翅果匙状长圆形，长2～3厘米，宽3～5毫米，上中部最宽，翅下延至坚果中下部；花萼宿存。花期5月，果熟期9—10月。

分　　布：原产中国辽宁及华北、西北、华中。辽宁产凌源、喀左、绥中、建平、北票等市县。

中 文 名：花曲柳

拼　　音：huā qǔ liǔ

其他俗名：大叶梣，大叶白蜡树，苦枥白蜡树

科中文名：木樨科

科 学 名：Oleaceae

属中文名：梣属

学　　名：Fraxinus chinensis subsp. rhynchophylla

生　　境：生于山坡或落叶林中。

形态特征：落叶乔木。奇数羽状复叶对生，长达27厘米；小叶（3～）5～7（～9），广卵形等，背面沿脉被黄褐色柔毛；叶轴关节处常有红褐色柔毛；小叶柄长0.2～1.5厘米。圆锥花序顶生或腋生于当年生枝上，花杂性或单性异株；花萼钟状，4裂；无花冠。翅果倒披针形，长约3.5厘米，宽约5毫米，翅下延至坚果中部；具宿存萼。花期5月，果期9月。

分　　布：原产中国黑龙江、吉林、辽宁、甘肃、河北、河南、陕西、山东、山西。朝鲜、日本、俄罗斯也有分布。辽宁产建昌、朝阳、义县、北镇、法库、沈阳、鞍山、宽甸、丹东、庄河、普兰店、大连等市县。

中 文 名：流苏树

拼　　音：liú sū shù

其他俗名：茶叶树

科中文名：木樨科

科 学 名：Oleaceae

属中文名：流苏树属

学　　名：Chionanthus retusus

生　　境：生于山坡、河谷，喜生向阳处。

形态特征：落叶灌木或乔木。单叶对生；叶片革质或薄革质，长圆形、椭圆形或圆形，长3～12厘米，宽2～6.5厘米。聚伞状圆锥花序生于枝端；单性而雌雄异株或为两性花；花冠白色，4深裂，裂片线状倒披针形，花冠管短；雄蕊藏于管内或稍伸出，柱头球形，稍2裂。核果椭圆形，长1～1.5厘米，径6～10毫米，被白粉，呈蓝黑色或黑色。花期5月，果熟期9—10月。

分　　布：原产中国辽宁、甘肃、陕西、山西、河北、河南以南至云南、四川、广东、福建、台湾。朝鲜、日本也有分布。辽宁产凌源、金州、旅顺（蛇岛）、盖州等市县。

中 文 名：旋蒴苣苔

拼　　音：xuán shuò jù tái

其他俗名：猫耳朵，猫耳旋蒴苣苔

科中文名：苦苣苔科

科 学 名：Gesneriaceae

属中文名：旋蒴苣苔属

学　　名：Dorcoceras hygrometrica

生　　境：生于山阴坡石崖上。

形态特征：多年生草本，高约10厘米。全部基生叶，莲座状，肉质，近圆形
　　　　　或卵形，长2～5厘米，宽1.5～5厘米；基部楔形，边缘有齿或波
　　　　　状小齿。花葶1～4，被短腺毛；聚伞花序有2～5花，密被短腺
　　　　　毛；花萼5深裂；花冠淡蓝紫色，长1～1.5厘米，上唇2裂，下唇
　　　　　3裂；能育雄蕊2；子房密生短毛，花柱伸出。蒴果螺旋状扭曲，
　　　　　长3～4厘米。花期6—8月，果期8—9月。

分　　布：原产中国东北、华北、西北、华东、西南。辽宁产凌源、绥中、
　　　　　喀左等市县。

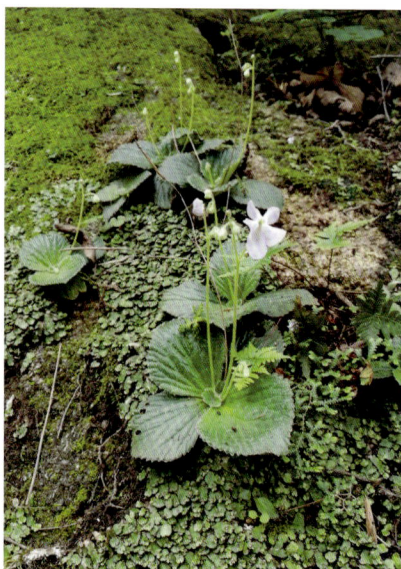

中 文 名：柳穿鱼

拼　　音：liǔ chuān yú

其他俗名：小金鱼草

科中文名：车前科

科 学 名：Plantaginaceae

属中文名：柳穿鱼属

学　　名：Linaria vulgaris subsp. chinensis

生　　境：生于山坡、河岸石砾地、草地、沙地草原、固定沙丘、田边及路
边。

形态特征：多年生草本。茎直立，高10～80厘米。叶通常互生，稀下部叶轮
生；叶线形，长2～6厘米，宽2～6（～10）毫米，通常具单脉。
总状花序顶生，多花密集，花序轴与花梗均无毛或疏生短腺毛；
花冠黄色，除去距长8～15毫米；上唇比下唇长，裂片卵形，下
唇侧裂片卵圆形。蒴果椭圆状球形或近球形，长7～9毫米，宽
6～7毫米。花期6—9月，果期8—10月。

分　　布：原产中国黑龙江、吉林、辽宁、内蒙古、河北、山东、河南、江
苏、陕西、甘肃。辽宁产沈阳、彰武、绥中、瓦房店、长海、凌
源等市县。

中 文 名：草本威灵仙

拼　　音：cǎo běn wēi líng xiān

其他俗名：轮叶腹水草，轮叶婆婆纳

科中文名：车前科

科 学 名：Plantaginaceae

属中文名：腹水草属

学　　名：Veronicastrum sibiricum

生　　境：生于林边草甸、山坡草地及灌丛中。

形态特征：多年生草本。茎圆柱形，高达1米以上。叶4～8枚轮生，广披针形、长圆状披针形或倒披针形，长8～13厘米，宽1.5～4厘米，边缘具尖锯齿。花序顶生，多花集成长尾状穗状花序，长10～15（～40）厘米；花冠淡蓝紫色、红紫色、粉红色或白色，长5～7毫米。蒴果卵形或卵状椭圆形，长3～4毫米，宽2～2.5毫米；种子多数，卵状椭圆形。花期7月，果期8—9月。

分　　布：原产中国东北、华北。朝鲜、日本也有分布。辽宁产凌源、西丰、清原、岫岩、宽甸、桓仁、本溪、鞍山等市县。

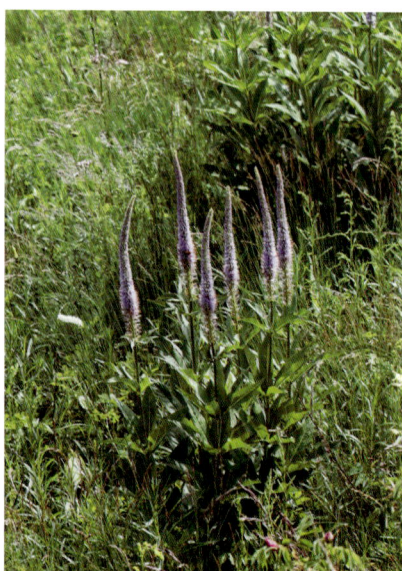

中 文 名：细叶穗花

拼　　音：xì yè suì huā

其他俗名：细叶婆婆纳

科中文名：车前科

科 学 名：Plantaginaceae

属中文名：婆婆纳属

学　　名：Veronica linariifolia

生　　境：生于山坡草地、林边、灌丛、草原、沙岗及路边。

形态特征：多年生草本。茎直立，高35～90厘米。叶对生或互生，线形或线状披针形，长2～6.5厘米，宽2～7毫米。总状花序顶生，多花密集成长穗状，长6～20厘米；花冠蓝色、蓝紫色、淡红紫色或白色，长6～8毫米，花冠筒长约2毫米；雄蕊比花冠长，花丝无毛；花柱丝状，柱头头状。蒴果椭圆形或近圆状肾形，长、宽2～3.5毫米。花期7—8月，果期8—10月。

分　　布：原产中国黑龙江、吉林、辽宁、内蒙古。朝鲜、日本、俄罗斯也有分布。辽宁产沈阳、铁岭、抚顺、本溪、丹东、新民、阜新、凌源、鞍山、大连等市县。

中 文 名：平车前

拼　　音：píng chē qián

其他俗名：车轱辘菜

科中文名：车前科

科 学 名：Plantaginaceae

属中文名：车前属

学　　名：Plantago depressa

生　　境：生于田间路旁、草地沟边。

形态特征：多年生草本，株高10～40厘米。主根圆柱形，具须根。叶基生莲座状；叶片椭圆形、长椭圆形或椭圆状披针形，长5～13厘米，宽1～4厘米。穗状花序，长4～25厘米；花茎数个或数十个；萼裂片4；花冠筒状，顶部4裂；雄蕊4；子房椭圆形至卵形，胚珠5。蒴果卵状圆形，盖裂；种子椭圆形，4～5，成熟时黑色。花期6月，果期7—8月。

分　　布：原产中国各省区。朝鲜、俄罗斯、蒙古也有分布。辽宁广布。

中 文 名：陌上菜

拼　　音：mò shàng cài

其他俗名：母草

科中文名：母草科

科 学 名：Linderniaceae

属中文名：陌上菜属

学　　名：Lindernia procumbens

生　　境：生于水边黏泥质浅滩、沼泽湿草地。

形态特征：一年生草本。茎基部多分枝，高5~20厘米。叶对生，无柄；叶片卵状椭圆形至长圆形，长1~2.5厘米，宽0.4~1.2厘米。花单生于叶腋；花萼5，深裂至基部；花冠粉红色或淡紫色，长5~7毫米，筒长约3.5毫米；上唇短，直立，2浅裂，下唇开展，明显大于上唇，3裂；雄蕊4，2强；柱头2浅裂。蒴果卵球形，长约4毫米。花期7—8月，果期8—9月。

分　　布：原产中国东北、华北、西北、华东、华中、华南、西南。日本、马来西亚也有分布。辽宁产丹东、铁岭、清原、沈阳、本溪等市县。

中 文 名：角蒿

拼　　音：jiǎo hāo

其他俗名：羊角蒿，透骨草

科中文名：紫葳科

科 学 名：Bignoniaceae

属中文名：角蒿属

学　　名：Incarvillea sinensis

生　　境：生于荒地、路旁、河边、山沟等处向阳砂质土壤上。

形态特征：一年生草本。茎直立，高30～50厘米。叶互生或在茎基部近对
　　　　　生，叶片二至三回羽状深裂或全裂，长4～12厘米，具4～7对裂
　　　　　片，长5～8厘米。总状花序顶生，通常有花3～5；花萼筒钟状；
　　　　　花冠红色或淡红紫色，漏斗状，长约3厘米；雄蕊4；花盘环状，
　　　　　花柱红色，柱头2裂。蒴果圆柱形，长5～11厘米，径4～5毫米。
　　　　　花期6—8月，果期8—9月。

分　　布：原产中国东北及河北、内蒙古、山东、河南、山西、陕西、甘
　　　　　肃、四川、青海。俄罗斯、蒙古也有分布。辽宁产新民、法库、
　　　　　彰武、凌源、绥中、盖州、岫岩等市县。

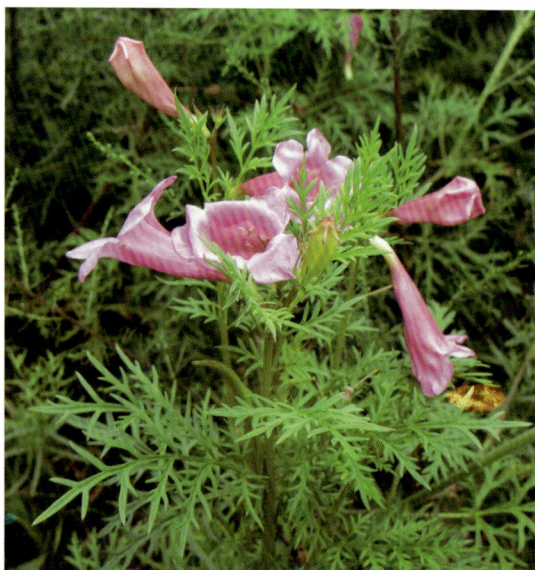

中 文 名：梓

拼　　音：zǐ

其他俗名：臭梧桐

科中文名：紫葳科

科 学 名：Bignoniaceae

属中文名：梓属

学　　名：Catalpa ovata

生　　境：生于村庄、城区绿化或作为行道树。

形态特征：落叶乔木。树皮暗灰色，浅纵裂，高6米以上。单叶对生，有时3叶轮生；叶片广卵形或近圆形，长10～20厘米，宽8～18厘米；脉腋被褐色毛并有紫黑色腺点1～4个。圆锥花序顶生，长10～18厘米；花冠浅黄色，长约2厘米，二唇形。蒴果长圆柱形，长20～30厘米，径4～8毫米，深褐色；种子长椭圆形，两端密生长软毛。花期6—7月，果期8—10月。

分　　布：原产中国东北南部、华北、西北、华中、西南。辽宁产沈阳、鞍山、抚顺、营口、丹东、铁岭、绥中、凌源等市县。

中 文 名：荆条

拼　　音：jīng tiáo

其他俗名：荆梢

科中文名：唇形科

科 学 名：Lamiaceae

属中文名：牡荆属

学　　名：Vitex negundo var. heterophylla

生　　境：生于干山坡。

形态特征：落叶灌木或小乔木，高达3米。小枝四棱形，灰褐色。掌状复叶对生；5小叶，具叶柄，小叶片长圆状披针形至披针形，中间小叶片长2~6厘米，两侧小叶渐小，边缘有缺刻状锯齿。聚伞花序顶生，排成圆锥花序，长6~11厘米；花冠淡蓝色偶见有白花变异，二唇形；雄蕊4，2强；子房4室，柱头2裂。核果近球形，长约2毫米，熟时黑褐色。花期6—7月，果期7—8月。

分　　布：原产中国东北、华北、西北、华东、中南、西南。日本也有分布。辽宁产凌源、朝阳、建昌、北镇、兴城、绥中、沈阳、大连等市县。

中 文 名：香薷

拼　　音：xiāng rú

其他俗名：山苏子，小叶苏子，臭荆芥

科中文名：唇形科

科 学 名：Labiatae

属中文名：香薷属

学　　名：Elsholtzia ciliata

生　　境：生于田边、路旁、荒地、山坡、林缘、林内、河岸草地。

形态特征：一年生草本。茎直立，多分枝，高30～100厘米。单叶对生；叶片卵形，长3.5～9厘米，宽1.5～3.5厘米。轮伞花序于茎顶及分枝顶端形成明显偏向一侧的压扁形的长穗状花序，长2～8厘米，宽（4～）5～10毫米；花冠粉紫色，长（3～）3.5～4.5毫米；雄蕊4；花柱先端2裂。坚果椭圆体，长1毫米，棕黄色至黄棕色。花期8—10月，果期9—10月。

分　　布：原产中国各省区（除新疆、青海外）。朝鲜、日本、蒙古、俄罗斯也有分布。辽宁广布。

中 文 名：尾叶香茶菜

拼　　音：wěi yè xiāng chá cài

其他俗名：野苏子，高丽花

科中文名：唇形科

科 学 名：Labiatae

属中文名：香茶菜属

学　　名：Isodon excisus

生　　境：生于林缘、路旁、杂木林下、草地。

形态特征：多年生草本。茎直立，高可达1米。叶对生；广卵形至卵状圆形，长4～13厘米，宽3～10厘米；叶片先端具深凹，凹缺中有一尾状尖的长齿。圆锥花序顶生或于上部叶腋生，长6～15厘米；花萼钟状，二唇形；花冠蓝色、淡紫色或紫红色，长达9毫米；雄蕊4，内藏；花柱先端2裂，稍伸出。坚果卵状三棱形，1.5毫米，褐色。花期7—8月，果期9—10月。

分　　布：原产中国东北。俄罗斯、朝鲜、日本也有分布。辽宁产鞍山、抚顺、新宾、桓仁、丹东、宽甸、凤城、岫岩、庄河、凌源等市县。

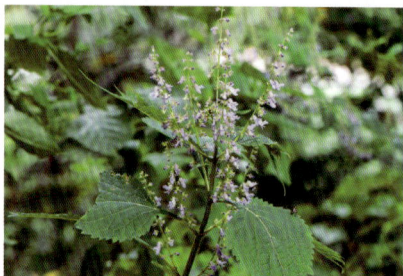

中 文 名：丹参
拼　　音：dān shēn
其他俗名：血生根
科中文名：唇形科
科 学 名：Labiatae
属中文名：鼠尾草属
学　　名：Salvia miltiorrhiza
生　　境：生于山坡、林下、山沟旁。
形态特征：多年生草本。茎直立，高20～50厘米，全株被腺毛及长柔毛。奇
　　　　　数羽状复叶对生；小叶3～5（～7），卵圆形、椭圆状卵形或广
　　　　　披针形，长1.5～8厘米，宽1～4厘米。轮伞花序6花或多花，组
　　　　　成顶生或腋生总状花序；花冠蓝紫色，长2～2.7厘米；能育雄蕊
　　　　　2枚，退化雄蕊矛状；花柱伸出花冠外，柱头2裂。坚果椭圆形，
　　　　　长约3.2毫米，直径1.5毫米，黑色。花期5—7月，果期7—8月。
分　　布：原产中国东北、华北、华布、中南。日本也有分布。辽宁产凌
　　　　　源、建昌、绥中、大连等市县。

中 文 名：山菠菜

拼　　音：shān bō cài

其他俗名：东亚夏枯草，夏枯草

科中文名：唇形科

科 学 名：Labiatae

属中文名：夏枯草属

学　　名：Prunella asiatica

生　　境：生于林下、林缘、灌丛、山坡、路旁湿草地。

形态特征：多年生草本。茎多数，高20～50厘米。茎生叶交互对生；有柄，叶片长圆形或卵状长圆形，长2.5～8厘米，宽1～2.5厘米，茎上部叶向上渐小，柄渐短至无柄。轮伞花序，每轮6朵花集成顶生2～4厘米的穗状花序；花冠淡紫色、紫色或蓝紫色，长约13毫米；雄蕊4；花柱先端2裂。坚果倒卵形，长1.5～2毫米，宽0.5～0.7毫米，棕色。花期6—7月，果期8—9月。

分　　布：原产中国东北、华北、华中。日本、朝鲜也有分布。辽宁产清原、铁岭、沈阳、鞍山、丹东、宽甸、岫岩、凤城、本溪、桓仁、凌源等市县。

中 文 名：裂叶荆芥

拼　　音：liè yè jīng jiè

其他俗名：假苏

科中文名：唇形科

科 学 名：Labiatae

属中文名：荆芥属

学　　名：Nepeta tenuifolia

生　　境：生于山沟、山坡路旁、林缘。

形态特征：一年生草本。茎直立，多分枝，高25～100厘米。叶对生；通常为指状3裂，裂片线状披针形，长1.5～3.5毫米，宽1.5～2.5毫米。多数轮伞花序组成顶生穗状花序，长2～13厘米；花冠淡蓝紫色，长约4.5厘米；雄蕊4，后雄蕊较长，均不伸出花冠；花柱先端2裂。坚果长圆状三棱形，长约1.5毫米，径约0.7毫米，黄褐色。花期7—9月，果期9—10月。

分　　布：原产中国黑龙江、辽宁、河北、山西、陕西、甘肃、青海、四川、贵州。朝鲜也有分布。辽宁产大连、凌源等市县。

中 文 名：毛建草

拼　　音：máo jiàn cǎo

其他俗名：岩青兰，毛尖茶

科中文名：唇形科

科 学 名：Labiatae

属中文名：青兰属

学　　名：Dracocephalum rupestre

生　　境：生于山阴地。

形态特征：多年生草本。茎不分枝，高15～40厘米。基生叶多数，叶片三角状卵形、长圆状卵形或近圆形，长1.5～6厘米，宽1.5～5.5厘米，边缘具圆锯齿；茎生叶对生；茎部叶片向上渐小。轮伞花序密集，长达14厘米；花冠蓝紫色，长3～4厘米，为不明显的二唇形；雄蕊4，后对较长，花药2室，叉状分开；子房4裂，花柱细长，柱头2裂。坚果长圆形，光滑。花果期7—9月。

分　　布：原产中国北部。辽宁产本溪、宽甸、阜新、建平、凌源等市县。

中 文 名：藿香

拼　　音：huò xiāng

其他俗名：野苏子，拉拉香，猫把虎

科中文名：唇形科

科 学 名：Labiatae

属中文名：藿香属

学　　名：Agastache rugosa

生　　境：生于山坡、林间、山沟溪流旁。

形态特征：多年生草本。茎直立，高30～100厘米。叶对生；有柄，叶片心状卵形至长圆状卵形，长4～14厘米，宽3～7厘米，边缘具钝齿。轮伞花序，多花，花序长2～17厘米，径1～2.5厘米；花冠淡蓝紫色，长7～8毫米，花冠筒稍超出花萼；子房顶端有短柔毛，花柱与前雄蕊近等长，先端2裂。坚果倒卵状长圆形，深褐色，长约1.8毫米，宽约1.1毫米。花果期7—10月。

分　　布：原产中国各省区。俄罗斯、朝鲜、日本及北美洲也有分布。辽宁广布。

中 文 名：荨麻叶龙头草

拼　　音：qián má yè lóng tóu cǎo

其他俗名：芝麻花，美汉草

科中文名：唇形科

科 学 名：Labiatae

属中文名：龙头草属

学　　名：Meehania urticifolia

生　　境：生于林下、山坡、山沟小溪旁。

形态特征：多年生草本。茎直立，丛生，高15～40厘米。叶对生；叶片心形或卵状心形，长0.5～6厘米，边缘具疏或密锯齿或圆齿。轮伞花序或假总状花序；苞片向上渐小，卵形或披针形；花萼钟状，二唇形；花冠淡蓝紫色或蓝紫色，长2.2～4厘米，冠檐二唇形；雄蕊4，内藏；子房被微柔毛，花柱稍伸出花冠外，先端2浅裂。坚果卵状长圆形。花期4—7月，果期6—7月。

分　　布：原产中国东北。日本、朝鲜也有分布。辽宁产丹东、凌源、清原、鞍山、庄河、岫岩、凤城、本溪、宽甸、桓仁等市县。

中 文 名：地椒

拼　　音：dì jiāo

其他俗名：五脉百里香

科中文名：唇形科

科 学 名：Labiatae

属中文名：百里香属

学　　名：Thymus quinquecostatus

生　　境：生于山坡草地、海滨荒山、沙质地。

形态特征：落叶半灌木。茎斜生或匍匐，近四棱形，高3～15厘米。叶对生；长卵形至广卵形，长（10～）13～17毫米，宽3～4（～6）毫米，密被腺点。花序头状或稍伸长成长圆状的头状花序；花梗长达4毫米，密被倒向柔毛；花萼管状钟形，长5～6毫米，喉部具髯毛；花冠淡紫红色，长7毫米，二唇形；雄蕊稍超出花冠；花柱先端2裂，长于雄蕊。坚果黑褐色。花期5—6月，果期6—7月。

分　　布：原产中国东北、华北。朝鲜、日本也有分布。辽宁产北镇、营口、大连等市。

中 文 名：薄荷

拼　　音：bò hé

其他俗名：野薄荷

科中文名：唇形科

科 学 名：Labiatae

属中文名：薄荷属

学　　名：Mentha canadensis

生　　境：生于江、湖、水沟旁、山坡、林缘湿草地。

形态特征：多年生草本。茎直立，高30～100厘米。叶对生，具短柄；叶片卵形、披针状卵形，长3～7厘米，宽1.5～3厘米。轮伞花序腋生，花时径约18毫米，呈球形，被柔毛；萼管状钟形或钟形，萼齿5；花冠淡紫色，长4毫米；冠檐4裂，上裂片先端2裂；雄蕊4，均伸出花冠外；柱头相等2裂。坚果长圆形，黄褐色，具小腺窝。花期7—9月，果期8—10月。

分　　布：原产中国东北。朝鲜、日本也有分布。辽宁广布。

中 文 名：麻叶风轮菜

拼　　音：má yè fēng lún cài

其他俗名：风车草，大花风轮菜

科中文名：唇形科

科 学 名：Labiatae

属中文名：风轮菜属

学　　名：Clinopodium urticifolium

生　　境：生于沟边湿草地、林缘路旁、杂木林下。

形态特征：多年生草本，高35～80厘米。茎直立，四棱形。叶对生；叶片卵形、卵圆形或卵状披针形，长3～5厘米，宽1.5～3厘米，边缘锯齿状。轮伞花序多花密集，彼此远离；花萼筒状，上部紫红色；花冠紫红色、浅红色或白色；冠檐二唇形；雄蕊4，前雄蕊稍长，不超出花冠。花柱先端不相等2浅裂。坚果倒卵形，褐色。花期6—8月，果期8—9月。

分　　布：原产中国东北、华北、西北、华东、西南。朝鲜、俄罗斯也有分布。辽宁产凌源、北镇、沈阳、抚顺、清原、本溪、鞍山、桓仁、凤城、宽甸、丹东、大连等市县。

中 文 名：多花筋骨草

拼　　音：duō huā jīn gǔ cǎo

科中文名：唇形科

科 学 名：Labiatae

属中文名：筋骨草属

学　　名：Ajuga multiflora

生　　境：生于向阳草地、山坡、林缘、阔叶林下、溪流旁砂质地。

形态特征：多年生草本。茎直立，高6～30厘米。基生叶具柄，长0.7～2厘米；茎生叶对生；茎上部叶无柄，叶片椭圆状卵圆形至卵状披针形，长1～3.5（～4.5）厘米，宽0.8～1.8（～3）厘米。轮伞花序自茎中部向上渐靠近，至顶端呈一密集的穗状聚伞花序；花冠蓝紫色或蓝色，长1.5～1.8厘米；雄蕊4；花柱先端2浅裂，裂片细尖。坚果倒卵状三棱形。花期4—5月，果期5—6月。

分　　布：原产中国东北、华北、华东。俄罗斯、朝鲜也有分布。辽宁产沈阳、抚顺、新宾、凤城、丹东、鞍山、庄河、大连等市县。

中 文 名：水棘针

拼　　音：shuǐ jí zhēn

其他俗名：土荆芥、细叶山紫苏

科中文名：唇形科

科 学 名：Labiatae

属中文名：水棘针属

学　　名：Amethystea caerulea

生　　境：生于田边、荒地、山坡、灌丛、林边、湿草地。

形态特征：一年生草本。茎直立，多分枝，高0.3～1米。叶对生；叶片通常
　　　　　为3全裂或3深裂，裂片长2～5.5厘米，宽0.5～2厘米，边缘具不
　　　　　规则的粗大锯齿。花序由具长梗的聚伞花序组成大圆锥花序；花
　　　　　冠蓝色或紫蓝色，长2.6～3.8毫米；雄蕊4；花柱略超出雄蕊或近
　　　　　相等，先端2裂。坚果略呈倒卵形，具网状皱纹。花期8—9月，
　　　　　果期9—10月。

分　　布：原产中国东北、华北、西北、华东、华中、华南、西南。朝鲜、
　　　　　日本、蒙古也有分布。辽宁产开原、西丰、铁岭、昌图、庄河、
　　　　　营口、新宾、桓仁、宽甸、岫岩、凌源等市县。

中 文 名：海州常山

拼　　音：hǎi zhōu cháng shān

其他俗名：臭梧桐

科中文名：唇形科

科 学 名：Lamiaceae

属中文名：大青属

学　　名：Clerodendrum trichotomum

生　　境：生于山坡、多石质山沟、杂木林内、海边、路旁。

形态特征：落叶灌木或小乔木，高1.5～10米。老枝灰白色，具皮孔。叶对生；广卵形、三角状卵形或卵状椭圆形，长5～15厘米，宽4～13厘米，全缘或微波状浅齿。聚伞花序顶生或腋生，总花梗长3～6厘米；花冠白色或带粉红色，长1.5～2厘米；雄蕊4；花柱较雄蕊短，柱头2裂。核果近球形，径6～8毫米，包于宿存花萼内，成熟时外果皮蓝紫色。花期8—9月，果期9—10月。

分　　布：原产中国华北、华东、华中及西南。日本、朝鲜也有分布。辽宁产丹东、庄河、大连等市县。

中 文 名：黄芩

拼　　音：huáng qín

其他俗名：元芩

科中文名：唇形科

科 学 名：Labiatae

属中文名：黄芩属

学　　名：Scutellaria baicalensis

生　　境：生于草甸草原、沙质草地、丘陵坡地、草地、山坡、山麓。

形态特征：多年生草本。茎通常数个或多数丛生，高20～60厘米。叶对生；叶片披针形至线状披针形，长1.5～5厘米，宽2～12毫米，全缘。总状花序顶生，长7～15厘米，偏向一侧；花冠蓝紫色长2～2.3厘米，上唇盔瓣状，下唇明显短于上唇；雄蕊4；子房柄极短，花盘杯状。坚果椭圆形，长1.5～2毫米，宽1～1.5毫米，近黑色。花期7—8月，果期8—10月。

分　　布：原产中国东北、华北、西北、华东、西南。蒙古、朝鲜、日本也有分布。辽宁产法库、本溪、凤城、营口、盖州、大连、北镇、兴城、建昌、凌源等市县。

中 文 名：华水苏

拼　　音：huá shuǐ sū

其他俗名：水苏

科中文名：唇形科

科 学 名：Labiatae

属中文名：水苏属

学　　名：Stachys chinensis

生　　境：生于湿草地、河边、水甸子边。

形态特征：多年生草本。茎直立，单一，高50～100厘米。叶对生；长圆状披针形、长圆状线形或线形，长6～10厘米，宽0.5～1.5厘米。轮伞花序多轮，每轮6花，于茎顶或分枝顶端排列成上部紧密、下部疏松的穗状花序；花萼钟形；花冠紫红色或粉红色，长1.5厘米，冠檐二唇形；雄蕊4花丝有毛；花柱丝状，先端2裂。坚果卵状球形，黑褐色。花期6—7月，果期7—10月。

分　　布：原产中国北部各省区。俄罗斯也有分布。辽宁广布。

中 文 名：糙苏

拼　　音：cāo sū

其他俗名：山芝麻

科中文名：唇形科

科 学 名：Labiatae

属中文名：糙苏属

学　　名：Phlomoides umbrosa

生　　境：生于林下、山坡灌丛间、沟边路旁。

形态特征：多年生草本。茎粗壮，直立，高50～150厘米。叶对生；广卵形或卵形，长8～12厘米，宽4～9厘米，边缘具粗大锯齿；茎上部叶渐小。轮伞花序腋生，每轮常4～8朵花，生于主茎及分枝上；苞片3裂，裂片线状钻形，与花萼近等长；花萼钟形；花冠粉红色，二唇形，长约1.7厘米，冠筒长约1厘米；雄蕊4；花柱先端2裂。坚果顶端无毛。花期7—8月，果期8—9月。

分　　布：原产中国东北、华北及山东、湖北、广东、四川、贵州。朝鲜也有分布。辽宁产凌源、建昌、朝阳、庄河、大连、丹东、宽甸、凤城、本溪、桓仁等市县。

中 文 名：益母草

拼　　音：yì mǔ cǎo

其他俗名：益母蒿

科中文名：唇形科

科 学 名：Labiatae

属中文名：益母草属

学　　名：Leonurus japonicus

生　　境：生于山坡、草地、路旁。

形态特征：一、二年生草本。茎单一，直立，高0.3～1.6米。叶对生；茎下部叶掌状3裂，长2.5～6厘米，宽1.5～4厘米；茎中部叶有柄，叶片3全裂；茎上部叶分裂渐少至不分裂。轮伞花序腋生，每轮具8～15花，轮廓为圆球形，径2～2.5厘米；花冠紫红色或淡紫红色，长1～1.5厘米；雄蕊4；花柱先端2裂。坚果长圆状三棱形，长2.5毫米，淡褐色。花果期6—9月。

分　　布：原产中国各省区。俄罗斯、朝鲜、日本也有分布。辽宁广布。

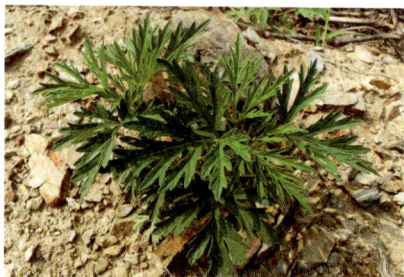

中 文 名： 夏至草

拼　　音： xià zhì cǎo

其他俗名： 小益母草

科中文名： 唇形科

科 学 名： Labiatae

属中文名： 夏至草属

学　　名： Lagopsis supina

生　　境： 生于山坡、草地、路旁。

形态特征： 多年生草本。茎直立或上升，常于基部分枝，高15～45厘米。叶对生；近圆形，径1.5～3厘米，掌状3深裂。轮伞花序，径1～1.5厘米；花冠白色，长约5毫米，稍伸出于萼筒，上唇比下唇长，直立，长圆形，全缘，下唇开展，3浅裂；雄蕊4，前雄蕊较长，内藏；花柱先端2浅裂。坚果卵状三棱形，长约1.5毫米，褐色，有鳞秕。花期5—6月，果期7—8月。

分　　布： 原产中国各省区。俄罗斯、朝鲜也有分布。辽宁产沈阳、大连、朝阳、凌源、北镇等市。

中 文 名：短柄野芝麻

拼　　音：duǎn bǐng yě zhī má

其他俗名：野芝麻，山苏子

科中文名：唇形科

科 学 名：Labiatae

属中文名：野芝麻属

学　　名：Lamium album

生　　境：生于林下、林缘、河边、采伐迹地等土质较肥沃的湿地。

形态特征：多年生草本。茎直立，高80厘米。叶对生；茎下部叶卵形或心形，长4.5～8.5厘米，宽3.5～5厘米；茎上部的叶卵圆状披针形，较茎下部叶长而狭。轮伞花序，4～14花，着生于茎端；花冠白色或淡黄色，长约2厘米，冠檐二唇形，上唇盔瓣状，下唇3裂；雄蕊花丝扁平；花柱丝状，先端2浅裂。坚果倒卵形，长3毫米，宽1.5毫米，淡褐色。花期5—7月，果期7—9月。

分　　布：原产中国东北、华北、西北、华东及湖北、湖南、四川、贵州。俄罗斯、蒙古、朝鲜、日本也有分布。辽宁产鞍山、本溪、凤城、宽甸、桓仁、庄河、新宾等市县。

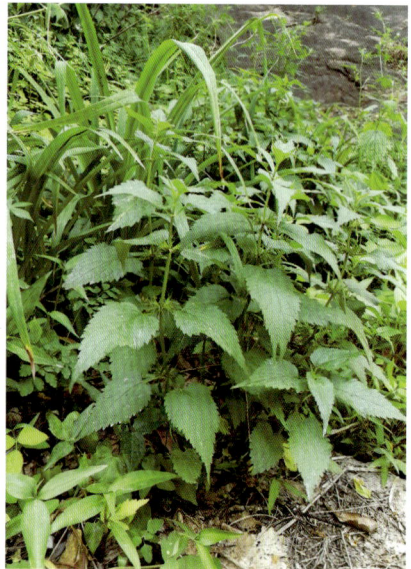

中 文 名：通泉草

拼　　音：tōng quán cǎo

其他俗名：小通泉草

科中文名：通泉草科

科 学 名：Mazaceae

属中文名：通泉草属

学　　名：Mazus pumilus

生　　境：生于湿润草地、沟边、路旁及林缘。

形态特征：一年生草本，高3～20厘米。基生叶少或多数，有时呈莲座状或
　　　　　早落；茎生叶对生或互生，叶片倒卵状匙形或倒卵状披针形，长
　　　　　2～4厘米，宽0.5～1.5厘米，边缘具不规则的粗齿。总状花序顶
　　　　　生，3～20朵；花冠粉紫色或蓝紫色，长约10毫米；上唇短直，
　　　　　2裂，下唇3裂；雄蕊4，2强；子房无毛。蒴果卵状球形，包于宿
　　　　　存萼内；种子小而多数。花果期5—10月。

分　　布：几乎遍布全国。俄罗斯、朝鲜、日本、越南也有分布。辽宁产本
　　　　　溪、丹东、凤城、清原、宽甸、凌源、大连、长海等市县。

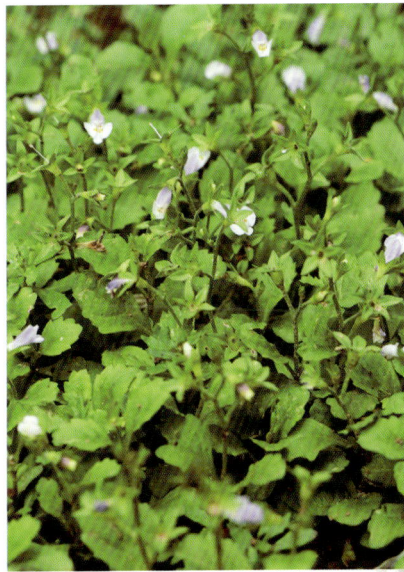

中 文 名：透骨草

拼　　音：tòu gǔ cǎo

其他俗名：药曲草，蝇毒草

科中文名：透骨草科

科 学 名：Phrymaceae

属中文名：透骨草属

学　　名：Phryma leptostachya subsp. asiatica

生　　境：生于山坡林下、路旁及沟岸阴湿处。

形态特征：多年生草本。茎直立，具4棱，上部常分枝，高30～70厘米。叶对生，叶片卵形、广卵形或三角状卵形，长4～10厘米，宽2～8厘米。总状花序细长如穗状，顶生或腋生，长6～14厘米；花冠白色，常带淡红紫色，长5～6毫米；上唇2裂，下唇长于上唇，3裂；雄蕊4，2强；花柱稍短于雄蕊。瘦果棒状，包于宿存萼内，长6～8毫米。花期7—8月，果期8—9月。

分　　布：原产中国西南经中部至东北。朝鲜、日本、俄罗斯也有分布。辽宁产凌源、绥中、沈阳、鞍山、大连、本溪、凤城、丹东、宽甸、桓仁、清原等市县。

中 文 名：阴行草

拼　　音：yīn xíng cǎo

其他俗名：北刘寄奴

科中文名：列当科

科 学 名：Orobanchaceae

属中文名：阴行草属

学　　名：Siphonostegia chinensis

生　　境：生于山坡、丘陵草原或湿草地。

形态特征：一年生草本。茎直立，上部多分枝，高30～75厘米。叶对生，具短柄；叶片三角状卵形，长20～50毫米，宽15～55毫米，二回羽状深裂至羽状全裂。总状花序生于茎上部，有时长达40厘米；花单生于叶腋，花冠黄色，长20～30毫米；二强雄蕊；子房长卵形，柱头头状。蒴果被宿存的萼筒包裹，卵珠形，长6～10毫米。花期7—8月，果期8—9月。

分　　布：原产中国东北、华北、华中、华南、西南。俄罗斯、朝鲜、日本也有分布。辽宁产沈阳、新民、铁岭、彰武、阜新、凌源、营口、大连、丹东、凤城等市县。

中 文 名：黄筒花

拼　　音：huáng tǒng huā

其他俗名：水晶兰，草苁蓉

科中文名：列当科

科 学 名：Orobanchaceae

属中文名：黄筒花属

学　　名：Phacellanthus tubiflorus

生　　境：生于阔叶林下枯枝落叶层多的地方。

形态特征：多年生寄生草本。茎直立，单一或丛生，高5~14厘米。叶互生；鳞片状，无叶绿素，卵状长圆形至椭圆形，长6~11毫米，先端钝圆，膜质。花序顶生，通常3~6朵，束状稀近总状；花冠乳白色干后变黄，长20~30毫米；裂片2唇形；雄蕊4；子房长圆形，花柱1，柱头膨大，2裂。蒴果卵状椭圆形，长约1厘米；种子多数。花期7月，果期8—9月。

分　　布：原产中国东北、华北、西北。俄罗斯、朝鲜、日本也有分布。辽宁产本溪、凤城、宽甸等市县。

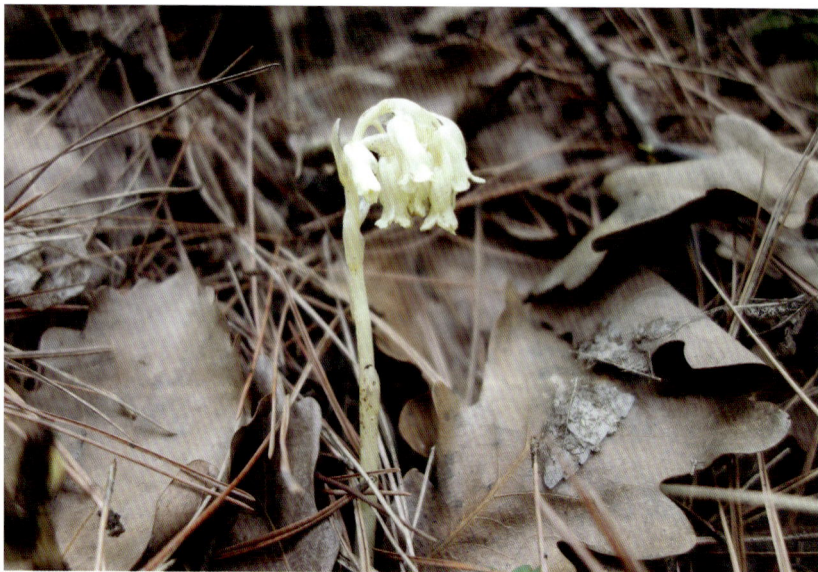

中 文 名：黄花列当

拼　　音：huáng huā liè dāng

其他俗名：兔子拐棍

科中文名：列当科

科 学 名：Orobanchaceae

属中文名：列当属

学　　名：Orobanche pycnostachya

生　　境：生于山坡草地、沙地上。寄生于蒿属（Artemisia）植物根上。

形态特征：多年生草本。茎单一或分枝为二，黄褐色，全株被白色蛛丝状绵毛，高10～30厘米。叶鳞片状，披针形或卵状披针形，长10～18毫米，基部宽3～5毫米，膜质。穗状花序圆柱形，长5～12厘米，宽2.5～4厘米，多花密集；花萼2深裂至近基部；花冠黄色，长2～3厘米，2唇形。蒴果近椭圆形，长约10毫米，径3～4毫米，包在花被内。花期6—7月，果期8—9月。

分　　布：原产中国东北、华北、西北、西南。俄罗斯、朝鲜、日本也有分布。辽宁产彰武、建平、凌源、海城、大连等市县。

中 文 名：山罗花

拼　　音：shān luó huā

其他俗名：山萝花，球锈草

科中文名：列当科

科 学 名：Orobanchaceae

属中文名：山罗花属

学　　名：Melampyrum roseum

生　　境：生于疏林下、山坡灌丛及高草丛中。

形态特征：一年生草本。全体疏被鳞片状短毛，高30～80厘米。叶对生，叶柄长1～5毫米；叶片卵状披针形至披针形，长2～6（～8）厘米，宽0.8～2.5厘米。总状花序顶生，长2～10厘米；花冠紫红色至蓝紫色，长15～20毫米，筒部长为檐部长的2倍左右；雄蕊4，2强。蒴果卵状，长8～10毫米，被鳞片状毛。花期7—8月，果期9月。

分　　布：原产中国东北、华东及河北、山西、陕西、甘肃、河南、湖北、湖南。朝鲜、日本、俄罗斯也有分布。辽宁产凌源、沈阳、鞍山、营口、清原、新宾、桓仁、宽甸等市县。

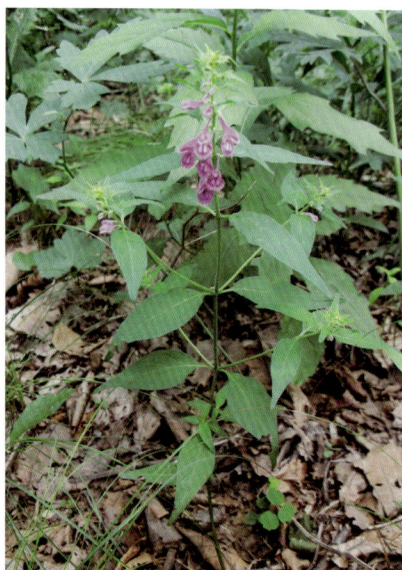

中 文 名：返顾马先蒿

拼　　音：fǎn gù mǎ xiān hāo

其他俗名：东北马先蒿，甘积草

科中文名：列当科

科 学 名：Orobanchaceae

属中文名：马先蒿属

学　　名：Pedicularis resupinata

生　　境：生于草地、林缘、湿草甸子、针叶林下、山坡灌丛中、山沟、杂木林。

形态特征：多年生草本。茎直立，高30～85厘米。叶互生或有时近对生；叶片披针形、卵状披针形至卵形，长4～10厘米，宽1～4.5厘米。花单生于茎顶端的叶腋中，多花形呈头状、总状或圆锥状；花冠紫红色或淡紫红色，长20～30毫米；雄蕊花丝有毛；柱头自喙端伸出。蒴果长圆形，长10～15毫米，成熟时开裂；种子狭卵形，长2～3毫米，暗褐色。花期7—9月，果期8—9月。

分　　布：原产中国东北、华北及安徽、四川、贵州。蒙古、朝鲜、日本也有分布。辽宁产鞍山、本溪、宽甸、凤城、桓仁、岫岩、庄河、凌源等市县。

中 文 名：松蒿

拼　　音：sōng hāo

其他俗名：糯蒿，细绒蒿

科中文名：列当科

科 学 名：Orobanchaceae

属中文名：松蒿属

学　　名：Phtheirospermum japonicum

生　　境：生于山坡、草地及灌丛间。

形态特征：一年生草本。茎上部多分枝，高30～60厘米，全株被多细胞腺
　　　　　毛。叶对生，叶片长三角状卵形，长1.5～5.5厘米，宽0.8～3厘
　　　　　米；下部羽状全裂，向上渐变为羽状深裂至浅裂；小裂片长卵形
　　　　　或长圆形。花具短梗，长2～7毫米；花冠紫红色至淡紫红色，长
　　　　　8～20毫米，外面被柔毛。蒴果卵状圆锥形，长6～10毫米，露于
　　　　　宿存萼外，有腺毛。花果期7—9月。

分　　布：原产中国各省区（除新疆、青海外）。朝鲜、日本、俄罗斯远东
　　　　　地区也有分布。辽宁广布。

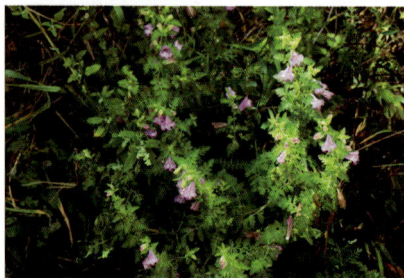

中 文 名：桔梗

拼　　音：jié gěng

其他俗名：包袱花，道拉基

科中文名：桔梗科

科 学 名：Campanulaceae

属中文名：桔梗属

学　　名：Platycodon grandiflorus

生　　境：生于山坡草地、林缘、草甸。

形态特征：多年生草本。高40～120厘米，有白色乳汁。根肉质，胡萝卜状。茎直立，茎下部叶常3枚轮生，上部叶对生或互生；叶无柄或极短，卵形至披针形，长2～7厘米，宽2.5～3.5厘米，基部圆形或楔形，先端锐尖，边缘具稍不整齐的细小锐锯齿。花一朵或数朵生于分枝顶端，花萼无毛，裂片5，三角形；花冠蓝紫色，阔钟状，5浅裂，裂片开展。蒴果倒卵圆形。花期7—9月，果期8—10月。

分　　布：原产中国各省区。朝鲜、日本、俄罗斯远东地区也有分布。辽宁广布。

中 文 名：羊乳

拼　　音：yáng rǔ

其他俗名：轮叶党参，山胡萝卜

科中文名：桔梗科

科 学 名：Campanulaceae

属中文名：党参属

学　　名：Codonopsis lanceolata

生　　境：生于山地及沟谷阔叶林内。

形态特征：多年生草质缠绕藤本。植株无毛，具白色乳汁。根肉质肥大，纺锤状圆锥形。主茎上的叶互生，细小；分枝上的叶常2～4枚集生于枝顶，对生或轮生，长3～10厘米，宽1.5～4.5厘米。花常单生于分枝顶端，萼筒长约5毫米，裂片5，卵状三角形；花冠黄绿色，边缘带紫色，宽钟状，5浅裂；柱头3裂，雄蕊5。蒴果，花萼宿存。花期7—8月，果期8—10月。

分　　布：原产中国东北、华北、华东和中南各省区。俄罗斯远东地区、朝鲜、日本也有分布。辽宁产西丰、清原、桓仁、宽甸、凤城、丹东、鞍山、抚顺、本溪、庄河、建昌、朝阳、阜新等市县。

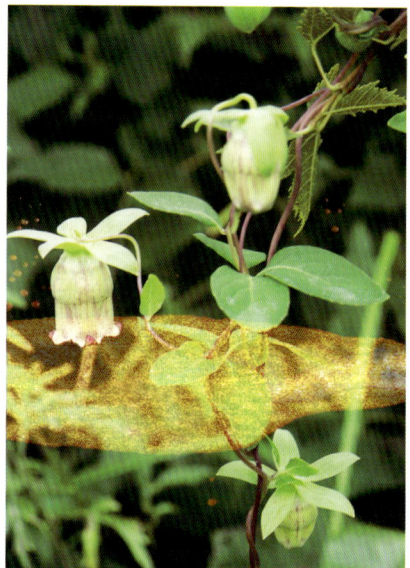

中 文 名：紫斑风铃草

拼　　音：zǐ bān fēng líng cǎo

其他俗名：灯笼花

科中文名：桔梗科

科 学 名：Campanulaceae

属中文名：风铃草属

学　　名：Campanula punctata

生　　境：生于林缘、灌丛、草丛。

形态特征：多年生草本。全株被刚毛。茎直立。基生叶具长柄，叶心状卵形；茎下部叶有具翼长柄，上部叶无柄，三角状卵形至披针形，边缘具不整齐钝齿。花顶生；花萼裂片长三角形；花冠白色，带紫斑，筒状钟形，长3～6.5厘米，裂片有睫毛。蒴果半球状倒锥形，脉很明显。花期6—7月，果期7—9月。

分　　布：原产中国东北、华北、西北、西南。朝鲜、日本、俄罗斯远东地区也有分布。辽宁产北镇、西丰、本溪、丹东、鞍山等市县。

中 文 名：聚花风铃草

拼　　音：jù huā fēng líng cǎo

科中文名：桔梗科

科 学 名：Campanulaceae

属中文名：风铃草属

学　　名：Campanula glomerata subsp. speciosa

生　　境：生于山坡、路边草地、林缘。

形态特征：多年生草本。茎直立，高大。茎叶几乎无毛，或疏生白色硬毛，或密被白色绒毛。茎下部叶具长柄，长卵形至心状卵形；上部叶无柄，椭圆形、长卵形至卵状披针形，全部叶边缘有尖锯齿。花数朵集成头状花序，生于茎中上部叶腋间，花萼裂片钻形；花冠紫色、蓝紫色或蓝色，管状钟形，长1.5～2.5厘米，分裂至中部。蒴果倒卵状圆锥形。花期7—9月，果期9—10月。

分　　布：原产中国东北及内蒙古东部。朝鲜、日本、俄罗斯远东地区也有分布。辽宁产沈阳、抚顺、本溪、丹东、鞍山、大连等市。

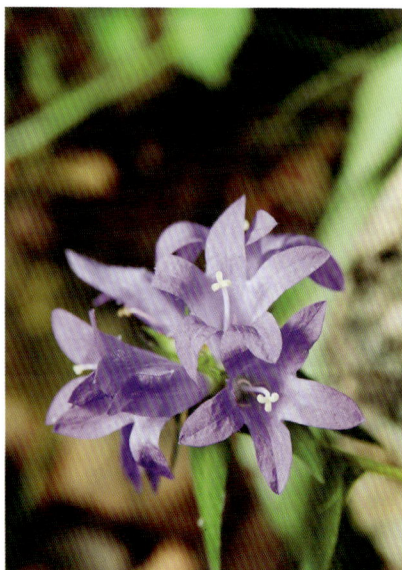

中 文 名：轮叶沙参

拼　　音：lún yè shā shēn

其他俗名：南沙参，四叶沙参

科中文名：桔梗科

科 学 名：Campanulaceae

属中文名：沙参属

学　　名：Adenophora tetraphylla

生　　境：生于山地林缘、林下。

形态特征：多年生草本。有白色乳汁。根胡萝卜形。茎生叶4～6枚轮生，无
柄或极短柄；叶片卵圆形至条状披针形，长2～14厘米，边缘有
锯齿，两面疏生短柔毛。圆锥状花序，长达35厘米，分枝轮生；
花下垂；花萼裂片5，钻形；花冠蓝色（稀见白色），筒状细钟
形，口部稍缢缩，5浅裂；花柱伸出花冠。蒴果倒卵球形。花期
7—8月，果期8—9月。

分　　布：原产中国东北、华东各省及内蒙古东部、河北、山西、山东、广
东、广西、云南、四川、贵州。朝鲜、日本、俄罗斯远东地区也
有分布。辽宁产凌源、建昌、彰武、沈阳、鞍山、抚顺、本溪、
丹东、大连等市县。

中 文 名：薄叶荠苨

拼　　音：bó yè jì ní

其他俗名：杏叶菜

科中文名：桔梗科

科 学 名：Campanulaceae

属中文名：沙参属

学　　名：Adenophora remotiflora

生　　境：生林缘、林下或草地中。

形态特征：多年生草本。茎高40～120厘米。叶互生，有长柄；叶卵形至卵状披针形，基部多为平截形、圆钝至宽楔形，先端渐尖，叶长3～13厘米，宽2～8厘米，质地薄，膜质。聚伞花序常为单花，少具有几朵花的，花序呈假总状或狭圆锥状。花萼裂片大；花冠蓝色，长2～3厘米；裂片5，长7～10毫米。硕果卵状圆锥形。花期7—8月，果期9—10月。

分　　布：原产中国东北。朝鲜、日本、俄罗斯远东地区也有分布。辽宁产凌源、本溪、桓仁、宽甸、海城、盖州、大连等市县。

中 文 名：牧根草

拼　　音：mù gēn cǎo

其他俗名：山生菜

科中文名：桔梗科

科 学 名：Campanulaceae

属中文名：牧根草属

学　　名：Asyneuma japonicum

生　　境：生于阔叶林下或杂木林下，偶见于草地中。

形态特征：多年生草本。根肉质，胡萝卜状。茎直立，高50～100厘米，稀分枝，无毛。叶互生，茎下部叶有长柄，卵形或卵圆形；茎上部叶近无柄，披针形或卵状披针形；叶长3～12厘米，宽2～5.5厘米，基部楔形，先端急尖至渐尖，边缘具锯齿，上面疏生毛，背面无毛。花萼筒部球状，裂片条形；花冠紫蓝色；花柱与花冠近等长。蒴果球状。花期7—8月，果期9月。

分　　布：原产中国东北。朝鲜、日本、俄罗斯远东地区也有分布。辽宁广布。

中 文 名：睡菜

拼　　音：shuì cài

其他俗名：绰菜

科中文名：睡菜科

科 学 名： Menyanthaceae

属中文名：睡菜属

学　　名：Menyanthes trifoliata

生　　境：生于沼泽中。

形态特征：多年生沼生草本。叶全部基生，挺出水面，三出复叶；小叶椭圆形，长2.5～7.5厘米，宽1.2～3厘米，全缘或边缘微波状，无小叶柄。总状花序多花；花5数；花萼分裂至近基部，萼筒甚短，裂片卵形；花冠白色，筒形，上部内面具白色长流苏状毛，裂片椭圆状披针形。蒴果球形，长6～7毫米。花果期5—7月。

分　　布：原产中国黑龙江、吉林、辽宁、河北、浙江、四川、贵州、云南、西藏。广布于北半球温带地区。辽宁产彰武、清原等县。

中 文 名：荇菜

拼　　音：xìng cài

其他俗名：苦菜

科中文名：睡菜科

科 学 名：Menyanthaceae

属中文名：荇菜属

学　　名：Nymphoides peltata

生　　境：生于池塘或不甚流动的河中。

形态特征：多年生水生植物。上部叶对生，下部叶互生；叶片飘浮，近革质，圆形或卵圆形，直径1.5～8厘米，基部心形，全缘，下面紫褐色，密生腺体，粗糙，上面光滑；叶柄呈鞘状半抱茎。花常多数簇生于节上，5数；花萼裂片披针形；花冠黄色，边缘具齿毛，喉部有长须毛。蒴果长圆形，长1.7～2.5厘米，宽0.8～1.1厘米，有宿存花柱。花期6—10月，果期9—10月。

分　　布：原产中国东北、华北及南方各省区。朝鲜、日本、印度、俄罗斯及欧洲部分国家和北美洲也有分布。辽宁产沈阳、新民、铁岭、彰武、盘山、凌海、丹东、庄河、鞍山等市县。

中 文 名：和尚菜

拼　　音：hé shàng cài

其他俗名：腺梗菜

科中文名：菊科

科 学 名：Asteraceae

属中文名：和尚菜属

学　　名：Adenocaulon himalaicum

生　　境：生于林下溪流旁、河谷湿地、林缘。

形态特征：多年生草本。茎高30～100厘米，分枝粗壮，被蛛丝状绒毛。茎下部叶肾形，长5～8厘米，宽7～12厘米，背面密被蛛丝状毛；叶柄长，有狭翅，翅全缘或有不规则钝齿；茎中部叶向上渐小。头状花序圆锥状排列，果期梗伸长，密被稠密头状有柄腺毛；总苞片果期向外反曲；雌花白色，两性花淡白色。瘦果；成熟时呈星芒状开展。花期7—8月，果期8—10月。

分　　布：原产中国；全国各地广布。日本、朝鲜、印度、俄罗斯远东地区都有分布。辽宁产西丰、新宾、沈阳、铁岭、鞍山、本溪、凤城、桓仁、宽甸等市县。

中 文 名：大丁草

拼　　音：dà dīng cǎo

其他俗名：白蒿枝，白花菜，大火草

科中文名：菊科

科 学 名：Asteraceae

属中文名：大丁草属

学　　名：Leibnitzia anandria

生　　境：生于山坡、林缘、水沟边。

形态特征：多年生草本。有春秋二型。春型株高10～15厘米；叶基生，莲座状，宽卵形，长2～10厘米，宽1.5～3厘米，提琴状羽裂，边缘有圆齿；头状花序单生，有舌状花和管状花，白色；常不结实。秋型株高达35厘米；叶较大；头状花序仅有管状花，不开放而直接结实；瘦果扁，冠毛污白色。花果期8—10月。

分　　布：原产中国东北、华北。朝鲜、日本、俄罗斯西伯利亚也有分布。辽宁广布。

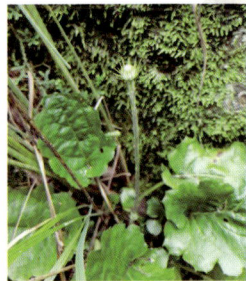

中 文 名：苍术

拼　　音：cāng zhú

其他俗名：关苍术

科中文名：菊科

科 学 名：Asteraceae

属中文名：苍术属

学　　名：Atractylodes lancea

生　　境：生于柞树林下、干山坡、林缘。

形态特征：多年生草本。高50～70厘米。叶有长柄，3出或3～5羽裂，长5～11厘米，裂片矩圆形或倒卵形，先端急尖，基部楔形或近圆形，边缘具细刺状齿，顶端裂片较大；茎上部叶不分裂，近无柄。头状花序顶生，基部叶状苞片2列，与头状花序近等长，羽状深裂，裂片刺状；花筒状，白色。瘦果；密生灰白色柔毛。花期8—9月，果期9—10月。

分　　布：原产中国黑龙江、吉林、辽宁。朝鲜、日本、俄罗斯西伯利亚地区也有分布。辽宁产宽甸、桓仁、本溪、铁岭、抚顺、新宾、清原、西丰等市县。

中 文 名：山牛蒡

拼　　音：shān niú bàng

其他俗名：白地瓜，白荷叶

科中文名：菊科

科 学 名：Asteraceae

属中文名：山牛蒡属

学　　名：Synurus deltoides

生　　境：生于山坡草地、林下、林缘。

形态特征：多年生草本。高50～100厘米。茎单生，直立。基生叶花期枯萎，下部叶有长柄，卵形，基部稍呈戟形，边缘有不规则缺刻状齿，叶表面有短毛，背面密生灰白色毡毛；上部叶有短柄，披针形。头状花序单生于茎顶，直径4厘米，下垂；花冠筒状，深紫色，筒部比檐部短。瘦果；长椭圆形，无毛；冠毛淡褐色。花果期8—10月。

分　　布：原产中国东北、华北、华中及陕西。朝鲜、日本、俄罗斯、蒙古也有分布。辽宁广布。

中 文 名：泥胡菜

拼　　音：ní hú cài

科中文名：菊科

科 学 名：Asteraceae

属中文名：泥胡菜属

学　　名：Hemisteptia lyrata

生　　境：生于山坡、山谷、平原、丘陵、林缘、林下、草地、荒地、田间、河边、路旁等处。

形态特征：二年生草本。基生叶莲座状，秋季生出，倒披针形，长7～21厘米，提琴状羽裂，顶裂片三角形，较大，下面被白色蛛丝状毛；茎中部叶椭圆形，渐小。头状花序多数，在枝端排列成疏松的伞房花序；总苞球形，总苞片5～8层，卵形，背面具紫红色鸡冠状附片；花全为管状，紫色。瘦果；圆柱形，冠毛白色。花期5—6月，果期6—7月。

分　　布：原产中国各省区（除新疆、西藏外）。朝鲜、日本、中南半岛、南亚及澳大利亚普遍分布。辽宁广布。

中 文 名：齿苞风毛菊

拼　　音：chǐ bāo fēng máo jú

其他俗名：齿苞风毛菊

科中文名：菊科

科 学 名：Asteraceae

属中文名：风毛菊属

学　　名：Saussurea odontolepis

生　　境：生于灌丛、路边、林下、山坡等处。

形态特征：多年生草本。高50～100厘米。茎直立，上部分枝。基生叶与下部茎叶有长柄，柄长8～13厘米，有狭翼；叶片长圆状卵形，长7～15厘米，宽3～5厘米，栉齿状羽状深裂至近全裂，侧裂片8～13对；茎中上部叶向上渐小。头状花序排成复伞房状；总苞被蛛丝状绵毛及腺毛，总苞片5层，外、中层上部边缘具少数栉齿状尖裂齿。花冠淡紫色。瘦果；长椭圆形，淡紫褐色，长约5毫米。花果期8—10月。

分　　布：原产中国东北。朝鲜、俄罗斯远东地区有分布。辽宁广布。

中 文 名：牛蒡

拼　　音：niú bàng

其他俗名：大力子

科中文名：菊科

科 学 名：Asteraceae

属中文名：牛蒡属

学　　名：Arctium lappa

生　　境：生于山坡、山谷、林缘、林中、灌木丛中、河边潮湿地、村庄路旁或荒地。

形态特征：二年生草本。根肉质。茎粗壮，高1～2米，带紫色。基生叶丛生，宽卵形或心形，长40～50厘米，宽30～40厘米，表面绿色，无毛，叶背密被灰白色绒毛，全缘、波状或有细锯齿，先端圆钝，基部心形；茎生叶互生，上部叶渐小。头状花序簇生或排成伞房状；总苞球形；总苞片披针形，先端具钩刺；花全部筒状，淡紫色。瘦果；椭圆形或倒卵形。花期7—9月，果期9—10月。

分　　布：原产中国各省区。广布欧亚大陆。辽宁广布。

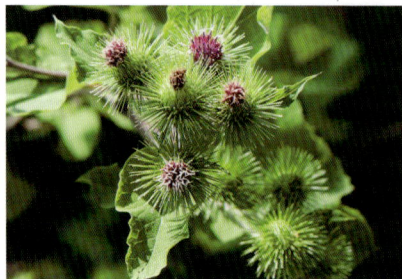

中 文 名：刺儿菜

拼　　音：cì ér cài

其他俗名：小蓟

科中文名：菊科

科 学 名：Asteraceae

属中文名：蓟属

学　　名：Cirsium arvense var. integrifolium

生　　境：生于山坡、河旁或荒地、田间。

形态特征：多年生草本。有地下根状茎；叶倒披针形，长5～8厘米，宽1～3厘米，全缘或具缺刻状齿，边缘具细刺，上面绿色，近无毛，下面被毛，后脱落；头状花序生于枝端，单性，雌雄异株；总苞圆形或卵形，总苞片先端针刺状；花全为管状，紫色。瘦果；倒卵形，无毛；冠毛白色。花果期7—9月。

分　　布：原产中国各省区（除西藏、云南、广东、广西外）。欧洲东部和中部、俄罗斯西伯利亚及远东、蒙古、朝鲜、日本广有分布。辽宁广布。

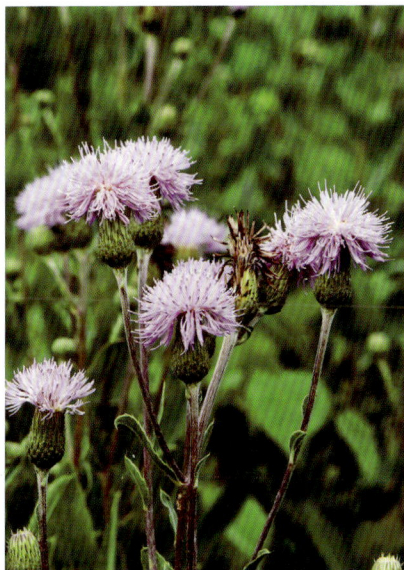

中 文 名：绒背蓟

拼　　音：róng bèi jì

其他俗名：飞廉，枪头菜，绒前蓟

科中文名：菊科

科 学 名：Asteraceae

属中文名：蓟属

学　　名：Cirsium vlassovianum

生　　境：生于山坡林中、林缘、河边或潮湿地。

形态特征：多年生草本。茎直立，高50～100厘米，被柔毛，上部分枝。叶不分裂，茎下部叶有短柄，叶狭披针形，长达16厘米，宽1～2厘米；边缘密生细刺或有刺尖齿，叶背密被灰白色绒毛；茎上部叶卵状披针形，长3～7厘米，宽0.5～2厘米，顶端锐尖，无柄，基部稍抱茎。头状花序单生于枝端及上部叶腋，直立；花冠紫红色。瘦果；矩圆形。花果期5—9月。

分　　布：原产中国黑龙江、吉林、辽宁、河北、山西及内蒙古。俄罗斯远东地区、朝鲜及蒙古也有分布。辽宁产西丰、清原、抚顺、鞍山、金州、庄河、凤城、宽甸、桓仁、本溪等市县。

中 文 名：丝毛飞廉

拼　　音：sī máo fēi lián

其他俗名：飞廉

科中文名：菊科

科 学 名：Asteraceae

属中文名：飞廉属

学　　名：Carduus crispus

生　　境：生于山坡草地、田间、荒地河旁及林下。

形态特征：二年生草本。茎有翼，翼有齿刺。叶椭圆状披针形，长5～20厘米，羽状深裂，裂片边缘具刺，长3～10毫米，上面绿色具微毛，下面有蛛丝状毛，后渐变无毛。头状花序数个生于枝端，总苞钟状，总苞片多层，条状披针形，顶端长尖，呈刺状，向外反曲；花全为管状，紫色，偶有白色。瘦果；长椭圆形，冠毛白色。花果期5—9月。

分　　布：原产中国各省区。欧洲、北美洲、俄罗斯（西伯利亚、中亚）、蒙古、朝鲜也有分布。辽宁广布。

中 文 名：多花麻花头

拼　　音：duō huā má huā tóu

其他俗名：多头麻花头

科中文名：菊科

科 学 名：Asteraceae

属中文名：麻花头属

学　　名：Klasea centauroides subsp. polycephala

生　　境：生于山坡、路旁或农田中。

形态特征：多年生草本。茎直立，高40～80厘米，有棱，上部多分枝。基生叶有柄，花期凋落；茎生叶有短柄或无柄，卵形至长椭圆形，长6～8厘米，宽4～5厘米，羽状深裂，两面无毛；上部叶渐小，条形。头状花序多数，排列成伞房状；花冠淡紫红色，筒部比檐部短或近等长。瘦果；倒长卵形，苍白色或带褐色。花、果期7—9月。

分　　布：原产中国辽宁、山西、河北及内蒙古。蒙古也有分布。辽宁产凌源、建平、喀左、阜新、北镇、沈阳、法库、金州等市县。

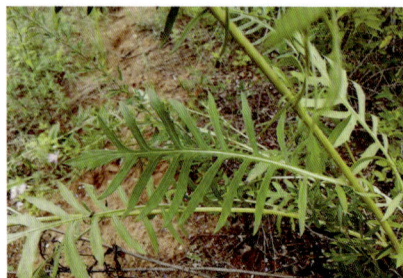

中 文 名：漏芦

拼　　音：lòu lú

其他俗名：祁州漏芦，漏卢

科中文名：菊科

科 学 名：Asteraceae

属中文名：漏卢属

学　　名：Rhaponticum uniflorum

生　　境：生于向阳地、干山坡、草地、路边。

形态特征：多年生草本。茎直立，高30～80厘米，不分枝，具白色绵毛或短
　　　　　毛。叶羽状深裂至浅裂，长10～20厘米，叶柄被厚绵毛，裂片矩
　　　　　圆形，长2～3厘米，具不规则齿，两面被软毛。头状花序单生于
　　　　　茎顶，总苞片多层，先端具干膜质的附属物；花冠淡紫色，长约
　　　　　2.5厘米，下部条形，上部稍扩张呈圆筒形。瘦果；倒圆锥形，棕
　　　　　褐色，具四棱。花期5—6月，果期6—7月。

分　　布：原产中国东北、华北。朝鲜、俄罗斯、蒙古也有分布。辽宁广
　　　　　布。

中 文 名：深裂槭叶兔儿风

拼　　音：shēn liè qì yè tù ér fēng

其他俗名：槭叶兔儿风

科中文名：菊科

科 学 名：Asteraceae

属中文名：兔儿风属

学　　名：Ainsliaea acerifolia

生　　境：生于山地、林下腐殖质地。

形态特征：多年生草本。茎高达50厘米，单生，直立。叶有长柄，聚生于茎中部、上部或近轮生，圆形，7～8浅裂呈掌状，基部心形，裂片三角形，锐尖，边缘有刺尖和长毛，表面无毛，背面多被长毛。头状花序生于茎端，排成穗状，长15厘米；花白色。瘦果；条形，淡褐色，无毛。花期7—9月，果期9—10月。

分　　布：原产中国吉林、辽宁。朝鲜、日本也有分布。辽宁产本溪、凤城、宽甸、新宾等市县。

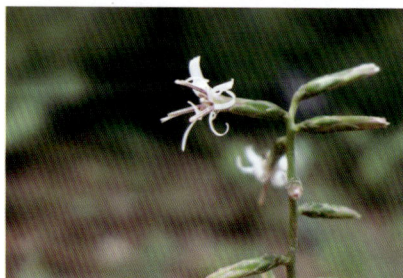

中 文 名：蚂蚱腿子

拼　　音：mà zhà tuǐ zǐ

其他俗名：万花木

科中文名：菊科

科 学 名：Asteraceae

属中文名：蚂蚱腿子属

学　　名：Myripnois dioica

生　　境：生于丘陵、山坡石缝间。

形态特征：小灌木。高50～80厘米。枝被短细毛。叶互生，宽披针形至卵
　　　　　形，长2～4厘米，宽0.5～2厘米，先端渐尖，基部楔形至圆形，
　　　　　全缘，无毛，具3主脉；叶柄长0.2～0.4厘米。头状花序单生于侧
　　　　　生短枝端，先叶开花；雌花和两性花异株；雌花具舌状花，淡紫
　　　　　色；两性花花冠白色筒状，二唇形，外唇舌状，3～4短裂，内唇
　　　　　小，全缘或2裂。瘦果；稍呈圆柱形。花期5月。

分　　布：原产中国东北、华北。辽宁产凌源、建平、朝阳、建昌、绥中等
　　　　　市县。

中 文 名：华北鸦葱

拼　　音：huá běi yā cōng

其他俗名：笔管草

科中文名：菊科

科 学 名：Asteraceae

属中文名：鸦葱属

学　　名：Scorzonera albicaulis

生　　境：生于干山坡、固定沙丘、沙质地。

形态特征：多年生草本。茎直立，中空，有沟纹，密被蛛丝状毛，后脱落。叶条形或宽条形，有5～7脉，无毛或微被蛛丝状毛，基生叶长达40厘米，宽0.7～1.8厘米，茎生叶较短，抱茎。头状花序在枝端排成伞房状花序；总苞圆柱状，总苞片多层，三角状卵形；花全为舌状，黄色或淡黄色。瘦果；长2.5厘米；冠毛污黄色，羽状。花期5—7月，果期6—9月。

分　　布：原产中国东北及黄河流域以北各地。朝鲜、蒙古、俄罗斯也有分布。辽宁广布。

中 文 名：桃叶鸦葱

拼　　音：táo yè yā cōng

科中文名：菊科

科 学 名：Asteraceae

属中文名：鸦葱属

学　　名：Scorzonera sinensis

生　　境：生于干山坡、丘陵及灌丛。

形态特征：多年生草本。茎单生或3～4个聚生，高5～6厘米或10～13厘米，无毛，有白粉。基生叶披针形或宽披针形，长5～20厘米，无毛，有白粉，边缘深皱状弯曲，叶柄长达8厘米，宽鞘状抱茎；茎生叶鳞片状，长椭圆形或长椭圆状披针形。头状花序单生于茎端，有同型结实两性舌状花；舌状花黄色。瘦果；圆柱状，有纵沟，无喙，冠毛白色，羽状。花果期4—7月。

分　　布：原产中国黑龙江、吉林、辽宁、河北、山西、内蒙古。辽宁产凌源、建昌、建平、绥中等市县。

中 文 名：霜毛婆罗门参

拼　　音：shuāng máo pó luó mén shēn

其他俗名：长喙婆罗门参

科中文名：菊科

科 学 名：Asteraceae

属中文名：婆罗门参属

学　　名：Tragopogon dubius

生　　境：生于湿润或干旱的沙地、黏土及肥沃的壤土。

形态特征：一年或二年生草本。茎单一或分枝，具细条纹。叶互生；基部叶丛生，下部及中部叶披针形或线条形；上部叶较短，顶端渐尖。头状花序下端增粗，总苞2层，13片，披针形；舌状花淡黄色，先端具5小齿。瘦果长圆形，淡黄褐色，具纵肋，上被鳞片状小疣，具长喙；冠毛丛生分枝羽状，污白色或带黄色。花期5—8月，果期6—9月。

分　　布：原产中亚、欧洲，归化于美洲。辽宁大连、沈阳、鞍山、营口、丹东等市有分布。

中 文 名：山柳菊

拼　　音：shān liǔ jú

其他俗名：伞花山柳菊

科中文名：菊科

科 学 名：Asteraceae

属中文名：山柳菊属

学　　名：Hieracium umbellatum

生　　境：生于林下、林缘、路旁。

形态特征：多年生草本。高40～120厘米，被细毛。基生叶在花期枯萎；茎生叶互生，矩圆状披针形或披针形，长3～9厘米，宽0.5～1.5厘米，先端急尖至渐尖，基部楔形至近圆形，无柄，具疏大锯齿，稀全缘。头状花序多数，排列成伞房状，梗密被细毛；舌状花黄色，长15～20毫米，下部有白色软毛，舌片顶端5齿裂。瘦果；圆筒形，紫褐色。花期7—8月，果期8—9月。

分　　布：原产中国东北、华北、西北、华中、西南。欧洲至日本也有分布。辽宁产西丰、铁岭、鞍山、宽甸、本溪等市县。

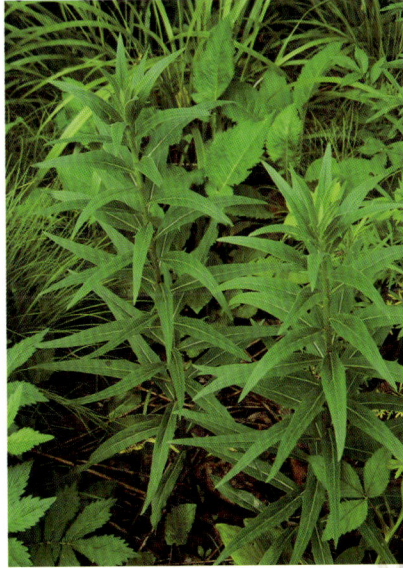

中 文 名：山莴苣

拼　　音：shān wō jù

其他俗名：北山莴苣

科中文名：菊科

科 学 名：Asteraceae

属中文名：莴苣属

学　　名：Lactuca sibirica

生　　境：生于田间、路旁、灌丛或滨海处。

形态特征：二年生草本。茎高90～120厘米或更高。叶无柄，全部叶有狭窄膜片状长毛；叶形多变化，条形、长椭圆状条形或条状披针形，不分裂而基部扩大半抱茎到羽状或倒向羽状全裂或深裂等；下部叶花期枯萎；最上部叶变小，条状披针形或条形。头状花序有小花25个，在茎枝顶端排成宽或窄圆锥花序；舌状花淡黄色或白色。瘦果；黑色。花果期7—9月。

分　　布：原产中国各省区（除西北地区外）。朝鲜、俄罗斯、日本也有分布。辽宁产沈阳、抚顺、丹东、盖州、金县、凌源、彰武、葫芦岛、北镇等市县。

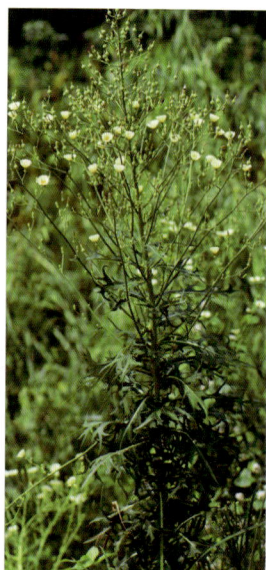

中 文 名：苣荬菜

拼　　音：jù mǎi cài

其他俗名：曲么菜

科中文名：菊科

科 学 名：Asteraceae

属中文名：苦苣菜属

学　　名：Sonchus wightianus

生　　境：生于田间、撂荒地、路旁及山坡。

形态特征：多年生草本。茎直立，高30～100厘米。基生叶多数，与中下部茎叶全形倒披针形，羽状或倒向羽状深裂、半裂或浅裂；全部叶裂片边缘有小锯齿或无锯齿而有小尖头；全部叶基部渐窄成长或短翼柄，但中部以上茎叶无柄，基部圆耳状扩大半抱茎，两面光滑无毛。头状花序在茎枝顶端排成伞房状花序。舌状小花多数，黄色。瘦果；长椭圆形。花果期6—9月。

分　　布：原产中国东北、华北。朝鲜、日本、俄罗斯也有分布。辽宁广布。

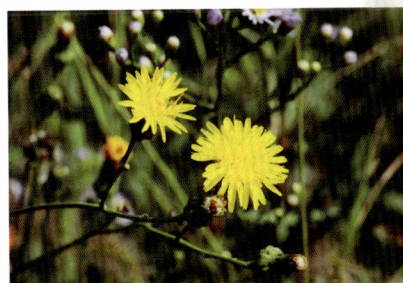

中 文 名：猫儿菊

拼　　音：māo ér jú

其他俗名：大黄菊

科中文名：菊科

科 学 名：Asteraceae

属中文名：猫儿菊属

学　　名：Hypochaeris ciliata

生　　境：生于干山坡灌丛及干草甸。

形态特征：多年生草本。茎直立，高20～60厘米，不分枝。基生叶椭圆形，基部渐狭成长或短翼柄，先端急尖或圆形，边缘有尖锯齿；茎下部叶与基生叶同形，等大或较小；向上的茎叶椭圆形或长椭圆形，较小，全部茎生叶基部平截或圆形，无柄，半抱茎；叶两面粗糙，被稠密的硬刺毛。头状花序单生于茎端；舌状小花多数，金黄色。瘦果；圆柱状，浅褐色。花果期6—9月。

分　　布：原产中国黑龙江、吉林、辽宁、内蒙古、河北、北京、山西、河南。蒙古、朝鲜、俄罗斯也有分布。辽宁广布。

中 文 名：日本毛连菜

拼　　音：rì běn máo lián cài

其他俗名：兴安毛连菜

科中文名：菊科

科 学 名：Asteraceae

属中文名：毛连菜属

学　　名：Picris japonica

生　　境：生于山坡草地、林缘林下、灌丛、沟边。

形态特征：一年或多年生草本。茎上部分枝，全部茎枝被钩状分叉的黑色硬毛；叶倒披针形，长8~22厘米，宽1~3厘米，基部窄成具翅的叶柄，边缘有疏齿，两面被钩状的黑色硬毛；头状花序多数，在枝端排成疏伞房状；总苞筒状钟形，总苞片3层，背面被黑色硬毛；花全为舌状，黄色，顶端具5小齿；瘦果；褐色。花期7—9月，果期8—10月。

分　　布：原产中国东北、华北、华中、华南、华东、西北、西南。朝鲜、日本、俄罗斯也有分布。辽宁广布。

中 文 名：盘果菊

拼　　音：pán guǒ jú

其他俗名：福王草

科中文名：菊科

科 学 名：Asteraceae

属中文名：耳菊属

学　　名：Nabalus tatarinowii

生　　境：生于山谷、山坡林缘、林下、草地或水旁潮湿地。

形态特征：多年生草本。高90～120厘米。茎直立，上部多分枝。叶薄质，心形或卵形，长7～13厘米，宽4～10厘米，顶端急尖或具小尖头，基部宽心形，边有不整齐的细齿，上面被疏刚毛，具长柄；上部叶渐小，柄短，常有卵形耳状小叶。头状花序在枝上部排成圆锥花序，梗上有小苞片；总苞圆柱形；舌状花黄色。瘦果；狭长椭圆形，紫褐色。花果期7—10月。

分　　布：原产中国华北、东北、华中等。朝鲜、俄罗斯远东地区也有分布。辽宁产西丰、新宾、抚顺、本溪、宽甸、凤城、桓仁、岫岩等市县。

中 文 名：深裂蒲公英

拼　　音：shēn liè pú gōng yīng

其他俗名：戟片蒲公英，亚洲蒲公英

科中文名：菊科

科 学 名：Asteraceae

属中文名：蒲公英属

学　　名：Taraxacum asiaticum

生　　境：生于草甸、河滩或林地边缘。

形态特征：多年生草本。叶狭披针形，长10～20厘米，宽5～30毫米，具波状齿，羽状浅裂至羽状深裂，顶裂片较大，戟形或狭戟形，两侧的小裂片狭尖。花葶与叶等长或长于叶；头状花序外层总苞片宽卵形、有明显的宽膜质边缘，先端有紫红色突起或较短的小角；内层总苞片较外层长2～2.5倍，先端有紫色略钝突起或不明显的小角；舌状花黄色，稀白色。花果期4—9月。

分　　布：原产中国黑龙江、吉林、辽宁、内蒙古、河北、山西、陕西、甘肃、青海、湖北、四川。朝鲜、俄罗斯、蒙古也有分布。辽宁产法库、鞍山、沈阳、丹东、大连、本溪等市县。

中 文 名：尖裂假还阳参

拼　　音：jiān liè jiǎ huán yáng shēn

其他俗名：抱茎苦荬菜，苦碟子

科中文名：菊科

科 学 名：Asteraceae

属中文名：假还阳参属

学　　名：Crepidiastrum sonchifolium

生　　境：生于山坡路旁、疏林地、撂荒地。

形态特征：多年生草本。基生叶多数，矩圆形，长3.5～8厘米，宽1～2厘米，边缘具锯齿或不规则羽裂。茎生叶较小，卵状矩圆形，长2.5～6厘米，宽0.7～1.5厘米，基部耳形或戟形抱茎，全缘或羽状分裂。头状花序排成伞房状，有细梗；花全部舌状，黄色，先端5齿裂。瘦果；有细条纹。花果期5—7月。

分　　布：原产中国东北、华北。朝鲜、俄罗斯远东地区也有分布。辽宁广布。

中 文 名：无毛山尖子

拼　　音：wú máo shān jiān zǐ

其他俗名：山尖菜

科中文名：菊科

科 学 名：Asteraceae

属中文名：蟹甲草属

学　　名：Parasenecio hastatus var. glaber

生　　境：生于林下、林缘或山坡路旁。

形态特征：多年生草本。茎直立，高达1.5米。基生叶及茎下部叶花期枯萎，中部叶三角状戟形，长10～20厘米，宽11～20厘米，顶端长渐尖，基部心形或截形，下延成翼状柄，不抱茎；边缘具锐尖齿，叶表面无毛，两面无毛或背面沿脉稍被柔毛。头状花序多数，下垂，排成圆锥状；花冠管状，淡黄色。瘦果；圆柱形，长约5毫米，有明显肋；冠毛白色。花期7—8月，果期9月。

分　　布：原产中国辽宁、河北、山西、陕西、宁夏、内蒙古。辽宁产海城、清原、本溪、铁岭、开原、西丰等市县。

中 文 名：兔儿伞

拼　　音：tù ér sǎn

其他俗名：雨伞菜

科中文名：菊科

科 学 名：Asteraceae

属中文名：兔儿伞属

学　　名：Syneilesis aconitifolia

生　　境：生于山坡荒地林缘或路旁。

形态特征：多年生草本。根状茎匍匐。基生叶1，花期枯萎；茎生叶2，互生，叶片圆盾形，直径20～30厘米，掌状深裂，裂片7～9，再作二至三回叉状分裂，边缘有不规则的锐齿；茎下部叶有长10～16厘米的叶柄。头状花序多数，在顶端密集成复伞房状；花序含数个管状花，淡红色。瘦果；圆柱形，有纵条纹；冠毛灰白色或淡红褐色。花期7—8月，果期8—9月。

分　　布：原产中国东北、华北、华中及陕西、甘肃、贵州。俄罗斯远东地区、朝鲜和日本也有分布。辽宁广布。

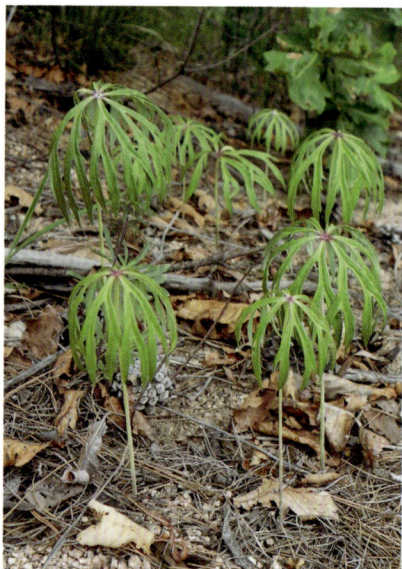

中 文 名：蹄叶橐吾

拼　　音：tí yè tuó wú

其他俗名：山紫菀，马蹄叶

科中文名：菊科

科 学 名：Asteraceae

属中文名：橐吾属

学　　名：Ligularia fischeri

生　　境：生水边、草甸子、山坡、灌丛中、林缘及林下。

形态特征：多年生草本。茎高大，直立，高80～200厘米。基生叶具长柄；叶片肾形，长10～30厘米，宽13～40厘米，先端圆形，边缘有整齐的锯齿，基部深心形，叶两面光滑，主脉突起；茎、中上部叶具短柄，鞘膨大。总状花序苞片长卵形或卵状披针形；头状花序多数；舌状花5～6（～9），黄色；管状花多数，冠毛红褐色短于管部。瘦果；圆柱形，光滑。花果期7—10月。

分　　布：原产中国华北、东北。尼泊尔、锡金、不丹、俄罗斯、蒙古、朝鲜、日本也有分布。辽宁产抚顺、清原、宽甸、桓仁、岫岩、本溪等市县。

中 文 名：狗舌草

拼　　音：gǒu shé cǎo

其他俗名：狗舌千里光

科中文名：菊科

科 学 名：Asteraceae

属中文名：狗舌草属

学　　名：Tephroseris kirilowii

生　　境：生于河岸草地、山坡或山顶阳处。

形态特征：多年生草本。茎直立，被白色蛛丝状密毛。基生叶和茎下部叶倒卵状矩圆形，长5～10厘米，宽1.5～2.5厘米，顶端钝，下部渐狭成翅状的柄，边缘有浅齿或近全缘，两面被蛛丝状密毛；茎生叶少，条状披针形，基部抱茎。头状花序5～11个，伞房状排列；总苞筒状；舌状花一层，黄色，管状花多数，黄色。瘦果；有纵肋，被密毛，冠毛白色。花期5—6月，果期6—7月。

分　　布：原产中国东北、华北、华中、华东及西南各省区。俄罗斯远东地区、朝鲜、日本也有分布。辽宁广布。

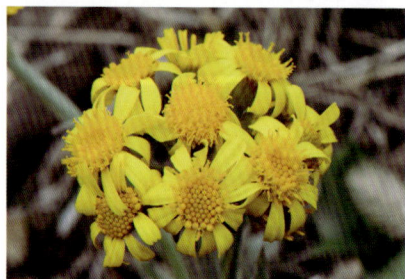

中 文 名：额河千里光

拼　　音：é hé qiān lǐ guāng

其他俗名：羽叶千里光

科中文名：菊科

科 学 名：Asteraceae

属中文名：千里光属

学　　名：Senecio argunensis

生　　境：生于灌丛、山坡草地、林缘及溪岸。

形态特征：多年生草本。茎直立，高50～150厘米。基生叶花期枯萎；茎生叶密集，椭圆形，无柄，长6～10厘米，宽3～6厘米，羽状深裂，裂片约6对，条形，全缘或有1～2小齿；上面近无毛。头状花序多数，复伞房状排列；总苞近钟状；总苞片一层，条形，背面被蛛丝状毛；舌状花10～15个，黄色；筒状花多数。瘦果；圆柱形；冠毛白色。 花期8—9月，果期9—10月。

分　　布：原产中国东北部、北部、西部、中部至东部。朝鲜、日本及俄罗斯远东地区也有分布。辽宁广布。

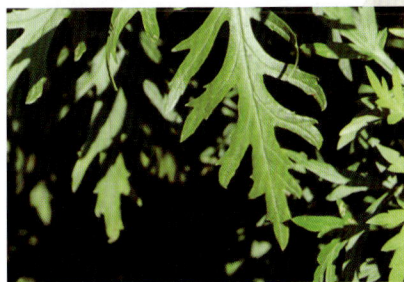

中 文 名：火绒草

拼　　音：huǒ róng cǎo

其他俗名：火绒蒿，棉花团花

科中文名：菊科

科 学 名：Asteraceae

属中文名：火绒草属

学　　名：Leontopodium leontopodioides

生　　境：生于干旱草原、黄土坡地、石砾地、山区草地，稀生于湿润地。

形态特征：多年生草本。茎密被长柔毛或绢状毛。叶互生，条形，长2～5厘米，宽0.2～0.5厘米，表面灰绿色被柔毛，叶背密被灰白色毛。头状花序排列成伞房状，下部有苞叶，矩圆形，两面背灰白色厚茸毛。总苞半球形，被白色绵毛。花单性异株，只有管状花。瘦果；有乳头状突起。花期6—8月，果期8—9月。

分　　布：原产中国黑龙江、吉林、辽宁、内蒙古、河北、山西、陕西、甘肃、青海、新疆。蒙古、朝鲜、日本和西伯利亚地区也有分布。辽宁广布。

中 文 名：翠菊

拼　　音：cuì jú

其他俗名：江西腊

科中文名：菊科

科 学 名：Asteraceae

属中文名：翠菊属

学　　名：Callistephus chinensis

生　　境：生长于山坡撂荒地、山坡草丛、水边或疏林阴处。

形态特征：一年或二年生草本。高30～100厘米。茎直立，有白色糙毛。茎生叶卵形、匙形或近圆形，长2.5～6厘米，宽2～4厘米，边缘有粗锯齿，两面被疏短硬毛，叶柄长2～4厘米；有狭翅；上部叶渐小。头状花序大，单生于枝端；总苞半球形，总苞片3层；外围雌花舌状，红色、蓝色种种，中央具多数筒状两性花。瘦果；有柔毛。花期8—9月，果期9—10月。

分　　布：原产中国吉林、辽宁、河北、山西、山东、云南。朝鲜、日本也有分布。辽宁产凌源、北镇、营口、庄河、金州、普兰店、西丰、新宾、沈阳、本溪、凤城、鞍山等市县。

中 文 名：紫菀

拼　　音：zǐ wǎn

其他俗名：驴夹板

科中文名：菊科

科 学 名：Asteraceae

属中文名：紫菀属

学　　名：Aster tataricus

生　　境：生于山坡、林缘及河岸草地。

形态特征：多年生草本。高可达1米余。茎直立，粗壮，有疏粗毛。基部叶花期枯落，椭圆状匙形，长20～50厘米，宽3～13厘米，边缘具粗大齿牙；上部叶狭小；厚纸质，两面有粗短毛。头状花序排列成复伞房状；总苞半球形，总苞片3～4层，先端尖，边缘宽膜质，紫红色；舌状花蓝紫色，筒状花黄色。瘦果；倒卵状矩圆形。花期7—9月，果期9—10月。

分　　布：原产中国黑龙江、吉林、辽宁、内蒙古、山西、河北、河南、陕西、甘肃。朝鲜、日本及俄罗斯西伯利亚东部也有分布。辽宁产法库、西丰、新宾、沈阳、彰武、北镇、本溪、凤城、桓仁、宽甸等市县。

中 文 名：东风菜

拼　　音：dōng fēng cài

其他俗名：大耳毛

科中文名：菊科

科 学 名：Asteraceae

属中文名：紫菀属

学　　名：Aster scaber

生　　境：生于山坡草地、林间、路旁。

形态特征：多年生直立草本。高100～150厘米，叶互生，心形，长9～15
厘米，宽6～15厘米，有长柄，叶缘具粗锯齿状锐齿，两面被糙
毛；中部以上的叶常有楔形具宽翅的叶柄。头状花序排成圆锥伞
房状；总苞片约3层，不等长，边缘宽膜质；雌花舌状，白色；
中央有多数两性花，花冠筒状。瘦果；倒卵圆形或椭圆形；冠毛
污黄白色，与筒状花花冠等长。花期7—9月，果期9—10月。

分　　布：原产中国东北、华北及华中地区。朝鲜、日本也有分布。辽宁产
西丰、开原、沈阳、鞍山、营口、大连、北镇、本溪、丹东等市
县。

中 文 名：狗娃花

拼　　音：gǒu wá huā

其他俗名：狗哇花

科中文名：菊科

科 学 名：Asteraceae

属中文名：紫菀属

学　　名：Aster hispidus

生　　境：生于山坡草地、河岸草地、海边石质地、林下。

形态特征：二年生草本。高30～60厘米，全株具毛。茎上部分枝，叶互生，条形，长3～6厘米，宽3～4毫米，全缘或具疏齿。头状花序单生于枝顶或排成散房状，总苞片2层，近等长，线状披针形；舌状花淡紫色，管状花先端5裂，舌状花冠毛明显短于管状花冠毛。瘦果；扁倒卵形，被伏毛。花期8—9月，果期9—10月。

分　　布：原产中国北部、西北部及东北部各省；也见于四川东北部、湖北、安徽、江西北部、浙江、台湾。朝鲜、日本、蒙古、俄罗斯远东地区也有分布。辽宁产建昌、建平、彰武、葫芦岛、抚顺、西丰、本溪、凤城、桓仁、宽甸、普兰店等市县。

中 文 名：全叶马兰

拼　　音：quán yè mǎ lán

其他俗名：全叶鸡儿肠

科中文名：菊科

科 学 名：Asteraceae

属中文名：紫菀属

学　　名：Aster pekinensis

生　　境：生于山坡、林缘、灌丛、路旁。

形态特征：多年生草本。高50～120厘米，全株密被灰绿色短绒毛。茎直立，帚状分枝。叶密，互生，条状披针形，长2.5～4厘米，宽0.4～0.6厘米，无叶柄，全缘。头状花序单生于枝顶排成疏伞房状，总苞片3层；舌状花1层，舌片淡紫色，冠毛短，管状花黄色。瘦果；倒卵形，扁平。花期7—8月，果期8—9月。

分　　布：原产中国西部、中部、东部、北部及东北部。朝鲜、日本、俄罗斯也有分布。辽宁广布。

中 文 名：兴安一枝黄花

拼　　音：xīng ān yī zhī huáng huā

其他俗名：毛果一枝黄花

科中文名：菊科

科 学 名：Asteraceae

属中文名：一枝黄花属

学　　名：Solidago dahurica

生　　境：生于林缘、路旁。

形态特征：多年生草本。高达1米。茎直立，不分枝，茎下部叶有长柄，叶片卵状披针形，基部楔形，下延至柄成翼；茎上部叶向上渐尖，近无柄，卵形，先端长渐尖，基部狭楔形。头状花序多数，排成圆锥花序。总苞片3层，舌状花1层，黄色；管状花两性，黄色。瘦果；长圆形，上部或仅顶端疏被短柔毛。花期8—9月，果期9—10月。

分　　布：原产中国黑龙江、吉林、辽宁、河北、山西、新疆。蒙古、俄罗斯也有分布。辽宁产本溪、桓仁、宽甸等市县。

中 文 名：线叶菊

拼　　音：xiàn yè jú

其他俗名：兔毛蒿

科中文名：菊科

科 学 名：Asteraceae

属中文名：线叶菊属

学　　名：Filifolium sibiricum

生　　境：生于山坡草地。

形态特征：多年生草本。茎丛生，密集，高20～60厘米，不分枝或上部稍分枝，无毛，有条纹。基生叶莲座状，有长柄；茎生叶较小，互生，全部叶二至三回羽状全裂；末次裂片丝形。头状花序在茎枝顶端排成伞房花序；总苞球形或半球形，无毛；总苞片3层，卵形至宽卵形；边花约6朵，花冠筒状，压扁；中央花多数，黄色。瘦果；倒卵形。花果期6—9月。

分　　布：原产中国黑龙江、吉林、辽宁、内蒙古、河北、山西。朝鲜、日本、俄罗斯西伯利亚及远东地区也有分布。辽宁产法库、西丰、昌图、凌源、建平、阜新等市县。

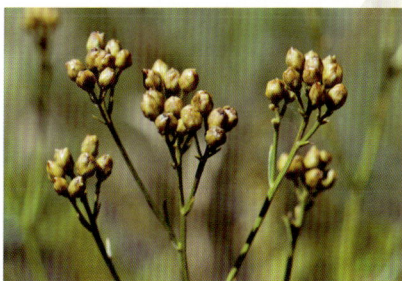

中 文 名：甘菊

拼　　音：gān jú

其他俗名：甘野菊，日本野菊

科中文名：菊科

科 学 名：Asteraceae

属中文名：菊属

学　　名：Chrysanthemum lavandulifolium

生　　境：生于山坡、林缘及路旁。

形态特征：多年生草本。有地下匍匐茎。叶卵形、宽卵形或椭圆状卵形，基部微心形或偏楔形，长4.5～6厘米，宽4～6厘米，二回羽状分裂，一回全裂或几全裂，二回半裂或浅裂。头状花序半球形，多数，在茎枝顶端排成复伞房花序；总苞片3层，边缘膜质；舌状花与管状花均为黄色。瘦果；倒卵形，无冠毛。花期8—9月，果期10月。

分　　布：原产中国北部。朝鲜、日本也有分布。辽宁产锦州、西丰、法库、清原、抚顺、鞍山、本溪、桓仁、宽甸、丹东等市县。

中 文 名：大籽蒿

拼　　音：dà zǐ hāo

其他俗名：白蒿

科中文名：菊科

科 学 名：Asteraceae

属中文名：蒿属

学　　名：Artemisia sieversiana

生　　境：生于沙质草地、山坡草地及住宅附近。

形态特征：一年或二年生草本。高50～150厘米，茎粗壮、直立、具条棱。叶具长柄，叶片广卵状三角形，长4～8厘米，宽3～6厘米，二至三回羽状深裂，表面绿色，被伏毛，背面密生灰白色伏毛，两面密被腺点。头状花序多数，下垂，排列成复总状花序；总苞半球形，总苞片4～5层；花黄色，极多数，边花雌性，中央花两性。瘦果；无冠毛。花期7～8月，果期8—9月。

分　　布：原产中国，广布。俄罗斯、蒙古、朝鲜、印度也有分布。辽宁广布。

中 文 名：黄花蒿

拼　　音：huáng huā hāo

其他俗名：草蒿，臭蒿

科中文名：菊科

科 学 名：Asteraceae

属中文名：蒿属

学　　名：Artemisia annua

生　　境：生于路旁、荒地、山坡、林缘。

形态特征：一年生草本，植株有浓烈的香味。基部及下部叶在花期枯萎，中部叶卵形，三回羽状深裂，长4～7厘米，宽1.5～3厘米，小裂片矩圆形，开展，顶端尖，两面微被毛；上部叶更小。头状花序极多数，球形，有短梗，排列成复总状或总状，常有条形苞叶；总苞球形；花管状，长不及1毫米，外层雌性，内层两性。瘦果；矩圆形，无毛。花期8—9月，果期9—10月。

分　　布：原产中国，广布。俄罗斯、蒙古、日本、朝鲜、印度、北美洲也有分布。辽宁广布。

中 文 名：白莲蒿

拼　　音：bái lián hāo

其他俗名：万年蒿

科中文名：菊科

科 学 名：Asteraceae

属中文名：蒿属

学　　名：Artemisia sacrorum

生　　境：山坡、路旁、灌丛地及森林草原地区。

形态特征：半灌木状草本。茎高50～100（～150）厘米，具纵棱，下部木质。茎下部与中部叶长卵形，二至三回栉齿状羽状分裂；上部叶及苞片叶栉齿状羽状分裂或不分裂。头状花序近球形，下垂，在茎上组成密集或略开展的圆锥花序；总苞片初时密被灰白色短柔毛，后脱落无毛；雌性边花10～12朵；两性花20～40朵。瘦果；狭椭圆状卵形或狭圆锥形。花果期8—10月。

分　　布：原产中国各省区（除高寒地区外）。朝鲜、日本、俄罗斯西伯利亚地区也有分布。辽宁广布。

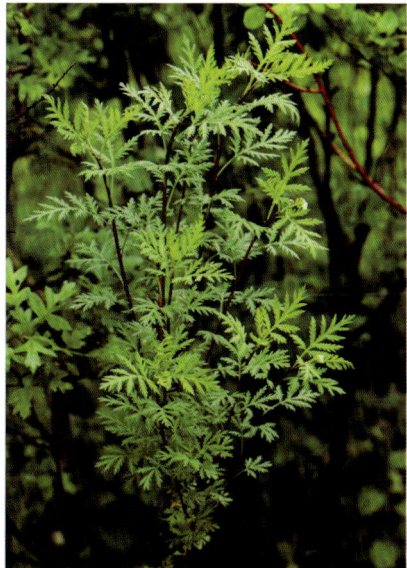

中 文 名：茵陈蒿

拼　　音：yīn chén hāo

其他俗名：茵陈

科中文名：菊科

科 学 名：Asteraceae

属中文名：蒿属

学　　名：Artemisia capillaris

生　　境：生于河岸、海岸附近的湿润沙地、路旁及低山坡。

形态特征：半灌木。茎直立，高50～100厘米，多分枝；当年枝顶端有叶
　　　　　丛，被密绢毛。叶二回羽状全裂，下部叶裂片较宽短，常被短绢
　　　　　毛；中部以上叶长达2～3厘米，裂片细，条形，近无毛；上部
　　　　　叶羽状分裂，3裂或不裂。头状花序极多数，在枝端排列成复总
　　　　　状；总苞球形，无毛；总苞片3～4层，卵形；花黄色，边花雌
　　　　　性，6～10个，能育，中央花较少，不育。瘦果；矩圆形。花期
　　　　　8—9月，果期9—10月。

分　　布：原产中国东北、华北及台湾。朝鲜、日本、俄罗斯远东地区也有
　　　　　分布。辽宁产凌源、建平、建昌、葫芦岛、营口、大连、丹东、
　　　　　西丰、开原等市县。

中 文 名：同花母菊

拼　　音：tóng huā mǔ jú

其他俗名：香草

科中文名：菊科

科 学 名：Asteraceae

属中文名：母菊属

学　　名：Matricaria matricarioides

生　　境：生于旷野、路边、宅旁。

形态特征：一年生草本。有香气。高5~30厘米，直立或斜生，无毛，上部分枝。叶矩圆形或倒披针形，长2~3厘米，宽0.8~1厘米，二回羽状全裂；无叶柄，裂片多数，条形。头状花序同型，生于茎枝顶端；总苞片3层，近等长，矩圆形，有白色透明的膜质边缘，顶端钝；全部小花管状，淡绿色。瘦果；矩圆形，淡褐色，光滑。花果期7月。

分　　布：原产中国吉林、辽宁。朝鲜、日本及亚洲北部和西部、欧洲、北美洲也有分布。辽宁产宽甸北部。

中 文 名：短瓣蓍

拼　　音：duǎn bàn shī

其他俗名：蓍草，斩龙草

科中文名：菊科

科 学 名：Asteraceae

属中文名：蓍属

学　　名：Achillea ptarmicoides

生　　境：生于河谷草甸、山坡路旁、灌丛间。

形态特征：多年生草本。茎直立，高达1米，常不分枝。叶互生；无柄，条形至条状披针形，长6～8厘米，宽5～7毫米，篦齿状羽状深裂或近全裂；裂片条形，边缘有不整齐的锯齿，裂片顶端和齿端具白色软骨质尖头。头状花序集成伞房状；总苞钟状，总苞片3层；边花6～8朵，舌片淡黄白色，极小，顶端具深浅不一的3圆齿；管状花白色。瘦果：矩圆形。花果期7—9月。

分　　布：原产中国东北至河北北部。朝鲜、日本、蒙古、俄罗斯西伯利亚和远东地区也有分布。辽宁广布。

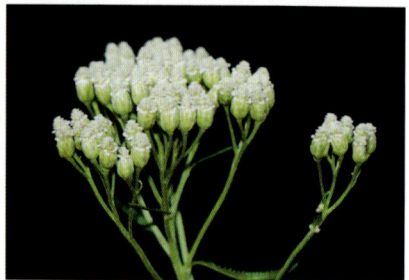

中 文 名：欧亚旋覆花

拼　　音：ōu yà xuán fù huā

其他俗名：毛旋覆花

科中文名：菊科

科 学 名：Asteraceae

属中文名：旋覆花属

学　　名：Inula britannica

生　　境：生于山沟旁湿地、湿草甸子、河滩、田边。

形态特征：多年生草本，高20～70厘米。茎直立，单生，被伏柔毛，上部分枝。叶长圆形至广披针形，茎下部叶较小，中上部叶长4～9厘米，宽1.5～2.5厘米，基部宽大，截形或近心形，有耳，半抱茎；表面疏被毛，背面被长柔毛，密生腺点。头状花序1～5，生于茎顶；总苞片4～5层，近等长；雌性舌状花1层，黄色；管状花两性。瘦果；圆柱形。花期8—9月，果期9—10月。

分　　布：原产中国东北、华北及新疆北部至南部。欧洲、俄罗斯、朝鲜、日本等有广泛分布。辽宁产新民、沈阳、铁岭、盖州、岫岩、普兰店、凤城、宽甸、本溪等市县。

中 文 名：大花金挖耳

拼　　音：dà huā jīn wā ěr

其他俗名：仙草

科中文名：菊科

科 学 名：Asteraceae

属中文名：天名精属

学　　名：Carpesium macrocephalum

生　　境：生于山坡灌丛及混交林边。

形态特征：多年生草本。茎直立，高50～120米，有密短柔毛或下部近无毛。下部叶宽卵形，基部下延成具宽翅的叶柄，边缘有不规则的重齿，两面有短柔毛，长15～20厘米，宽10～15厘米；中部和上部叶渐小，倒卵状矩圆形或卵状披针形。头状花序草生于茎和枝顶端，下垂；总苞杯状；总苞片3层；外围的雌花5裂，中央的两性花有5裂片。瘦果；圆柱状。花期7—9月，果期9—10月。

分　　布：原产中国黑龙江、吉林、辽宁、陕西、甘肃、四川。朝鲜、日本、俄罗斯远东地区也有分布。辽宁产西丰、清原、抚顺、本溪、桓仁、宽甸等市县。

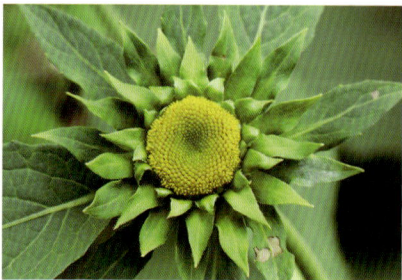

中 文 名：石胡荽

拼　　音：shí hú suī

其他俗名：球子草

科中文名：菊科

科 学 名：Asteraceae

属中文名：石胡荽属

学　　名：Centipeda minima

生　　境：生于路旁、荒野阴湿地。

形态特征：一年生小草本。茎铺散，多分枝。叶互生，长0.7～1.8厘米，楔状倒披针形，顶端钝，边缘有不规则的粗齿，无毛或仅背面有微毛。头状花序小，扁球形，单生于叶腋，无总花梗；总苞半球形，总苞片2层，椭圆状披针形，绿色，边缘膜质，外层较内层大；花杂性，黄绿色，全部为管状；外围的雌花多层，中央的花两性，花冠明显4裂。瘦果；椭圆形，无冠毛。花期7—8月，果期9—10月。

分　　布：原产中国东北、华北、华中、华东、华南、西南。朝鲜、日本、印度、马来西亚及大洋洲也有分布。辽宁产本溪、丹东、大连等市县。

中 文 名：金盏银盘

拼　　音：jīn zhǎn yín pán

其他俗名：鬼针草

科中文名：菊科

科 学 名：Asteraceae

属中文名：鬼针草属

学　　名：Bidens biternata

生　　境：生于路边、村旁及荒地中。

形态特征：一年生草本。叶对生，叶片为二回三出羽状复叶，长2～7厘米，宽1～2.5厘米；裂片边缘具整齐的锯齿及缘毛，两面被伏毛。花序梗长1.5～5.5厘米，果时长4.5～11厘米；总苞基部有短柔毛，外层苞片8～10枚，舌状花通常3～5朵，不育，淡黄色；管状花两性。瘦果；通常具3刺芒，两长一短。花期7—8月，果期9—10月。

分　　布：原产中国华南、华东、华中、西南及河北、山西、辽宁。朝鲜、日本等东南亚各国以及非洲、大洋洲均有分布。辽宁产建昌、北镇、金县、鞍山、庄河、东港、宽甸、桓仁等市县。

中 文 名：苍耳

拼　　音：cāng ěr

其他俗名：老苍子

科中文名：菊科

科 学 名：Asteraceae

属中文名：苍耳属

学　　名：Xanthium strumarium

生　　境：生于平原、丘陵、低山、荒野路边、田边。

形态特征：一年生草本。叶互生；三角状卵形或心形，长4～9厘米，宽5～10厘米，基出三脉，边缘浅裂，具不规则锯齿，两面被糙伏毛；叶柄长。花单性，雌雄同株；雄头状花序球形，密生柔毛，花黄绿色；雌头状花序椭圆形，含2朵雌花，内层总苞片结成囊状，成熟时总苞变坚硬，外面疏生具钩的总苞刺3，苞刺长1～1.5毫米，喙长1.5～2.5毫米。瘦果2；倒卵形。花期7—8月，果期9—10月。

分　　布：原产中国东北、华北、华东、华南、西北、西南。俄罗斯、伊朗、印度、朝鲜和日本也有分布。辽宁广布。

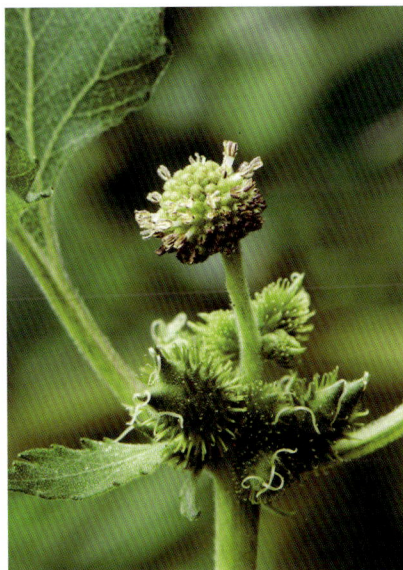

中 文 名：牛膝菊

拼　　音：niú xī jú

其他俗名：辣子草

科中文名：菊科

科 学 名：Asteraceae

属中文名：牛膝菊属

学　　名：Galinsoga parviflora

生　　境：生于林下、河谷地、荒野、河边、田间、溪边或市郊路旁。

形态特征：一年生直立草本。高50余厘米。叶对生，卵圆形至披针形，长3～6厘米，宽1～3厘米，顶端渐尖，基部圆形至宽楔形，边缘具钝齿，基部3出脉，两面稍被毛。头状花序小，有细长的梗；总苞半球形；苞片2层；舌状花4～5朵，白色，单层；管状花黄色，两性。瘦果；有棱角，顶端具睫毛状鳞片。花期7—8月，果期8—9月。

分　　布：原产南美洲，在中国归化。辽宁产沈阳、大连、本溪、丹东等市县。

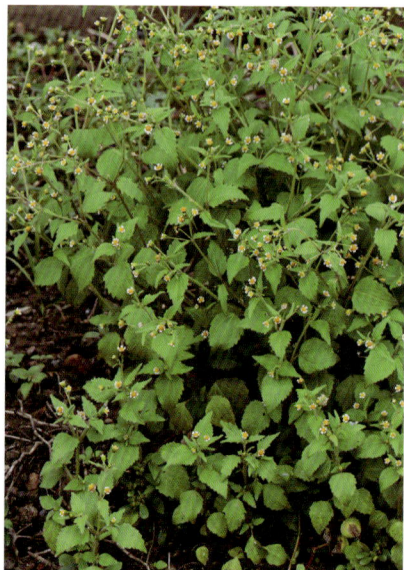

中 文 名：毛豨莶

拼 音：máo xī xiān

其他俗名：腺梗豨莶

科中文名：菊科

科 学 名：Asteraceae

属中文名：豨莶属

学 名：Sigesbeckia pubescens

生 境：生于山坡沙土地、路旁、田边、沟边。

形态特征：一年生草本。茎上部多分枝，被开展的长柔毛和糙毛。叶对生；
卵圆形或卵形，基出三脉，长4~12厘米，宽2~8厘米，边缘有
尖头状粗齿。头状花序多数生于枝端，排成圆锥花序；花序梗和
总苞片密生紫褐色头状具柄的腺毛和长柔毛；总苞宽钟状，总苞
片2层，外层匙形，内层长圆形；舌状花与管状花均为黄色。瘦
果；倒卵圆形，4棱。花期6—8月，果期8—10月。

分 布：原产中国吉林、辽宁、河北、山西、河南、甘肃、陕西、江苏、
浙江、安徽、江西、湖北、四川、贵州、云南、西藏。朝鲜、日
本、俄罗斯远东地区也有分布。辽宁广布。

中 文 名：白头婆

拼　　音：bái tóu pó

其他俗名：泽兰

科中文名：菊科

科 学 名：Asteraceae

属中文名：泽兰属

学　　名：Eupatorium japonicum

生　　境：生山坡草地、林下、路旁。

形态特征：多年生草本。高1~2米。茎直立，单一，上部分枝，被细柔毛。叶对生，有长短不等的叶柄，椭圆形或矩椭圆形，长7~12厘米，宽2~5厘米，边缘有不整齐粗锯齿，表面几乎无毛，叶背沿脉疏生柔毛，两面均被黄色腺点；基部广楔形。头状花序多数，在茎顶或分枝顶端排成伞房状；总苞钟状；冠毛与花冠等长。瘦果；有腺点及柔毛。花期7—8月，果期8—9月。

分　　布：原产中国黑龙江、吉林、辽宁、山东、山西、陕西、河南、江苏、浙江、湖北、湖南、安徽、江西、广东、四川、云南、贵州。日本、朝鲜广为分布。辽宁产鞍山、桓仁、宽甸、凤城、本溪等市县。

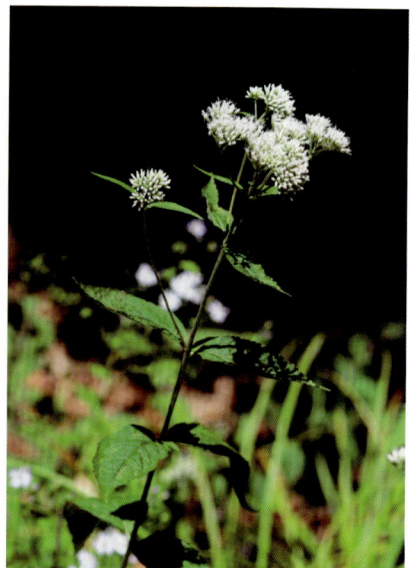

中 文 名：修枝荚蒾

拼　　音：xiū zhī jiá mí

其他俗名：暖木条荚蒾，暖木条子

科中文名：五福花科

科 学 名：Adoxaceae

属中文名：荚蒾属

学　　名：Viburnum burejaeticum

生　　境：生于山坡或河流附近的杂木林中。

形态特征：落叶灌木，高达5米。树皮暗灰色。单叶对生；有星状毛；叶片卵圆形、椭圆形或椭圆状倒卵形，长（3～）4～10厘米，宽1.8～4厘米，边缘有锯齿。聚伞花序直径4～5厘米，五叉分枝；花冠白色，直径约7毫米，辐状；雄蕊5，花药黄色；子房长圆形，花柱小。核果椭圆形至长圆形，长约1厘米，成熟后蓝黑色，核两面有沟。花期5—6月，果期8—9月。

分　　布：原产中国东北。朝鲜、日本、俄罗斯也有分布。辽宁产凌源、朝阳、鞍山、本溪、宽甸、凤城、新宾、桓仁等市县。

中 文 名：鸡树条

拼　　音：jī shù tiáo

其他俗名：鸡树条荚蒾，天目琼花

科中文名：五福花科

科 学 名：Adoxaceae

属中文名：荚蒾属

学　　名：Viburnum opulus subsp. calvescens

生　　境：生于山谷、山坡或林下。

形态特征：落叶灌木，高达3米。树皮灰褐色。单叶对生；叶片宽卵形至卵圆形，长6～12厘米；上部3裂，具掌状三出脉。复伞形聚伞花序，顶生，密花，径8～13厘米；外圈为不孕辐射状小花，径约1.5厘米，花冠白色，内为乳白色杯状花冠小花，裂片5；雄蕊5，比花冠长，花药紫色。核果浆果状，椭圆形至球形，径约8毫米，鲜红色。花期5—6月，果期8—9月。

分　　布：原产中国东北、华北、西北及四川、湖北、安徽、浙江。朝鲜、日本、俄罗斯也有分布。辽宁广布。

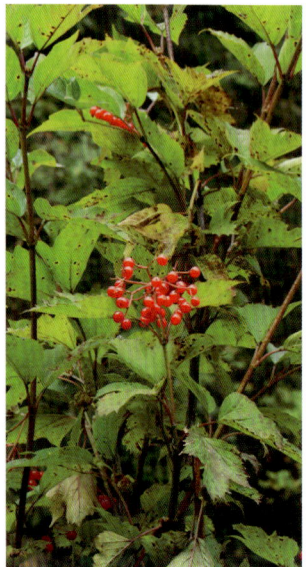

中 文 名：接骨木

拼　　音：jiē gǔ mù

其他俗名：马尿骚

科中文名：五福花科

科 学 名：Adoxaceae

属中文名：接骨木属

学　　名：Sambucus williamsii

生　　境：生于林下、灌丛或路旁。

形态特征：落叶灌木或小乔木。高达6米，树皮灰褐色。奇数羽状复叶，对生，小叶5～7（～11），小叶片椭圆形、倒卵状长圆形，稀为长圆状卵形，长4.5～6.5厘米，宽2～3.5厘米，边缘具锯齿。顶生聚伞状圆锥花序；花白色至黄白色，萼筒杯状，花冠辐状，裂片5；雄蕊5。核果浆果状，近球形，径3～5毫米，红色或暗红色，核2～3个。花期5—6月，果期6—8月。

分　　布：原产中国黑龙江、吉林、辽宁、河北、山西、陕西、甘肃、山东、江苏、安徽、浙江、福建、河南、湖北、湖南、广东、广西、四川、贵州、云南。朝鲜、日本也有分布。辽宁产凌源、彰武、义县、沈阳、抚顺、鞍山、本溪、丹东、宽甸、凤城、盖州、大连等市县。

中 文 名：五福花

拼　　音：wǔ fú huā

其他俗名：福寿花

科中文名：五福花科

科 学 名：Adoxaceae

属中文名：五福花属

学　　名：Adoxa moschatellina

生　　境：生于林下、山坡灌丛、山溪边湿地。

形态特征：多年生草本。茎单一，纤细，高8～20厘米。基生叶为一至二回三出复叶，小叶广卵形或圆形，长1～2厘米，再3裂；茎生叶2枚，对生，三出复叶。顶生聚伞花序头状，5～7花，绿色或黄绿色，直径4～7毫米；花冠长约3毫米，雄蕊8，花柱4；侧生花各部多为5基数，花冠裂片5，雄蕊10，花柱5。核果球形，直径2～3毫米。花期4—6月，果期5—7月。

分　　布：原产中国东北、华北及新疆。朝鲜、日本、俄罗斯及欧洲和北美洲也有分布。辽宁产鞍山、本溪、桓仁、丹东、凤城、宽甸、庄河等市县。

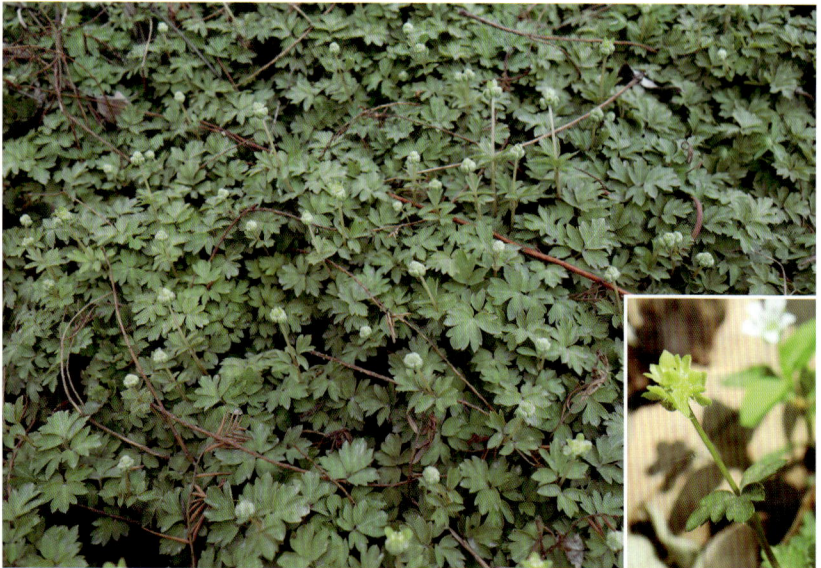

中 文 名：锦带花

拼　　音：jǐn dài huā

其他俗名：早锦带花

科中文名：忍冬科

科 学 名：Caprifoliaceae

属中文名：锦带花属

学　　名：Weigela praecox

生　　境：生于林下、山坡石砬子上。

形态特征：落叶灌木，高1~2米。树皮灰褐色。单叶对生；叶柄极短或近无；叶片倒卵形，稀椭圆形或椭圆状卵形，长5~8厘米，宽2~5厘米，边缘有锯齿。聚伞花序，3~5朵花，向下倾斜；花冠漏斗状钟形，长3~4厘米，粉紫色、粉红色或带粉色，5浅裂；雄蕊5，不外露；子房下位，柱头头状。蒴果棒状，长1.5~2.5厘米，有喙，2瓣裂。花期5月，果期6—7月。

分　　布：原产中国吉林、辽宁、河北。朝鲜、俄罗斯、日本也有分布。辽宁产桓仁、新宾、宽甸、本溪、凤城、丹东、凌源、北镇、沈阳、抚顺、鞍山、庄河、大连等市县。

中 文 名：腋花莛子藨

拼　　音：yè huā tíng zǐ biāo

科中文名：忍冬科

科 学 名：Caprifoliaceae

属中文名：莛子藨属

学　　名：Triosteum sinuatum

生　　境：生于山坡灌丛、林缘或林下。

形态特征：多年生草本。茎单一，直立，高60～100厘米。单叶对生；卵形或卵状椭圆形，长14厘米，宽5厘米，基部下延，与相邻叶合生，茎贯穿其中，全缘。聚伞花序有1～3花，腋生，无梗；花萼5裂；花冠二唇形，淡黄绿色，长约2.5厘米；雄蕊5，与花冠近等长；花柱被长毛，柱头头状。核果卵球形，长约1.5厘米，花萼宿存。花期5—6月，果期8—10月。

分　　布：原产中国吉林、辽宁、新疆。朝鲜、日本也有分布。辽宁产西丰、桓仁、铁岭、新宾、抚顺、宽甸、凤城等市县。

中 文 名：早花忍冬

拼　　音：zǎo huā rěn dōng

科中文名：忍冬科

科 学 名：Caprifoliaceae

属中文名：忍冬属

学　　名：Lonicera praeflorens

生　　境：生于山坡或杂木林下及林缘。

形态特征：落叶灌木，高约2米。树皮灰褐色。叶对生；柄短，有密毛和小腺点；叶广卵圆形至椭圆形，长4～7厘米，宽2～4.5厘米；全缘，两面密生长毛。花先于叶开放，成对生于叶腋的总花梗上；萼片卵形；花冠淡紫色，长10～12毫米；花柱及雄蕊较花冠稍长，花药紫色，子房无毛。浆果球形，直径6～8毫米，红色；种子通常3粒。花期4—5月，果期5—6月。

分　　布：原产中国东北。俄罗斯、朝鲜、日本也有分布。辽宁产凌源、沈阳、本溪、鞍山、宽甸、凤城、庄河等市县。

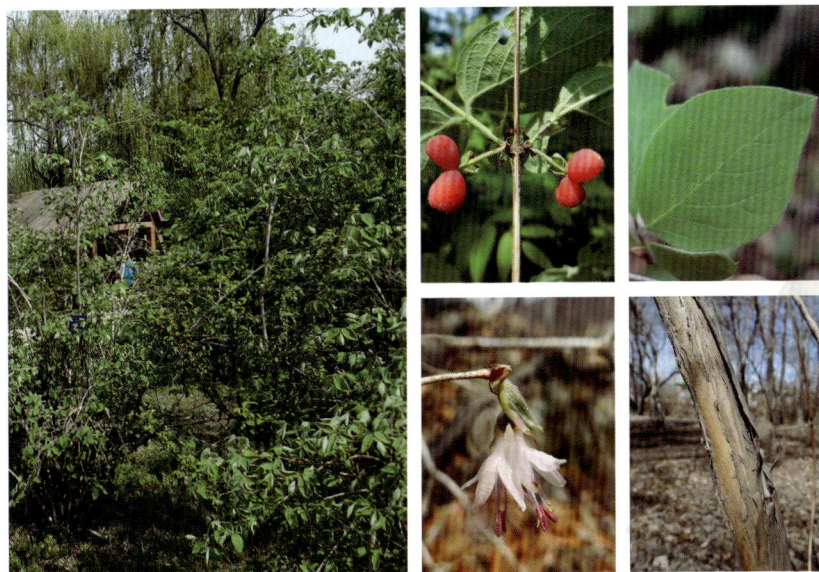

中 文 名：金银忍冬

拼　　音：jīn yín rěn dōng

其他俗名：王八骨头，金银木

科中文名：忍冬科

科 学 名：Caprifoliaceae

属中文名：忍冬属

学　　名：Lonicera maackii

生　　境：生于山坡林缘。

形态特征：落叶灌木，高达5~6米。树皮灰褐色。叶对生；柄短，叶片卵状椭圆形至卵状披针形，长5~8厘米，宽2.5~4厘米；全缘。花总梗短于叶柄；苞片线形；萼筒钟状，萼檐卵状披针形，边缘有长毛；花冠先白色，后变黄色；芳香；二唇形，长达2厘米；雄蕊、花柱均短于花冠。浆果球形，径5~6毫米，红色，相邻二果离生。花期5—6月，果期9月。

分　　布：原产中国东北、华北、西北。朝鲜、俄罗斯也有分布。辽宁产彰武、北镇、桓仁、本溪、宽甸、凤城、抚顺、沈阳、鞍山、大连、岫岩、庄河、凌源等市县。

中 文 名：黄花忍冬

拼　　音：huáng huā rěn dōng

其他俗名：金花忍冬

科中文名：忍冬科

科 学 名：Caprifoliaceae

属中文名：忍冬属

学　　名：Lonicera chrysantha

生　　境：生于山坡林缘、林内及石砬旁。

形态特征：落叶灌木，高达4米。树皮灰色或稍暗。叶对生；柄长3~7毫米，叶片菱状卵形至卵状披针形，长6~12厘米，宽1.5~4厘米。花冠白色，后变黄色，长1~1.5厘米；花梗长1.5~2.5厘米；花冠筒短，基部隆起；雄蕊与花瓣裂片等长或稍短；子房长椭圆状卵形，3室，花柱较花冠裂片短，柱头头状。浆果球形，径7毫米，红色。花期6月，果期8—9月。

分　　布：原产中国东北、华北、西北。朝鲜、日本也有分布。辽宁产桓仁、本溪、宽甸、鞍山、岫岩、凌源、建昌等市县。

中 文 名：六道木

拼　　音：liù dào mù

其他俗名：二花六道木

科中文名：忍冬科

科 学 名：Caprifoliaceae

属中文名：六道木属

学　　名：Zabelia biflora

生　　境：生于多石质山坡的灌丛中。

形态特征：落叶灌木。树皮浅灰色，茎和枝具6条纵沟，高1～2.5米。叶有
　　　　　短柄，对生；叶片狭卵形或卵状披针形，长3～7厘米，宽1～4厘
　　　　　米。花2朵并生于短的总梗上，花梗长约2毫米；萼片4；花冠白
　　　　　色、淡红色，长2～3厘米，狭漏斗状或高脚杯状；雄蕊4，二长
　　　　　二短；子房下位，长圆形，常弯曲。核果瘦果状，长约1厘米，1
　　　　　室，萼片宿存。花期5月，果期7月。

分　　布：原产中国辽宁、内蒙古、河北、山西。辽宁产凌源、建昌、绥
　　　　　中、朝阳、凤城、宽甸等市县。

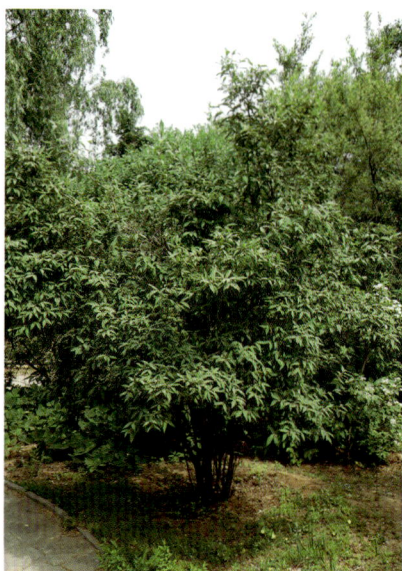

中 文 名：败酱

拼　　音：bài jiàng

其他俗名：黄花败酱

科中文名：忍冬科

科 学 名：Caprifoliaceae

属中文名：败酱属

学　　名：Patrinia scabiosifolia

生　　境：生于山坡草地、河岸湿地、灌丛及林缘草地。

形态特征：多年生草本。茎直立，节间长，高70～150厘米。基生叶丛生，卵形或椭圆形，长6～12厘米，宽3～7厘米；茎生叶对生，长6～14厘米，宽4～8厘米，羽状深裂至全裂。花序为聚伞花序组成的大型伞房花序，顶生，分枝多；花冠钟形，直径3～4毫米，黄色；雄蕊4；花柱1，柱头头状。瘦果长圆形，长3～4毫米，边缘具狭翅。花果期7—9月。

分　　布：原产中国各省区。俄罗斯、朝鲜、日本也有分布。辽宁广布。

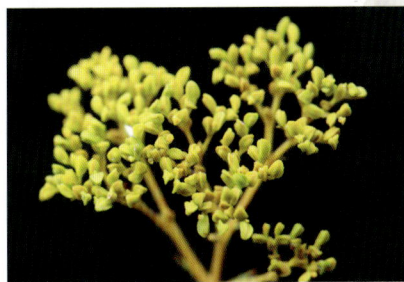

中 文 名：缬草

拼　　音：xié cǎo

其他俗名：北缬草

科中文名：忍冬科

科 学 名：Caprifoliaceae

属中文名：缬草属

学　　名：Valeriana officinalis

生　　境：生于林下、林边湿草甸子。

形态特征：多年生草本。茎直立，节上密生白色长柔毛，高50～70厘米。基生叶叶柄有翼，倒卵形，边缘具疏齿；茎生叶对生，羽状全裂，顶端裂片大。聚伞花序顶生，多花，宽5～7厘米；花冠筒状，长4～6毫米，宽3毫米，淡红色，5浅裂；雄蕊3。瘦果狭卵状披针形，长4毫米，宿存萼具白色羽状冠毛。花期5—7月，果期7—8月。

分　　布：原产中国东北。朝鲜、日本也有分布。辽宁产沈阳、鞍山、本溪、宽甸、凤城、义县等市县。

中 文 名：蓝盆花

拼　　音：lán pén huā

其他俗名：华北蓝盆花，山萝卜

科中文名：忍冬科

科 学 名：Caprifoliaceae

属中文名：蓝盆花属

学　　名：Scabiosa tschiliensis

生　　境：生于山坡草地、灌丛或林下。

形态特征：多年生草本。茎直立或斜生，高40～70厘米。基生叶丛生，叶片卵状披针形或狭卵形，长6～10厘米，具圆齿或缺刻状浅裂片；茎生叶羽状分裂，长4～7厘米，宽6～15毫米。头状花序，顶生，直径3.5～5厘米；花冠蓝紫色，边花较大，中央花冠较小，5裂；雄蕊4；子房被包于杯状小总苞内。瘦果，长2～2.5毫米，宽11.5毫米，被白毛。花期8—9月，果期9—10月。

分　　布：原产中国东北及内蒙古、河北、山西。辽宁产抚顺、鞍山、营口、本溪、凤城、宽甸、桓仁、彰武、北镇、凌源、建昌等市县。

中 文 名：日本续断

拼　　音：rì běn xù duàn

其他俗名：川续断

科中文名：忍冬科

科 学 名：Caprifoliaceae

属中文名：川续断属

学　　名：Dipsacus japonicus

生　　境：生于山坡草地。

形态特征：多年生或二年生草本。茎直立，高达1.8米。基生叶有长柄，叶片长椭圆形，长10～15厘米，宽4～7厘米，不裂或3裂；茎生叶对生，叶片3～5羽状深裂，沿叶脉及叶柄具倒钩刺。头状花序近球形，顶生，直径2～4厘米；花冠筒状，紫红色，4裂；雄蕊4；子房下位，包藏于小总苞中。瘦果包藏于小总苞内，长约4毫米。花期8—9月，果期9—10月。

分　　布：原产中国东北、华北、西北。朝鲜、日本也有分布。辽宁产大连、建昌、凌源等市县。

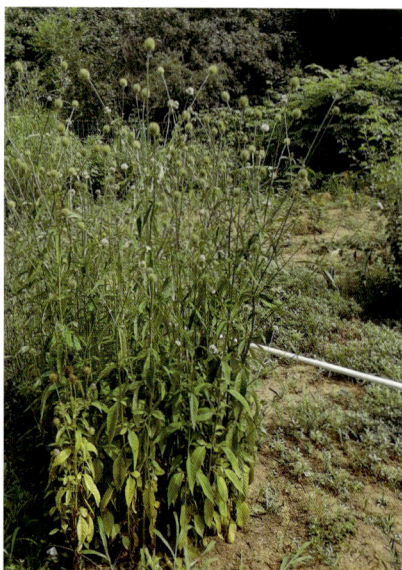

中 文 名：人参

拼　　音：rén shēn

其他俗名：棒槌

科中文名：五加科

科 学 名：Araliaceae

属中文名：人参属

学　　名：Panax ginseng

生　　境：生于茂密的山地针阔混交林、杂木林内湿润地，多见于阴坡。

形态特征：多年生草本。地上茎单生。叶为掌状复叶，3～6枚轮生于茎顶；小叶片3～5，椭圆形至长圆状椭圆形，长8～12厘米，宽3～5厘米，最外一对侧生小叶片卵形或菱状卵形，长2～4厘米，宽1.5～3厘米。伞形花序单个顶生；花淡黄绿色；萼无毛，边缘有5个三角形小齿；花瓣5，卵状三角形。浆果扁球形，长4～5毫米，宽6～7毫米，鲜红色。种子肾形。花期5—6月，果期7—8月。

分　　布：原产中国东北及河北。辽宁产铁岭、清原、新宾、本溪、桓仁、宽甸、凤城、鞍山、营口、盖州、庄河等市县。

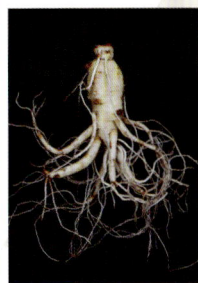

中 文 名：辽东楤木

拼　　音：liáo dōng sǒng mù

其他俗名：刺龙牙，刺老牙

科中文名：五加科

科 学 名：Araliaceae

属中文名：楤木属

学　　名：Aralia elata var. glabrescens

生　　境：生于阔叶林、针阔叶混交林内、林缘、林下、山阴坡、沟边。

形态特征：落叶小乔木。小枝灰褐色，稍密生或疏生细刺。叶互生；为二回或三回奇数羽状复叶，叶轴和羽片轴基部有短刺，小叶片阔卵形至椭圆状卵形，叶长40～80厘米，小叶片长5～15厘米。圆锥花序伞房状，顶生，由多数伞形花序组成；花淡黄白色；萼杯状，顶端具5萼齿，花瓣5，卵状三角形。浆果球形，直径约4毫米，具5棱，黑色。花果期8—10月。

分　　布：原产中国黑龙江、吉林、辽宁。朝鲜、俄罗斯、日本也有分布。辽宁产西丰、抚顺、鞍山、本溪、桓仁、宽甸、庄河、普兰店、金州等市县。

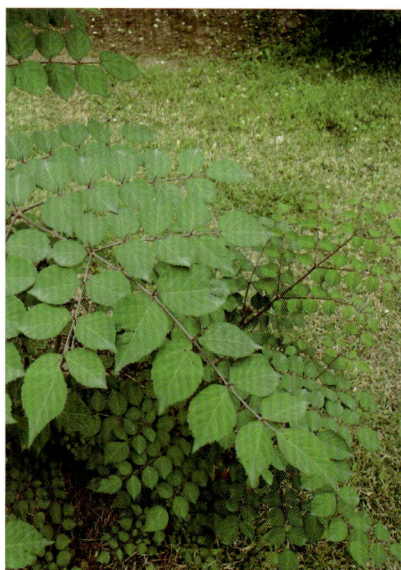

中文名：东北土当归

拼　　音：dōng běi tǔ dāng guī

其他俗名：长白楤木

科中文名：五加科

科学名：Araliaceae

属中文名：楤木属

学　　名：Aralia continentalis

生　　境：生于山地林边、灌丛中。

形态特征：多年生草本。地下有块状粗根茎。叶互生；为二回或三回羽状复叶，羽片有小叶3~7，顶生者倒卵形或椭圆状倒卵形，侧生者长圆形或椭圆形至卵形。伞形花序聚成大圆锥花序或复伞形花序；花白色或淡绿黄色；小苞片披针形；萼边缘有5个三角形尖齿；花瓣5，三角状卵形。核果浆果状，近球形，直径约3毫米，有5棱，紫黑色。花期7—8月，果期8—9月。

分　　布：原产中国吉林、辽宁、河北、河南、陕西、四川、西藏。朝鲜和俄罗斯也有分布。辽宁产桓仁、本溪、凤城、岫岩、鞍山、北镇、普兰店、庄河等市县。

中 文 名：刺参

拼　　音：cì shēn

其他俗名：东北刺人参

科中文名：五加科

科 学 名：Araliaceae

属中文名：刺人参属

学　　名：Oplopanax elatus

生　　境：生于落叶、针阔叶林下。

形态特征：落叶灌木。小枝灰色，密生针状直刺。叶互生；近圆形，直径
　　　　　15～30厘米，掌状5～7浅裂，裂片三角形或阔三角形，边缘有锯
　　　　　齿，齿有短刺和刺毛。伞形花序组成圆锥花序，近顶生，主轴密
　　　　　生短刺和刺毛，有花6～10朵，总花梗密生刺毛；萼无毛，边缘
　　　　　有5小齿，花瓣5，长圆状三角形。浆果球形，直径7～12毫米，
　　　　　黄红色。花期6—7月，果期9月。

分　　布：原产中国吉林、辽宁。朝鲜、俄罗斯也有分布。辽宁产本溪、桓
　　　　　仁、宽甸等市县。

中 文 名：刺楸

拼　　音：cì qiū

其他俗名：鼓钉刺，刺枫树，云楸，辣枫树

科中文名：五加科

科 学 名：Araliaceae

属中文名：刺楸属

学　　名：Kalopanax septemlobus

生　　境：生于山地疏林中、林缘、山坡上。

形态特征：落叶乔木。树皮暗灰褐色，上生坚硬的棘刺。叶在长枝上互生，在短枝上簇生；圆形或近圆形，呈掌状5～7浅裂、中裂或深裂，直径9～25厘米，稀达35厘米。伞形花序聚成大圆锥花序或复伞形花序，顶生于枝端；花白色或淡绿黄色；萼顶端有5小齿；花瓣5，三角状卵形。核果浆果状，球形，直径约5毫米，成熟时黑紫色。花期8—9月，果期9—10月。

分　　布：原产中国东北、华北、华东、华中、华南、西南。俄罗斯、朝鲜、日本也有分布。辽宁产本溪、桓仁、岫岩、凤城、宽甸、东港、盖州、庄河、金州、大连等市县。

中 文 名：刺五加

拼　　音：cì wǔ jiā

其他俗名：刺拐棒

科中文名：五加科

科 学 名：Araliaceae

属中文名：五加属

学　　名：Eleutherococcus senticosus

生　　境：生于山地林下、林缘。

形态特征：落叶灌木。一、二年生枝通常密生向下的针状皮刺。掌状复叶互生；叶柄常疏生细刺，具5小叶，小叶椭圆状倒卵形或长圆形，长5～13厘米，宽3～7厘米。伞形花序具多数花排列成球形，或2～6个组成稀疏的圆锥花序，花梗长1.2～2.5厘米；紫黄色；萼顶端有5小齿或近无齿，花瓣5，卵形。浆果近球形，直径7～8毫米，有5棱，成熟时黑色。花果期7—9月。

分　　布：原产中国黑龙江、吉林、辽宁、河北、山西。朝鲜、俄罗斯、日本也有分布。辽宁产西丰、清原、桓仁、本溪、鞍山、宽甸、凤城、岫岩、庄河等市县。

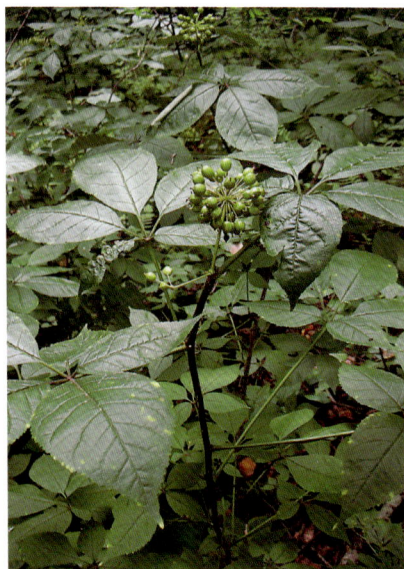

中 文 名：红花变豆菜

拼　　音：hóng huā biàn dòu cài

其他俗名：紫花变豆菜，紫花芹

科中文名：伞形科

科 学 名：Apiaceae

属中文名：变豆菜属

学　　名：Sanicula rubriflora

生　　境：生于林缘、灌丛、山坡草地、山沟湿润地。

形态特征：多年生草本。茎不分枝，不具茎生叶，或仅有2枚对生的苞叶状茎叶。基生叶4～8，叶柄长，基部鞘状，叶片通常圆心形或肾状圆形，长3.5～10厘米，宽6.5～12厘米，掌状3裂；叶片掌状3全裂。伞形花序三出，中间的伞梗长，小伞形花序具多数花，花紫红色。双悬果卵圆形，长约4.5毫米，宽4毫米，下部为瘤状突起，中上部有钩刺。花果期5—7月。

分　　布：原产中国黑龙江、吉林、辽宁、内蒙古。朝鲜、日本、俄罗斯远东地区也有分布。辽宁产西丰、开原、抚顺、本溪、鞍山、桓仁、凤城、东港、岫岩、庄河等市县。

中 文 名：大叶柴胡

拼　　音：dà yè chái hú

其他俗名：银柴胡，南方大叶柴胡

科中文名：伞形科

科 学 名：Apiaceae

属中文名：柴胡属

学　　名：Bupleurum longiradiatum

生　　境：生于林下、林缘、灌丛中、山坡草地、草甸子中。

形态特征：多年生草本。单叶互生；全缘，基生叶广卵形或披针形，9～11脉，茎中部的叶基部心形或具大形叶耳，抱茎，叶片椭圆形至匙状椭圆形，7～9脉。伞形花序宽大；花黄色；总苞片披针形，不等长，具3脉；伞梗5～8，成熟时比果长0.5～2.5倍；小总苞片向下反折。双悬果长圆状椭圆形，暗褐色，长4～7毫米，宽2～2.5毫米，果棱丝状，棱槽宽。花果期7—9月。

分　　布：原产中国东北、华北、西北、华中。朝鲜、日本、蒙古、俄罗斯也有分布。辽宁产清原、新宾、本溪、桓仁、宽甸、凤城、岫岩、海城、东港、营口、庄河等市县。

中 文 名：棱子芹

拼　　音：léng zǐ qín

其他俗名：黑瞎子芹，乌拉尔棱子芹

科中文名：伞形科

科 学 名：Apiaceae

属中文名：棱子芹属

学　　名：Pleurospermum uralense

生　　境：生于山坡杂木林下、针阔混交林下、林缘、林间草地、山沟溪流旁。

形态特征：多年生草本。叶互生；基生叶或茎下部的叶有较长的柄，叶片轮廓宽卵状三角形，长15~30厘米，三出式二回羽状全裂，末回裂片狭卵形或狭披针形；茎上部的叶有短柄。顶生复伞形花序直径10~20厘米；总苞片多数，线形或披针形；小总苞片6~9，线状披针形；花白色，花瓣宽卵形。双悬果卵形，长7~10毫米，宽4~6毫米，果棱狭翅状。花果期7—8月。

分　　布：原产中国吉林、辽宁、内蒙古、河北、山西。蒙古、日本、朝鲜、苏联等也有分布。辽宁产辽中、清原、新宾、凤城、本溪等市县。

中 文 名：水芹

拼　　音：shuǐ qín

其他俗名：野芹菜

科中文名：伞形科

科 学 名：Apiaceae

属中文名：水芹属

学　　名：Oenanthe javanica

生　　境：生于浅水低洼地、池沼、水沟旁。

形态特征：多年生草本。叶互生；基生叶叶片轮廓三角形，一至二回羽状分裂，末回裂片卵形至菱状披针形，长2～5厘米，宽1～2厘米，边缘有牙齿或圆齿状锯齿。复伞形花序；无总苞；小总苞片2～8，线形；花瓣白色，倒卵形，有一长而内折的小舌片。双悬果近于四角状椭圆形或筒状长圆形，长2.5～3毫米，宽2毫米，侧棱较背棱和中棱隆起，木栓质。花期6—7月，果期8—9月。

分　　布：原产中国各省区。印度、缅甸、越南、马来西亚、印度尼西亚、菲律宾也有分布。辽宁产开原、铁岭、法库、沈阳、西丰、新宾、清原、丹东、本溪、台安、营口、大连等市县。

中文名：毒芹

拼　　音：dú qín

其他俗名：走马芹

科中文名：伞形科

科 学 名：Apiaceae

属中文名：毒芹属

学　　名：Cicuta virosa

生　　境：生于水边、沟旁、湿草地、林下水湿地。

形态特征：多年生草本，全株无毛。茎直立，中空。单叶互生；基生叶及茎下部叶有长柄，叶片轮廓呈三角形或三角状披针形，长12～20厘米，二至三回羽状分裂，基部鞘状。复伞形花序半球形，伞梗不等长，无总苞片，稀具1～2枚；小总苞片多数，线状披针形，中脉1条；花瓣白色，倒卵形或近圆形，顶端有内折的小舌片。双悬果近球形，基部稍内凹，略呈心形；果棱肥厚，钝圆。花果期7—9月。

分　　布：原产中国黑龙江、吉林、辽宁及华北、西北。朝鲜、日本及欧洲部分国家和北美洲各国也有分布。辽宁产西丰、开原、铁岭、本溪、彰武、新民、沈阳、庄河等市县。

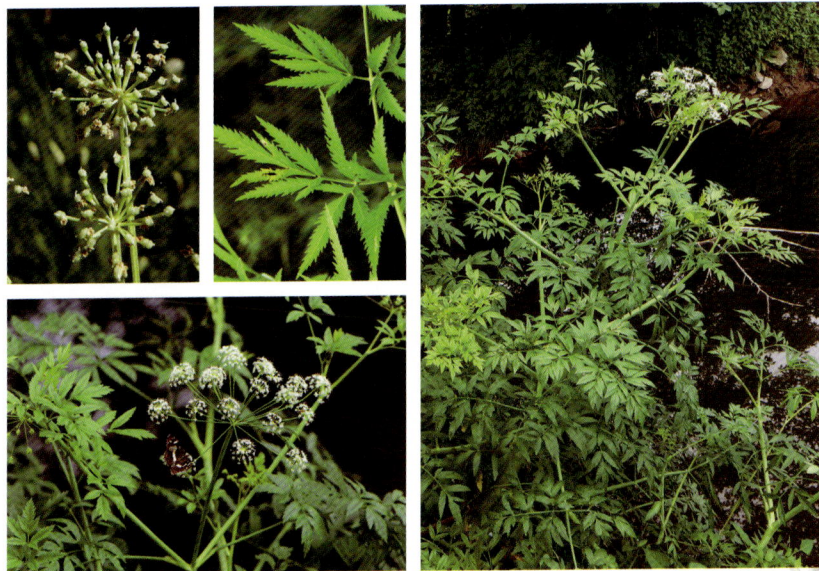

中 文 名：鸭儿芹

拼　　音：yā ér qín

其他俗名：大鸭脚板，鹅脚根，三叶芹

科中文名：伞形科

科 学 名：Apiaceae

属中文名：鸭儿芹属

学　　名：Cryptotaenia japonica

生　　境：生于山地、山沟及林下较阴湿地。

形态特征：多年生草本。叶互生；基生叶或上部叶有柄，叶片轮廓三角形至广卵形，长2~14厘米，宽3~17厘米，通常为3小叶。伞形花序呈圆锥状；总苞片1，线形或钻形；伞辐2~3，不等长；小总苞片1~3；小伞形花序有花2~4；萼齿细小；花瓣白色，倒卵形，顶端有内折的小舌片。双悬果线状长圆形，长4~6毫米，宽2~2.5毫米。花期4—5月，果期6—10月。

分　　布：原产中国辽宁、河北、安徽、江苏、浙江、福建、江西、广东、广西、湖北、湖南、山西、陕西、甘肃、四川、贵州、云南。朝鲜、日本也有分布。辽宁产本溪、新宾等市县。

中 文 名：泽芹

拼　　音：zé qín

其他俗名：山藁本

科中文名：伞形科

科 学 名：Apiaceae

属中文名：泽芹属

学　　名：Sium suave

生　　境：生于湿地。

形态特征：多年生直立草本。叶互生；下部叶片轮廓呈长圆形至卵形，长
　　　　　6～25厘米，宽7～10厘米，一回羽状分裂，有羽片3～9对，羽
　　　　　片疏离，披针形至线形，边缘有细锯齿或粗锯齿。复伞形花序；
　　　　　总苞片6～10，披针形或线形，反折；小总苞片线状披针形，尖
　　　　　锐，全缘；萼齿细小；花白色。果实卵形，长2～3毫米，分生果
　　　　　的果棱肥厚，近翅状。花果期8—10月。

分　　布：原产中国东北、华北、华东。俄罗斯西伯利亚及亚洲东部和北美
　　　　　洲也有分布。辽宁产彰武、法库、铁岭、葫芦岛、北镇、沈阳、
　　　　　新宾、长海等市县。

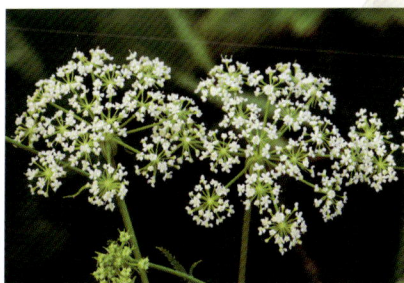

中 文 名：峨参

拼　　音：é shēn

其他俗名：刺果峨参，山胡萝卜缨子

科中文名：伞形科

科 学 名：Apiaceae

属中文名：峨参属

学　　名：Anthriscus sylvestris

生　　境：生于山区湿地、草甸子、河边及灌丛间。

形态特征：多年生草本。叶互生；基生叶有长柄，叶片轮廓呈卵形，二回羽状分裂，长10～30厘米，末回裂片卵形或椭圆状卵形，有粗锯齿；茎上部叶基部呈鞘状。复伞形花序，总苞片0～1枚；小总苞片5枚，广披针形，向下反折；花10余朵，花瓣白色，外侧者大。双悬果长卵形至线状长圆形，长5～10毫米，宽1～1.5毫米，光滑或疏生小瘤点。花期5—6月，果期6—8月。

分　　布：原产中国东北、华北、西北。朝鲜、日本、俄罗斯也有分布。辽宁产本溪、凤城、庄河、大连等市县。

中 文 名：小窃衣

拼　　音：xiǎo qiè yī

其他俗名：破子草，大叶山胡萝卜

科中文名：伞形科

科 学 名：Apiaceae

属中文名：窃衣属

学　　名：Torilis japonica

生　　境：生于山坡、路旁、林缘草地、草丛荒地、杂木林下。

形态特征：一年生草本。叶互生；叶片长卵形，一至二回羽状分裂，第一回
　　　　　羽片卵状披针形，长2～6厘米，宽1～2.5厘米，边缘羽状深裂至
　　　　　全缘，末回裂片披针形以至长圆形，边缘有条裂状的粗齿至缺刻
　　　　　或分裂。复伞形花序；总苞片5～8；小总苞片6～8；萼齿细小；
　　　　　花瓣白色、紫红或蓝紫色，倒圆卵形，顶端内折。双悬果卵形，
　　　　　长1.5～4毫米，宽1.5～2.5毫米，密被钩状刺。花期7—8月，果
　　　　　期8—9月。

分　　布：原产中国各省区（除黑龙江、内蒙古、新疆外）。欧洲、北非和亚
　　　　　洲的温带地区也有分布。辽宁产沈阳、本溪、西丰、新宾、桓仁、
　　　　　凤城、辽阳、海城、鞍山、瓦房店、庄河、长海、大连等市县。

中 文 名：东北羊角芹

拼　　音：dōng běi yáng jiǎo qín

其他俗名：小叶芹，山芹菜

科中文名：伞形科

科 学 名：Apiaceae

属中文名：羊角芹属

学　　名：Aegopodium alpestre

生　　境：生于林下、林缘、溪流旁、山顶草地。

形态特征：多年生草本。叶互生；轮廓呈阔三角形，长3～9厘米，宽
3.5～12厘米，通常三出式二回羽状分裂，终裂片卵形或长卵
形。复伞形花序顶生或侧生，无总苞片和小总苞片；花瓣白色，
倒卵形，顶端微凹，有内折的小舌片。双悬果卵状长圆形，长
3～3.5毫米，宽2～2.5毫米，主棱明显，棱槽较阔，无油管；花
柱基短圆锥形，花柱长而下弯。花果期6—8月。

分　　布：原产中国黑龙江、吉林、辽宁、新疆。俄罗斯、蒙古、朝鲜、日
本也有分布。辽宁产开原、西丰、新宾、清原、本溪、桓仁、宽
甸、鞍山、庄河等市县。

中 文 名：短果茴芹

拼　　音：duǎn guǒ huí qín

其他俗名：大叶芹

科中文名：伞形科

科 学 名：Apiaceae

属中文名：茴芹属

学　　名：Pimpinella brachycarpa

生　　境：生于混交林下。

形态特征：多年生草本。叶互生；基生叶及茎中、下部叶有柄，叶鞘长圆形，叶片三出分裂，两侧裂片卵形，长3~8厘米，顶端的裂片宽卵形，长5~8厘米；茎上部叶无柄，叶片3裂，裂片披针形。总苞片无，稀1~3，线形；小总苞片2~5，线形；萼齿披针形；花瓣阔倒卵形或近圆形，白色，顶端微凹，有内折的小舌片。双悬果近球形，两侧稍扁，果棱细、丝状。花果期7—9月。

分　　布：原产中国吉林、辽宁、河北。俄罗斯也有分布。辽宁产新宾、清原、鞍山、本溪、桓仁、宽甸、凤城、岫岩、海城、庄河等市县。

中 文 名：山茴香

拼　　　音：shān huí xiāng

其他俗名：山胡萝卜

科中文名：伞形科

科 学 名：Apiaceae

属中文名：山茴香属

学　　　名：Carlesia sinensis

生　　　境：生于山顶石砾子缝、干燥山坡。

形态特征：多年生草本。单叶互生；基生叶多数，叶片轮廓呈长卵形至长圆形，长2.5～7厘米，宽1～3.5厘米，通常三回羽状全裂，终裂片线形。复伞形花序顶生或腋生；总苞片和小总苞片均为5～8，线形；萼齿卵状三角形；花瓣倒卵形，白色，下部渐窄，先端微缺，有内折的小舌片，中脉1条。双悬果长圆形，有糙毛，分果两侧稍扁，果棱丝状，稍凸起。花果期8—10月。

分　　　布：原产中国辽宁、山东。朝鲜也有分布。辽宁产建昌、朝阳、凤城、丹东、东港、鞍山、金州、庄河、大连等市县。

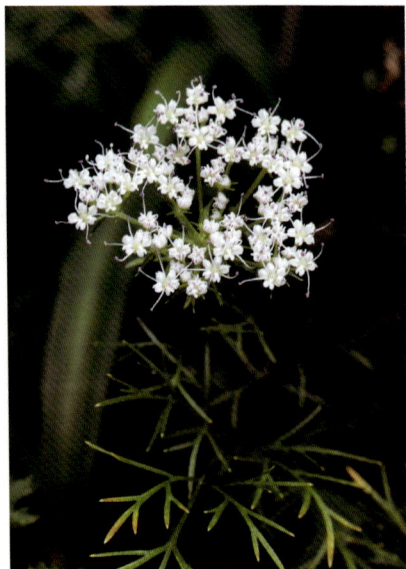

中 文 名：石防风

拼　　音：shí fáng fēng

其他俗名：小芹菜，山香菜

科中文名：伞形科

科 学 名：Apiaceae

属中文名：前胡属

学　　名：Peucedanum terebinthaceum

生　　境：生于干旱山坡、山坡草地、林缘、林下、林间路旁。

形态特征：多年生直立草本。叶互生；基生叶有长柄，叶片轮廓为椭圆形至三角状卵形，长6～18厘米，宽5～15厘米，二回羽状全裂，末回裂片披针形或卵状披针形；茎生叶与基生叶同形，较小，无叶柄，仅有宽阔叶鞘抱茎。复伞形花序；花瓣白色；萼齿细长锥形。双悬果椭圆形，长3.5～4毫米，宽2.5～3.5毫米，背棱和中棱线形突起，侧棱翅状。花期7—9月，果期9—10月。

分　　布：原产中国黑龙江、吉林、辽宁、内蒙古、河北。朝鲜、日本、俄罗斯也有分布。辽宁广布。

中 文 名：防风

拼　　音：fáng fēng

其他俗名：北防风，关防风

科中文名：伞形科

科 学 名：Apiaceae

属中文名：防风属

学　　名：Saposhnikovia divaricata

生　　境：生于山坡、草原、丘陵、干草甸子、多石质山坡。

形态特征：多年生草本。基生叶丛生，叶片二回羽状全裂，叶片卵形或长圆形，长14～35厘米，宽6～10厘米，二回或近于三回羽状分裂；茎生叶互生，与基生叶相似，但较小。复伞形花序；无总苞片；小总苞片4～6枚；萼齿短三角形；花瓣倒卵形，白色，先端微凹。双悬果长卵形，长4～5毫米，宽2～3毫米，幼时具疣状突起，分果背棱隆起，侧棱宽厚。花果期8—10月。

分　　布：原产中国东北、华北、西北。朝鲜、蒙古、俄罗斯也有分布。辽宁广布。

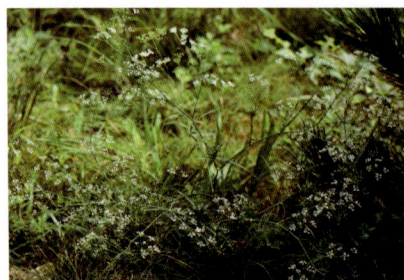

中 文 名：拐芹

拼　　音：guǎi qín

其他俗名：拐芹当归，当归拐芹，倒钩芹

科中文名：伞形科

科 学 名：Apiaceae

属中文名：当归属

学　　名：Angelica polymorpha

生　　境：生于山区溪旁、林内、山间阴湿地。

形态特征：多年生草本。叶互生；二至三回三出式羽状分裂，叶片轮廓为卵形至三角状卵形，长15～30厘米，宽15～25厘米；小叶柄常呈弧形弯曲。复伞形花序直径4～10厘米，无总苞片，伞梗8～20余，不等长；小总苞片7～10，狭线形至丝状。双悬果长圆形或近方形，长6～7毫米，宽3～5毫米；分果背棱宽肋状，棱槽狭，侧棱宽翼状，膜质。花期8—9月，果期9—10月。

分　　布：原产中国东北、西北、华北、华中、西南。朝鲜、日本也有分布。辽宁产西丰、桓仁、宽甸、凤城、丹东、岫岩、庄河、凌源、绥中、本溪、鞍山等市县。

中 文 名：大齿山芹

拼　　音：dà chǐ shān qín

其他俗名：碎叶山芹

科中文名：伞形科

科 学 名：Apiaceae

属中文名：当归属

学　　名：Angelica grosseserratum

生　　境：生于山坡、草地、溪沟旁、林缘灌丛中。

形态特征：多年生直立草本。叶互生；叶片二至三回三出式分裂，小叶具
2～4 深缺刻及粗大的缺刻状牙齿，终叶裂片阔卵形至菱状卵形，
长2～5厘米，宽1.5～3厘米，顶端尖锐。复伞形花序，花白色；
总苞片4～6，小总苞片5～10；萼齿三角状卵形；花瓣倒卵形，
顶端内折。双悬果广椭圆形，长4～6毫米，宽4～5.5毫米，基部
凹入，背棱突出。花果期7—10月。

分　　布：原产中国吉林、辽宁、河北、山西、陕西、河南、安徽、江苏、
浙江、福建。朝鲜、日本、俄罗斯远东地区也有分布。辽宁广
布。

中 文 名：紫花前胡

拼　　音：zǐ huā qián hú

其他俗名：前胡

科中文名：伞形科

科 学 名：Apiaceae

属中文名：当归属

学　　名：Angelica decursiva

生　　境：生于山地林下溪流旁、林缘湿草甸、灌丛间。

形态特征：多年生草本。叶互生；根生叶和茎生叶有长柄，基部膨大成圆形的紫色叶鞘，抱茎，叶片三角形至卵圆形，长10～25厘米，一回三全裂或一至二回羽状分裂；茎上部叶简化成囊状膨大的紫色叶鞘。复伞形花序；总苞片1～3；小总苞片3～8；萼齿锥形；花深紫色。双悬果广椭圆形，长4～7毫米，宽3～5毫米，背棱线形隆起，侧棱有较厚的狭翅。花果期8—10月。

分　　布：原产中国吉林、辽宁及华北、西北、华东、中南、西南。朝鲜、日本、俄罗斯也有分布。辽宁产凤城、庄河、宽甸、本溪等市县。

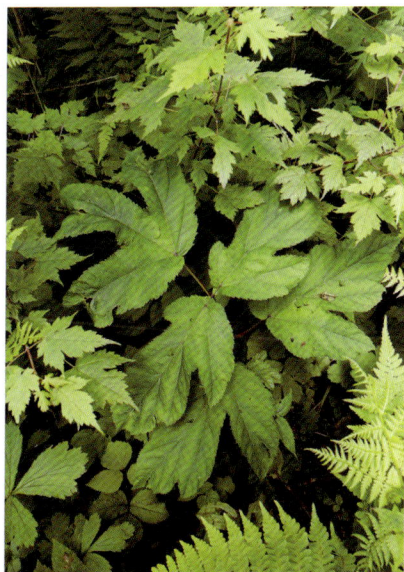

中 文 名：蛇床
拼　　音：shé chuáng
其他俗名：蛇米，蛇珠，气果
科中文名：伞形科
科 学 名：Apiaceae
属中文名：蛇床属
学　　名：Cnidium monnieri
生　　境：生于河边草地、碱性草地、田间杂草地。
形态特征：一年生草本。单叶互生；茎下部叶具短柄，基部鞘状，抱茎，叶片轮廓卵形至三角状卵形，长3~8厘米，宽2~5厘米，二至三回三出式羽状全裂，羽片轮廓卵形至卵状披针形，末回裂片线形至线状披针形。复伞形花序；花瓣白色，先端具内折小舌片。双悬果长圆状，长1.5~3毫米，宽1~2毫米，主棱5，均扩大成翅。花期6—7月，果期7—8月。
分　　布：原产中国东北、西北、华北、华东、中南、西南。俄罗斯、朝鲜、越南及北美洲和其他欧洲国家也有分布。辽宁产法库、昌图、西丰、清原、黑山、义县、辽阳、营口、本溪、桓仁、宽甸、凤城、沈阳、丹东、庄河、瓦房店、长海、大连等市县。

中 文 名： 珊瑚菜

拼　　音： shān hú cài

其他俗名： 辽沙参，海沙参，莱阳参

科中文名： 伞形科

科 学 名： Apiaceae

属中文名： 珊瑚菜属

学　　名： Glehnia littoralis

生　　境： 生于海边沙滩。

形态特征： 多年生草本。叶多数基生，厚质，叶片轮廓呈圆卵形至长圆状卵形，三出式分裂至三出式二回羽状分裂，末回裂片倒卵形至卵圆形，长1～6厘米，宽0.8～3.5厘米。复伞形花序顶生，花白色或带堇色；无总苞片；小总苞数片，线状披针形。双悬果近圆球形或倒广卵形，长6～13毫米，宽6～10毫米，密被长柔毛及绒毛，果棱有木栓质翅。花果期6—8月。

分　　布： 原产中国辽宁、河北、山东、江苏、浙江、福建、台湾、广东。朝鲜、日本、俄罗斯也有分布。辽宁产凌海、葫芦岛、兴城、绥中、盖州、瓦房店、普兰店、金州、长海、大连等市县。

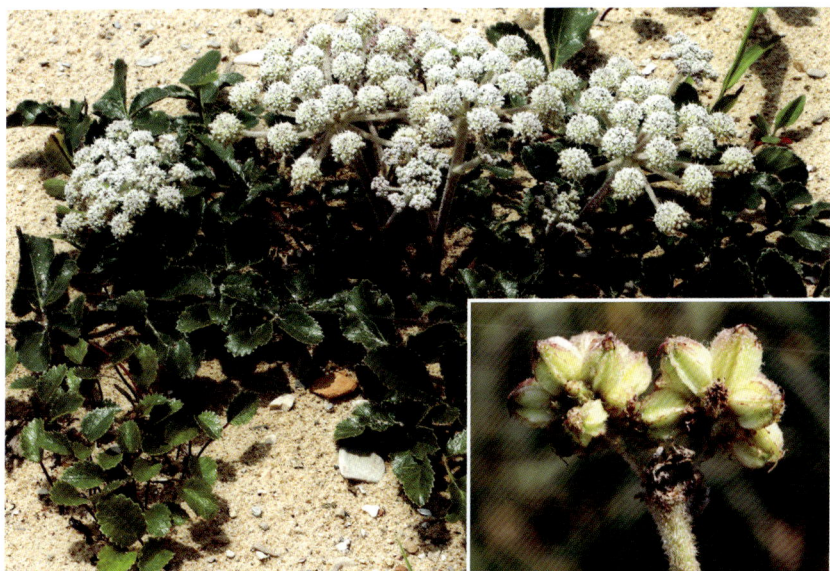

中 文 名：短毛独活

拼　　音：duǎn máo dú huó

其他俗名：东北牛防风

科中文名：伞形科

科 学 名：Apiaceae

属中文名：独活属

学　　名：Heracleum moellendorffii

生　　境：生于林下、林缘、灌丛、溪旁、草丛间。

形态特征：多年生直立草本。叶互生；叶片轮廓广卵形，三出式分裂，裂片
　　　　　广卵形至不规则的3~5裂，长10~20厘米，宽7~18厘米，裂片
　　　　　边缘具粗大的锯齿。复伞形花序；总苞片少数；伞辐12~30，不
　　　　　等长；小总苞片5~10，披针形；花瓣白色，二型。双悬果圆状
　　　　　倒卵形，顶端凹陷，背部扁平，直径约8毫米，背棱和中棱线状
　　　　　突起，侧棱宽阔。花果期7—10月。

分　　布：原产中国东北、华北、西北。朝鲜也有分布。辽宁广布。

>> 附录一　辽宁地区常见外来入侵植物

中 文 名：芒颖大麦
拼　　音：máng yǐng dà mài
其他俗名：芒颖大麦草，芒麦草
科中文名：禾本科
科 学 名：Poaceae
属中文名：大麦属
学　　名：Hordeum jubatum
生　　境：生于路旁、田野、旱作物地。
形态特征：二年生草本，全株有白色长硬毛。叶互生；叶鞘下部者长于节
　　　　　间，中部以上者短于节间；叶舌干膜质，截平；叶线形或线状披
　　　　　针形。穗状花序柔软，绿色或稍带紫色；两颖为长5～6厘米，弯
　　　　　软细芒状，其小花通常退化为芒状；外稃先端具长达7厘米的细
　　　　　芒；内稃与外稃等长。颖果长椭圆形，淡褐色，顶端圆钝，具黄
　　　　　色毛茸。花果期5—8月。
分　　布：原产北美洲和俄罗斯西伯利亚。辽宁沈阳、铁岭、大连、盘锦、
　　　　　锦州等市有分布。

中 文 名：野牛草

拼　　音：yě niǔ cǎo

其他俗名：水牛草

科中文名：禾本科

科 学 名：Poaceae

属中文名：垂穗草属

学　　名：Bouteloua dactyloides

生　　境：生于路边、田边。

形态特征：多年生低矮草本。茎匍匐，较细弱，高6～25厘米。叶互生；叶片线形，叶色为蓝绿色。雌雄同株或异株；雄花序穗状，1～3个，排列成总状；雌花序呈球形，为上部有些膨大的叶鞘所包裹；雄性小穗含2小花，颖较宽，不等长，外稃白色，内稃具2脊；雌性小穗含1小花，常4～5枚簇生成头状花序。颖果，包被在聚合状的颖苞中。花果期7—9月。

分　　布：原产美国、墨西哥。辽宁广布。

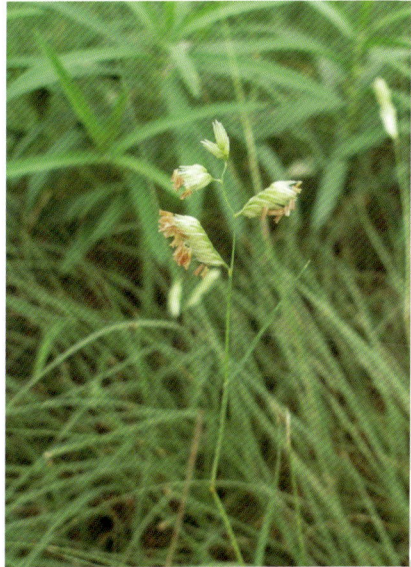

中 文 名：虎尾草

拼　　音：hǔ wěi cǎo

其他俗名：棒锤草，刷子头

科中文名：禾本科

科 学 名：Poaceae

属中文名：虎尾草属

学　　名：Chloris virgata

生　　境：生于路旁荒野、河岸沙地、土墙及房顶上。

形态特征：一年生草本。秆直立或基部膝曲，光滑无毛。叶互生；叶鞘背部
具脊，包卷松弛，无毛；叶片线形。穗状花序5~10余枚，指状
着生于秆顶，常直立而并拢呈毛刷状。小穗无柄；颖膜质；外稃
纸质，芒自背部顶端稍下方伸出；内稃膜质，具2脊。颖果纺锤
形，淡黄色，光滑无毛而半透明。花果期6—10月。

分　　布：原产非洲，归化于喜马拉雅、西亚、非洲、大洋洲、美洲。辽宁
广布。

中 文 名：光梗蒺藜草

拼　　音：guāng gěng jí lí cǎo

其他俗名：草狗子，草蒺藜，少花蒺藜草

科中文名：禾本科

科 学 名：Poaceae

属中文名：蒺藜草属

学　　名：Cenchrus pauciflorus

生　　境：生于路旁荒野、河岸、沙地草原。

形态特征：一年生草本。茎圆柱形，半匍匐状。叶条状互生。穗状花序，小穗1~2枚簇生成束，其外围由不孕小穗愈合而成的刺苞；小穗卵形，无柄。第一颖缺如，第二颖与第一外稃均具有3~5脉；外稃质硬，具5脉；内稃凸起，具2脉，稍成脊。颖果近球形，黄褐色或黑褐色。花期6—7月，果期8—9月。

分　　布：原产美洲。辽宁沈阳、朝阳、阜新和锦州等市县有分布。

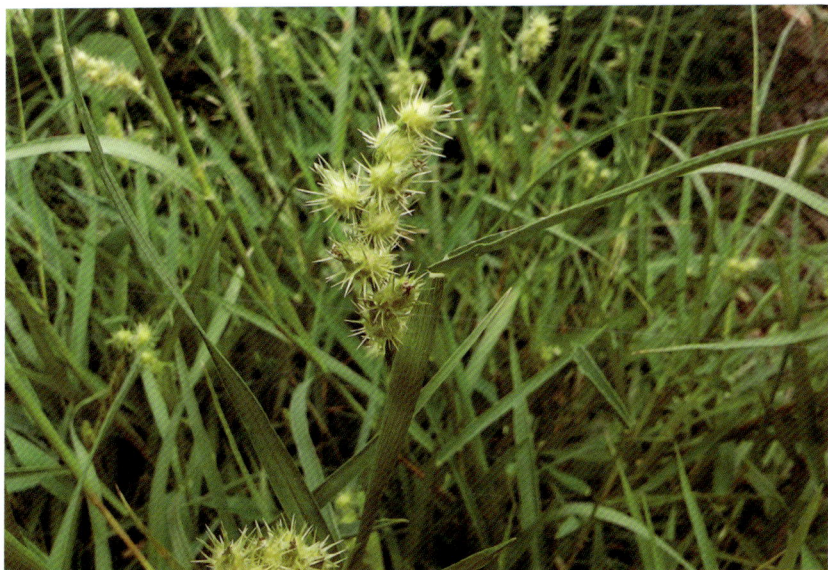

中 文 名：虞美人

拼　　音：yú měi rén

其他俗名：丽春花

科中文名：罂粟科

科 学 名：Papaveraceae

属中文名：罂粟属

学　　名：Papaver rhoeas

生　　境：生于阳光充足、排水良好、肥沃的沙壤环境。

形态特征：一年生草本植物，高25～90厘米，全体被伸展的刚毛。茎直立，具分枝。叶互生；叶片轮廓披针形或狭卵形，羽状分裂，裂片披针形。花单生于茎和分枝顶端；花蕾，下垂；萼片2，宽椭圆形；花瓣4，长2.5～4.5厘米，紫红色，基部通常具深紫色斑点。蒴果宽倒卵形，长1～2.2厘米；种子多数，肾状长圆形，长约1毫米。花果期6—8月。

分　　布：原产北非、西亚、欧洲。辽宁各地有栽培。

中 文 名：紫苜蓿

拼　　音：zǐ mù xū

其他俗名：紫花苜蓿，苜蓿

科中文名：豆科

科 学 名：Fabaceae

属中文名：苜蓿属

学　　名：Medicago sativa

生　　境：生于路旁、田间、沟旁及空地。

形态特征：一年或多年生草本。羽状复叶互生；托叶部分与叶柄合生；小叶 3，边缘通常具锯齿。总状花序腋生；萼钟形或筒形，萼齿5；花冠黄色、紫色、堇青色等。荚果螺旋形转曲，肾形，镰形或近于挺直，背缝常具棱或刺；种子小，通常平滑，多少呈肾形。花期 5—7月，果期6—8月。

分　　布：原产西亚，归化于世界。辽宁广布。

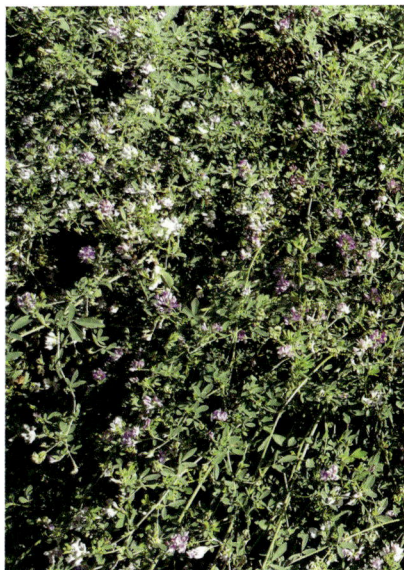

中 文 名：草木犀

拼　　音：cǎo mù xī

其他俗名：黄花草木犀

科中文名：豆科

科 学 名：Fabaceae

属中文名：草木犀属

学　　名：Melilotus officinalis

生　　境：生于山坡、河岸、路旁、砂质草地及林缘。

形态特征：二年生草本，高40～100厘米。茎直立，粗壮，具纵棱。叶互
生；羽状三出复叶；托叶镰状线形；小叶倒卵形至线形，下面散
生短柔毛。总状花序长腋生，具花30～70朵；苞片刺毛状；萼钟
形；花冠黄色。荚果卵形，长3～5毫米，宽约2毫米，先端具宿
存花柱，表面具细网纹，棕黑色；种子卵形，黄褐色，平滑。花
期5—9月，果期6—10月。

分　　布：原产西亚至南欧。辽宁广布。

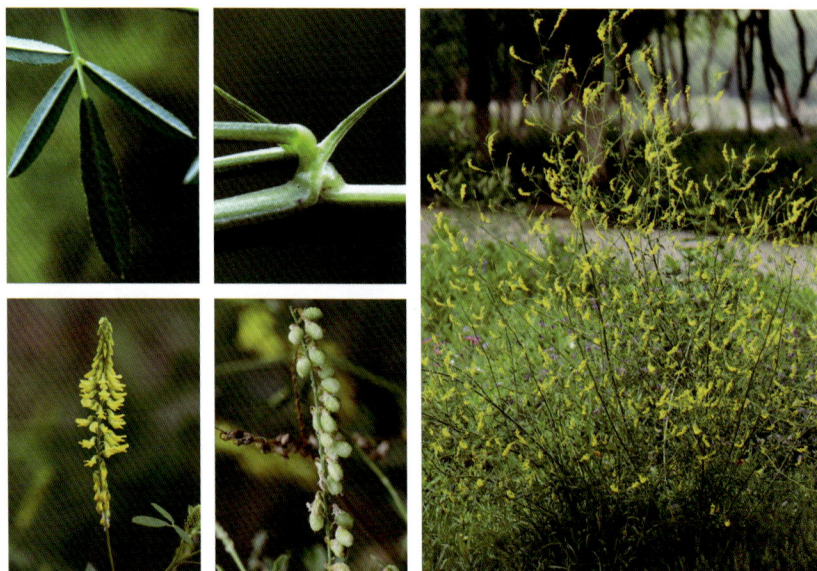

中 文 名：白花草木犀

拼　　音：bái huā cǎo mù xī

其他俗名：白香草木犀

科中文名：豆科

科 学 名：Fabaceae

属中文名：草木犀属

学　　名：Melilotus albus

生　　境：生于田边、路旁、荒地等处。

形态特征：一、二年生草本，全株有香草气味。茎直立，中空，圆柱形。羽状三出复叶互生；托叶尖刺状锥形；小叶长圆形或倒披针状长圆形，边缘具疏锯齿。总状花序腋生；苞片线形；萼钟形；花冠白色，旗瓣椭圆形。荚果椭圆形至长圆形，长约3.5毫米，表面具网纹；种子卵形，棕色，表面具细瘤点。花期5—7月，果期7—9月。

分　　布：原产西亚至南欧，归化于世界。辽宁广布。

中 文 名：白车轴草

拼　　音：bái chē zhóu cǎo

其他俗名：白三叶

科中文名：豆科

科 学 名：Fabaceae

属中文名：车轴草属

学　　名：Trifolium repens

生　　境：生于沟边、路旁、荒草地或庭园栽培

形态特征：多年生草本。主根短，侧根和须根发达。茎匍匐蔓生，上部稍上升，节上生根，全株无毛。掌状三出复叶；小叶倒卵形至近圆形。花序球形，顶生，直径15～40毫米；苞片披针形，膜质，锥尖；萼钟形，萼齿5，披针形；花冠白色、乳黄色或淡红色，具香气。荚果长圆形；种子阔卵形。花果期5—10月。

分　　布：原产北非、中亚、西亚、欧洲，归化于北美洲。辽宁各地有栽培或逸生。

中 文 名：红车轴草

拼　　音：hóng chē zhóu cǎo

其他俗名：红三叶

科中文名：豆科

科 学 名：Fabaceae

属中文名：车轴草属

学　　名：Trifolium pratense

生　　境：生于凉爽湿润环境。

形态特征：多年生草本。茎粗壮，具纵棱。掌状三出复叶互生；小叶卵状椭圆形至倒卵形，先端钝，有时微凹，基部阔楔形，两面疏生褐色长柔毛，叶面上常有"V"字形白斑。花序球状或卵状，顶生；萼钟形，被长柔毛，萼齿丝状；花冠紫红色至淡红色。荚果卵形；种子扁圆形。花期5—7月。

分　　布：原产北非、中亚、欧洲，归化于大洋洲、北美洲。辽宁各地有栽培。

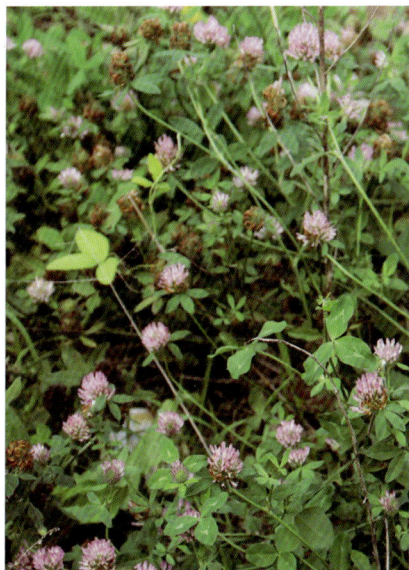

中 文 名：刺果瓜

拼　　音：cì guǒ guā

其他俗名：刺黄瓜，野黄瓜，棘瓜

科中文名：葫芦科

科 学 名：Cucurbitaceae

属中文名：刺果瓜属

学　　名：Sicyos angulatus

生　　境：生于低矮林间、悬崖底部、田间、铁路旁、荒地。

形态特征：一年生攀援草本。茎上散生硬毛；卷须3～5裂。单叶互生；叶圆形或卵圆形，具有3～5浅裂，裂片三角形。花单性，雌雄同株；花冠白色至淡黄绿色，具绿色脉，裂片5；雌花较小，10～15朵着生于花序梗顶端。瓠果囊状，密被长刚毛，不开裂，内含种子1；种子橄榄形至扁卵形，种皮膜质，光滑，长7～10毫米。花期5—10月，果期6—11月。

分　　布：原产北美洲东部。辽宁大连、丹东等市有分布。

中 文 名：斑地锦

拼　　音：bān dì jǐn

其他俗名：大地锦

科中文名：大戟科

科 学 名：Euphorbiaceae

属中文名：大戟属

学　　名：Euphorbia maculata

生　　境：生于平原或低山坡的路旁。

形态特征：一年生草本植物。根纤细，茎匍匐，叶对生；叶片长椭圆形至肾状长圆形，先端钝，基部偏斜，边缘中部以下全缘，中部以上常具细小疏锯齿；叶面绿色，叶背淡绿色或灰绿色，两面无毛。花序单生于叶腋，总苞狭杯状，裂片三角状圆形；腺体黄绿色，横椭圆形。蒴果三角状卵形；种子卵状四棱形。花期6—9月，果期7—10月。

分　　布：原产北美洲，归化于旧大陆。辽宁广布。

中 文 名：通奶草

拼　　音：tōng nǎi cǎo

其他俗名：假紫斑大戟

科中文名：大戟科

科 学 名：Euphorbiaceae

属中文名：大戟属

学　　名：Euphorbia hypericifolia

生　　境：生于灌丛、旷野荒地、路旁、田间。

形态特征：一年生草本，长达15厘米，折断有白色乳汁。茎纤细，匍匐，多分枝，通常红色，稍被毛。单叶对生；叶片卵圆形至矩圆形，先端圆钝，基部偏斜，边缘有极细锯齿。花单性，同株；杯状伞花序单生或少数稀疏簇生于叶腋内；总苞陀螺状；腺体4，漏斗状，有短柄及极小的白色花瓣状附属物。蒴果卵状三角形，有短柔毛。花果期7—10月。

分　　布：原产北美洲，归化于旧大陆。辽宁沈阳、朝阳、大连等市县有分布。

中 文 名：美洲地锦草

拼　　音：měi zhōu dì jǐn cǎo

其他俗名：大地锦

科中文名：大戟科

科 学 名：Euphorbiaceae

属中文名：大戟属

学　　名：Euphorbia nutans

生　　境：生于草场、草坪、果园。

形态特征：一年生匍匐小草本，高5～25厘米，含白色乳汁。茎纤细，近基部二歧分枝，带紫红色。叶对生；叶片先端钝圆，基部偏狭，边缘有细齿。杯状花序单生于叶腋；总苞倒圆锥形，浅红色，顶端四裂，裂片长三角形；腺体4，长圆形，有白色花瓣状附属物。蒴果三棱状球形，光滑无毛；种子卵形，黑褐色。花果期6—10月。

分　　布：原产美洲。辽宁广布。

中 文 名：月见草

拼　　音：yuè jiàn cǎo

其他俗名：山芝麻，夜来香

科中文名：柳叶菜科

科 学 名：Onagraceae

属中文名：月见草属

学　　名：Oenothera biennis

生　　境：生于路边、山坡和田埂，多见于废耕荒地和路边。

形态特征：二年或多年生粗壮草本。茎高50～200厘米，被曲柔毛与伸展长毛。基生叶倒披针形，边缘疏生不整齐的浅钝齿；茎生叶互生；椭圆形至倒披针形，先端锐尖至短渐尖，基部楔形。花两性，花序穗状；萼片绿色，有时带红色，长圆状披针形；花冠4裂，单生叶腋，鲜黄色。蒴果圆柱形或棱柱形。种子暗褐色，棱形，具棱角。花期6—10月，果熟期8—11月。

分　　布：原产北美洲东部，归化于亚洲、欧洲、南美洲。辽宁广布。

中 文 名：小花山桃草

拼　　音：xiǎo huā shān táo cǎo

其他俗名：光果小花山桃草

科中文名：柳叶菜科

科 学 名：Onagraceae

属中文名：山桃草属

学　　名：Gaura parviflora

生　　境：生于路边、山坡、田埂、废耕荒地、路边。

形态特征：一年生草本。茎直立。基生叶宽倒披针形；叶互生；茎生叶狭椭圆形，侧脉6～12对。花序穗状，生于茎枝顶端；苞片线形。花萼4裂，线状披针形，花期反折；花瓣4，白色，倒卵形，先端钝，基部具爪。蒴果坚果状，纺锤形，具不明显4棱；种子4或3，卵状，红棕色。花期7—8月，果期8—9月。

分　　布：原产北美洲中南部，归化于世界。辽宁大连、长海等市县有分布。

中 文 名：火炬树

拼　　音：huǒ jù shù

其他俗名：红果漆，火炬漆，加拿大盐肤木

科中文名：漆树科

科 学 名：Anacardiaceae

属中文名：盐麸木属

学　　名：Rhus typhina

生　　境：生于山坡、沟谷、杂木林中。

形态特征：灌木或落叶小乔木。奇数羽状复叶互生，叶长25～40厘米，小叶19～31；小叶柄、叶柄、叶轴和花序密生灰绿色柔毛，小叶披针形或长圆状披针形，上面深绿色，下面苍白色，两面有茸毛，老时脱落。圆锥花序顶生，密生茸毛；花淡绿色，雌花花柱有红色刺毛。核果，深红色，密生绒毛，花柱宿存，密集成火炬形。花期6—7月，果期8—9月。

分　　布：原产北美洲。辽宁沈阳、葫芦岛、大连、丹东、鞍山、辽阳、锦州、营口、盘锦、阜新、丹东等市有栽培。

中 文 名：野西瓜苗

拼　　音：yě xī guā miáo

其他俗名：小秋葵，山西瓜秧，灯笼花

科中文名：锦葵科

科 学 名：Malvaceae

属中文名：木槿属

学　　名：Hibiscus trionum

生　　境：生于干燥石质低山、丘陵坡地、山麓冲沟、砾石质戈壁中、沙丘间低地。

形态特征：一年生草本。茎柔软，具白色星状粗毛，高30～60厘米。叶互生；下部叶圆形，不分裂，上部叶掌状，3～5全裂，直径3～6厘米。花单生于叶腋；小苞片12，线形，长8毫米，具缘毛；花萼钟形，淡绿色，裂片5，膜质；花冠淡黄色，中央紫色。蒴果圆球形；种子肾形，成熟后黑褐色，粗糙而无毛。花果期6—8月。

分　　布：原产非洲，归化于泛热带地区。辽宁广布。

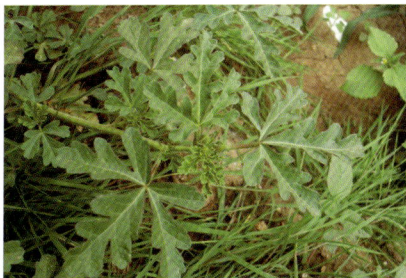

中 文 名：苘麻

拼　　音：qǐng má

其他俗名：野苎麻

科中文名：锦葵科

科 学 名：Malvaceae

属中文名：苘麻属

学　　名：Abutilon theophrasti

生　　境：生于路旁、荒地和田野间。

形态特征：一年生亚灌木状草本。茎直立，高1~2米，有柔毛。单叶互生；叶片圆心形，长5~10厘米，先端尖，边缘具圆齿，两面密生星状柔毛。花单生于叶腋；花萼杯状，绿色，五裂；花黄色，花瓣5，倒卵形，长1厘米，较萼稍长。蒴果半球形，直径2厘米，有粗毛，顶端有2长芒，成熟后开裂；种子肾形，褐色，具微毛。花期7—8月，果期9—10月。

分　　布：原产印度。辽宁广布。

中 文 名：黄木犀草

拼　　音：huáng mù xī cǎo

其他俗名：细叶木犀草

科中文名：木樨草科

科 学 名：Resedaceae

属中文名：木樨草属

学　　名：Reseda lutea

生　　境：生于路边、山坡。

形态特征：一年或多年生草本。数茎丛生，常具棱。叶互生，无柄；叶纸质，3~5深裂或羽状分裂。花黄色或黄绿色，排列成顶生的总状花序；萼片6片，线形；花瓣通常6片，上边的2片最大，3裂，侧边的2片2~3裂，下边的2片不分裂。蒴果圆筒状或卵球形到近球形，直立，长约1厘米，具钝3棱，顶部具3裂片；种子肾形，黑色，有光泽。花果期6—8月。

分　　布：原产西亚至地中海，归化于世界。辽宁大连、金州、长海等市县有分布。

中 文 名：密花独行菜

拼　　音：mì huā dú xíng cài

其他俗名：北美独行菜

科中文名：十字花科

科 学 名：Brassicaceae

属中文名：独行菜属

学　　名：Lepidium densiflorum

生　　境：生长于海滨、沙地、田边及路旁。

形态特征：一年或二年生草本。基生叶有柄，先端急尖，基部楔形；叶互生；下部及中部茎生叶有短柄，边缘有锐锯齿；茎上部叶线形。总状花序；花多数，密生，果期伸长；萼片卵形，长约0.5毫米。花瓣无或退化成丝状。短角果圆状倒卵形或广倒卵形，有翅；种子卵形，黄褐色，边缘有不明显或极狭的透明白边。花期5—6月，果期6—7月。

分　　布：原产北美洲，归化于朝鲜、蒙古、俄罗斯及中亚。辽宁广布。

中 文 名：弯曲碎米荠

拼　　音：wān qū suì mǐ jì

其他俗名：白带草，地甘豆，曲枝碎米荠

科中文名：十字花科

科 学 名：Brassicaceae

属中文名：碎米荠属

学　　名：Cardamine flexuosa

生　　境：生于田边、路旁及草地。

形态特征：一年或二年生草本，高达30厘米。茎自基部多分枝，斜生呈铺散状。基生叶有叶柄，小叶顶端3齿裂；叶互生；茎生叶有小叶3~5对，小叶多为长卵形或线形，1~3裂或全缘。总状花序多数，生于枝顶；萼片边缘膜质；花瓣白色，倒卵状楔形。长角果线形，扁平，长12~20毫米，宽约1毫米，果序轴左右弯曲；种子长圆形而扁，黄绿色。花期3—5月，果期4—6月。

分　　布：原产欧洲，归化于热带亚洲、北美洲。辽宁大连市有分布。

中 文 名：荠

拼　　音：jì

其他俗名：荠菜，荠荠菜

科中文名：十字花科

科 学 名：Brassicaceae

属中文名：荠属

学　　名：Capsella bursa-pastoris

生　　境：生于山坡、田边及路旁。

形态特征：一年或二年生草本，高10～50厘米。茎直立，单一或从下部分枝。基生叶丛生呈莲座状，大头羽状分裂，侧裂片3～8对；叶互生；茎生叶窄披针形或披针形，基部箭形，抱茎，边缘有缺刻或锯齿。总状花序顶生及腋生；萼片长圆形；花瓣白色，卵形，有短爪。短角果倒三角形或倒心状三角形，扁平，顶端微凹；种子2行，长椭圆形，浅褐色。花果期4—6月。

分　　布：原产西亚和欧洲，归化于世界。辽宁广布。

中 文 名：二行芥

拼　　音：èr háng jiè

其他俗名：二列芥

科中文名：十字花科

科 学 名：Brassicaceae

属中文名：二行芥属

学　　名：Diplotaxis muralis

生　　境：生于海边草地。

形态特征：一年或二年生草本。茎细，上升，由基部分枝。叶互生；茎下部叶以及基生叶稍呈莲座丛状，有长柄，大头羽裂；茎上部叶有短柄，长圆形，有牙齿或呈缺刻状。总状花序通常有5～18朵花，花黄色；萼片边缘白膜质；花瓣倒卵形，长5～6.5毫米，宽2.5～3毫米。长角果通常直立开展，近扁平，长1.5～3厘米。种子卵形，稍扁，长1～1.2毫米，黄绿色，成2行排列。花果期5月。

分　　布：原产欧洲。辽宁大连市有分布。

中 文 名：鹅肠菜

拼　　音：é cháng cài

其他俗名：牛繁缕

科中文名：石竹科

科 学 名：Caryophyllaceae

属中文名：鹅肠菜属

学　　名：Myosoton aquaticum

生　　境：生于荒地、路旁及较阴湿的草地。

形态特征：二年或多年生草本，具须根。茎上升，长50～80厘米，上部被腺毛。叶对生；叶片卵形，顶端急尖，基部稍心形。顶生二歧聚伞花序；苞片叶状；花梗细，密被腺毛；萼片卵状披针形；花瓣白色，2深裂至基部。蒴果卵圆形，稍长于宿存萼。种子近肾形，直径约1毫米，稍扁，褐色，具小疣。花期5—8月，果期6—9月。

分　　布：原产欧洲，归化于世界。辽宁广布。

中 文 名：灰绿藜

拼　　音：huī lǜ lí

其他俗名：盐灰菜

科中文名：苋科

科 学 名：Amaranthaceae

属中文名：藜属

学　　名：Chenopodium glaucum

生　　境：生于农田边、水渠沟旁、平原荒地、山间谷地等。

形态特征：一年生草本，高10~45厘米。茎通常由基部分枝，平铺或斜生；有暗绿色或紫红色条纹。叶互生；叶片厚，带肉质，椭圆状卵形至卵状披针形，长2~4厘米，宽5~20毫米，边缘有波状齿，表面绿色，背面灰白色，密被粉粒。花簇短穗状，腋生或顶生；花被裂片3~4，少为5。胞果，果皮薄，黄白色；种子扁圆，暗褐色。花期6—8月，果期8—10月。

分　　布：起源不详。辽宁广布。

中 文 名：杂配藜

拼　　音：zá pèi lí

其他俗名：大叶藜，杂配藜，八角藜

科中文名：苋科

科 学 名：Amaranthaceae

属中文名：藜属

学　　名：Chenopodium hybridum

生　　境：生于路边、宅旁、水边、林缘、灌丛。

形态特征：一年生草本。茎直立，高40～120厘米，具淡黄色或紫色条棱。单叶互生；叶宽卵形至卵状三角形，两面均呈亮绿色，基部圆形、截形或略呈心形，边缘掌状浅裂；上部叶较小，多呈三角状戟形。花两性兼有雌性，排成圆锥状花序；花被裂片5。胞果，双凸镜状；种子直径通常2～3毫米，黑色，表面具明显的圆形深洼或呈凹凸不平。花果期7—9月。

分　　布：原产欧洲及西亚，归化于北温带。辽宁广布。

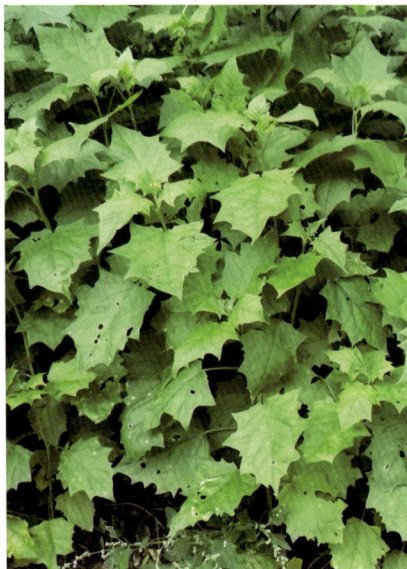

中 文 名：小藜

拼　　音：xiǎo lí

其他俗名：苦落藜

科中文名：苋科

科 学 名：Amaranthaceae

属中文名：藜属

学　　名：Chenopodium ficifolium

生　　境：生于田间、荒地、道旁、垃圾堆。

形态特征：一年生草本，高20～50厘米。茎直立，具条棱。单叶互生，具柄；叶片卵状矩圆形，长2.5～5厘米，宽1～3.5厘米，通常三浅裂。花两性，排列于上部的枝上形成较开展的顶生圆锥状花序；花被近球形，5深裂，背面具微纵隆脊。胞果，果皮与种子贴生；种子双凸镜状，黑色，有光泽，表面具六角形细注。花果期5—7月。

分　　布：原产欧洲。辽宁广布。

中 文 名: 刺沙蓬

拼　　音: cì shā péng

其他俗名: 扎蓬棵，风滚草

科中文名: 苋科

科 学 名: Amaranthaceae

属中文名: 碱猪毛菜属

学　　名: Salsola tragus

生　　境: 生于砾质戈壁、河谷砂地、海边。

形态特征: 一年生草本。茎直立高30～100厘米，有白色或紫红色条纹。叶互生；叶片半圆柱形或圆柱形，顶端有刺状尖，基部扩展，扩展处的边缘为膜质。花序穗状；苞片长卵形，顶端有刺状尖，基部边缘膜质，比小苞片长；小苞片卵形，顶端有刺状尖；花被片长卵形，膜质。胞果近球形，顶端截形；种子横生，直径约2毫米。花期8—9月，果期9—10月。

分　　布: 原产中亚、西亚、南欧，归化于热带、亚热带。辽宁沈阳、新民、康平、凌海、义县、辽阳、彰武等市县有分布。

中 文 名：老枪谷

拼　　音：lǎo qiāng gǔ

其他俗名：尾穗苋

科中文名：苋科

科 学 名：Amaranthaceae

属中文名：苋属

学　　名：Amaranthus caudatus

生　　境：栽培于庭院与田间。

形态特征：一年生草本。茎高达1.5米。直立，粗壮，具钝棱角，单一或稍分枝，绿色或常带粉红色，幼时有短柔毛，后渐脱落。叶互生；叶片菱状卵形，顶端具凸尖，基部宽楔形，全缘或波状缘，绿色或红色，除在叶脉上稍有柔毛外，两面无毛。胞果近球形，直径约3毫米，上半部红色，超出花被片；种子近球形，直径1毫米，淡棕黄色，有厚的环。花期7—8月，果期9—10月。

分　　布：原产热带美洲，归化于热带和温带地区。辽宁广布。

中 文 名：反枝苋

拼　　音：fǎn zhī xiàn

其他俗名：苋菜

科中文名：苋科

科 学 名：Amaranthaceae

属中文名：苋属

学　　名：Amaranthus retroflexus

生　　境：生于路边、农田旁、宅旁和杂草地。

形态特征：一年生草本植物。茎粗壮直立，淡绿色，高可达1米多。单叶互生；叶片菱状卵形或椭圆状卵形，顶端锐尖或尖凹，基部楔形，两面及边缘有柔毛。花杂性；圆锥花序顶生及腋生，直立；苞片及小苞片钻形，白色，花被片矩圆形，白色；胞果扁卵形，薄膜质，淡绿色；种子近球形，边缘钝。花期7—8月，果期8—9月。

分　　布：原产美洲，归化于世界。辽宁广布。

中 文 名：北美苋

拼　　音：běi měi xiàn

其他俗名：美苋，美洲苋

科中文名：苋科

科 学 名：Amaranthaceae

属中文名：苋属

学　　名：Amaranthus blitoides

生　　境：生于田野、路旁杂草地。

形态特征：一年生草本。茎伏卧或斜生，绿白色。叶片倒卵形、匙形、倒披针形或长圆状披针形，长5～25毫米，宽3～10毫米，先端有凸尖。花单性，雌花与雄花混生，集成花簇，花簇腋生，比叶柄短；苞片及小苞片披针形，有芒尖；花被片通常4。胞果椭圆形，长2毫米；种子圆形，直径约1.5毫米，黑色。花期8—9月，果期9—10月。

分　　布：原产北美洲，归化于欧洲、中亚。辽宁沈阳、铁岭、康平、法库、新民、辽中、朝阳、凌海、义县等市县有分布。

中 文 名：苋

拼　　音：xiàn

其他俗名：雁来红，三色苋

科中文名：苋科

科 学 名：Amaranthaceae

属中文名：苋属

学　　名：Amaranthus tricolor

生　　境：栽培于田园，有时有半野生。

形态特征：一年生草本。茎粗壮，绿色或红色。叶互生；叶片卵形，绿色、红色、紫色、黄色或部分绿色夹杂其他颜色，顶端具凸尖。花簇腋生，常呈下垂的穗状花序；苞片及小苞片卵状披针形，顶端有一长芒尖；花被片矩圆形，长3～4毫米，绿色或黄绿色，顶端有一长芒尖。胞果卵状矩圆形，长2～2.5毫米；种子近圆形，黑色或黑棕色。花期5—8月，果期7—9月。

分　　布：原产印度，归化于热带亚洲。辽宁各地有栽培或逸生。

中 文 名：凹头苋

拼　　音：āo tóu xiàn

其他俗名：野苋

科中文名：苋科

科 学 名：Amaranthaceae

属中文名：苋属

学　　名：Amaranthus blitum

生　　境：生于农田、地埂、路边、荒地的湿润地。

形态特征：一年生草本。茎伏卧而上升，从基部分枝。叶片卵形或菱状卵形，长1.5～4.5厘米，宽1～3厘米，顶端凹缺，有一芒尖。花呈腋生花簇；苞片及小苞片矩圆形；花被片矩圆形或披针形，顶端急尖，边缘内曲，背部有一隆起中脉。胞果扁卵形，微皱缩而近平滑；种子环形，黑色至黑褐色，边缘具环状边。花期7—8月，果期8—9月。

分　　布：原产热带美洲，归化于日本及南亚、北非、欧洲、大洋洲。辽宁广布。

中 文 名: 垂序商陆

拼　　音: chuí xù shāng lù

其他俗名: 美洲商陆，美国商陆，十蕊商陆

科中文名: 商陆科

科 学 名: Phytolaccaceae

属中文名: 商陆属

学　　名: Phytolacca americana

生　　境: 生于路边、林下等土质肥沃处。

形态特征: 多年生草本。根肥大，倒圆锥形。茎直立或披散，高可达1～2m，圆柱形，有时带紫红色。叶大，长椭圆形或卵状椭圆形，长15～30厘米，宽3～10厘米。总状花序顶生或侧生；花白色，微带红晕；雄蕊、心皮及花柱均为10（8，12），心皮合生。果序下垂；浆果扁球形，熟时紫黑色；种子平滑。花期6—8月，果期8—10月。

分　　布: 原产北美洲。辽宁沈阳、大连、丹东、抚顺等市有逸生。

中 文 名：大花马齿苋

拼　　音：dà huā mǎ chǐ xiàn

其他俗名：半支莲，太阳花

科中文名：马齿苋科

科 学 名：Portulacaceae

属中文名：马齿苋属

学　　名：Portulaca grandiflora

生　　境：生于温暖、阳光充足的环境。

形态特征：一年生草本，高10～30厘米。茎平卧或斜生，紫红色，多分枝，节上丛生毛。叶片细圆柱形，长1～2.5厘米。花单生或数朵簇生于枝端；总苞8～9片，叶状，轮生；萼片2，淡黄绿色，卵状三角形；花瓣5或重瓣，倒卵形，顶端微凹。蒴果近椭圆形，盖裂；种子圆肾形，铅灰色或灰黑色，有珍珠光泽，表面有小瘤状凸起。花期6—9月，果期8—11月。

分　　布：原产巴西。辽宁各地有栽培。

中 文 名：琉璃苣

拼　　音：liú lí jù

其他俗名：紫草，滨来香菜，黄瓜草

科中文名：紫草科

科 学 名：Boraginaceae

属中文名：玻璃苣属

学　　名：Borago officinalis

生　　境：生于路边、荒地。

形态特征：一年生草本，全株有糙毛，稍具黄瓜香味。茎具棱，被刺毛，肉质化。单叶互生；叶柄长5～10厘米；叶片长椭圆形，粗糙有毛刺。聚伞花序下垂，同株异花授粉；花梗通常淡红色；花瓣5裂，通常为蓝色，花冠管喉部的鳞片顶端微凹。坚果长卵形，4枚，密生锚状刺；种子棕黑色，长方形，表面平滑或有乳头状凸起。花果期6—9月。

分　　布：原产欧洲。辽宁大连、旅顺等市有分布。

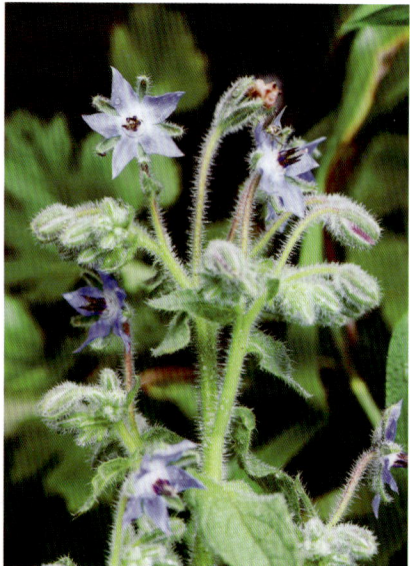

中 文 名：聚合草

拼　　音：jù hé cǎo

其他俗名：紫草根，友谊草，爱国草

科中文名：紫草科

科 学 名：Boraginaceae

属中文名：聚合草属

学　　名：Symphytum officinale

生　　境：生于河涧、湖畔、山地草原、林下。

形态特征：多年生草本。丛生，高30～90厘米，全株被向下稍弧曲的硬毛和短伏毛。茎直立或斜生。基生叶具长柄，茎中部和上部叶无柄；叶互生；叶片披针形。单歧聚伞花序含多数花；花萼裂至近基部；花冠淡紫色、紫红色至黄白色，裂片三角形，先端外卷，喉部附属物披针形，不伸出花冠檐。坚果歪卵形，长3～4毫米，黑色，平滑，有光泽。花期5—10月。

分　　布：原产中亚、欧洲及俄罗斯。辽宁有栽培。

中 文 名：圆叶牵牛

拼　　音：yuán yè qiān niú

其他俗名：打碗花，牵牛花，心叶牵牛

科中文名：旋花科

科 学 名：Convolvulaceae

属中文名：虎掌藤属

学　　名：Ipomoea purpurea

生　　境：生于荒地、路边、农田。

形态特征：一年生攀援草本。茎缠绕，长2～3m，被短柔毛和倒向的粗硬毛，多分枝。叶互生，叶柄长2～12厘米；叶片圆卵形或阔卵形。花序有花1～5朵；苞片2，线形，长6～7毫米，被伸展的长硬毛；萼片5，近等大；花冠漏斗状，紫色、淡红色或白色。蒴果球形，3瓣裂；种子倒卵状三棱形，黑色至暗褐色。花期5—10月，果期8—11月。

分　　布：原产美洲，归化于世界。辽宁广布。

中 文 名：牵牛

拼　　音：qiān niú

其他俗名：大牵牛花，喇叭花，牵牛花

科中文名：旋花科

科 学 名：Convolvulaceae

属中文名：番薯属

学　　名：Ipomoea nil

生　　境：生于田边、路旁、河谷、宅院、果园、山坡。

形态特征：一年生缠绕草本，全株有刺毛。茎细长、缠绕，多分枝。叶互生；叶柄长5～7厘米；叶片近卵状心形，常3裂至中部。花序有花1～3朵，苞片2片，细长；萼片5，狭披针形，具长硬毛；花冠漏斗状，5～8厘米，有各类颜色。蒴果球形；种子卵状三棱形，黑褐色或米黄色。花期5—10月，果期8—11月。

分　　布：原产南美洲，归化于世界。辽宁广布。

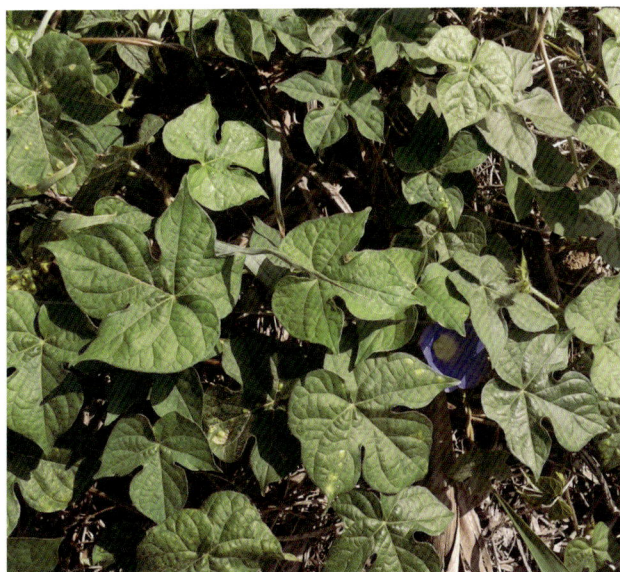

中 文 名：刺萼龙葵

拼　　音：cì è lóng kuí

其他俗名：黄花刺茄，堪萨斯蓟，刺茄

科中文名：茄科

科 学 名：Solanaceae

属中文名：茄属

学　　名：Solanum rostratum

生　　境：生于荒地、河岸、庭院、谷仓边、畜栏、过度放牧的草地、路边、垃圾场。

形态特征：一年生草本，全株密被星状毛。茎直立，基部稍木质化。叶互生；叶片卵形或椭圆形，呈不规则羽状分裂，两面脉上疏具刺。花两性，排列成总状花序；花萼筒钟状；萼片5，线状披针形；花黄色，下部合生，上部5裂片，向外翻卷。浆果成熟时顶端开裂；种子呈不规则肾形，厚扁平状，黑色或深褐色，表面具蜂窝状凹坑。花期6—10月，果期7—11月。

分　　布：原产北美洲。辽宁朝阳、凌源、建平、义县、凌海、大连等市县有分布。

中 文 名：假酸浆

拼　　音：jiǎ suān jiāng

其他俗名：蓝花天仙子

科中文名：茄科

科 学 名：Solanaceae

属中文名：假酸浆属

学　　名：Nicandra physalodes

生　　境：生于田边、荒地和屋园周围。

形态特征：一年生草本。根纤维状。茎直立，有棱沟，上部二歧分枝。叶互生；叶片卵形或椭圆形，草质，边缘具不规则圆缺粗齿或浅裂。花两性，单生于枝腋，与叶对生；花萼5深裂，具2尖锐耳片，果期极度增大5棱状；花冠钟状，浅蓝色，5浅裂。浆果球状，黄色；种子淡褐色，形状扁压，肾状圆盘形，具多数小凹穴。花果期7—9月。

分　　布：原产秘鲁。辽宁沈阳、辽阳、大连等市有分布。

中 文 名：曼陀罗

拼　　音：màn tuó luó

其他俗名：风茄花，狗核桃，洋金花

科中文名：茄科

科 学 名：Solanaceae

属中文名：曼陀罗属

学　　名：Datura stramonium

生　　境：生于荒地、旱地、宅旁、向阳山坡、林缘、草地。

形态特征：一年生草本。茎直立，单一，上部呈二歧状分枝，下部木质化。单叶互生；叶片卵形或广椭圆形，基部呈不对称楔形。花两性，单生于枝杈间或叶腋；花萼筒状，筒部有5棱，顶端5浅裂；花冠漏斗状，下部带绿色，上部白色或淡紫色。蒴果卵状，直立，表面生有坚硬针刺或有时无刺而近平滑；种子卵圆形或肾形，黑色，表面密被网纹。花期6—10月，果期7—11月。

分　　布：原产墨西哥，归化于热带和温带地区。辽宁广布。

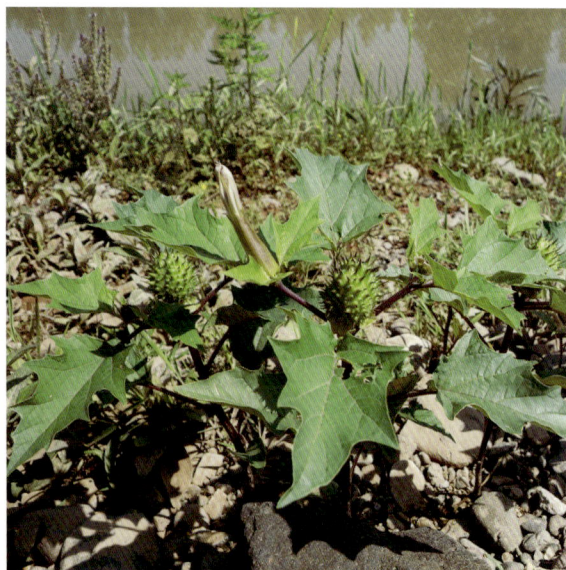

中 文 名：毛酸浆

拼　　音：máo suān jiāng

其他俗名：洋姑娘，黄姑娘

科中文名：茄科

科 学 名：Solanaceae

属中文名：灯笼果属

学　　名：Physalis philadelphica

生　　境：生于山坡林下、田边路旁。

形态特征：一年生草本。茎多分枝，铺散状，密被毛。叶互生；叶片广卵形
　　　　　或卵状心形，基部歪斜心形，边缘有不等大尖齿，两面密被短柔
　　　　　毛。花两性，单生于叶腋；花萼钟状，密生柔毛，5中裂；花冠
　　　　　钟状，黄色或淡黄色，5浅裂，喉部具紫色斑纹。浆果球形，黄
　　　　　色或绿黄色，被膨大的宿萼包被；种子近圆盘状，扁平，黄色，
　　　　　表面网状。花期5—8月，果期8—10月。

分　　布：原产墨西哥。辽宁沈阳、鞍山、铁岭、抚顺、辽阳、大连、丹东
　　　　　等市有分布。

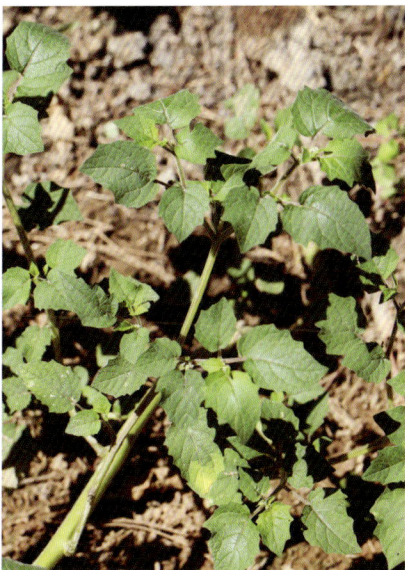

中 文 名：长叶车前

拼　　音：cháng yè chē qián

其他俗名：欧车前，狭叶车前

科中文名：车前科

科 学 名：Plantaginaceae

属中文名：车前属

学　　名：Plantago lanceolata

生　　境：生于温湿的草地或路边、海边、河边、山坡草地。

形态特征：多年生草本。叶片披针形，全缘，具3～5明显纵脉。花葶四棱，有密柔毛；穗状花序圆柱状；苞片宽卵形，顶端长尾尖，中央有一具毛的棕色龙骨状突起；前萼裂片倒卵形，顶端微缺，后萼裂片卵形，离生；花冠裂片三角状卵形，有一棕色凸起。蒴果椭圆形，周裂；种子椭圆形，黄褐色至深褐色，腹面内凹。花期5—6月，果期7—8月。

分　　布：原产欧洲，归化于世界。辽宁沈阳、大连、丹东等市有分布。

中 文 名：矛叶鼠尾草

拼　　音：máo yè shǔ wěi cǎo

科中文名：唇形科

科 学 名：Labiatae

属中文名：鼠尾草属

学　　名：Salvia reflexa

生　　境：生于路旁、河边。

形态特征：一年生草本。茎多分枝。叶有短柄，叶片披针形至狭椭圆形，边缘具稀锯齿。轮伞花序常具2花，稀3花，腋生与顶生排列成总状。花小，1～2厘米，淡紫色至蓝色；花萼二唇形，具纵棱，棱上贴生1～2列短毛；花冠内表面光滑，外表面密被柔毛，上唇不裂，下唇三裂。坚果长圆状三棱形。花果期6—9月。

分　　布：原产北美洲。辽宁凌源、建平、喀左、朝阳、北票、阜蒙等市县有分布。

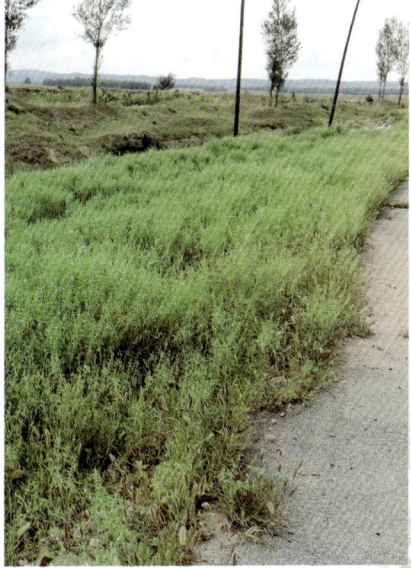

中 文 名：苦苣菜

拼　　音：kǔ jù cài

其他俗名：苦菜

科中文名：菊科

科 学 名：Asteraceae

属中文名：苦苣菜属

学　　名：Sonchus oleraceus

生　　境：生于耕地、田边、路旁、堆肥场、果园、疏林下、弃耕地、撂荒地。

形态特征：一年或二年生草本。茎中空，直立，中上部及顶端有稀疏腺毛。叶互生；柔软无毛，长椭圆状广倒披针形，深羽裂或提琴状羽裂。雌雄同株或异株；总苞钟形或圆筒形，长1.2～1.5厘米；舌状花黄色，长约1.3厘米。瘦果；倒卵状椭圆形，成熟后红褐色；每面有3纵肋。花期6—7月，果期7—8月。

分　　布：原产欧洲和地中海沿岸。辽宁广布。

中 文 名：欧洲千里光

拼　　音：ōu zhōu qiān lǐ guāng

其他俗名：白顶草，北千里光，欧洲狗舌草

科中文名：菊科

科 学 名：Asteraceae

属中文名：千里光属

学　　名：Senecio vulgaris

生　　境：生于田间、路边、荒地、宅旁、田园间。

形态特征：一年生草本。茎直立，多分枝，被微柔毛或近无毛，稍肉质。叶
互生；基生叶倒卵状匙形；茎生叶矩圆形，羽状浅裂或深裂，边
缘有浅齿；上部叶渐小，有齿或全缘，条形。头状花序多数；总
苞近钟状，总苞片达22，条形；花筒状，多数，黄色。瘦果圆柱
形，长达3毫米，有纵沟，被微短毛；冠毛白色，长约5毫米。花
果期4—10月。

分　　布：原产欧洲，归化于温带地区。辽宁广布。

中 文 名：屋根草

拼　　音：wū gēn cǎo

其他俗名：还阳参

科中文名：菊科

科 学 名：Asteraceae

属中文名：还阳参属

学　　名：Crepis tectorum

生　　境：生于山地林缘、河谷草地、田间、撂荒地。

形态特征：一年或二年生草本。茎直立，分枝多数，斜生，被白色的蛛丝状短柔毛。叶互生；基生叶及下部茎叶披针状线形、披针形或倒披针形；中、上部叶线形，基部尖耳状或圆耳状抱茎。头状花序多数或少数；总苞片3～4层，内面被贴伏的短糙毛；舌状小花黄色。瘦果纺锤形，长3毫米，有纵肋，沿肋有小刺毛。花果期7—10月。

分　　布：原产欧洲。辽宁广布。

中 文 名：一年蓬

拼　　音：yī nián péng

其他俗名：千层塔，治疟草，野蒿

科中文名：菊科

科 学 名：Asteraceae

属中文名：飞蓬属

学　　名：Erigeron annuus

生　　境：生于肥沃向阳地。

形态特征：一年或二年生草本，全株被有短硬毛。茎直立粗壮。叶互生，茎生叶矩圆形或宽卵形，边缘有粗齿；中部和上部叶较小，矩圆状披针形或披针形；最上部叶通常条形，全缘，具睫毛。头状花序，排列成伞房状；总苞半球形，总苞片3层；舌状花2层，白色或淡蓝色，舌片条形。瘦果披针形，压扁，有毛。花期6—8月，果期8—10月。

分　　布：原产北美洲。辽宁广布。

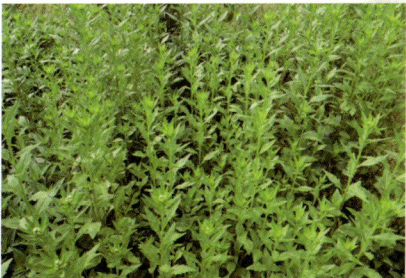

中 文 名：小蓬草

拼　　音：xiǎo péng cǎo

其他俗名：加拿大蓬

科中文名：菊科

科 学 名：Asteraceae

属中文名：飞蓬属

学　　名：Erigeron canadensis

生　　境：生于干燥、向阳的山坡、草地、田野、路旁和河堤等处。

形态特征：一年至二年草本。茎直立，有细条纹及粗糙毛。单叶互生；基部叶近匙形，先端尖，基部狭，全缘或具微锯齿；上部叶条形或条状披针形。头状花序密集成圆锥状或伞房圆锥状；总苞半球形，2～3层；两性花筒状，5齿裂；舌状花直立，白色微紫。瘦果矩圆形；冠毛污白色，刚毛状。种子小，有翅。花期6—9月，果期7—10月。

分　　布：原产北美洲。辽宁广布。

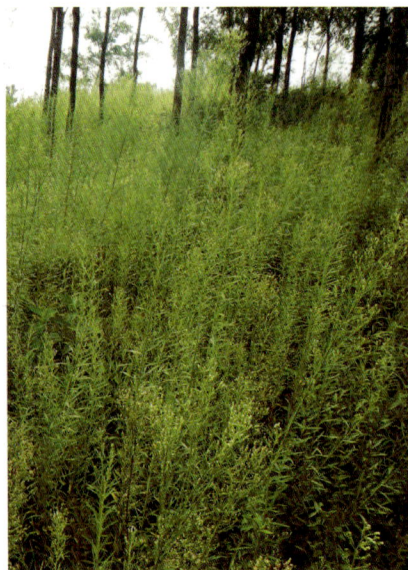

中 文 名：春黄菊

拼　　音：chūn huáng jú

其他俗名：苹果菊，洋甘菊，黄金叶

科中文名：菊科

科 学 名：Asteraceae

属中文名：春黄菊属

学　　名：Anthemis tinctoria

生　　境：生于路边、荒地。

形态特征：多年生草本。茎直立，有条棱，带红色，被白色疏绵毛。叶羽状
全裂，裂片矩圆形，有三角状披针形、顶端具小硬尖的篦齿状小
裂片，叶轴有锯齿，下面被白色长柔毛。头状花序单生于枝端；
总苞半球形，外层披针形，内层矩圆状条形；雌花舌片金黄色；
两性花花冠管状，5齿裂。瘦果四棱形，稍扁，有沟纹。花期
7—10月。

分　　布：原产欧洲。辽宁产大连市。

中 文 名：秋英

拼　　音：qiū yīng

其他俗名：大波斯菊

科中文名：菊科

科 学 名：Asteraceae

属中文名：秋英属

学　　名：Cosmos bipinnatus

生　　境：生于路旁、田埂、溪岸。

形态特征：一年生或多年生草本植物，高1～2米。叶互生；二回羽状深裂，裂片线形或丝状线形。头状花序单生；花序总苞片外层披针形，淡绿色，具深紫色条纹，内层椭圆状卵形，膜质；舌状花紫红色、粉红色或白色；管状花黄色，长6～8毫米。瘦果，黑紫色，长8～12毫米，上端具长喙，有2～3尖刺。花期6—8月，果期9—10月。

分　　布：原产墨西哥、美国西南部。辽宁各地有栽培或逸生。

中 文 名：婆婆针

拼　　音：pó pó zhēn

其他俗名：鬼针草，刺针草，一包针

科中文名：菊科

科 学 名：Asteraceae

属中文名：鬼针草属

学　　名：Bidens bipinnata

生　　境：生于路边、山坡脚下、荒草地。

形态特征：一年生草本，高40～100cm。茎直立，四棱形，上部多分枝，下部稍带淡紫色，茎枝幼时被短绵毛或无毛。下部及中部的叶对生，二回羽状分裂，裂片边缘具细尖齿或钝齿；上部叶互生，较小，一回羽状分裂。头状花序生于枝顶和叶腋，有长梗；舌状花少数，黄色；中央花多数，黄色，管状。瘦果长条形，黄褐色，有3～4棱，顶端有针状冠毛3～4条，具倒刺。花果期9—11月。

分　　布：原产美洲，归化于朝鲜及南亚、欧洲。辽宁广布。

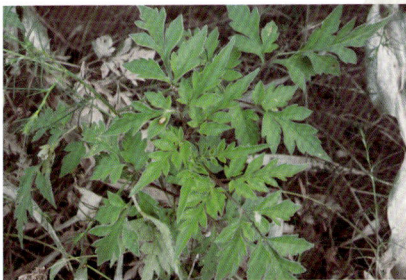

中 文 名：大狼杷草

拼　　音：dà láng pá cǎo

其他俗名：接力草，外国脱力草

科中文名：菊科

科 学 名：Asteraceae

属中文名：鬼针草属

学　　名：Bidens frondosa

生　　境：生于荒地、路边、沟边、低洼水湿处、缺水稻田。

形态特征：一年生草本。茎直立，略呈四棱形，上部多分枝，常带紫色。叶对生；奇数羽状复叶具小叶3～5枚，茎中下部复叶基部的小叶又常3裂。雌雄同株，头状花序单生于枝顶；总苞半球形，外层总苞片7～12，叶状；花序全为管状两性花。瘦果楔形，顶端芒刺2，芒刺上有倒刺毛。花期7—8月，果期9—10月。

分　　布：原产北美洲，归化于日本。辽宁广布。

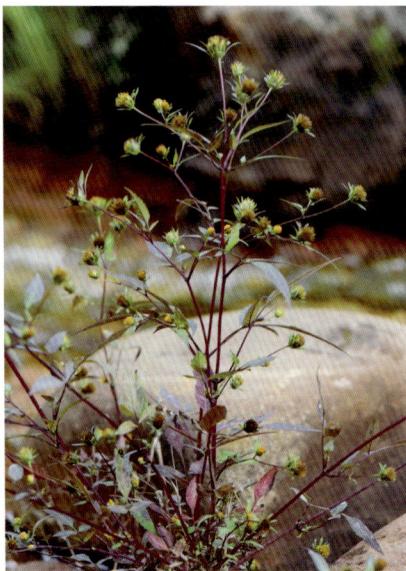

中 文 名：三裂叶豚草

拼　　音：sān liè yè tún cǎo

其他俗名：大破布草

科中文名：菊科

科 学 名：Asteraceae

属中文名：豚草属

学　　名：Ambrosia trifida

生　　境：生于农田、果园、菜园、铁路、公路、河流、水渠附近。

形态特征：一年生草本。茎直立，被短糙毛。单叶对生；叶片3～5裂，三基
出脉。雄头状花序多数，圆形，下垂；每个头状花序有20～25
朵不育的小花；小花黄色，花冠钟形，上端5裂，外面有5紫色条
纹。雌头状花序在雄花序下叶腋部聚作团伞状，具一朵无被能育
的雌花。瘦果倒卵形，无毛，顶端具圆锥状喙。花期7—8月，果
期8—9月。

分　　布：原产北美洲。辽宁广布。

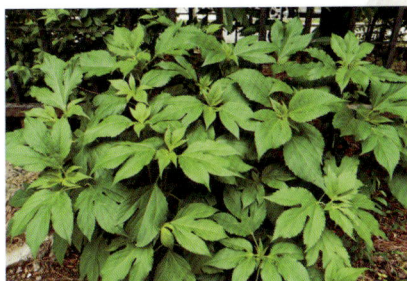

中 文 名：豚草

拼　　音：tún cǎo

其他俗名：普通豚草，艾叶破布草

科中文名：菊科

科 学 名：Asteraceae

属中文名：豚草属

学　　名：Ambrosia artemisiifolia

生　　境：生于农田、果园、菜园、铁路、公路、河流、水渠附近。

形态特征：一年生草本。茎直立，有棱。下部叶对生，叶二回羽状分裂，裂
片长圆形至倒披针形，全缘；上部叶互生，羽状分裂。雄头状花
序半球形或卵形，具短梗，下垂，在枝端密集成总状花序；花冠
淡黄色，长2毫米；雌头状花序在雄头状花序下面或在下部叶腋
单生，总苞闭合。瘦果倒卵形，顶端具尖喙，近顶部具钝刺，褐
色有光泽。花期7—8月，果期8—9月。

分　　布：原产中美洲、北美洲，归化于亚洲和欧洲。辽宁广布。

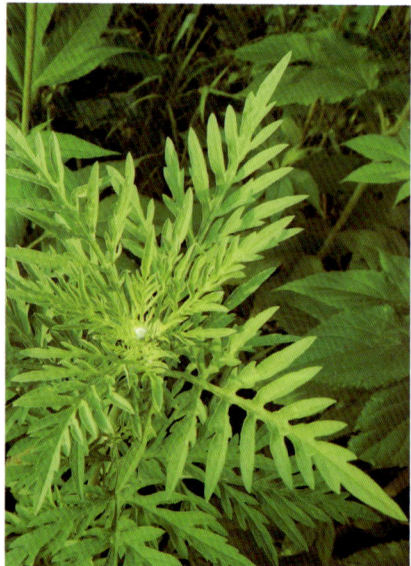

中 文 名：假苍耳

拼　　音：jiǎ cāng ěr

科中文名：菊科

科 学 名：Asteraceae

属中文名：假苍耳属

学　　名：Cyclachaena xanthiifolia

生　　境：生于路边、荒地、田间。

形态特征：一年生草本。茎直立，高达2m，有分支。叶对生，茎上部叶互
　　　　　生；互生叶有长柄，疏被柔毛；叶片广卵形，边缘有缺刻状尖
　　　　　齿，三出基脉。头状花序多数，花序轴被黏毛；花单性，同一头
　　　　　状花序上既有雌花又有雄花，全部为管状花；雄花的花冠筒顶端
　　　　　膨大，具5齿裂；雌花位于花序托下部，通常5个。瘦果倒卵形，
　　　　　黑褐色；种子呈卵形。花期7—8月，果期8—9月。

分　　布：原产北美洲。辽宁朝阳、锦州、阜新、沈阳、铁岭等市有分布。

中 文 名：意大利苍耳

拼　　音：yì dà lì cāng ěr

其他俗名：美国苍耳，大苍耳，瘤突苍耳

科中文名：菊科

科 学 名：Asteraceae

属中文名：苍耳属

学　　名：Xanthium italicum

生　　境：生于沙质河滩地、荒地、田间、路旁。

形态特征：一年生草本。茎直立，具紫色至黑色条形斑纹，具糙毛。单叶互生；叶片三角状卵形，具糙毛，3～5裂。雌雄同株；雄花聚成短的穗状或总状花序；雄花冠管状钟形；雌花序生于雄花序下方叶腋处，含2个结实小花；总苞卵球形，表面具较密的总苞刺。瘦果长扁圆形，2个，包于木质总苞内，黑色；种子灰黄色，表面具浅纵纹。花期7—8月，果期8—9月。

分　　布：原产欧洲、北美洲。辽宁广布。

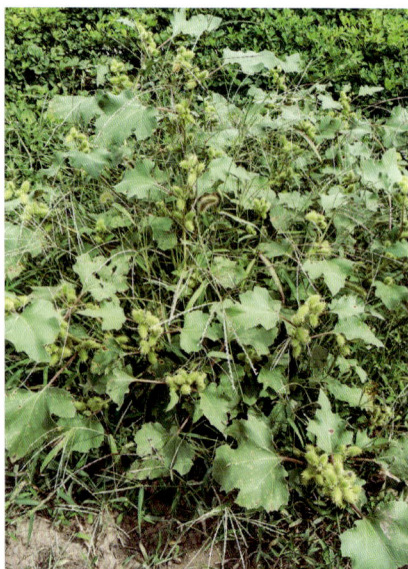

中 文 名：菊芋

拼　　　音：jú yù

其他俗名：鬼仔姜，洋姜

科中文名：菊科

科 学 名：Asteraceae

属中文名：向日葵属

学　　　名：Helianthus tuberosus

生　　境：生于路边、荒地等处。

形态特征：多年生草本。具块状地下茎。下部叶对生，卵圆形或卵状椭圆形；上部互生，长椭圆形；三出基脉，叶脉上有短硬毛。头状花序数个，生于枝端，直径5～9厘米，有1～2个线状披针形的苞叶；总苞片披针形或线状披针形；舌状花中性，淡黄色；管状花两性，花冠黄色、棕色或紫色，裂片5。瘦果楔形，冠毛上端常有2～4个具毛的扁芒。花期8—9月，果期9—10月。

分　　布：原产北美洲，归化于温带地区。辽宁广布。

中 文 名：鳢肠

拼　　音：lǐ cháng

其他俗名：毛鳢肠

科中文名：菊科

科 学 名：Asteraceae

属中文名：鳢肠属

学　　名：Eclipta prostrata

生　　境：生于田边、路旁、河边。

形态特征：一年生草本。茎直立，斜生或平卧。叶对生；长圆状披针形，顶端尖或渐尖，两面被密硬糙毛。头状花序；总苞球状钟形，总苞片绿色，草质，2层；外围的雌花2层，舌状；中央的两性花多数，花冠管状，白色，顶端4齿裂。瘦果，暗褐色，雌花的瘦果三棱形，两性花的瘦果扁四棱形，顶端截形，具1～3个细齿，边缘具肋，表面有小瘤状突起。花期6—9月。

分　　布：原产美洲，归化于旧大陆。辽宁朝阳、阜新等市有分布。